自研操作系统：DIM-SUM 设计与实现

谢宝友 著

電子工業出版社
Publishing House of Electronics Industry
北京•BEIJING

内容简介

本书详细阐述了自研操作系统DIM-SUM的设计与实现，提供了在ARM 64虚拟机中动手实践DIM-SUM及参与DIM-SUM开发的方法。针对DIM-SUM操作系统的同步与互斥、调度、内存、中断与定时器、块设备、文件系统模块进行了详细的分析，包括这些模块的设计思路、数据结构定义、关键API说明。最重要的是，本书对各个模块的主要函数进行了逐行解释，有助于读者深刻理解如何实现一款实用的操作系统。最后，本书还展望了接下来10年DIM-SUM操作系统的发展目标，希望最终其能发展为可以在服务器系统、桌面系统中实用的自研操作系统。

本书适合于对操作系统研发有兴趣的大学生、研究生，以及从事操作系统相关工作的一线工程师。对于Linux操作系统工程师，本书也极具实用价值。

图书在版编目（CIP）数据

自研操作系统：DIM-SUM设计与实现 / 谢宝友著.—北京： 电子工业出版社, 2020.8
ISBN 978-7-121-39186-6

Ⅰ.①自… Ⅱ.①谢… Ⅲ.①操作系统 Ⅳ.①TP316

中国版本图书馆CIP数据核字（2020）第113130号

责任编辑：张春雨
印　　刷：三河市华成印务有限公司
装　　订：三河市华成印务有限公司
出版发行：电子工业出版社
　　　　　北京市海淀区万寿路173信箱　　邮编　100036
开　　本：787×1092　1/16　印张：28.5　　字数：747.84千字
版　　次：2020年8月第1版
印　　次：2020年8月第1次印刷
定　　价：129.00元

凡所购买电子工业出版社图书有缺损问题，请向购买书店调换。若书店售缺，请与本社发行部联系，联系及邮购电话：（010）88254888，88258888。

质量投诉请发邮件至zlts@phei.com.cn，盗版侵权举报请发邮件至dbqq@phei.com.cn。

本书咨询联系方式：010-51260888-819，faq@phei.com.cn。

推荐序 1

中国必须发展安全、可控的操作系统，不然会被卡脖子。

操作系统是管理计算机与软件资源的计算机程序，同时也是计算机系统的内核与基石。随着数字经济的发展，随着 5G、人工智能、大数据、云计算等新一代信息技术的蓬勃兴起，保障网络安全成为各个国家的重要任务，自主研发操作系统也就成了建设网络强国势在必行的任务。自主可控是实现网络安全的前提和必要条件，面对日益凸显的网络安全挑战，中国在今后一段时期里，必须加快推进国产自主可控替代计划，构建安全可控的信息技术体系，而操作系统正是信息技术体系的核心。

目前，全世界智能终端操作系统被三家外国跨国公司（苹果、谷歌和微软）所垄断，它们也是世界上最大的三家 IT 企业，这并非巧合。在这个领域，我国被人家卡了脖子，只有大力发展自己的操作系统，才能尽快摆脱受制于人的局面。

中国目前还有大量的操作系统人才缺口。

无论国内国外，厂商开发操作系统都需要投入足够多的人力和巨大的资金，而国内的厂商在资金和人力上都不具备强大的实力，甚至有个别厂商还处于亏损的状态。不妨引用几组数据：Windows XP 有 4000 万行代码，Windows 7 有 5000 万行代码，3.6 版的 Linux 内核有 1590 万行代码，Linux 的发行版 Debian 有着多达 6500 万行代码。而且，这些代码还都是经过软件厂商反复精简以后的结果。微软开发 Windows Vista 操作系统时用掉的研发经费在 200 亿美元以上，开发 Windows XP 时集中了 5000 多名的程序员来编写代码。

实践经验表明，发展操作系统必须有庞大的软件人才队伍的支撑，但国内至今严重缺乏能够开发操作系统的软件人才，特别是一流的人才。事实上，中国有着相当丰富的应用软件开发人才，可以给微软、苹果、谷歌等科技巨头开发出很好的应用软件，可偏偏缺乏了能开发操作系统等基础软件的人才。因此，如何吸引中国广大应用软件人才，迅速提高他们的技能，从开发应用软件转向开发操作系统等基础软件，这对于发展国产操作系统具有重要意义。我们相信，在这方面本书可以发挥很好的作用。

操作系统是一个整体概念，一个成型的系统很庞大，初学者一次搞懂很难，从一个简单的系统入手是好的选择。

与其他软件不同，一个发布版的操作系统非常庞大，仅仅是操作系统的内核就有上千万行代码，随着版本的更新，代码量还在不断增加，从这样的源代码中体会操作系统的整体设计思想无疑是困难的，许多对操作系统有兴趣的学生，面对这个庞大的代码量时退却了。对于初学者而言，从头进行一个小而全的操作系统设计是更好的选择，容易上手，也更容易理解庞杂代码下的设计核心。本书采取了从易到难、从小到大、循序渐进、融会贯通的途径，特别适合操作系统的新手阅读，可以这样说，本书为有志于从事基础软件攻关的读者打开了一扇通向操作系统殿堂的大门。

对操作系统发展的期望。

目前，基于国产操作系统和芯片的自主创新计算机体系已经逐步缩小了与 Wintel 体系（即 Windows 操作系统和 Intel 架构 CPU 所构成的体系）之间的差距，国产操作系统已经从“不可用”发展到“可用”，并正向“好用”方向发展。在今后一个相当长的时期里，操作系统的国产化替代将成为我国网信领域的新常态。希望有更多的读者对操作系统产生兴趣，加入自主操作系统的研发中去，为祖国的操作系统事业做出贡献！

中国工程院院士

推荐序 2

未来是云的时代，也是大数据和人工智能的时代！

芯片和操作系统共同构成了云时代 IT 基础设施的基石。从操作系统的角度来说，其重要性在于：

操作系统的稳定性是 IT 基础设施的生命线。

操作系统可以充分利用硬件的性能，有利于企业在竞争中处于优势地位。

数十年来，Linux 操作系统已经在产业界取得了广泛的应用，应用生态也得到了蓬勃发展，目前正处于方兴未艾的阶段。在接下来的 10 年里，Linux 可能仍然会是服务器系统、嵌入式系统，甚至是物联网系统中的主流操作系统。

但是，产业界也存在其他一些与 Linux 竞争的操作系统。例如苹果的 iOS 系统、谷歌正在研发的 Fuchsia 操作系统，以及其他国内厂商研发的操作系统。

这些操作系统可能会对产业界 10 年之后的竞争态势产生一定的影响，因此引起产业界、学术界越来越多的关注。

操作系统的研发工作是一项复杂的系统工程，这也导致一个结果：很难看到个人在实现操作系统，特别是实现可用于生产系统的、实用的服务器操作系统方面有所作为。我们很难想象哪个人会有胆量去尝试，更难想象哪个人会付诸行动。

当我在 OS2ATC 2019 大会上，听到本书作者谢宝友演讲“做中国的 Linux，做中国的 Linus”的时候，感到非常吃惊。竟然真的有人愿意在服务器操作系统方面尝试迈出第一步！不管结果如何，我们首先应该为本书作者的勇气点赞。当然，我们也期望作者能够知行合一，继续发展 DIM-SUM 操作系统，并最终迈向可用于生产环境的服务器操作系统。

我从书稿看到：虽然 DIM-SUM 还不是一个真正可用于生产环境的服务器操作系统，而且很多设计思路和代码都源于 Linux，但是正因为作者在深刻理解 Linux 的设计与实现后，才能游刃有余地对其进行重构，并且在重构的过程中糅合自己原创的设计要素。真正在产业界一线的工程师更能清楚地意识到，这是一个很有挑战的工作。

随着本书的出版，作者也会提供可以动手实践的 DIM-SUM 操作系统源代码，以及实践环境的搭建方法。本书中也对 DIM-SUM 操作系统源代码进行了逐行注释。这有利于读者亲自动手实践，也有利于业界同仁参与到 DIM-SUM 操作系统的开发工作中来。

DIM-SUM 操作系统已经具备了中断、调度、内存管理、文件系统、I/O、网络等操作系统的基本要素，并且具备与 Linux 应用生态兼容的能力。因此，它不仅可供读者学习操作系统的设计与实现，也具备发展成为实用服务器操作系统的潜在能力。推荐对操作系统有兴趣的在校学生、一线工程师阅读本书。

“路漫漫其修远兮”，希望 10 年后，DIM-SUM 操作系统能够在生产系统中发挥作用，也希望更多的人加入到 DIM-SUM 的开发中来。

西安邮电大学 陈莉君

推荐语

自研操作系统是一件极富挑战性，也很难成功的事情，宝友同学敢于在这方面进行积极有益的尝试，值得支持和鼓励。加油，努力！

阿里巴巴经济体技术委员会主席、阿里云总裁、阿里巴巴合伙人 张建锋（行癫）

DIM-SUM 自研操作系统是作者多年研究成果的结晶，是在现有操作系统生态中增加中国元素的艰难探索，初步具备了操作系统的雏形，并在 ARM 64 虚拟机中进行了验证。

本书深入浅出，不但是对 DIM-SUM 涉及的技术、原理、实现方法的有效提炼，而且也有助于促使 DIM-SUM 在后续发展中成为可用的、具有丰富生态的、真正的操作系统。

Windows 体系和 UNIX/Linux 体系前期均由个人或团队创新提出，在各研究机构、企业、组织积极持续的投入中，通过多年的发展，已发行了针对不同场景与应用的版本，形成了稳定的生态环境。DIM-SUM 依然延续这样的创新道路，披荆斩棘，雏形已成。通过本书的出版，望国内的软硬件厂商、技术爱好者等能够研究它、发展它、扶持它，给创新以希望，给产业以梦想。

自研操作系统，任重而道远，望 DIM-SUM 自研操作系统能破冰而行。

工业和信息化部软件与集成电路促进中心副主任 刘龙庚

操作系统是帮助人类操作 IT、CT 设备的系统，也是企业、国家操控 IT、CT 生态链的系统。因为操作系统连接着底层的硬件、顶层的最终用户，以及中间的应用开发者、服务提供者，所以一个操作系统的成功及其可持续发展既需要创新的技术，也需要顺应市场、上下游生态环境的商业运作，非常复杂和困难，充满了不确定性。但可以确定的是，要想在当下及未来的智能时代获得突破性发展、实现科技自由，就必须从最根本做起。千里之行，积于跬步，谋事在人，成事则需要天时、地利、人和诸多因素聚合。

谢宝友在十多年前放弃了高薪工作，带着自己尝试开发的操作系统原型，决然投身到操作系统研发工作中，虽几经波折，仍痴心不改，践行梦想。同样，也有越来越多的团队、技术人员投入操作系统领域。

技术在进步，团队在成长，环境在变化，机会属于有准备的人。

OPPO 操作系统领域专家、基础软件平台总监　钟卫东

与谢宝友共事几年，他在操作系统上的专业程度令人佩服。研发操作系统是一个非常复杂的系统工程，能长期坚持研发，这本身就值得我们敬佩。特别希望能在不远的将来，DIM-SUM 自研操作系统可以得到实际应用，相信你！

阿里巴巴“双 11”技术大队长、研究员 杨华（道延）

谢老师在新书中不仅展现了超凡的技术实力，也展示了极强的文学修养和浓浓的家国情怀。本书值得所有对操作系统底层技术感兴趣的读者阅读。我们需要更多的基础软件人才，相信本书的出版将为此项事业做出巨大贡献。

《Linux 设备驱动开发详解》作者、Linux 工程师、海思顾问 宋宝华

在国产基础软件大发展的历史背景下，自研国产操作系统显得十分迫切和必要。宝友在繁忙的工作之余，从零开始写 DIM-SUM 操作系统，这个操作系统具备现代操作系统很多优秀和先进的特性，比如高效的内存管理、进程管理、虚拟文件系统、LEXT3 文件系统等。

更加难能可贵的是，宝友不但公开了源代码，还把自研 DIM-SUM 操作系统的设计心得和体会总结成册，这给国内从事基础软件开发的技术人员提供了宝贵的一手资料。

《自研操作系统：DIM-SUM 设计与实现》一书把设计操作系统的理论知识和实际工程实践紧密结合，为读者提供了一个动手实践的好项目。读者不但可以从本书中学习到操作系统的理论知识和提升工程能力，而且能参与到 DIM-SUM 操作系统的开发中，为国产操作系统添砖加瓦！

《奔跑吧 Linux 内核》作者 笨叔

2019 年，在深圳鹏城实验室举办的 OS2ATC 2019 大会上，本书作者谢宝友应我邀请介绍他研发多年的操作系统 DIM-SUM，技术报告的主题为“做中国的 Linux，做中国的 Linus——国产自研操作系统 DIM-SUM 介绍”，没想到这成了 DIM-SUM 操作系统的首次亮相。在这次的技术报告中，作者讲了为什么国内没有一个在他看来像样的操作系统，他为什么要自己实现一个自研操作系统。在报告中，我看到了本书作者对操作系统的好奇心、在开发操作系统方面的情怀，也看到了他在操作系统领域的愚公精神。

我有幸看了本书的目录和样章，可以看出作者对 Paul E.Mckenney 的并行编程原理与设计以及 Linux 的设计实现内涵有深入的理解。作者对 DIM-SUM 操作系统的设计实现有详细的分析描述，初步看来，DIM-SUM 操作系统与 Linux 类似，但有其自身的特点。目前我还没有看到 DIM-SUM 源代码并在系统中运行 DIM-SUM，等到本书出版和 DIM-SUM 操作系统源代码公开之后，我会进一步学习 DIM-SUM 操作系统。

祝 DIM-SUM 操作系统发展得越来越好，希望更多的人对操作系统感兴趣，并加入 DIM-SUM 操作系统的开源生态中。

清华大学 陈渝

DIM-SUM 操作系统的问世，是作者二十多年的坚持和智慧的结晶。作为这个操作系统诞生的全程见证者，我能体会到作者这份二十多年都未曾更改初心的不易和为此奋斗的艰辛。仅仅这一点，就不是一个常人能轻易做到的。

做操作系统需要情怀、胸怀和能力，可以毫不夸张地说，作者正好符合！如果这个时代选

择不辜负这样一个个有备而来的人，那么中国的操作系统必将走出困局、迎来新生！

操作系统爱好者 巫绪萍

操作系统被誉为 IT 行业的核武器。然而，多年来我们在这方面一直受制于人。

LMOS 和 DIM-SUM 这两个自研操作系统都是为了在这方面有所突破而诞生的。作为同行人，我深知开发一个自研操作系统的难度，因此佩服 DIM-SUM 作者“板凳一坐十年冷”的心态和“虽千万人吾往矣”的勇气和魄力！

DIM-SUM 操作系统以开源、开放的姿态面对大家的质疑和监督，欢迎所有操作系统爱好者参与到它的开发中来，不断呵护它逐渐壮大，成为真正自主、可用、实用的服务器操作系统！

LMOS 发起者、《深度探索嵌入式操作系统》作者 彭东

多年前和宝友一起共事时，我就惊叹于他对时间的精确管理能力和强大的内在驱动力。在繁重的工作之余，他仍有时间钻研操作系统、网络协议并记录大量学习笔记，到现在这一宝贵财富仍然造福于所有有志于学习操作系统内核的开发人员。

DIM-SUM 操作系统是宝友十年如一日地深耕操作系统领域的最新成果，该系统借鉴了一些 Linux 的设计思想，但在很多方面都有原创性的突破。本书既是宝友开发自研操作系统的宝贵经验总结，又是对有志于参与我国开源操作系统项目的黑客们的集结号，绝对不容错过。

VoltDB 数据库专家 鲁阳

前　言

如果说 DIM-SUM 操作系统是一个完美的操作系统，那无疑是一个谎言。如果说 DIM-SUM 操作系统只是大家茶余饭后的谈资，那无疑是另一个谎言。

30 年前，计算机逐渐进入公众的视野。笔者在使用 DOS 操作系统命令的时候，就对操作系统非常好奇，想搞清楚系统如何启动并响应输入的命令。于是在同学的帮助下，笔者将部分 DOS 操作系统文件进行了反汇编，通过阅读汇编代码的方式了解到一些操作系统的知识。

那时很难找到硬件相关的资料，也没有合适的操作系统设计方面的书。因此，笔者对操作系统的探索只能浅尝辄止。

但是，这并没有引起笔者对国内操作系统现状的担忧，因为笔者曾看到一则报道，从 20 世纪 80 年代中期开始，国内就有专家团队在系统性地研发国产操作系统、编译器这样的基础软件。我们只不过是落后一些时日，迟早会有自研操作系统问世的。

在 20 世纪 90 年代，Linux 和 BSD 操作系统慢慢发展成为可用于生产的稳定操作系统。由于这些操作系统是开源的，所以在全球范围内得到了极大的普及，这也间接压缩了自研操作系统的生存空间。

另外，从 20 世纪 80 年代开始，自研的国产操作系统最终都失败了，国内工程技术人员和研究者纷纷开始基于 Linux 开展他们的工作。

进入 21 世纪以后，Linux 在国内发展得如火如荼。虽然“核高基”项目仍然坚持在操作系统领域投入数十亿元人民币，但是从笔者亲身参与的操作系统项目来看，这些项目均以 Linux 为基础，严格来说，并不是从头开始自研的操作系统。

笔者对这样的现状深感忧心，在 2010 年就预测 Android 系统可能会走向封闭，或者限制国内厂商的使用。可惜业界同人对此不以为然，认为国内可以基于 Android 系统持续使用。

从目前的现状来看，谷歌公司已经开始限制国内厂商使用 Android 系统了。这进一步加深了笔者的担忧：如果某一天，我们不能免费使用基于 Linux 的这些开源操作系统，我们是否有替代操作系统可用？

正是这样的忧患意识，促使笔者潜心研究 Linux 开源操作系统。从 2008 年进入中兴通讯操作系统团队开始，在随后的 6 年时间内，笔者利用业余时间认真阅读了《深入理解 Linux 内核》、《深入理解 Linux 网络内幕》、《深入理解 Linux 虚拟内存管理》，以及其他一些与存储、网络相关的内核图书，并做了 2200 页、88 万字的学习笔记，同时翻译并出版了《深入理解并行编程》一书。

在潜心研究 Linux 之时，笔者也尝试编写自研操作系统 DIM-SUM，并在 2018 年完成了第一个版本：HOT-POT 操作系统。业界同人亲切地将这个系统称为火锅操作系统。笔者是四川人，在成都生活了将近 30 年，对火锅有一种亲切感，因此将第一个版本命名为 HOT-POT。

实际上，DIM-SUM 仅仅是一个快速原型操作系统，它可以运行在 ARM 64 的 QEMU 模拟器中。读者可以随便找一台机器，通过 QEMU 模拟器将它运行起来。在这个原型操作系统中，实现了同步与互斥、调度、内存、中断、定时器、块设备、文件系统模块，并且有一个简单的命令行控制台。虽然它的很多思想是借鉴 Linux 的，你甚至可以毫不留情地批评这个操作系统大量抄袭了 Linux，但是笔者可以自豪地声称：DIM-SUM 操作系统进行了重大的代码重构，同时也有不少原创的元素包含在里面。在一线工作的工匠程序员们应该会满含热泪地认同这项工作的艰辛。

本书详细阐述了自研操作系统 DIM-SUM 的设计与实现，提供了在 ARM 64 虚拟机中动手实践 DIM-SUM 及参与 DIM-SUM 开发的方法。本书也针对 DIM-SUM 操作系统的各个模块进行了详细的分析，包括这些模块的设计思路、数据结构定义、关键 API 说明。本书最大的特点是对各个模块的主要函数进行了逐行解释，这样有助于读者深刻理解如何实现一款实用的操作系统。

最后，本书还展望了接下来 10 年 DIM-SUM 操作系统的发展目标，希望最终将 DIM-SUM 发展成可以在服务器系统、桌面系统中实用的自研操作系统。

笔者不能妄言 10 年之后 DIM-SUM 会发展成什么样，但是希望借本书的出版，督促自己不忘初心，沿着自研操作系统的道路坚持走下去。

最后，笔者要表达的一个很重要的观点是：DIM-SUM 不属于某一个公司，当然它更不是个人用来谋私的工具。

DIM-SUM 是属于所有操作系统爱好者的！

谢宝友

2020 年 4 月 25 日

于杭州

读者服务

微信扫码回复 39186：

- 获取博文视点学院 20 元付费内容抵扣券
- 获取本书的下载资源和附录等内容
- 获取更多技术专家分享视频与学习资源
- 加入读者交流群，与更多读者互动

目　录

第 1 章

准备工作

本书详细分析了 DIM-SUM 操作系统的源代码。DIM-SUM 操作系统是本书的作者谢宝友在过去几年中实现的一个操作系统。它的版权遵循 GPL V2 开源软件协议。

由于 DIM-SUM 是一个不断发展中的操作系统，因此本书以其第一个发布的版本为基础进行剖析。其第一个版本的名称是 HOT-POT。以后的版本也可能会被称为"dumpling""noodle"等，总之是我们能够想到的中国食物名称。

1.1 DIM-SUM 简介

HOT-POT 意为火锅，是非常有川渝特色的地方美食。之所以取这个名称，主要有如下原因：

1．四川是作者的故乡，作者来到成都已经有 20 多年了。对这个城市的火锅印象深刻！

2．红通通的火锅，有鲜明的民族烙印，代表了喜庆、热闹、欢快。

3．如果你真的吃过火锅，那么可能忘不了它的辣，一定不会小瞧它，并且久久不能忘怀以至于想要多品尝几次。希望这款操作系统也能带给你这样的感觉。

1.2 DIM-SUM 是什么

1.2.1 DIM-SUM 的第一个版本为什么是 HOT-POT

如果说目前的 DIM-SUM 是一个完美的操作系统，那无疑是一个谎言。但是，如果说这个操作系统就仅仅是一个茶余饭后的谈资，那无疑是另一个谎言。

最基本的，希望它可供操作系统的爱好者学习，我相信这完全没有问题。但是，我的目的不仅如此，更远大的目标是实现一款可以替代 Linux 的服务器操作系统。简而言之，就是一款既可以在生产环境下使用的，也可以在服务器和个人计算机上正常运行的操作系统。当然，这样的一款操作系统必然也能够运行在嵌入式设备中。例如，运行在电视、电表、摄像头、手表，以及其他一些我们能够想象到的嵌入式设备中。

任何心智正常的人，都知道实现这样的操作系统是一件很难的事情。读者可能忍不住想问：为什么你想去做这么一件很难且可能没有什么收益，也许还会让你招致耻笑的笨事呢？难道你真的是一个笨蛋？

我忍不住这样回答：

1．是的，我确实是一个笨蛋。但是古语说得好：聪明人下笨功夫！

2．正如我在《深入理解并行编程》一书的译者序中所说：

20 年前，当我正式成为一名软件工程师的时候，就有一个梦想：开发一款操作系统。那时候，虽然知道 Linux 的存在，但是实在找不到一台可以正常安装、使用 Linux 的 PC。因此只能阅读相关的源代码分析书而不能动手实践。

在浮躁的年代，谈论梦想可能是不合时宜的行为。然而这毕竟真的是我 20 年前的梦想，难道你想让我撒谎？

3．开源软件运动，已经为实现操作系统提供了现实可能性。首先，像 Linux 这样的开源操作系统提供了很好的基础，这样可以从开源软件中学习到不少的技能、方法、设计思路。其次，开源软件允许分散在各地的开发者协同工作，集思广益地开发操作系统。我在 Linux 社区中作为 ARM/ZTE ARCHITECTURE 的 Maintainer，对此深有体会。

4．操作系统是 IT 行业的“核武器”。到目前为止，我们还处于“缺芯少魂”的状态，其中的“魂”就是操作系统。真正核心的软件，需要一代人，甚至几代人耐心地雕琢，而不能寄希望于短时间内产生立竿见影的效果。换句话说，要用“板凳一坐十年冷”的心态来做这件事。有了这样的心态，就不会觉得难。

5．从另一个角度来说：万古长空，一朝风月。任何难事，一旦想要去做，就需要把握当下。空谈误国，实干方能兴邦。即使这件事情很难，但是不动手永远不会有任何结果。况且，我喜欢有挑战性的事情，例如：写一个可用于生产环境的，能够替代 Linux 的服务器操作系统！

目前，DIM-SUM 已经实现了如下功能：

1．ARM 64 QEMU 小系统，含内存、时钟初始化。

2．全局优先级调度模块，调度算法类似于 Linux 实时调度。

3．内存管理模块，包含页面管理、Beehive 分配器。

4．兼容 Linux Ext3 的 LEXT3 文件系统。

5．块设备层实现。

6．集成了 LWIP 网络协议栈。

7．移植了常用的内核态 C 库 API。

8．实现了一个粗糙的命令行控制台。

总之，我认为 HOT-POT 是 DIM-SUM 操作系统的良好起点。在 DIM-SUM 后续的开发过程中，我怀着热切的心情，期待你参与到它的开发中来。

1.2.2 DIM-SUM 欢迎什么

任何建设性对抗性质的建议、稳定“优雅”的代码、BUG 报告、测试、社区建设等，都是 DIM-SUM 所欢迎的！

1.2.3　DIM-SUM 不欢迎什么

我们不欢迎空谈和只会抱怨的人。虽然我们知道 DIM-SUM 并不完善，你有很多指责它的理由，可以指出 DIM-SUM 的不足，但是请同时拿出能优化 DIM-SUM、可以正常运行的代码贡献给 DIM-SUM。

1.3　获得源代码

Paul E.Mckenney 曾经说过："If you want to do cool things, it is necessary to invest large amounts of time learning and (especially!) practicing."

诚哉斯言！

请读者相信我这个 20 年传奇工匠程序员的经验：要深刻地理解像 Linux 操作系统中源代码这样的复杂代码，必须动手实践，对着源代码看书！

本书尽量少粘贴 DIM-SUM 源代码，我保证：我会对本书中出现的源代码进行逐行分析。这是故意为之的，目的是尽量使读者下载源代码并对照着源代码阅读本书。

要获得本书配套源代码，有以下两种方式：

1. 直接通过网页下载。
2. 通过 Git 获取源代码。

1.3.1　通过网页下载源代码

通过网页下载源代码是最简单快捷的方式。下载链接请参阅本书的"读者服务"。

下载好 DIM-SUM 的源代码后，将下载的源代码包命名为 dim-sum.20200616.tar.bz2。为了防止在下载过程中，由于网络原因导致文件损坏，可以验证源代码包的 MD5 值。在 ubuntu 16.04 系统中，可以在命令行控制台上输入如下命令来得到源代码包的 MD5 值：

```
md5sum dim-sum.20200616.tar.bz2
```

正确的 MD5 值应当是：

```
9248ca8c21f3a4988ddba6426c4fdf60
```

关于 DIM-SUM 操作系统的新消息也会通过博客发布，有兴趣的读者可以看看。

通过网页下载源代码，可以满足阅读本书的要求。但是，它满足不了你如下的要求：

1. 获得 DIM-SUM 操作系统最新的源代码。
2. 查阅 DIM-SUM 操作系统的补丁记录。

下一步将讨论如何通过 Git 获得源代码，这也是我推荐的方式。

1.3.2　通过 Git 获取源代码

无论怎样强调 Git 在开源项目中的重要性都不过分。我甚至推荐读者找一本 Git 简明手册仔细阅读。

假设系统中已经安装好 Git 工具，那么就可以通过 git clone 命令获取 DIM-SUM 操作系统的源代码。DIM-SUM 源代码将托管到码云服务器。

这个命令会在当前目录中创建一个名为 dim-sum 的子目录，并将 DIM-SUM 操作系统的代码下载到本地。

小问题 1.1：看起来你是想让读者在 Linux 环境下阅读并调试代码，但在 Linux 环境下阅读代码是否方便？为什么不在书中直接贴出所有代码，你用意何在？

当然，对于大多数读者来说，不仅仅想对照着源代码阅读本书，他们还希望：

1．跟踪 DIM-SUM 的最新版本。

2．查阅 DIM-SUM 的补丁记录，明白每一个补丁的作用，与补丁的作者联系。

3．给 DIM-SUM 提交补丁。

4．在 DIM-SUM 中添加自己的代码。

5．在 PC 上调试 DIM-SUM 的代码。

这样的读者需要仔细阅读接下来的内容。

1.4　搭建调试开发环境

虽然通过上一节的方法获得源代码以后，你将能够顺利地阅读本书，但是有一句话说得很正确：纸上得来终觉浅，绝知此事要躬行。因此强烈建议你按照本节的方法搭建调试开发环境。

1.4.1　安装 ubuntu 16.04

在我的笔记本电脑上安装的操作系统是 ubuntu 16.04，因此可以确保本节中的调试开发环境能顺利地运行在 ubuntu 16.04 系统中。其他的 Linux 版本应该也是可以的，但并不能保证其他版本可以正常工作。

首先，需要下载 ubuntu 16.04 的安装镜像。

视你的开发环境 PC 机 CPU 配置，可以下载不同的安装镜像：

1．64 位 PC。

2．32 位 PC。

在 http://old-releases.ubuntu.com/releases/16.04.3/MD5SUMS 中，有这两个镜像文件的 MD5 值，分别为：

c94d54942a2954cf852884d656224186

610c4a399df39a78866f9236b8c658da

请检查下载文件中的 MD5 值，确保与上面的两个值一致。

小问题 1.2：你已经两次提到 MD5 值了，它有那么重要吗？

有两种方法可以安装 ubuntu 16.04。

1．直接在物理机上安装 ubuntu 16.04。建议找一台 Linux 机器，并使用 dd 命令将镜像烧写到 USB 中，并通过 USB 来安装系统。

2．在虚拟机中安装 ubuntu 16.04。这种方法可以不用将安装镜像烧写到 USB 中。在虚拟机中实际搭建开发环境，其效果和物理机中的是一致的。

ubuntu 16.04 的安装过程比较简单，这里不再详述。

小问题 1.3：可是我没有 Linux 环境，也不知道怎么用 dd 命令来烧写镜像到 USB，怎么办？

为了给 Linux 新手提供便利，后续内容中假设是在虚拟机中安装 ubuntu 16.04 的，并以此为基础搭建调试开发环境。

1.4.2　ubuntu 16.04 环境配置

首先，请配置虚拟机，为它创建两个网卡。

在 Oracle VM VirtualBox 管理器中，通过“设置”→“网络”进入配置界面。

在“网卡 1”选项卡中，选择“启用网络连接”，并在“连接方式”中选择“仅主机（Host-Only）适配器”，在“界面名称”中选择“vboxnet0”。该网卡用于虚拟机与物理机的文件共享连接。

在“网卡 2”选项卡中，选择“启用网络连接”，并在“连接方式”中选择“网络地址转换（NAT）”。该网卡用于虚拟机与互联网的连接。后面将看到，无论是安装软件包，还是通过 Git 下载代码，都需要连接到互联网。

然后启动 ubuntu 16.04 虚拟机，进行如下基本环境配置。

1．打开命令行控制台，在我的环境中，通过按“Ctrl+Alt+T”组合键打开控制台。

2．在命令行控制台中，输入如下命令切换到 root 用户。当然，为了防止误操作损坏系统，也可以不用切换到 root 用户，但是请记得为后续的某些操作添加 sudo 前缀。

```
sudo -s
```

3．在命令行控制台中，输入如下命令更新 APT 仓库：

```
apt-get update
```

这一步可能需要花费数秒甚至数分钟的时间，这是由网络的状态来决定的。

由于还没有正确地配置双网卡，因此虚拟机还不能正确地连接到互联网。这时可以简单地禁用第一个网卡。

4．在命令行控制台中，输入如下命令安装 VIM：

```
apt-get install vim
```

5．编辑/etc/network/interfaces，输入如下内容：

```
# interfaces(5) file used by ifup(8) and ifdown(8)
auto lo
iface lo inet loopback

auto enp0s3
iface enp0s3 inet static
address 192.168.0.98
netmask 255.255.255.0

auto enp0s8
iface enp0s8 inet dhcp
```

其中，enp0s3 是我创建的虚拟机中的内网网卡，用于虚拟机与主机之间的通信，但在实际的机器上可能用的是其他名称，请注意调整。192.168.0.98 是该网卡的地址，请根据实际配置进行调整。

enp0s8 则是我创建的虚拟机中的外网网卡，用于虚拟机与互联网之间的通信，在实际的机器上可能用的是其他名称，请注意调整。

编辑并保存/etc/network/interfaces 文件后，请运行如下命令重启网络服务，使配置生效：

```
/etc/init.d/networking restart
```

最后，运行如下命令创建 DIM-SUM 根目录：

```
mkdir /hot-pot
```

小问题 1.4：一定要在根目录下创建 HOT-POT 目录吗？使用其他的目录名称可以吗？

1.4.3 搭建编译环境

首先，建议在 ubuntu 16.04 中安装 Git 工具。在命令行控制台中输入如下命令开始安装：

```
apt-get install git
```

命令执行完毕后，在命令行控制台中输入如下命令验证 Git 工具是否被正确安装：

```
git --version
```

如果看到如下控制台输出，则表示 Git 工具安装成功：

```
git version 2.7.4
```

然后将 dim-sum.20200616.tar.bz2 解压，获取其中的源代码和编译工具：

```
tar xvjf dim-sum.20200616.tar.bz2
```

解压后，使用 ls -al 命令可以看到如下输出：

```
总用量 24
drwxr-xr-x  4 baoyou root   4096 1月  30 10:06 .
drwxr-xr-x 19 baoyou baoyou 4096 1月  30 11:36 ..
-rwxr-xr-x  1 root   root    200 1月  30 09:42 c2_gbk.sh
-rwxr-xr-x  1 root   root    236 1月  30 09:41 c2_utf8.sh
drwxr-xr-x 21 baoyou baoyou 4096 1月  30 11:49 src
drwxr-xr-x  4 root   root   4096 1月  30 11:36 toolchains
```

其中，c2_gbk.sh 脚本文件用于将 src 目录中的源代码转换为 gbk 编码，这样方便读者在 Source Insight 工具中浏览文件内容。

c2_utf8.sh 脚本用于将 src 目录中的源代码转换为 utf-8 编码，这样方便读者在 Linux 环境中浏览文件内容。

src 目录是 DIM-SUM 的源代码目录。

toolchains 目录是工具链目录，其中包含两个工具链，分别用于编译 DIM-SUM 及调用专用工具链。

接着，在控制台中输入如下命令，检查工具链是否能够正常运行：

```
./toolchains/aarch64-linux-gnu/bin/aarch64-linux-gnu-gcc --version
```

如果在控制台中看到如下输出，那么恭喜你：

```
aarch64-linux-gnu-gcc (GCC) 4.9.3
Copyright (C) 2015 Free Software Foundation, Inc.
This is free software; see the source for copying conditions.  There is NO
warranty; not even for MERCHANTABILITY or FITNESS FOR A PARTICULAR PURPOSE.
```

最后，在命令行控制台中输入如下命令，确认 GDB 工具是否正常：

```
./toolchains/gcc-linaro-5.3/bin/aarch64-elf-gdb -v
```

是不是迫不及待地想为 HOT-POT 编译出一个可以运行的版本？请接着看下一节。

1.4.4　编译 HOT-POT

编译 HOT-POT 的方法很简单。首先进入 src 目录，然后运行下面的编译命令：

```
make ARCH=arm64 QEMU_defconfig
make ARCH=arm64 EXTRA_CFLAGS="-g -D__LINUX_ARM_ARCH__=8 -DCONFIG_QEMU=1"
CROSS_COMPILE=`pwd`/../toolchains/aarch64-linux-gnu/bin/aarch64-linux-gnu
- Image dtbs
```

如果你编译过 Linux 源代码，就应该对上面的命令非常熟悉。该命令位于脚本 build.sh 中。如果在控制台中看到如下输出信息，则表示编译成功：

```
  CC      usr/shell/sh_symbol.o
  CC      usr/shell/sh_task.o
  CC      usr/shell/sh_memory.o
  CC      usr/shell/sh_register.o
  LD      usr/shell/built-in.o
  LD      usr/built-in.o
  LD      vmlinux.o
  MODPOST vmlinux.o
WARNING: modpost: Found 20 section mismatch(es).
To see full details build your kernel with:
'make CONFIG_DEBUG_SECTION_MISMATCH=y'
  GEN     .version
  CHK     include/generated/compile.h
  UPD     include/generated/compile.h
  CC      init/version.o
  LD      init/built-in.o
  LD      .tmp_vmlinux1
  KSYM    .tmp_kallsyms1.S
  AS      .tmp_kallsyms1.o
  LD      .tmp_vmlinux2
  KSYM    .tmp_kallsyms2.S
  AS      .tmp_kallsyms2.o
  LD      vmlinux
  SYSMAP  System.map
  SYSMAP  .tmp_System.map
  OBJCOPY arch/arm64/boot/Image
  Kernel: arch/arm64/boot/Image is ready
```

目前，HOT-POT 借用了 Linux 的编译框架，因此输出的符号表文件仍然是“vmlinux”，正如上面代码中“LD vmlinux”一行所示。当然，如果你能够提交一个补丁来修正这些问题，我们会非常感激你。

小问题 1.5：你为什么不详细解释一下编译命令，就像大多数书中所做的那样？

在命令行控制台中输入如下命令，查看 HOT-POT 镜像是否生成成功：

```
ls arch/arm64/boot/Image -al
```

预期的结果大概是这样的：

```
-rwxrwxr-x 1 xiebaoyou xiebaoyou 1066496 5月  21 10:07 arch/arm64/boot/Image
```

小问题 1.6：生成的镜像竟然超过 1MB？

1.4.5 运行 HOT-POT

要运行 HOT-POT，需要安装 QEMU，这免除了购买单板的需要。在命令行控制台中，输入如下命令：

```
apt-get install qemu
```

安装完成后，使用如下命令确认成功安装 QEMU 模拟器：

```
qemu-system-aarch64 --version
```

应当会在命令行控制台中看到如下输出：

```
qemu emulator version 2.5.0 (Debian 1:2.5+dfsg-5ubuntu10.28), Copyright (c)
2003-2008 Fabrice Bellard
```

在源代码目录下运行如下命令，就可以在 QEMU 中启动 HOT-POT：

```
sudo qemu-system-aarch64 -machine virt -cpu cortex-a53 -m 512 -kernel arch/
arm64/boot/Image -drive file=./disk.img,if=none,id=blk -device virtio-blk-
device,drive=blk -device virtio-net-device,netdev=network0,mac=52:54:00:4a:
1e:d4 -netdev tap,id=network0,ifname=tap0 --append "earlyprintk console=
ttyAMA0 root=/dev/vda rootfstype=ext3 init=/bin/ash rw ip=10.0.0.10::10.
0.0.1:255.255.255.0:::off"
```

实际上，也可以在源代码目录下运行 run.sh 来启动 HOT-POT。

现在看到的应该是如下所示的窗口：

```
QEMU
compat_monitor0 console
QEMU 2.5.0 monitor - type 'help' for more information
(qemu)
```

别急，按“Ctrl+Alt+2”组合键看看。激动人心的界面应当出现了，如下图所示：

```
QEMU
Mounted devfs on /dev
LWIP-1.4.1 TCP/IP initialized.
xby_debug in __cpu_launch, 1.
xby_debug in psci_launch_cpu, pa is 000000004015a020.
xby_debug in __cpu_launch, 2.
xby_debug in psci_launch_cpu, pa is 000000004015a020.
xby_debug in __cpu_launch, 3.
xby_debug in psci_launch_cpu, pa is 000000004015a020.

[dim-sum@hot pot]# xby_debug in task2, enter
xby_debug in task1, enter
```

在这个界面中按下“Enter”键，并输入 ls 命令，将看到如下所示的界面：

小问题 1.7：如果我想看看前面的输出，那该怎么办？

看起来大功告成，但是似乎还缺少了一点什么。

1.4.6 开始调试

在前面的步骤中，已经将 GDB 调试工具解压到工具链目录中，其具体地址如下：

```
../toolchains/gcc-linaro-5.3/bin/aarch64-elf-gdb
```

现在是时候用到它了。

首先，应当换一种方式启动 HOT-POT，使用如下命令：

```
sudo QEMU-system-aarch64 -machine virt -cpu cortex-a53 -m 512 -s -S -kernel
arch/arm64/boot/Image -drive file=./disk.img,if=none,id=blk -device virtio-
blk-device,drive=blk -device virtio-net-device,netdev=network0,mac=52:54:
00:4a:1e:d4 -netdev tap,id=network0,ifname=tap0 --append "earlyprintk console=
ttyAMA0 root=/dev/vda rootfstype=ext3 init=/bin/ash rw ip=10.0.0.10::10.0.
0.1:255.255.255.0:::off"
```

请注意该命令中的“-s –S”参数，它会暂停 HOT-POT 的运行，并等待 GDB 调试。

实际上，也可以在源代码目录下运行 qemu.run 脚本来开始调试。

在命令行控制台中，按“Ctrl+Shift+T”组合键启动一个新的控制台，我们称之为“调试控制台”。在调试控制台中，进入源代码目录，输入如下命令启动 GDB，准备开始调试 HOT-POT：

```
../toolchains/gcc-linaro-5.3/bin/aarch64-elf-gdb vmlinux
```

在（gdb）提示符下，输入如下命令，连接到 QEMU：

```
target remote localhost:1234
```

现在的调试控制台看起来是这样的：

```
(gdb) target remote localhost:1234
Remote debugging using localhost:1234
0x0000000040000000 in ?? ()
```

在（gdb）提示符下，输入“c”命令，启动 HOT-POT。然后切换到 QEMU 窗口，看看 HOT-POT 是不是已经正常启动了。

接下来，在调试控制台中，按“Ctrl+C”组合键，暂停 HOT-POT 的运行，并在（gdb）提示符下输入“bt”命令，查看 HOT-POT 当前停留在什么地方？看起来应当是这样的：

```
(gdb) bt
#0  cpu_do_idle () at arch/arm64/kernel/processor.S:12
#1  0xffffffc0000a8538 in default_powersave () at kernel/sched/idle.c:15
#2  0xffffffc0000a85e8 in default_idle () at kernel/sched/idle.c:27
#3  0xffffffc0000a863c in cpu_idle () at kernel/sched/idle.c:48
#4  0xffffffc0001780c4 in start_master () at init/main.c:96
#5  0x0000000040090240 in ?? ()
Backtrace stopped: previous frame identical to this frame (corrupt stack?)
```

当然了，在调试控制台中可以使用所有 GDB 调试命令，进行诸如单步跟踪、查看变量、查看寄存器、查看堆栈、切换 CPU、汇编单步等操作。

小问题 1.8：在调试 Linux 内核时，我无论是用 KGDB，还是用 QEMU，发现在单步跟踪时都会杂乱无章地跳转，有些变量值也看不到。但在 HOT-POT 中不会这样，作者有什么办法？

1.5　向 DIM-SUM 操作系统提交补丁

想修改 DIM-SUM 的代码，并把它合入 DIM-SUM 的 Git 仓库吗？试着给 DIM-SUM 操作系统提交补丁吧。维护 DIM-SUM 操作系统的人使用的都是汉语，沟通起来完全没有问题，并且他们都不是外星人，你不用觉得他们凶巴巴的。

1.5.1　心态

Paul 在《深入理解并行编程》一书第 11.1.2 节中说过，验证和测试工作都需要良好的心态。应当以一种破坏性的，甚至带一点仇恨的心态来验证代码，有时也应当考虑到：不少人的生命都和代码的正确性息息相关。总之，心态对事情的成败有重要的影响。

你在向 DIM-SUM 提交补丁之前，请保持如下正确的心态：

1．撇开 DIM-SUM 不谈，我们的代码可能会影响不少人的生命，所以为任何项目编写代码，都一定要细心。

2．悲观地说，如果补丁做得不好，会影响自己的声誉，并且得不到足够的关注，最终会导致补丁没有被采纳。

3．乐观地说，DIM-SUM 的维护者、开发者一般都比较友好。

4．更进一步乐观地说，你提交的高质量的补丁可能会为你带来良好的声誉、满意的工作。

如果你和我一样，有着近乎自大的自信，想要在操作系统方面做出一些成绩，请仔细阅读后面的章节。

1.5.2　准备工作

跃跃欲试想要提交补丁的读者，一定已经熟悉 Linux 开发环境了。在此，我假设你已经安装好 Linux 和 Git。

1．配置 Git 用户名和邮箱

在配置用户名的时候，建议“名在前，姓在后”，并且第一个拼音字母大写。例如，我的用户名是 Baoyou Xie。

在配置邮箱时，请使用有意义的邮箱名，而不要使用纯数字邮箱名。

以下是我的配置：

```
xiebaoyou@ThinkPad-T440$ git config -l | grep "user"
user.email=baoyou.xie@aliyun.com
user.name=Baoyou Xie
```

2．配置 sendemail

你可以手动修改~/.gitconfig 或者 Git 仓库下的.git/config 文件，添加[sendemail]节。该配置用于指定发送补丁时用到的邮件服务器参数。

以下是我的配置，仅供参考：

```
[sendemail]
        smtpencryption = tls
```

```
smtpserver = smtp.aliyun.com
smtpuser = baoyou.xie@aliyun.com
smtpserverport = 25
```

配置完成后，请用如下命令向自己发送一个测试补丁：

```
git send-email your.patch --to your.mail --cc your.mail
```

3. 下载源代码

如果仅仅是为了阅读本书，而不想向 DIM-SUM 提交补丁，那么使用 Git 直接从 DIM-SUM 主分支拉取代码就行了。

从 Git 服务器下载源代码后，可以随时使用如下命令更新主分支代码：

```
git fetch origin master
```

但是，如果想参与到 DIM-SUM 的开发中，那么就需要从多个 Git 分支拉取代码。这是因为：主分支代码并不一定是最新的，如果基于这个代码制作补丁，很有可能不会顺利地合入维护分支。换句话说，如果你的代码分支没有与维护者的保持一致，那么维护者有时会将补丁发回给你，要求你重新制作。所以，一般情况下，你需要再用以下命令添加其他分支：

```
git remote add tag-name git-url
```

其中，tag-name 是你为分支添加的别名，git-url 是 DIM-SUM 分支的 URL 路径。

随时可以使用如下命令更新分支代码：

```
git fetch tag-name
```

随着 DIM-SUM 的发展，不同的模块会由不同的维护者来维护。这些维护者会有自己的代码分支。你可以在 DIM-SUM 源代码目录的 MAINTAINERS 文件中找到相应文件的维护者，及其 Git 地址。

MAINTAINERS 文件的格式与 Linux 中的 MAINTAINERS 文件的格式类似。例如，在 Linux 内核中，watchdog 模块的信息如下所示：

```
WATCHDOG DEVICE DRIVERS
M:      Wim Van Sebroeck <wim@iguana.be>
R:      Guenter Roeck <linux@roeck-us.net>
L:      linux-watchdog@vger.kernel.org
W:      http://www.linux-watchdog.org/
T:      git git://www.linux-watchdog.org/linux-watchdog.git
S:      Maintained
F:      Documentation/devicetree/bindings/watchdog/
F:      Documentation/watchdog/
F:      drivers/watchdog/
F:      include/linux/watchdog.h
F:      include/uapi/linux/watchdog.h
```

代码仓库的链接地址也包含在其中。

4．阅读 Documentation/SubmittingPatches 文件

认真阅读这个文件，对正确制作补丁来说很重要。

5．使用如下命令检出源代码

```
git branch mybranch remote-branch
```

这个命令表示将 remote-branch 远程分支作为本地 mybranch 分支，作为工作的基础。在这个分支上制作补丁，更容易被维护者合入。

使用如下命令切换为本地 mybranch 分支：

```
git checkout  mybranch
```

接下来，就可以修改本地代码，开始制作补丁了。

1.5.3　制作补丁

参与 DIM-SUM 的开发，可以从简单的事情入手。例如：

1．消除编译警告。

2．整理编码格式，例如注释里面的单词拼写错误、对齐不规范、代码格式不符合社区要求。

Linux 社区里面的很多大牛就是从消除 Linux 内核警告开始参与 Linux 开发的。下面举一个简单的格式整理例子。

在 kernel/sched/core.c 的第 192~193 行，其代码看起来如下所示：

```
192                 next = list_first_container(&sched_runqueue_list[idx],
193                                               struct task_desc, run_list);
```

其中，第 193 行存在两个问题：

1．该行包含了 84 个字符，其中每个 Tab 键占用 8 个字符空间，代码超过了 80 个字符的限制。

2．没有与上一行对齐，排版太难看了。

删除该行前面几个 Tab 键，使其看起来如下所示：

```
192                 next = list_first_container(&sched_runqueue_list[idx],
193                         struct task_desc, run_list);
```

修改完成后，在控制台输入如下命令将补丁提交到本地 Git 仓库：

```
git commit -a
```

然后使用如下命令生成补丁文件：

```
git format-patch -s -v 1 -1
```

生成的补丁文件内容如下：

```
cat v1-0001-.patch
From d75a0cea3945d79176645ce17748aebd5701a07e Mon Sep 17 00:00:00 2001
From: Baoyou Xie <baoyou.xie@aliyun.com>
Date: Mon, 21 May 2018 14:29:45 +0800
Subject: [PATCH v1] =?utf-8?q?=E8=B0=83=E5=BA=A6=EF=BC=9A=E6=95=B4?=
 =?utf-8?q?=E7=90=86=E4=BB=A3=E7=A0=81=E6=A0=BC=E5=BC=8F?=
MIME-Version: 1.0
Content-Type: text/plain; charset=utf-8
Content-Transfer-Encoding: 8bit

在 core.c 第 193 行，代码超过了 80 个字符，并且与上一行没有正确地对齐，因此应该删除其中多
余的 Tab 键。本补丁删除这些多余的 Tab 键以满足代码格式规范。
```

```
Signed-off-by: Baoyou Xie <baoyou.xie@aliyun.com>
---
 kernel/sched/core.c | 2 +-
 1 file changed, 1 insertion(+), 1 deletion(-)

diff --git a/kernel/sched/core.c b/kernel/sched/core.c
index 3faa53c..c93df0d 100755
--- a/kernel/sched/core.c
+++ b/kernel/sched/core.c
@@ -190,7 +190,7 @@ need_resched:
        next = idle_task_desc[smp_processor_id()];
    else
        next = list_first_container(&sched_runqueue_list[idx],
-                                   struct task_desc, run_list);
+           struct task_desc, run_list);

    /**
     * 在什么情况下，二者会相等？
--
2.7.4
```

难道制作一个补丁就这么简单？现在可以将它发送给维护者了吗？

答案当然是否定的。这个补丁有如下问题：

1. 没有彻底解决模块中的同类问题。

2. 补丁格式不正确。

首先应当将补丁退回。使用如下命令退回：

```
git reset HEAD~1
```

1.5.4 制作正确的补丁

实际上，在向维护者发送补丁之前，应对补丁进行检查，如下所示：

```
./scripts/checkpatch.pl your.patch
```

对于刚才生成的补丁，会得到如下错误：

```
WARNING: Possible unwrapped commit description (prefer a maximum 75 chars per
line)
#10:
在 core.c 第 193 行，代码超过了 80 个字符，并且与上一行没有正确地对齐，因此应该删除其中多
余的 Tab 键。本补丁删除这些多余的 Tab 键以满足代码格式规范。

total: 0 errors, 1 warnings, 8 lines checked
```

错误在于：补丁描述行太长了，应当折行，使每一行少于 75 个字符。再次使用如下命令提交补丁：

```
git commit -a
```

在提交补丁的时候，注意修改补丁描述，使其满足格式规范。反复制作补丁并使用 checkpatch.pl 检查其正确性，直到消除了所有警告为止。当然，极个别的警告是允许存在的。

使用 checkpatch.pl 仅仅能检查格式规范方面的错误。但是一个正确的补丁远不止格式正确这么简单，它还应该满足如下要求：

1．在一般情况下，同一个补丁只修改同一个模块的代码。

如果必须同时修改多个模块中的代码，那么应该让所有模块的维护者同意，并确定由其中某一个维护者合入补丁。这种情况仅仅是特例。

但是怎么确定某个文件属于哪一个模块？应当查看 MAINTAINERS 文件，其中有一个例子：

```
内核同步与互斥
M:      Baoyou Xie <baoyou.xie@aliyun.com>
L:      kernel@dim-sum.cn
T:      git https://code.csdn.net/xiebaoyou/hot-pot.git core/locking
S:      Maintained
F:      kernel/locking/
```

可以看出，kernel/locking 目录下的所有代码均属于“内核同步与互斥”模块。

2．同一个补丁仅仅解决一个独立的问题。

不要试图在同一个补丁中解决多个问题。例如，既消除一个编译警告，又整理一行代码。

小问题 1.9：但是，消除编译警告和整理代码都仅仅修改了一行代码，并且位于同一个文件之中，这样也不能将它们制作到同一个补丁中吗？如果不能，请告诉我正确的做法。

3．同一个补丁必须完整地解决一个问题。

换句话说，不能将一个问题分拆到多个补丁中去。正如前一个例子所述，需要在一个补丁中将整个模块的格式全部整理完毕。如果补丁太大，可以考虑按照每个文件或者每个功能模块对补丁进行拆分。

4．补丁不要太大，但这不是一个强制要求遵循的规则。

一般来说，一个补丁修改的代码行数不要超过 200 行。不过此规则比较灵活。如果一个单独的问题确实需要修改超过 200 行代码，那么就打破这个规则吧。

要制作一个正确的补丁，还有一个问题比较重要：补丁的标题和描述。

补丁第一行是标题，它首先应当是模块名称。

但是要怎么找到 kernel/sched/core.c 文件属于哪个模块呢？

可以试试下面这个命令，查看 kernel/sched/core.c 文件的历史补丁：

```
root@ThinkPad-T440:# git log kernel/sched/core.c
commit 0521afdc65cec3265827f68d637ed7d8b07061db
Author: Baoyou Xie <baoyou.xie@aliyun.com>
Date:   Mon May 21 14:53:49 2018 +0800

    调度：整理代码格式

    在 core.c 第 193 行，代码超过了 80 个字符，并且与上一行
    没有正确地对齐，因此应该删除其中多余 Tab 键。

    本补丁删除这些多余的 Tab 键以满足代码格式规范。
```

可以看到，kernel/sched/core.c 文件所在的模块名称是“调度”。

其中，第一行是标题，在模块名称后面是补丁标题，应当简单、清楚地表明了补丁的内容。当然，标题可以超过 80 个字符。

随后的内容是补丁描述符，要清楚地描述：

1．为什么要制作这个补丁。

2．这个补丁是如何实现的。

当然了，模块的维护者可能对补丁描述有额外的要求，你可能也有需要特殊说明的地方，可以将它们都补充在描述中。这有点像写作文，既要求条理清楚，又没有成规。

1.5.5 发送补丁

在发送补丁前，需要用脚本再次检查一下补丁，确保其正确：

```
./scripts/checkpatch.pl your.patch
```

如果想要一次性生成并发送多个补丁，可以使用如下命令生成补丁：

```
git format-patch -s -v1 HEAD~2
```

在我的环境中，上述命令生成了两个补丁：

```
v1-0001-DIM-SUM-Good-Start.patch  v1-0002-.patch
```

然后用 checkpatch.pl 检查这两个补丁：

```
./scripts/checkpatch.pl v1-*.patch
```

一切无误，可以准备将补丁发送给维护者了。

但是应该将补丁发送给谁？这可以用 get_maintainer.pl 来查看：

```
root@ThinkPad-T440:# ./scripts/get_maintainer.pl v1-*.patch
"GitAuthor: Baoyou Xie" <baoyou.xie@aliyun.com>
(authored:2/1=100%,added_lines:522/522=100%,removed_lines:1/1=100%)
```

接下来，可以用 git send-email 命令发送补丁：

```
git send-email v1-*.patch --to baoyou.xie@aliyun.com --cc baoyou.xie@aliyun.com
```

需要注意分辨，哪些人应当作为邮件接收者，哪些人应当作为抄送者。在本例中，补丁是属于实验性质的，可以不抄送给邮件列表账户。

提醒：你应当将补丁先发送给自己，检查无误后再发送出去。如果你有朋友在 Linux 社区有较高的威望，有补丁走查的经验，或者深度参与了 DIM-SUM 的开发，那么也可以抄送给他，在必要的时候，也许他能给你一些帮助。这有助于将补丁顺利地合入 DIM-SUM。

重要提醒：本章讲述的主要是实验性质的补丁，用于让你熟悉提交补丁的流程。真正重要的补丁可能需要经过反复修改后才能合入 DIM-SUM。并且，这需要你反复阅读本书后面章节中对 DIM-SUM 内核的代码分析。最重要的一点是，需要你熟练掌握 DIM-SUM 的代码。

1.6 获得帮助

如果你在下载源代码、搭建环境、调试、提交补丁的过程中遇到问题，可以通过如下途径获得帮助：

1．通过 Git 更新源代码，并关注根目录下的 hot-pot.readme 文件来了解最新的帮助方式。

2．关注“操作系统黑客”公众号并留言。

3．关注我的博客。

4．向 baoyou.xie@aliyun.com 发邮件来获取帮助。

1.7 提醒

我尽量将本书写得通俗易懂，以方便初学者入门，但是，要真正深入地理解任何一门学问，都需要花费大量的时间，做大量身体力行的练习，并且深入思考。因此，本书会提出一些让读者深入思考的小问题。这些小问题值得你在多次阅读本书后认真回答。如果你真的想知道答案，请阅读博文视点官网上本书下载资源中的答案。但是我得提醒你，不要试图直接翻阅答案。我阅读了不少技术书，真正优秀的书都注重激发读者思考的习惯。

第 2 章

算法基础

DIM-SUM 借鉴了 Linux 中成熟的算法代码，例如链表、散列表、红黑树、基树等。经过多年的稳定运行，这些代码已经证明了其可靠性，没有必要重写相关代码。

本章重点描述这些算法的实现方法及使用示例。

2.1 链表

在常见的 C 语言教材中，一般是在结构体中定义指向结构体的指针，以实现单向链表、双向链表、循环链表等。但是，Linux 和 DIM-SUM 与此最大的不同是，抽象出链表数据结构，并定义完整的操作链表的 API。

DIM-SUM 定义的链表结构不包含数据域，只需要两个指针完成链表的操作。要使用链表时，将其嵌入相应的数据结构中即可。当然，要通过链表指针找到它所嵌入的数据结构，就需要借助 container_of 宏了。

container_of 宏的实现原理，请读者自行查阅相关资料。

双向链表的定义如下所示：

```
1 struct double_list {
2     struct double_list *next, *prev;
3 };
```

无论是链表对象，还是链表中的节点对象，都是用 double_list 结构来表示的。

小问题 2.1：可以将链表对象和节点对象定义为两个数据结构吗？

小问题 2.2：与常见 C 语言教材中的实现相比，DIM-SUM 中的实现有什么优点和缺点？

双向链表的实现代码位于 include/dim-sum/double_list.h 中，其实现过程比较简单，其代码分析过程就留给读者作为练习了。

双向链表的 API 及其功能描述如下表所示：

API 名称	功 能 描 述
LIST_HEAD_INITIALIZER	静态初始化一个链表对象
list_init	将链表对象初始化为一个空链表
list_is_empty	判断链表是否为一个空链表
list_insert_front	将链表节点插入链表头部
list_insert_behind	将链表节点插入链表尾部
list_del	将链表节点从链表中删除
list_del_init	将链表节点从链表中删除，并将删除的节点重新初始化
list_move_to_front	将链表节点移动到链表头部
list_move_to_behind	将链表节点移动到链表尾部
list_combine_front	将两个链表合并，并且第一个链表位于前面
list_combine_behind	将两个链表合并，并且第一个链表位于后面
list_combine_behind_init	将两个链表合并，并且第一个链表位于后面，然后将第一个链表对象初始化为空链表
list_container	将链表节点对象转换为包含该节点的数据结构对象，也就是找到链表节点对象所在的数据结构
list_first_container	找到链表中第一个节点对象所在的数据结构
list_last_container	找到链表中最后一个节点对象所在的数据结构
list_next_entry	找到数据结构链表中下一个链表节点对象
list_prev_entry	找到数据结构链表中上一个链表节点对象
list_for_each	循环遍历链表中每一个链表节点
list_for_each_prev	循环遍历链表中每一个链表节点，从后向前遍历
list_for_each_safe	循环遍历链表中每一个链表节点，在遍历过程中允许删除当前节点
list_for_each_prev_safe	循环遍历链表中每一个链表节点，在遍历过程中允许删除当前节点，从后向前遍历

小问题 2.3：为什么不将 list_for_each_safe 和 list_for_each 合并为一个 API？这样看起来更“优雅”。

实际上，理解链表实现的最好的办法是，阅读其源代码并看看 DIM-SUM 中使用链表的示例代码。

2.2 散列表

DIM-SUM 的散列表并没有沿用 Linux 中的实现。细心的读者可以阅读 Linux 中的散列表实现，并与 DIM-SUM 中的实现进行对比。

在 DIM-SUM 中，使用 hash_list_bucket 数据结构来定义散列桶链表头，其定义如下所示：

```
1 struct hash_list_bucket {
2     struct double_list head;
3 };
```

实际上，散列桶链表头就是一个简单的双向链表对象。

同样地，也可使用双向链表节点对象来实现散列表节点，其定义如下所示：

```
1 struct hash_list_node {
2     struct double_list node;
3 };
```

小问题 2.4：为什么不描述一下散列表的原理？

小问题 2.5：DIM-SUM 为什么不照搬 Linux 的散列表实现？这样做有什么优点和缺点？

散列表的实现代码位于 include/dim-sum/hash_list.h 中，其实现过程比较简单，其代码分析过程就留给读者作为练习了。

散列表的 API 及其功能描述如下表所示：

API 名称	功能描述
hash_list_init_bucket	初始化散列桶对象
hash_list_init_node	初始化散列节点对象
hash_node_is_hashed	判断散列节点是否位于散列表中
hash_node_is_unhashed	判断散列节点是否没有位于散列表中
hlist_is_empty	散列桶是否为空
hlist_del	将散列节点从散列桶中删除
hlist_del_init	将散列节点从散列桶中删除，并将散列节点重新初始化
hlist_add_head	将散列节点添加到散列桶头部
hlist_add_before	将散列节点添加到已有节点前面
hlist_add_behind	将散列节点添加到已有节点后面
hlist_entry	找到散列节点所在的数据结构
hlist_for_each	遍历散列桶中所有的散列节点
hlist_container	找到散列节点所在的数据结构
hlist_first_container	找到散列桶中第一个散列节点所在的数据结构
init_hash_list	初始化一个散列表
lock_hash_bucket	获得散列桶的锁
unlock_hash_bucket	释放散列桶的锁

小问题 2.6：为什么只有散列桶和散列节点对象，而没有定义散列表对象？

小问题 2.7：lock_hash_bucket 和 unlock_hash_bucket 还没有实现？

2.3 红黑树

可以简单地认为，红黑树是一种平衡二叉树，其时间复杂度为 $O(\log N)$。

作为经典的数据结构，有很多资料描述了红黑树的原理及其实现，因此本书并不打算复述这些内容，有兴趣的读者可自行查阅相关资料。

DIM-SUM 并没有实现一种全新的红黑树，而是简单地借鉴了 Linux 中的实现。当然，由于 DIM-SUM 以 GPL 协议发布，因此这样的借鉴是有益的，并且不违反版权约定。

红黑树实现代码位于 include/dim-sum/radix-tree.h、lib/radix-tree.c 中。本节并不准备详细讲解红黑树的实现，而是通过示例来阐述红黑树的使用方法。

在定时器模块中，使用红黑树来对系统中未到期的定时器进行排序。

为了实现定时器的插入、删除、遍历，在定时器数据结构中定义了两个字段：

```
1 struct timer
2 {
```

```
3    ......
4    struct rb_node rbnode;
5    struct double_list list;
6    ......
7 }
```

其中，rbnode 字段表示红黑树节点对象。通过此节点对象，将定时器加入队列红黑树中。

list 字段表示双向链表节点对象，通过此节点对象将定时器加入队列链表中。

将定时器插入队列红黑树中的代码如下所示：

```
 1 static void __timer_insert(struct cpu_timer_queue *queue, struct timer
*time   r)
 2 {
 3    struct rb_node **link = &queue->rbroot.rb_node;
 4    struct rb_node *parent = NULL, *rbprev = NULL;
 5    while (*link) {
 6       parent = *link;
 7       entry = rb_entry(parent, struct timer, rbnode);
 8       if (timer->expire < entry->expire)
 9          link = &(*link)->rb_left;
10       else {
11          rbprev = parent;
12          link = &(*link)->rb_right;
13       }
14    }
15    rb_link_node(&timer->rbnode, parent, link);
16    rb_insert_color(&timer->rbnode, &queue->rbroot);
17    ......
18 }
```

其中，第 3 行定义的临时节点二级指针指向当前查找过程中的临时节点对象。

第 4 行定义了父节点指针和前序节点指针。

第 5 行开始遍历红黑树中的节点。

第 6 行将上一次循环中的临时节点对象赋给 parent 对象指针。

第 7 行获得了父节点所在的定时器对象。

第 8 行判断要插入的定时器超时时间是否小于当前父节点对象的超时时间。如果要插入的定时器对象早于当前节点对象，就在第 9 行将临时节点设置为左节点，即从左节点开始继续查找。

否则在第 11 行设置前向节点指针为当前父节点对象，并在第 12 行将临时节点移动到右节点。

第 5~14 行的代码是红黑树查找的模板。可以复制本段代码，将第 7 行的判断条件略加修改，这样就可以实现任意对象的插入操作了。

第 15~16 行的代码完成了最后的插入操作，主要是维护红黑树节点之间的链接关系，并进行红黑树翻转操作，以维护红黑树的平衡。

调用 rb_erase 函数可以简单地实现红黑树节点的删除操作，相关的参考示例可以参见 __timer_dequeue 函数。

小问题 2.8：细心的读者会发现，定时器模块是通过遍历双向链表的方式实现遍历操作的，并没有调用 rb_next 来遍历红黑树，这是为什么？

对红黑树的循环遍历及查找操作就留给读者作为练习了。

2.4 基树

DIM-SUM 完全借鉴了 Linux 中的基树实现。当然，欢迎有兴趣的读者能够提交补丁，将相应的代码重构，甚至使用更有效率、更“优雅”的代码来替换目前的实现代码。

基树是将对象描述符与 long 整型键值相关联的机制，其存储、查询效率优于红黑树。

小问题 2.9：在 arm 64 系统中，可以将 128 位整型数据与对象描述符关联吗？

基树最广泛的用途是管理文件页面缓存。在每一个文件节点的描述符中都有一个基树，用于维护文件地址空间中哪些页面位于页面缓存中及哪些页面没有位于页面缓存中。

基树用数据结构 radix_tree_root 来表示，其定义如下所示：

```
1 struct radix_tree_root {
2     unsigned int        height;
3     int         gfp_mask;
4     struct radix_tree_node  *rnode;
5 };
```

其中，height 字段表示基树的当前深度，不包含叶子节点。

名为 gfp_mask 的字段是在为新节点请求内存时所用的内存分配标志。

名为 rnode 的字段指向树中第一层节点。

基树节点用 radix_tree_node 数据结构表示，其定义如下所示：

```
1 struct radix_tree_node {
2     unsigned int    count;
3     void        *slots[RADIX_TREE_MAP_SIZE];
4     unsigned long   tags[RADIX_TREE_TAGS][RADIX_TREE_TAG_LONGS];
5 };
```

其中，count 字段表示节点中非空指针数量的计数器。

名为 slots 的字节是一个包含 64 个指针的数组，这些指针指向对象描述符，例如文件缓存页面描述符。

名为 tags 的字段是对象描述符的标志数组。对于页面缓存描述符来说，tags[0]数组是脏标记，tags[1]数组是写回标记。

基树的 API 及其功能描述如下表所示：

API 名称	功 能 描 述
RADIX_TREE_INIT	初始化静态基树对象
RADIX_TREE	定义静态基树对象
INIT_RADIX_TREE	初始化基树对象
radix_tree_insert	在基树中插入整型键值/对象描述符
radix_tree_lookup	根据整型键值搜索对象描述符
radix_tree_delete	根据整型键值删除对象描述符
radix_tree_gang_lookup	搜索一定数量的对象描述符，常用于遍历基树

细心的读者可以阅读 mm/page_cache.c 文件中的源代码，该文件是很好的学习基树用法的示例。

小问题 2.10：在 mm/page_cache.c 文件中，pgcache_find_page 函数在调用 radix_tree_lookup 函数时处于自旋锁的保护之中，可以不使用锁吗？

第 3 章

计数与互斥同步

在多核系统中，甚至在单核系统中，计数都不是一个可以忽略的简单问题。实际上，它是一个真正的大问题，需要读者对计算机硬件，特别是 CPU 缓存，有一定的理解。

同步和互斥是操作系统正常运行的基础。在多任务操作系统中，有大量运行中的任务同时存在。同步和互斥主要用于保护这些任务对共享资源的访问，以及运行时序的同步。这是多任务编程中的基本问题。除了任务的同步与互斥外，在操作系统设计中还面临另一个重要问题，即中断与任务上下文之间的同步。

互斥主要用于任务/CPU 核之间对共享资源的保护。当某个任务/CPU 核在临界区中运行时，其他的任务/CPU 核就不能进入临界区中运行，只能等到该任务/CPU 核离开临界区后才可以进入临界区。一个最典型的例子是，防止多个任务同时对某个全局变量进行递增操作。

同步则是指不同任务之间的若干程序片段，它们的运行必须严格按照规定的先后次序。一个简单的例子是生产者/消费者模型，只有生产者准备好数据以后，通过同步机制通知消费者，才能继续进行下一步操作。

一般来说，可以使用同步机制来实现互斥原语。在 Linux 和 DIM-SUM 操作系统中，可以使用信号量来实现互斥/同步操作。但是，却不能使用互斥原语来实现同步操作。

很显然，可以通过互斥原语来实现对计数器的访问，但是在操作系统中，还需要更复杂的手段，以保证系统的扩展性和性能。随后将详细解释 DIM-SUM 操作系统中的计数。

3.1 计数

在《深入理解并行编程》一书中，作者 Paul E. McKenney 故意给出一个简单的但却是错误的计数示例：

```
1  long counter = 0;
2
3  void inc_count(void)
4  {
5    counter++;
6  }
```

```
 7
 8  long read_count(void)
 9  {
10    return counter;
11  }
```

在多核笔记本电脑中，在多个 CPU 中并发调用上亿次 inc_count，然而最终 counter 计数器的值竟然只有 5000 多万，丢失了一半的计数！

小问题 3.1：不可能，你的笔记本电脑（哦，错了，是 Paul 的笔记本电脑）应该是 x86 系统的吧，在 x86 系统中，递增操作不是“一条”汇编指令吗？

3.1.1 计数的难题

上述示例严重违反常理，以至于你会产生质疑，以为我在此胡言乱语。不仅仅对于操作系统新手，甚至对于从事操作系统工作多年的老手来说，这个质疑或多或少都可能存在。

想要真正理解操作系统的底层构造，你还必须接受另一个离奇的事实。下面看一个例子。

假设系统中存在 4 个 CPU，其中，CPU 0 反复地对全局变量进行递增操作，从 0 递增到 10000。CPU 1～3 在同一时刻读取变量的值。进一步假设，CPU 1 读取到值 1234，那么 CPU 2/3 读取到的值是什么？

按照直觉来说，CPU 2/3 也应当同时读取到 1234 这个值。然而事实并非如此，这两个 CPU 可能读取到 1000，也可能读取到 1001。更反直觉的是，CPU 2 可能读取到 1001 而 CPU3 可能读取到 1000。

对这两个例子的更进一步论述已经属于另一门学问了，对此感兴趣的读者，可以阅读《深入理解并行编程》一书。

一个好消息是：这两个例子对于操作系统设计来说，虽然很重要，但仅仅是对构造底层的操作系统原语很重要，而这些原语已经由 DIM-SUM 实现。读者在参与 DIM-SUM 操作系统的开发时，只需要使用，而不需要重新实现这些底层原语。

3.1.2 精确计数器

精确计数器类似于 Linux 中的原子变量，它可以对全局计数器进行原子地增加或者减少操作，其实现源代码位于 include/dim-sum/accurate_counter.h、arch/arm64/include/asm/accurate_counter.h 和 arch/arm64/lib/accurate_counter.c 中。

3.1.2.1 精确计数器的数据结构

精确计数器的数据结构定义如下所示：

```
1 struct accurate_counter {
2     long counter;
3 };
```

该结构是如此简单，以至于你会怀疑是否值得出现在本书中。

小问题 3.2：counter 字段为什么不是 int 类型的？

小问题 3.3：为什么没有在 counter 字段声明中加上对齐指示？

3.1.2.2　精确计数器 API

精确计数器提供的 API 及其功能描述如下表所示：

API 名称	功 能 描 述
accurate_read	读取精确计数器的值
accurate_set	设置精确计数器的值
accurate_inc	递增精确计数器的值，并返回递增后的结果
accurate_dec	递减精确计数器的值，并返回递减后的结果
accurate_add	增加精确计数器的值，并返回增加后的结果
accurate_sub	减少精确计数器的值，并返回减少后的结果
accurate_add_test_negative	增加精确计数器的值。如果结果为负数，则返回 true，否则返回 false
accurate_sub_and_test_zero	减少精确计数器的值。如果结果为 0，则返回 true，否则返回 false
accurate_dec_and_test_zero	递减精确计数器的值。如果结果为 0，则返回 true，否则返回 false
accurate_inc_and_test_zero	递增精确计数器的值。如果结果为 0，则返回 true，否则返回 false
accurate_add_ifneq	如果精确计数器的值不等于参数 u，则增加精确计数器的值，并返回 true，否则返回 false
accurate_inc_not_zero	如果精确计数器的值不等于 0，则增加精确计数器的值，并返回 true，否则返回 false
accurate_cmpxchg	将精确计数器的值与参数 old 进行比较，如果相等，则设置其值为 new
accurate_xchg	将精确计数器的值设置为 new，并返回其旧值

3.1.2.3　精确计数器的实现

accurate_read 和 accurate_set 的实现如下所示：

```
1 static inline long accurate_read(struct accurate_counter *l)
2 {
3     return ACCESS_ONCE(l->counter);
4 }
5
6 static inline void accurate_set(struct accurate_counter *l, long i)
7 {
8     l->counter = i;
9 }
```

第 3 行的 ACCESS_ONCE 能够确保：在生成汇编代码的时候，编译器会强制生成从内存中读取变量值的代码，而不会过度优化，使用该行语句之前的汇编代码中临时保存在寄存器中的值。对编译器有兴趣的读者可以深入研究一下该关键字的原理。

accurate_set 看起来更简单，它的作用是简单地对精确计数器进行赋值。

小问题 3.4：accurate_set 的实现有问题，这里为什么没有内存屏障，甚至没有 ACCESS_ONCE？

小问题 3.5：accurate_read 的 ACCESS_ONCE 也无法保证“原子”读取的语义？

小问题 3.6：假设 accurate_read 返回的值是 a，此时系统中精确计数器中 counter 字段的值到底是 a 还是其他的什么值？

accurate_inc、accurate_dec、accurate_add、accurate_sub、accurate_sub_and_test_zero、accurate_dec_and_test_zero、accurate_inc_and_test_zero、accurate_add_test_negative 的实现简单明了，更多

的细节请读者自行查阅相关代码。

下面是 accurate_add_ifneq 的实现代码：

```
 1 static inline long accurate_add_ifneq(struct accurate_counter *l, long a, long u)
 2 {
 3     long c, old;
 4 
 5     c = accurate_read(l);
 6     while (c != u && (old = arch_accurate_cmpxchg(l, c, c + a)) != c)
 7         c = old;
 8 
 9     return c != u;
10 }
```

在第 5 行，函数首先获得精确计数器的当前值赋值变量 c。

在第 6 行，进行如下判断：

1. 精确计数器的值与参数 u 不相等，这应该是普遍的情况。

2. 将精确计数器与新值进行比较并交换，获取精确计数器的旧值并与临时变量 c 进行比较。这是为了确保在比较并交换的过程中，精确计数器的值没有被其他过程所修改。

在一般情况下，第 6 行的判断都会由于第二个条件而退出，但是如果在比较并交换的过程中，真的有其他过程将精确计数器的值修改了，就会执行第 7 行并继续循环。

小问题 3.7：有一个问题需要提出来：第一个条件存在的意义到底是什么？

第 7 行将精确计数器的当前值赋值给变量 c。

在第 9 行，如果函数成功地增加了精确计数器的值，则返回 true，否则返回 false。

所有的 API 都依赖与体系结构相关的实现函数：arch_accurate_add、arch_accurate_sub、arch_accurate_xchg、arch_accurate_cmpxchg。对于 ARM 64 架构来说，这些函数的实现位于 arch/arm64/lib/accurate_counter.c 中。

读者需要仔细分析这些函数的实现。下面以 arch_accurate_add 为例，来看看这些函数的实现到底有什么地方需要注意。arch_accurate_add 函数的代码如下所示：

```
 1 long arch_accurate_add(long i, struct accurate_counter *v)
 2 {
 3     unsigned long tmp;
 4     long result;
 5 
 6     asm volatile("// arch_accurate_add\n"
 7         "1: ldxr    %0, %2\n"
 8         "   add %0, %0, %3\n"
 9         "   stlxr   %w1, %0, %2\n"
10         "   cbnz    %w1, 1b"
11             : "=&r" (result), "=&r" (tmp), "+Q" (v->counter)
12             : "Ir" (i)
13             : "memory");
14 
15     smp_mb();
16     return result;
17 }
```

第 1 行是函数定义，该函数的功能是将参数 i 原子地增加到精确计数器 v 中，并返回精确计数器的新值。

第 6 行声明了汇编代码块，其中 volatile 指示编译器：汇编代码块不能与前后相邻的汇编代码进行优化，需要原封不动地保留汇编代码块的原貌。“//”后面的 arch_accurate_add 是汇编注释，这样可以在汇编调试时看到函数名称，易于跟踪调试。

第 7 行的汇编代码将精确计数器的 counter 字段值加载到 result 变量中。需要读者注意，此处的 ldxr 是 ARM 64 架构的排他装载指令。该指令与 stlxr 配对使用，类似于 mips 架构中的链接加载/条件存储指令对。

小问题 3.8：到底该怎么样来理解 ldxr/stlxr 指令对？

第 8 行将参数 i 的值添加到临时变量 result 中。

第 9 行将 result 的值保存到精确计数器的 counter 字段中。排他存储的结果存放在 tmp 变量中。

第 10 行查看排他存储的结果。如果在第 9 行的排他存储过程中发生了如下行为，将跳转到第 7 行进行重试：

1. 其他 CPU 同时在更新精确计数器的值，产生了冲突。
2. 在第 8~9 行之间，产生中断。

第 11 行声明了输出部的寄存器变量。要理解这一句话，需要读者对 gcc 汇编器的原理有所了解。要想了解相关的背景知识请参阅其他书。简单地说，在输出部中声明的变量，其寄存器会被汇编块所修改，以指示汇编器的编译行为。

第 12 行声明了汇编块的输入部。由于在整个汇编块中没有修改变量 i 的值，因此可以放心地将其声明在输入部。

第 13 行的声明告诉汇编器，相应的汇编块对内存进行了更新，破坏了内存中的内容，因此不能将代码块后面的语句与前面的语句进行编译乱序。

小问题 3.9：第 13 行的语句真的有用吗？有谁在工程实践中遇到过相关问题？

第 15 行的内存屏障确保在 SMP 系统中，能在其他 CPU 核上看到本 CPU 中正确的内存顺序。

小问题 3.10：作者在说什么，某些版本的 Linux 就没有 smp_mb 这一行。难道你比 Linus 还聪明？

第 16 行简单地返回了精确计数器的新值。

小问题 3.11：显然，精确计数器是通过一个循环来实现的。这里会不会存在“饥饿现象”？

小问题 3.12：为什么不将 arch_accurate_sub 实现为如下形式？现有的实现不太符合《代码整洁之道》一书中所讲的编程原则。

```
1 long arch_accurate_sub(long i, struct accurate_counter *v)
2 {
3     return arch_accurate_add(-i, v);
4 }
```

3.1.3　近似计数器

3.1.3.1　近似计数器的设计原理

精确计数器虽然能够确保计数器的值准确而无疑义，但这是以牺牲性能为前提的，主要有如下可能导致性能损失的地方：

1．精确计数器在进行计数时使用了一个循环语句块。这样的循环会生成条件判断和分支跳转的代码。这样的代码不能充分发挥 CPU 指令流水线的最大性能。

2．排他装载/条件存储指令需要在多 CPU 之间传递电信号。与普通的寄存器数据访问指令相比，这样的指令所消耗的指令周期至少多一个数量级。

3．内存屏障指令需要与 CPU 内的写缓冲进行交互，并影响 CPU 之间的内存一致性。它既难用，也影响性能。

从另一方面来说，某些场景并不需要严格准确的计数。例如，一段时间内的接收/发送的报文数量、系统已经使用的内存页数量等。对于这样的统计值，计数误差保持在几十之内，并不影响系统的正常使用。

为此，近似计数器应运而生。

近似计数器的原理就是避免使用重量级的排他装载/条件存储指令对，而是使用每 CPU 变量来保存每个 CPU 中的计数值。调用者在修改计数值的时候，只会修改本 CPU 的计数值。

当然，这会带来一个问题：近似计数器在所有核中的全局计数值难于计算。这包含两个方面的问题：

1．全局计数值计算起来比较复杂。

2．难于获得全局计数值的精确值。

3.1.3.2 近似计数器的数据结构

近似计数器的数据结构定义如下所示：

```
1 struct approximate_counter {
2     struct smp_lock lock;
3     long count;
4     long *counters;
5 };
```

其中字段的含义如下：

1．lock 字段用于保护近似计数器本身。

2．count 字段表示近似计数器的全局计数值。

3．Counters 字段表示每 CPU 变量指针。

小问题 3.13：为什么 counters 字段是每 CPU 变量指针，而不是每 CPU 变量？

3.1.3.3 近似计数器 API

近似计数器提供的 API 接口及其功能描述如下表所示：

API 名称	功 能 描 述
approximate_counter_init	对近似计数器进行初始化
approximate_counter_destroy	对近似计数器进行销毁
approximate_counter_mod	修改近似计数器的值
approximate_counter_read	读取近似计数器的值
approximate_counter_read_positive	读取近似计数器的值，并确保结果为正数
approximate_counter_inc	将近似计数器的值加 1
approximate_counter_dec	将近似计数器的值减 1

3.1.3.4　近似计数器的实现

近似计数器的实现代码位于 include/dim-sum/approximate_counter.h 和 kernel/count/approximate_counter.c 中。

approximate_counter_init 和 approximate_counter_destroy 函数的实现如下所示：

```
 1 inline void approximate_counter_init(struct approximate_counter *fbc)
 2 {
 3     smp_lock_init(&fbc->lock);
 4     fbc->count = 0;
 5     fbc->counters = alloc_percpu(long);
 6 }
 7
 8 static inline void approximate_counter_destroy(struct approximate_counter
*fbc)
 9 {
10     free_percpu(fbc->counters);
11 }
```

第 3 行初始化近似计数器的自旋锁。

第 4 行将近似计数器的全局计数值设置为 0。

第 5 行分配一个类型为 long 的每 CPU 变量，并将每 CPU 变量指针赋值给 counters 字段。

approximate_counter_destroy 函数的第 10 行表示释放近似计数器所使用的每 CPU 变量。

小问题 3.14：实际上，近似计数器的当前版本没有考虑分配每 CPU 变量失败的情况，应该怎么来完善它？

近似计数器的读取函数实现如下所示：

```
 1 static inline long approximate_counter_read(struct approximate_counter
*fbc)
 2 {
 3     return fbc->count;
 4 }
 5
 6 static inline long approximate_counter_read_positive(struct
approximate_counter *fbc)
 7 {
 8     long ret = fbc->count;
 9
10     barrier();      /* Prevent reloads of fbc->count */
11     if (ret > 0)
12         return ret;
13     return 1;
14 }
```

approximate_counter_read 函数的第 3 行简单地返回了近似计数器的全局计数值。

approximate_counter_read_positive 函数的第 8 行首先获取近似计数值的当前值。

第 10 行的编译屏障可以确保：第 11～12 行并不会重新加载近似计数器的全局计数值并返回全局计数值。实际上，approximate_counter_read_positive 函数确保返回值是正数，如果意外地返回近似计数器的全局计数值，结果可能为 0 或者负数。

小问题 3.15：调用者既然想要调用 approximate_counter_read_positive 函数，那么该计数器一

定代表了某个正数的统计值，例如处于某种状态的人员数量。为什么计数器的 count 字段会成为负数，因而需要在这里小心地处理？

如果第 11 行判断全局计数值为正数，就在第 12 行将其返回，否则在第 13 行返回 1。这样可以总是确保函数始终返回一个正数。

近似计数器的计数相关函数实现如下所示：

```
 1 static inline void approximate_counter_inc(struct approximate_counter
*fbc)
 2 {
 3     approximate_counter_mod(fbc, 1);
 4 }
 5
 6 static inline void approximate_counter_dec(struct approximate_counter
*fbc)
 7 {
 8     approximate_counter_mod(fbc, -1);
 9 }
10
11 void approximate_counter_mod(struct approximate_counter *fbc, long
amount)
12 {
13     long count;
14     long *pcount;
15
16     pcount = hold_percpu_ptr(fbc->counters);
17     count = *pcount + amount;
18     if (count >= FBC_BATCH || count <= -FBC_BATCH) {
19         smp_lock(&fbc->lock);
20         fbc->count += count;
21         smp_unlock(&fbc->lock);
22         count = 0;
23     }
24     *pcount = count;
25     loosen_percpu_ptr(fbc->counters);
26 }
```

其中，approximate_counter_inc 和 approximate_counter_dec 是对 approximate_counter_mod 的简单封装。

在 approximate_counter_mod 的第 16 行，获得每 CPU 变量的引用。

小问题 3.16：如果不获取每 CPU 变量的引用，会发生什么错误？

第 17 行计算当前 CPU 计数值。

第 18 行判断当前 CPU 计数值，如果计数值过大或者过小，会对全局计数器的准确性带来较大的影响，因此将执行第 19～22 行的代码块。

第 19 行获取近似计数器的自旋锁。

第 20 行更新近似计数器的全局计数值。

第 21 行释放近似计数器的自旋锁。

由于当前 CPU 计数值已经计入全局计数值中，因此第 22 行将当前 CPU 计数值设置为 0。

第 24 行将当前 CPU 计数值设置为临时变量 count 的值。

最后，第 25 行释放每 CPU 变量的引用。

小问题 3.17：获取/释放每 CPU 变量的引用，是否也需要一个全局精确计数器？这难道不会导致精确计数器也变得过于重量级，以至于失去它存在的意义？

小问题 3.18：在中断处理函数中可以调用 approximate_counter_mod 吗？如果可以，应该注意什么？

3.1.4　引用计数

3.1.4.1　引用计数的设计原理

引用计数主要用于存在性保证。下面举一个典型的应用场景的例子。

线程初次打开文件时，会在文件系统的散列表中创建文件节点描述符，并将其引用计数设置为 1。随后的调用者在打开同一个文件时，不会再次创建这样的文件节点描述符，而是简单地将文件节点描述符引用计数加 1。

在每个线程关闭文件对象时，会将文件节点描述符的引用计数减 1。显然，最后一个引用文件节点描述符的调用者有责任释放相应的文件节点描述符。

不同的调用者可以多次打开同一个文件，并且不能确定文件被打开的次数。引用计数的目的，就是跟踪文件描述符的引用计数，确保既不会提前释放描述符，也不会造成内存泄漏。

3.1.4.2　引用计数的实现

引用计数的实现基础是精确计数器。它的数据结构是如此简单：

```
1 struct ref_count {
2     struct accurate_counter count;
3 };
```

引用计数有两个简单的 API：

```
1 void ref_count_init(struct ref_count *ref)
2 {
3     accurate_set(&ref->count, 1);
4 }
5
6 static inline unsigned long get_ref_count(struct ref_count *ref)
7 {
8     return accurate_read(&ref->count);
9 }
```

小问题 3.19：如果在调用 ref_count_init 的同时，另一个线程修改引用计数值会怎么样？

小问题 3.20：get_ref_count 看起来是“原子的”读取值，它读到的到底是什么样的值？这个 API 设计出来的目的是什么？

下面是获取引用计数及释放引用计数的实现代码：

```
1 void ref_count_hold(struct ref_count *ref)
2 {
3     accurate_inc(&ref->count);
4 }
5
```

```
 6 void ref_count_loosen(struct ref_count *ref,
 7     void (*loosen) (struct ref_count *ref))
 8 {
 9     if (accurate_dec_and_test_zero(&ref->count))
10         loosen(ref);
11 }
```

ref_count_hold 函数获取引用计数，它在第 3 行简单将精确计数器加 1。

ref_count_loosen 函数释放引用计数，它在第 9 行将精确计数器减 1。如果引用计数值被递减到 0，则在第 10 行调用回调函数 loosen 释放描述符。

小问题 3.21：ref_count_loosen 的实现有点丑陋，为什么每次释放引用计数时都要传递 loosen 参数？将 loosen 参数直接传递给 ref_count_init，这看起来是一个好主意，实际可行吗？

3.2 内核互斥原语

3.2.1 每 CPU 变量

3.2.1.1 每 CPU 变量为何重要

顾名思义，每 CPU 变量就是为每个 CPU 构造变量的副本。这样，多个 CPU 可以相互操作各自的副本，互不影响。

每 CPU 变量并不是为了使 CPU 或者线程之间互斥。相反地，它是为了减少内核互斥而设计出来的一种原语。

精确计数器为了在所有 CPU 之间维护一个全局的精确计数值，它利用了 CPU 提供的排他加载/条件存储指令对，以及内存屏障这样的重量级 CPU 指令，这严重影响了 CPU 性能。

即使在 x86 这样的体系架构中，也仅仅使用了 lock 前缀的内存操作指令来实现精确计数器，这看起来很简单。然而，这样的实现可能消耗数百个 CPU 周期，与不带 lock 前缀的内存操作指令相比，性能足足下降了两个数量级。

为此，每 CPU 变量避免使用这类消耗巨大的指令或者指令对。它仅仅操作本 CPU 对应的变量，因此避免了在 CPU 之间进行电信号的同步传输，这样极大地提高了性能。

在并行编程的世界中，这被称为“数据所有权”技术。正如 Paul E.Mckenney 在《深入理解并行编程》一书的第 8.6 节所说：数据所有权可能是最不起眼的同步机制。当使用得当时，它能提供无与伦比的简单性、性能和可扩展性。也许它的简单性使它没有得到应有的尊重。

是的，我们应当更加尊重每 CPU 变量这样的数据所有权机制。

3.2.1.2 静态每 CPU 变量的实现

静态每 CPU 变量是指那些全局静态分配的每 CPU 变量。由于在编译期间能够确定这些变量的大小和位置，因此可以将这些变量放到统一的数据段中。与动态每 CPU 变量相比，它能减少动态分配失败的风险，以及获得更好的性能。

实现静态每 CPU 变量的最简单的方法是利用数组。对于每个要访问每 CPU 变量的 CPU，可以使用 CPU 编号为索引来访问这个数组。

然而，这种方法会形成 CPU 缓存的伪共享，这样的伪共享使得每 CPU 变量的性能优势大打折扣，除非将数组的每个元素都进行缓存行对齐。但是这样的对齐操作会带来内存的巨大浪费。

因此，现代操作系统在设计每 CPU 变量这样的机制时，使用了一些小技巧。DIM-SUM 显然也不例外。

在编译阶段，DIM-SUM 会为每 CPU 变量指定一个特殊的 data 段“data..percpu”，段的名称由 PER_CPU_BASE_SECTION 宏确定。在系统加载阶段，DIM-SUM 会将 data..percpu 段复制数份，确保每个 CPU 均有一份副本，如下图所示：

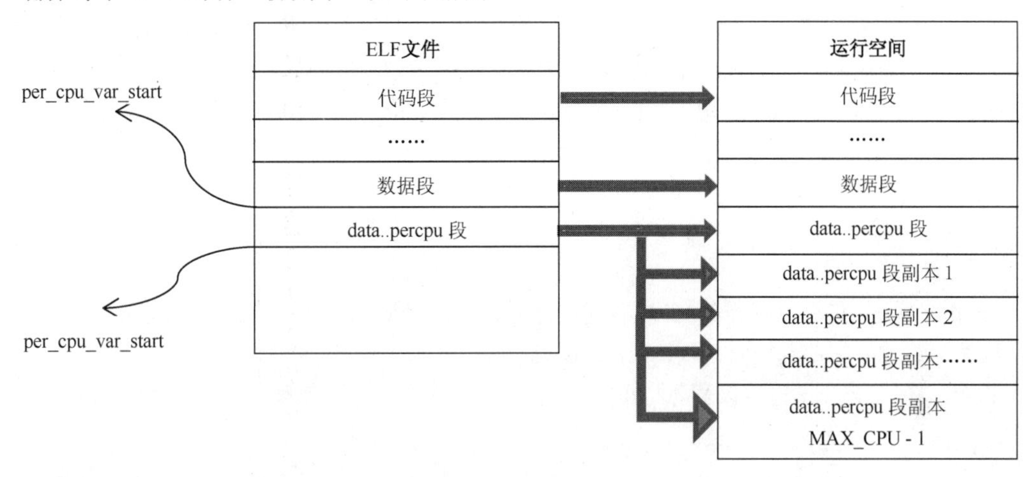

系统加载时，初始化每 CPU 变量的代码如下所示：

```
 1 void __init init_per_cpu_offsets(void)
 2 {
 3     unsigned long size, i;
 4     char *ptr;
 5 
 6     size = ALIGN(per_cpu_var_end - per_cpu_var_start, SMP_CACHE_BYTES);
 7 
 8     ptr = alloc_boot_mem_permanent(size * (MAX_CPUS - 1), /* -1!! */
 9                     SMP_CACHE_BYTES);
10 
11     per_cpu_var_offsets[0] = 0;
12     for (i = 1; i < MAX_CPUS; i++, ptr += size) {
13         per_cpu_var_offsets[i] = ptr - per_cpu_var_start;
14         memcpy(ptr, per_cpu_var_start, per_cpu_var_end -
per_cpu_var_start);
15     }
16 }
```

在函数第 6 行，系统计算 data..percpu 段的长度，并保存到临时变量 size 中。其中，per_cpu_var_start 是 data..percpu 段的起始位置，per_cpu_var_end 是 data..percpu 段的结束位置。

ALIGN 宏将段长度按缓存行长度对齐。这样可以避免 data..percpu 段末端的每 CPU 变量与其他变量共享缓存行，引起缓存行伪共享。

在第 8 行，为第 1~MAX_CPUS 个 CPU 核分配每 CPU 变量副本空间。由于分配的空间比较大，因此使用 alloc_boot_mem_permanent 函数，在启动阶段分配大内存空间。当然，这段内存空间也是以缓存行对齐的。

per_cpu_var_offsets 数组保存了每 CPU 变量副本与 per_cpu_var_start 之间的偏移值。对于 CPU 0 来说，这个偏移值当然为 0。因此第 11 行将元素 0 设置为 0。

在第 12 行，函数进入循环，遍历 CPU 1 ~ MAX_CPUS -1，为每个 CPU 设置其每 CPU 变量副本的偏移值。

第 13 行记录了当前 CPU 的每 CPU 变量副本的偏移值。

第 14 行将 data..percpu 段的内容复制到每 CPU 变量副本中。

在 init_per_cpu_offsets 函数分配完每 CPU 变量副本以后，系统还会在 start_arch 和 start_slave 初始化函数中调用 set_this_cpu_offset 函数。其中，start_arch 函数会在 CPU 0 初始化过程中被调用，start_slave 会在其他 CPU 初始化过程中被调用。set_this_cpu_offset 函数的实现如下所示：

```
1 static inline void set_this_cpu_offset(unsigned long off)
2 {
3    asm volatile("msr tpidr_el1, %0" :: "r" (off) : "memory");
4 }
```

set_this_cpu_offset 仅仅将每 CPU 变量副本地址偏移值设置到 tpidr_el1 寄存器中。

要访问每 CPU 变量，可以调用 per_cpu_var/this_cpu_var 宏。

其中，per_cpu_var 宏可以根据 CPU 编号来访问每 CPU 变量副本，相关的代码如下所示：

```
1 #ifndef per_cpu_var_offsets
2 extern unsigned long per_cpu_var_offsets[MAX_CPUS];
3 #define per_cpu_offset(x) (per_cpu_var_offsets[x])
4 #endif
5
6 #define per_cpu_var(var, cpu) \
7    (*SHIFT_PERCPU_PTR(&(var), per_cpu_offset(cpu)))
```

在第 7 行，该宏首先取得每 CPU 变量的地址，并加上每 CPU 变量副本的偏移值，最终获得 CPU 副本的地址。然后使用*操作符，最终获得每 CPU 变量副本的左值或者右值。

小问题 3.22：per_cpu_var_offsets 是一个数组，要将它用于每 CPU 变量吗？作者是不是在骗人，刚刚不是强调了不能在每 CPU 变量机制中使用数组，否则会产生缓存行伪共享的问题吗？

this_cpu_var 宏可以访问线程所在 CPU 的每 CPU 变量副本，相关的代码如下所示：

```
 1 static inline unsigned long __this_cpu_offset(void)
 2 {
 3    unsigned long off;
 4
 5    asm("mrs %0, tpidr_el1" : "=r" (off) :
 6       "Q" (*(const unsigned long *)current_stack_pointer));
 7
 8    return off;
 9 }
10
11 #define this_cpu_offset __this_cpu_offset()
12
13 #ifndef arch_raw_cpu_ptr
14 #define arch_raw_cpu_ptr(ptr) SHIFT_PERCPU_PTR(ptr, this_cpu_offset)
15 #endif
16
```

```
17 #define this_cpu_var(ptr)                              \
18 ({                                      \
19     __verify_pcpu_ptr(ptr);                            \
20     arch_raw_cpu_ptr(ptr);                             \
21 })
```

在第 19 行，this_cpu_var 宏首先利用编译器审查传入的指针是否真的是每 CPU 变量。

在第 20 行，调用体系架构相关的 arch_raw_cpu_ptr 宏来获得当前 CPU 变量副本地址。

对于 ARM 64 架构中的静态每 CPU 变量来说，当前 CPU 上的所有每 CPU 变量副本偏移地址都是固定的，并且保存在 tpidr_el1 寄存器中。因此__this_cpu_offset 函数在第 5 行简单地返回该寄存器的值即可。

第 6 行中的声明实际上没有真实的意义，然而该行是有必要存在的。这一行编译指示语句可以指示编译器，这里有一个伪装的对 current_stack_pointer 变量的访问，因此具有编译屏障的作用。这可以避免在第 5 行的 asm 语句中使用 volatile 关键字，并允许编译器使用前次调用缓存的 tpidr_el1 寄存器值。

小问题 3.23：this_cpu_var 和 per_cpu_var 的实现有什么奇怪的地方？是否妥当？

最后，我简单描述一下静态每 CPU 变量的定义及声明方法，如下所示：

```
1 #define DECLARE_PER_CPU(type, name)                    \
2     DECLARE_PER_CPU_SECTION(type, name, "")
3
4 #define DEFINE_PER_CPU(type, name)                     \
5     DEFINE_PER_CPU_SECTION(type, name, "")
```

在访问每 CPU 变量副本前，需要调用 hold_percpu_var。相应地，使用完毕以后，也需要调用 loosen_percpu_var，如下所示：

```
1 #define hold_percpu_var(var) (*({                \
2     preempt_disable();                          \
3     &__get_cpu_var(var); }))
4
5 #define loosen_percpu_var(var) do {              \
6     (void)&(var);                               \
7     preempt_enable();                           \
8 } while (0)
```

关键的代码位于第 2、7 行，分别表示关闭、打开抢占。

小问题 3.24：为什么这么复杂，还需要考虑抢占吗？

3.2.1.3 动态每 CPU 变量的实现

除了静态定义每 CPU 变量外，有时候也需要动态分配每 CPU 变量。例如，在动态加载的驱动代码中，需要动态分配每 CPU 变量。

动态每 CPU 变量使用了私有数据结构，调用者不能直接访问该结构：

```
1 struct dynamic_percpu {
2     void *ptrs[MAX_CPUS];
3     void *data;
4 };
```

其中，ptrs 字段保存了每 CPU 变量副本的地址，data 字段暂时未用。

动态每 CPU 变量提供的 API 接口及其功能描述如下表所示：

API 名称	功 能 描 述
alloc_percpu	分配动态每 CPU 变量
free_percpu	销毁动态每 CPU 变量
hold_percpu_ptr	获得动态每 CPU 变量的副本引用
loosen_percpu_ptr	释放动态每 CPU 变量的副本引用

分配动态每 CPU 变量的实现代码如下所示：

```
 1 void *__alloc_percpu(size_t size, size_t align)
 2 {
 3     struct dynamic_percpu *pdata;
 4     int i;
 5 
 6     pdata = kmalloc(sizeof (*pdata), PAF_KERNEL | __PAF_ZERO);
 7     if (!pdata)
 8         return NULL;
 9 
10     for (i = 0; i < MAX_CPUS; i++) {
11         if (!cpu_possible(i))
12             continue;
13         pdata->ptrs[i] = kmalloc(size, PAF_KERNEL | __PAF_ZERO);
14 
15         if (!pdata->ptrs[i])
16             goto oom;
17     }
18 
19     return (void *)(~(unsigned long)pdata);
20 
21 oom:
22     while (--i >= 0) {
23         if (!cpu_possible(i))
24             continue;
25         kfree(pdata->ptrs[i]);
26     }
27     kfree(pdata);
28 
29     return NULL;
30 }
31 
32 #define alloc_percpu(type)   \
33     (typeof(type) __percpu *)__alloc_percpu(sizeof(type), __alignof__(type))
```

第 32 行是 alloc_percpu 的声明。

第 33 行简单地调用了__alloc_percpu 分配动态每 CPU 变量。

第 6 行调用 kmalloc 分配私有动态每 CPU 变量描述符，如果在第 7 行判断分配失败，则在第 8 行返回 NULL。

如果分配成功，则在第 10 行开始循环，为每一个 CPU 分配每 CPU 变量副本。

第 11 行判断 CPU 是否存在，如果不存在则在第 12 行跳转到下一个 CPU 进行处理。

小问题 3.25：竟然还有不存在的 CPU？

第 13 行为当前 CPU 分配每 CPU 变量副本。

第 15 行判断是否分配成功。如果不成功，则跳转到第 21 行释放已经分配的副本。

第 19 行将私有数据结构取反码以后返回给调用者。

小问题 3.26：为什么要在第 19 行取反码后再返回给调用者呢？

free_percpu 是销毁动态每 CPU 变量的接口，其代码实现如下所示：

```
 1 void free_percpu(const void *ptr)
 2 {
 3     struct dynamic_percpu *pdata;
 4     int i;
 5 
 6     pdata = (struct dynamic_percpu *)(~(unsigned long)ptr);
 7     for (i = 0; i < MAX_CPUS; i++) {
 8         if (!cpu_possible(i))
 9             continue;
10         kfree(pdata->ptrs[i]);
11     }
12     kfree(pdata);
13 }
```

第 6 行首先将传入的每 CPU 变量参数取反，获得其私有数据结构。

第 7 行遍历所有 CPU，释放其每 CPU 变量副本。

第 8 行判断当前 CPU 是否存在，如果不存在，则在第 9 行跳转到下一个 CPU 进行处理。

第 10 行释放当前 CPU 的每 CPU 变量副本。

第 12 行释放私有数据结构。

与静态每 CPU 变量类似，调用者应当在访问动态每 CPU 变量之前，调用 hold_percpu_ptr 以获得动态每 CPU 变量的副本引用。在访问完成以后，调用 loosen_percpu_ptr 释放对动态每 CPU 变量的副本引用，如下所示：

```
 1 #define __percpu_ptr(ptr, cpu)                    \
 2 ({                                                \
 3         struct dynamic_percpu *__p =              \
 4                 (struct dynamic_percpu *)~(unsigned long)(ptr); \
 5         (__typeof__(ptr))__p->ptrs[(cpu)];        \
 6 })
 7 
 8 #define hold_percpu_ptr(var) ({                   \
 9     int cpu = get_cpu();                          \
10     __percpu_ptr(var, cpu); })
11 
12 #define loosen_percpu_ptr(var) do {               \
13     (void)(var);                                  \
14     put_cpu();                                    \
15 } while (0)
```

其中，第 9 行调用 get_cpu 获得当前 CPU 编号，并禁止抢占。

第 14 行调用 put_cpu 打开抢占。

3.2.2 自旋锁

3.2.2.1 自旋锁的设计

自旋锁是为了防止多处理器并发而引入的一种锁，它在内核中大量应用于中断处理等内核关键代码路径中。简单地说，它允许 CPU 执行一个反复循环，以等待锁被其他 CPU 释放。

在 glibc 库中，也有类似的自旋锁实现：pthread_spin_lock。

小问题 3.27：细心的读者是否认真阅读过 pthread_spin_lock 的实现代码？它有没有什么 BUG？

DIM-SUM 目前的自旋锁是参考 Linux 排队自旋锁实现的，Linux 排队自旋锁的详情可以参见 Linux 内核文档。

对于简单的自旋锁实现，可用一个整数来表示自旋锁。当为 0 时，表示这个锁是空闲的。要获取锁的 CPU 可以使用原子比较并交换指令将其值置为 1，以表示锁被占用。如果不幸有多个 CPU 同时竞争自旋锁，那么只有其中一个 CPU 能成功执行原子比较并交换指令。这是由硬件来保证的。竞争失败的 CPU 将不得不继续循环重试，直到锁变回可用状态，这些失败的 CPU 重新开始下一轮争抢。

在临界区的代码执行完毕后，锁的持有者会将锁的值设为 0 来释放这个锁。

这种实现效率很高，在没有锁争抢的情况下尤其如此。然而这种方法有一个弊端：它缺少公平性。在锁被释放后，如果有多个等待者争抢自旋锁，有可能第一个等待者并不能立即获得自旋锁。相反地，最后一个等待者可能立即获得锁。并且，这样的不公平性可能会持续发生于某一个 CPU 上，最终导致“饥饿现象”产生。

小问题 3.28：所谓的不公平性，只不过是理论推算而已。不客气地说，就是拍脑袋得出来的结论，硬件设计者难道不会做一些简单的公平性保证吗？

这样的不公平性会导致不可预测的延迟产生。在实时系统中这是不可接受的。

解决这个问题的办法是实现一种“排队自旋锁”。在排队自旋锁中，包含两个 u16 类型的字段，分别是 next 字段和 owner 字段。

如果将排队自旋锁与银行叫号机进行类比，那么 next 字段表示叫号机分发给排队者的号，owner 字段则表示银行工作人员正在服务的号。

next 字段和 owner 字段均被初始化为 0。获取锁的函数首先记录下锁的当前值，然后使用原子操作指令将 next 字段加 1。如果 next 字段在加 1 之前等于 owner 字段，锁就会被当前 CPU 获得。否则 CPU 就会一直循环等待，直到 owner 字段增长到合适的值。

释放锁操作很简单，只需要将 owner 字段加 1 即可。

与简单自旋锁实现相比，排队自旋锁总需要修改 next 字段，因此有一些轻微的开销。但是它带来了公平性和确定性，这样的代价是值得的。

3.2.2.2 自旋锁的数据结构

自旋锁的数据结构如下所示：

```
1 struct arch_smp_lock {
2     u16 next;
3     u16 owner;
4 } __attribute__((aligned(4)));
5
6 struct smp_lock {
7     struct arch_smp_lock lock;
8 };
```

自旋锁由 smp_lock 数据结构来表示。目前，它的实现完全依赖于体系架构，因此只包含一个名为 lock 的 arch_smp_lock 数据结构。当然，也可以试着在里面添加一些新的字段，以实现更多的功能，例如自旋锁死锁检测功能。

arch_smp_lock 数据结构包含两个字段：next 和 owner。其含义已经在之前讲过。

第 4 行的编译指示要求编译器将数据结构进行 4 字节对齐。这是因为自旋锁相关代码需要对该结构进行原子操作。一般来说，硬件设计工程师要求将这样的数据结构进行对齐。该结构大小是 4 字节，因此需要 4 字节对齐。

3.2.2.3　自旋锁 API

自旋锁提供的 API 接口及其功能描述如下表所示：

API 名称	功 能 描 述
SMP_LOCK_UNLOCKED	初始化自旋锁，未锁
smp_lock_init	初始化自旋锁，未锁
smp_lock_is_locked	判断自旋锁是否处于锁定状态
assert_smp_lock_is_locked	自旋锁处于锁定状态的断言
smp_lock	获取自旋锁
smp_lock_irqsave	获取自旋锁，并关闭中断，保存当前中断状态
smp_lock_irq	获取自旋锁，并关闭中断
smp_trylock	试图获得自旋锁，如果成功，则返回 1，否则返回 0
smp_trylock_irqsave	试图获得自旋锁，如果成功，则关闭中断并保存当前中断状态
smp_unlock	释放自旋锁
smp_unlock_irqrestore	释放自旋锁并恢复中断状态
smp_unlock_irq	释放自旋锁，并打开中断

小问题 3.29：smp_lock_is_locked 用于判断自旋锁是否处于锁定状态，这里有一个问题：在判断的过程中，自旋锁可能会被其他 CPU 不停地获取/释放，并且由于缓存一致性，这里的判断结果并不一定可靠，那么这样的 API 有何用处？

3.2.2.4　自旋锁的实现

SMP_LOCK_UNLOCKED、smp_lock_init、smp_lock_is_locked、assert_smp_lock_is_locked 的实现代码如下所示：

```
1 #define __SMP_LOCK_INITIALIZER(lockname)    \
2     {                   \
3         .lock = __ARCH_SMP_LOCK_UNLOCKED,   \
4     }
5
6 #define SMP_LOCK_UNLOCKED(lockname) \
7     (struct smp_lock) __SMP_LOCK_INITIALIZER(lockname)
8
9 static inline void smp_lock_init(struct smp_lock *lock)
10 {
11     *(lock) = SMP_LOCK_UNLOCKED(lock);
12 }
13
```

```
14 static inline int smp_lock_is_locked(struct smp_lock *lock)
15 {
16     return arch_smp_lock_is_locked(&lock->lock);
17 }
18
19 static inline void assert_smp_lock_is_locked(struct smp_lock *lock)
20 {
21     BUG_ON(!smp_lock_is_locked(lock));
22 }
```

SMP_LOCK_UNLOCKED 的实现很简单，仅仅是定义了一个 next、owner 字段均为 0 的数据结构。smp_lock_init 则是将这样的数据结构赋值给自旋锁变量。

smp_lock_is_locked 函数用于判断自旋锁是否被锁定。对于排队自旋锁来说，如果 next、owner 字段相等，则说明自旋锁已经被锁定，反之则未被锁定。

assert_smp_lock_is_locked 是对 smp_lock_is_locked 的简单封装。

smp_lock 函数的实现代码如下所示：

```
 1 static inline void arch_smp_lock(struct arch_smp_lock *lock)
 2 {
 3     unsigned int tmp;
 4     struct arch_smp_lock lockval, newval;
 5
 6     asm volatile(
 7 "   prfm    pstl1strm, %3\n"
 8 "1: ldaxr   %w0, %3\n"
 9 "   add %w1, %w0, %w5\n"
10 "   stxr    %w2, %w1, %3\n"
11 "   cbnz    %w2, 1b\n"
12 "   eor %w1, %w0, %w0, ror #16\n"
13 "   cbz %w1, 3f\n"
14 "   sevl\n"
15 "2: wfe\n"
16 "   ldaxrh  %w2, %4\n"
17 "   eor %w1, %w2, %w0, lsr #16\n"
18 "   cbnz    %w1, 2b\n"
19 "3:"
20     : "=&r" (lockval), "=&r" (newval), "=&r" (tmp), "+Q" (*lock)
21     : "Q" (lock->owner), "I" (1 << TICKET_SHIFT)
22     : "memory");
23 }
24
25 void smp_lock(struct smp_lock *lock)
26 {
27     preempt_disable();
28     arch_smp_lock(&lock->lock);
29 }
```

第 27 行，smp_lock 首先调用 preempt_disable 以关闭抢占。

小问题 3.30：假设在 smp_lock 中，不关闭抢占，会导致什么后果？

在第 28 行，调用体系架构相关的自旋锁获取函数 arch_smp_lock。

体系架构相关的 arch_smp_lock 函数是 smp_lock 的主要实现函数。

第 6 行的 volatile 关键字与第 22 行的 memory 声明一起构成了编译屏障的语义。

第 7 行预取自旋锁的值到缓存行中，以加快后续内存访问指令的执行速度。

第 8 行将自旋锁的值读取到临时变量 lockval 中。

第 9 行将 lockval 的 next 字段加 1，并保存到 newval 中。

第 10 行将 newval 的值存储到 lock 中。请注意这里的条件存储指令，与第 8 行的排他装载指令形成了原子操作指令对。条件存储的结果保存到 tmp 变量中。

第 11 行判断 tmp 的结果是否不为 0，如果不为 0，则表示第 10 行的条件存储不成功。也就是说，有其他 CPU 在并发地修改锁的值，或者在存储过中发生了中断，这两种情况都需要跳转到第 8 行，重新加载自旋锁的值。

如果运行到第 12 行，那么说明已经成功修改自旋锁的 next 字段。该行的 eor 异或指令实际上在比较 lockval 的 next 和 owner 字段是否相等。请注意 ，lockval 中当前的值是自旋锁的旧值。

如果 locakval 的 next 和 owner 字段相等，则说明自旋锁处于未锁定状态。于是第 13 行跳转到第 19 行，也就是退出整个函数。

如果自旋锁已经被锁定，则需要忙等。第 14~15 行的 sev/wfe 指令对向其他 CPU 发送事件并等待事件。这样，当前 CPU 会进入低功耗状态，并等待其他 CPU 在释放自旋锁时将当前 CPU 唤醒到正常状态。

第 16 行，重新加载自旋锁的 owner 字段到 tmp 变量的 owner 字段中。

第 17 行，比较 tmp 的 owner 字段与 next 字段是否相等。

如果不相等，则说明当前 CPU 还不能获得自旋锁，则从第 18 行跳转到第 16 行，继续等待自旋锁。

否则，函数运行到第 19 行，成功获得自旋锁。

释放自旋锁的代码如下所示：

```
 1 static inline void arch_smp_unlock(struct arch_smp_lock *lock)
 2 {
 3     asm volatile(
 4 "    stlrh   %w1, %0\n"
 5     : "=Q" (lock->owner)
 6     : "r" (lock->owner + 1)
 7     : "memory");
 8 }
 9
10 void smp_unlock(struct smp_lock *lock)
11 {
12     arch_smp_unlock(&lock->lock);
13     preempt_enable();
14 }
```

首先，smp_unlock 在第 12 行调用体系架构相关的释放自旋锁操作函数 arch_smp_unlock。

在第 13 行，调用 preempt_enable 函数打开抢占。这与 smp_lock 函数第 27 行对应。

arch_smp_unlock 的实现很简单，其核心是将 lock 的 owner 字段加 1，这样下一个正在等待自旋锁的 CPU 就能顺利地通过 smp_lock 函数了。

小问题 3.31：实际上，arch_smp_unlock 的实现有好几处值得仔细推敲，聪明的读者看出其中的微妙之处了吗？

3.2.3 自旋位锁

3.2.3.1 自旋位锁的设计原理

自旋位锁与自旋锁有类似的地方：均是多个 CPU 竞争同一把锁，如果不成功，就通过自旋的方式，轮询锁状态直到成功获得锁为止。但是二者也有明显的区别，如下所示。

1．在一个自旋锁中，使用 32 位的字段表示锁的状态。而在自旋位锁中，每一个 unsigned long 类型的字段表示 32/64 个位锁，其中，每一位表示一个锁的状态。

2．适用的范围不同。自旋锁是通用的锁，在操作系统中大量使用。而自旋位锁则主要用于文件页缓存状态的锁定操作。

3．实现方式不同。自旋锁可以有多种灵活的实现方式，例如排队自旋锁，因为像排队自旋锁这样的实现需要多个字段记录排队信息和当前叫号信息，所以需要多个二进制位来表示。而自旋位锁只有一位来表示锁状态，因而其实现必然更简单。

简单地说，自旋位锁是为了节省内存空间而实现的一种简单自旋锁。其中，每一位表示一把锁。这是因为文件页缓存数量很大，理论上讲，每一个内存页面都可能需要一把这样的锁。在 1TB 内存的系统中，如果使用传统的自旋锁来跟踪内存页，需要有接近 10GB 的内存用于锁。如果使用自旋位锁，则可以将内存需求缩小到原来的 1/32。这显然是很有价值的事情。

虽然自旋位锁可以节省锁占用的内存空间，但是它仅仅使用一位来表示锁状态，这导致自旋位锁没法实现排队机制，当然也就可能存在“饥饿现象”。幸运的是，在现实世界中，很少会有多个 CPU 同时竞争访问同一页缓存的现象，因此这个缺陷可以被忽略。

可以武断一点地说，自旋位锁的实现更接近于 Linux 早期版本的经典自旋锁实现。在 Linux 早期版本中，仅仅使用自旋锁数据结构中的一位来表示锁的状态，并且不考虑公平性。

自旋位锁的数据结构很简单，可以简单地用 unsigned long 类型的指针及要等待的位编号来表示。

同样地，由于实现自旋位锁需要进行原子操作，这要求锁进行位对齐。

3.2.3.2 自旋位锁 API

自旋位锁提供的 API 接口及其功能描述如下表所示：

API 名称	功 能 描 述
smp_bit_lock	获得自旋位锁
smp_bit_trylock	试图获得自旋位锁。如果成功获得锁，则返回 1，否则返回 0
smp_bit_unlock	释放自旋位锁
smp_bit_is_locked	判断自旋位锁是否处于锁定状态

小问题 3.32：怎么没有类似于 smp_lock_init 这样的初始化锁的接口？

3.2.3.3 自旋位锁的实现

自旋位锁的定义和实现位于 include/dim-sum/smp_bit_lock.h 和 kernel/locking/smp_bit_lock.c 中。

自旋位锁主要是基于位操作函数来实现的。下面先看看最简单的 smp_bit_is_locked 实现：

```
1 static inline int smp_bit_is_locked(int bitnum, unsigned long *addr)
2 {
```

```
3    return test_bit(bitnum, addr);
4 }
```

smp_bit_is_locked 函数简单地调用 test_bit 测试相应的位是否为 1。如果为 1，表示锁已经被获取。

然而这里仍然有两个重要的问题值得深入思考。

小问题 3.33：test_bit 并没有任何编译屏障/内存屏障的东西，作者是不是搞错了？

小问题 3.34：另一个重要的问题是，这个 API 到底是做什么的？

下面来看看最重要的获取/释放接口函数的实现：

```
1 void smp_bit_lock(int bitnum, unsigned long *addr)
2 {
3    preempt_disable();
4    while (unlikely(atomic_test_and_set_bit(bitnum, addr))) {
5       while (test_bit(bitnum, addr)) {
6          preempt_enable();
7          cpu_relax();
8          preempt_disable();
9       }
10   }
11 }
12
13 void smp_bit_unlock(int bitnum, unsigned long *addr)
14 {
15    smp_mb();
16    atomic_clear_bit(bitnum, addr);
17    preempt_enable();
18 }
```

smp_bit_lock 函数在第 3 行调用了 preempt_disable 以关闭抢占。细心的读者已经注意到，所有类似于自旋锁的锁都应当关闭抢占。preempt_disable 相关的实现代码有其微妙之处，这将在第 4 章中阐述。

在第 4 行，原子比较并测试第 bitnum 位。简单地说，atomic_test_and_set_bit 如果发现该位为 1，就表明锁已经被其他 CPU 获取，因此进入第 5 行开始内层循环。如果 atomic_test_and_set_bit 返回 0，则表示锁空闲，并成功地进行原子位设置，将相应的位标记为 1。

这里需要注意的是，atomic_test_and_set_bit 已经包含了编译屏障/内存屏障的相关语义。

在没有产生锁竞争的情况下，第 4 行的循环会直接退出，并退出整个函数。

调用者务必记得：在退出函数后，当前 CPU 已经关闭了抢占，仅仅当调用者释放相应的锁时才会重新打开抢占。因此在实时系统中，应该尽快地释放锁。

如果不幸产生了锁竞争，则进入第 5 行的内层循环。在第 5 行调用 test_bit 进行普通的读操作，轮询相应的位是否仍然为 1。在自旋位锁被其他 CPU 持有期间，会进入第 6 行。

第 6 行会打开抢占。

第 7 行的 cpu_relax()是一个宏，它会调用 yield 指令，以告诉硬件：可以将当前 CPU 释放给其他硬件线程，以提高系统的整体性能。因为当前硬件线程在忙等，不如将 CPU 资源释放给其他硬件线程。

小问题 3.35：对于不熟悉 CPU 架构的读者，是否需要补充一下硬件线程相关背景知识？这里的线程和 posix 线程是两个概念。

第 8 行继续关闭抢占，继续轮询位锁状态。

小问题 3.36：第 6、8 行的打开、关闭抢占比较烦琐，有这个必要吗？自旋锁就没有这些实现。

smp_bit_unlock 的实现比较简单。

首先，它在第 15 行调用 smp_mb 来实现一个全内存屏障，这是锁的语义所要求的。简单地说，这个屏障允许其他 CPU 在看到锁状态变化的时候，能够看到当前 CPU 在锁的保护下对变量的修改。

第 16 行简单地清除了自旋位锁的当前位，这样其他 CPU 就能够获得锁了。

第 17 行打开抢占。这是与第 3 行对应的操作。

smp_bit_trylock 的实现与 smp_bit_lock 的类似，相关的代码分析就留给读者作为练习了。

3.2.4 自旋顺序锁

无论是自旋锁还是自旋位锁，所有的锁申请者都处于同等优先级。换句话说，如果有多个 CPU 在并发地申请锁，那么其中会有一个 CPU 需要等待其他所有 CPU 释放锁。这可能引起该 CPU 长时间在忙等。

然而这种忙等会造成问题。例如，某 CPU 在中断上下文中更新当前时间的时候，如果其他 CPU 在并发地读取当前时间，就会导致当前 CPU 在中断上下文中被延迟。对于更新操作频繁的情况，这样的代价是巨大的。它可能会引起长时间关闭中断，并且导致线程不能得到及时调度。

在这种情况下，应该使用自旋顺序锁。

3.2.4.1 自旋顺序锁的设计原理

自旋顺序锁的设计目的是牺牲读端的性能从而优先保证更新端能够获得锁。

自旋顺序锁的基本设计原理是使用一个名为 sequence 的字段来表示更新端的顺序号。读端必须进行两次判断 sequence 字段，只有当这个字段没有发生任何改变的时候，才表示读端读取到一致的数据。

自旋顺序锁还内嵌自旋锁以防止多个更新端并发地进行更新操作。

3.2.4.2 自旋顺序锁的数据结构

自旋顺序锁的数据结构如下所示：

```
1 struct smp_seq_lock {
2     unsigned sequence;
3     struct smp_lock lock;
4 };
```

其中，sequence 字段表示顺序计数器。每个读端需要在读数据前后读顺序计数器两次。只有在这个值没有变化时，才说明读取到的数据是有效的。

lock 字段是保护自旋顺序锁数据结构的自旋锁。

3.2.4.3 自旋顺序锁 API

自旋顺序锁提供的 API 接口及其功能描述如下表所示：

API 名称	功 能 描 述
SMP_SEQ_LOCK_UNLOCKED	定义一个自旋顺序锁
smp_seq_init	初始化自旋顺序锁
smp_seq_write_lock	获得自旋顺序锁的写锁
smp_seq_write_trylock	试图获得自旋顺序锁的写锁
smp_seq_read_begin	准备开始读数据，实际上是获得当前顺序计数器
smp_seq_read_retry	判断当前顺序计数器是否发生变化

下面举一个简单的读端例子，供读者参考：

```
1 u64 get_jiffies_64(void)
2 {
3     unsigned long seq;
4     u64 ret;
5
6     do {
7         seq = smp_seq_read_begin(&time_lock);
8         ret = jiffies_64;
9     } while (smp_seq_read_retry(&time_lock, seq));
10
11    return ret;
12 }
```

3.2.4.4 自旋顺序锁的实现

自旋顺序锁的初始化 API 很简单，如下所示：

```
1 #define SMP_SEQ_LOCK_UNLOCKED(lockname)          \
2     {                       \
3         .sequence = 0,  \
4         .lock = SMP_LOCK_UNLOCKED(lockname) \
5     }
6
7 static inline void smp_seq_init(struct smp_seq_lock *lock)
8 {
9     lock->sequence = 0;
10    smp_lock_init(&lock->lock);
11 }
```

它仅仅简单地将 sequence 设置为 0，并且初始化 lock 字段为未锁状态。

smp_seq_write_lock、smp_seq_write_unlock 和 smp_seq_write_trylock 是更新端的 API，其实现代码如下所示：

```
1 void smp_seq_write_lock(struct smp_seq_lock *lock)
2 {
3     smp_lock(&lock->lock);
4     lock->sequence++;
5     smp_wmb();
6 }
7
8 void smp_seq_write_unlock(struct smp_seq_lock *lock)
```

```
 9 {
10     smp_wmb();
11     lock->sequence++;
12     smp_unlock(&lock->lock);
13 }
14 
15 int smp_seq_write_trylock(struct smp_seq_lock *lock)
16 {
17     int ret;
18 
19     ret = smp_trylock(&lock->lock);
20     if (ret) {
21         lock->sequence++;
22         smp_wmb();
23     }
24 
25     return ret;
26 }
```

smp_seq_write_lock 函数在第 3 行获得了保护数据结构的自旋锁，以防止多个更新端并发地进入自旋顺序锁的写锁。

第 4 行将更新计数器加 1，此时更新计数器的值应当为奇数。

第 5 行的写屏障可以防止读端在看到顺序计数器的新值之前看到对自旋顺序锁保护的数据结构的更新。以上一节的例子来说，读端在看到 jiffies_64 的新值时，会看到自旋顺序锁计数器的新值。

smp_seq_write_unlock 函数在第 10 行仍然调用写屏障，以确保再次看到第 11 行的新值之前能看到自旋顺序锁保护的数据结构的新值。

第 11 行再次将更新计数器加 1，此时更新计数器的值应当为偶数。

第 12 行释放自旋锁，以允许下一个更新者获得自旋顺序锁的写锁。

smp_seq_write_trylock 的实现类似于 smp_seq_write_lock 的，此处不再详述。

smp_seq_read_begin 和 smp_seq_read_retry 用于读端的 API，其实现代码如下所示：

```
 1 static inline unsigned smp_seq_read_begin(const struct smp_seq_lock *lock)
 2 {
 3     unsigned ret;
 4 
 5     ret = lock->sequence;
 6     smp_rmb();
 7 
 8     return ret;
 9 }
10 
11 static inline int smp_seq_read_retry(const struct smp_seq_lock *lock,
unsigned iv)
12 {
13     smp_rmb();
14     return (iv & 1) | (lock->sequence ^ iv);
15 }
```

smp_seq_read_begin 首先在第 5 行获得更新计数器的当前值。

第 6 行的读屏障可以确保：在看到更新端更新计数器的新值之前，随后对更新端的数据访问将看到更新端对所保护的数据的更新。

第 8 行简单地返回了更新计数器的当前值。

smp_seq_read_retry 的第 13 行仍然是一个读屏障。

在第 14 行，检查更新计数器的值，如果更新计数器的值是奇数，则表示更新端在执行过程中，因此读取到的数据必然是无效的，需要重试。

如果更新计数器的当前值与 smp_seq_read_begin 的返回值不相等，则说明在读端执行过程中，至少经历一次更新端的执行过程。在这种情况下也需要重试。

3.2.5　自旋读/写锁

自旋顺序锁适用于更新端执行频繁而读端执行不频繁的情况。如果更新端执行不频繁而读端执行频繁，则显然不应该使用自旋顺序锁，也不应该使用自旋锁。

此时，自旋读/写锁可以派上用场了。

3.2.5.1　自旋读/写锁的设计原理

自旋读/写锁允许有一个更新端执行。在更新端执行的时候，其他读端或者更新端都必须等待更新端释放写锁。

在没有 CPU 持有自旋读/写锁的写锁时，允许多个读端并发地运行。

自旋读/写锁使用一个 32 位的 int 字段表示锁的状态。其中，第 31 位表示是否有某个 CPU 持有了写锁，第 0~30 位表示读者的个数。

3.2.5.2　自旋读/写锁的数据结构

自旋读/写锁由 smp_rwlock 数据结构表示，其定义如下：

```
1 struct arch_smp_rwlock {
2     volatile unsigned int lock;
3 } __attribute__((aligned(4)));
4
5 struct smp_rwlock {
6     struct arch_smp_rwlock raw_lock;
7 };
```

自旋读/写锁由 smp_rwlock 数据结构表示。该数据结构仅仅包括了体系架构的相关定义。当然，如果希望为自旋读/写锁添加一些有意思的功能，例如调测功能，可以考虑在这个结构中添加附加字段。

arch_smp_rwlock 是体系架构的相关数据结构。对于 ARM 64 来说，其只包含一个名为 lock 的 int 字段。

需要注意的是，为了保证原子操作指令的正确性，这个字段需要 4 字节对齐，因为 lock 字段的长度正好是 4 字节。对齐要求是由第 3 行的编译指示语句来保证的。

3.2.5.3　自旋读/写锁 API

自旋读/写锁提供的 API 接口及其功能描述如下表所示：

API 名称	功 能 描 述
SMP_RWLOCK_UNLOCKED	定义一个自旋读/写锁
smp_rwlock_init	初始化自旋读/写锁
smp_rwlock_can_read	判断是否可以获得自旋读/写锁的读锁
smp_rwlock_can_write	判断是否可以获得自旋读/写锁的写锁
smp_tryread	试图获得自旋读/写锁的读锁
smp_trywrite	试图获得自旋读/写锁的写锁
smp_write_lock	获得自旋读/写锁的写锁
smp_write_lock_irq	获得自旋读/写锁的写锁并关闭中断
smp_read_lock	获得自旋读/写锁的读锁
smp_read_lock_irqsave	获得自旋读/写锁的读锁，并关闭中断，保存当前中断标志
smp_write_lock_irqsave	获得自旋读/写锁的写锁，并关闭中断，保存当前中断标志
smp_read_unlock	释放自旋读/写锁的读锁
smp_write_unlock	释放自旋读/写锁的写锁
smp_write_unlock_irq	释放自旋读/写锁的写锁，并打开中断
smp_read_unlock_irqrestore	释放自旋读/写锁的读锁，并恢复中断标志
smp_write_unlock_irqrestore	释放自旋读/写锁的写锁，并恢复中断标志
smp_tryread_irqsave	试图获得自旋读/写锁的读锁，如果成功就关闭中断并保存中断标志
smp_trywrite_irqsave	试图获得自旋读/写锁的写锁，如果成功就关闭中断并保存中断标志

3.2.5.4 自旋读/写锁的实现

自旋读/写锁的初始化 API 很简单，如下所示：

```
1 #define __ARCH_SMP_RWLOCK_UNLOCKED       { 0 }
2
3 #define SMP_RWLOCK_UNLOCKED(lockname) \
4     (struct smp_rwlock) {   .raw_lock = __ARCH_SMP_RWLOCK_UNLOCKED, }    \
5
6 #define smp_rwlock_init(lock)                  \
7     do { *(lock) = SMP_RWLOCK_UNLOCKED(lock); } while (0)
```

它仅仅是将 lock 字段设置为 0，表示锁状态为未锁状态。

判断自旋读/写锁是否可以读/写的代码也很简单，如下所示：

```
1 #define arch_smp_rwlock_can_read(x)          ((x)->lock < 0x80000000)
2 #define arch_smp_rwlock_can_write(x)         ((x)->lock == 0)
3
4 #define smp_rwlock_can_read(rwlock)      arch_smp_rwlock_can_read
(&(rwlock)->raw_lock)
5 #define smp_rwlock_can_write(rwlock)         arch_smp_rwlock_can_write
(&(rwlock)->raw_lock)
```

如果 lock 字段的值小于 0x80000000，就表示在自旋读/写锁中没有写锁被申请，此时要么只有读者在运行，要么既没有读者也没有更新者在运行。在这两种情况下，都可以被读者申请。

如果 lock 字段为 0，则表示既没有读者也没有更新者在运行，此时允许更新者申请写锁。

smp_read_lock 和 smp_write_lock 用于申请自旋读/写锁的 API，具体实现如下：

```
1 static inline void arch_smp_read_lock(struct arch_smp_rwlock *rw)
2 {
3     unsigned int tmp, tmp2;
4
5     asm volatile(
6     "   sevl\n"
7     "1: wfe\n"
8     "2: ldaxr   %w0, %2\n"
9     "   add %w0, %w0, #1\n"
10    "   tbnz    %w0, #31, 1b\n"
11    "   stxr    %w1, %w0, %2\n"
12    "   cbnz    %w1, 2b\n"
13    : "=&r" (tmp), "=&r" (tmp2), "+Q" (rw->lock)
14    :
15    : "memory");
16 }
17
18 void smp_read_lock(struct smp_rwlock *lock)
19 {
20    preempt_disable();
21    arch_smp_read_lock(&lock->raw_lock);;
22 }
23
24 static inline void arch_smp_write_lock(struct arch_smp_rwlock *rw)
25 {
26    unsigned int tmp;
27
28    asm volatile(
29    "   sevl\n"
30    "1: wfe\n"
31    "2: ldaxr   %w0, %1\n"
32    "   cbnz    %w0, 1b\n"
33    "   stxr    %w0, %w2, %1\n"
34    "   cbnz    %w0, 2b\n"
35    : "=&r" (tmp), "+Q" (rw->lock)
36    : "r" (0x80000000)
37    : "memory");
38 }
39
40 void smp_write_lock(struct smp_rwlock *lock)
41 {
42    preempt_disable();
43    arch_smp_write_lock(&lock->raw_lock);
44 }
```

smp_read_lock 在第 20 行调用了 preempt_disable 以关闭抢占，然后在第 21 行调用体系架构的相关获取读锁函数 arch_smp_read_lock。

arch_smp_read_lock 函数第 6、7 行的指令对会使 CPU 进入低功耗等待模式，直到其他核在释放锁时通过硬件事件寄存器唤醒 CPU。

第 8 行通过排他加载的方式从 lock 字段中加载锁的状态。

第 9 行将当前 lock 字段加 1 后存入 tmp 变量中。

第 10 行测试锁的第 31 位（即写锁标志位）是否为 1。如果为 1，则表示在此期间，某个 CPU 获得了写锁，于是跳转到第 7 行，进入低功耗状态继续等待。否则运行第 11 行。

第 11 行的条件存储指令将 tmp 变量保存到 lock 字段中，即将读者数量加 1。

第 12 行判断第 11 行的条件存储指令是否执行成功。如果成功，则表示对读者的原子计数成功，调用者成功地获得读锁，退出本函数。否则跳转到第 8 行重试。

小问题 3.37：为什么在失败的情况下，第 12 行是跳转到第 8 行而不是第 7 行？

smp_write_lock 函数与 smp_read_lock 类似。它在第 42 行禁止抢占后，调用与系统架构相关的 arch_smp_write_lock 函数获得写锁。

arch_smp_write_lock 函数在第 32 行会判断锁的当前值是否为 0。如果为 0，就表示锁完全空闲，可以授予申请者。该函数的其他逻辑与 arch_smp_read_lock 的类似，这里不再详述。

3.2.6 读/写信号量

前几节中描述的自旋锁、自旋位锁、自旋顺序锁、自旋读/写锁，均是通过 CPU 忙等锁状态变化来实现的。这要求锁保护的数据量小、相应的执行代码能很快地执行完毕，例如在数十微秒内执行完毕，以及时地释放锁，减少锁等待的时间。否则就会出现锁惊群问题，导致大量的 CPU 陷入忙等状态。

自旋类的锁还有一个使用限制，就是不能在持有锁期间睡眠。

小问题 3.38：为什么在持有自旋锁时不能睡眠？

但是某些情况下，确实也有大的数据结构需要保护，持有锁访问这些数据结构的时间也比较长。例如文件页缓存。

也有一些必须睡眠的情况，例如需要等待外部事件。

在这两种情况下，自旋类锁均不适用。

读/写信号量和互斥锁可以用于这种情况。信号量与互斥锁均可以在持有锁期间睡眠，这是它们与自旋锁最重要的区别。

3.2.6.1 读/写信号量的设计原理

读/写信号量将访问者分为更新者和读者。读者在持有读/写信号量期间，只能对所保护的共享资源进行只读访问，否则就被视为更新者。可以有多个读者并发地进入临界区，但是不允许多个更新者并发地进入临界区，也不允许更新者和读者并发地进入临界区。

更新者能够获得读/写信号量的条件是：读/写信号量当前既没有被更新者持有，也没有被任何读者持有。

读者能够获得读/写信号量的条件是：没有更新者持有信号量，并且也没有更新者在等待读者释放信号量。

读/写信号量使用一个名为 count 的整型字段维护信号量的读/写状态，同时使用一个名为 wait_list 的双向链表来保存所有等待获取信号的线程。

3.2.6.2 读/写信号量的数据结构

读/写信号量使用 struct rw_semaphore 数据结构来表示，如下所示：

```
1 struct rw_semaphore {
2       int count;
```

```
3       struct smp_lock wait_lock;
4       struct double_list wait_list;
5 };
```

count 字段表示读/写信号量持有者的信息。当该字段大于 0 时，就表示持有该信号量的读者数量。当该字段等于 0 时，则表示既无更新者，也无读者持有该信号量。当该字段为-1 时，表示有一个更新者持有该信号量。

wait_lock 字段是一个自旋锁，用于保护整个信号量数据结构。

wait_list 字段是一个双向链表，该链表中保存了所有等待该信号量的线程。

3.2.6.3　读/写信号量 API

读/写信号量提供的 API 接口及其功能描述如下表所示：

API 名称	功 能 描 述
RWSEM_INITIALIZER	定义一个读/写信号量
init_rwsem	初始化读/写信号量
down_read	以读者的身份获得读/写信号量
down_read_trylock	试图以读者的身份获得读/写信号量
down_write	以更新者的身份获得读/写信号量
down_write_trylock	试图以更新者的身份获得读/写信号量
up_read	读者释放读/写信号量
up_write	更新者释放读/写信号量
downgrade_write	更新者将自己降级为读者

3.2.6.4　读/写信号量的实现

在详细描述信号量 API 之前，有必要先看看信号量等待描述符：

```
1 struct rwsem_waiter {
2     struct double_list list;
3     struct task_desc *task;
4     unsigned int flags;
5 };
```

该描述符表示位于信号量等待队列中的某个线程。

list 字段被链接进入信号量的 wait_list 字段。这样所有的等待者将形成一个双向链表。

task 字段表示等待信号量的线程描述符。

flags 字段表示等待标志，例如是读者还是更新者。

下面再来看看读者获取读/写信号量的代码：

```
1 void fastcall __sched __down_read(struct rw_semaphore *sem)
2 {
3     struct rwsem_waiter waiter;
4     struct task_desc *tsk;
5
6     smp_lock(&sem->wait_lock);
7
8     if (sem->count >= 0 && list_is_empty(&sem->wait_list)) {
9         sem->count++;
```

```
10         smp_unlock(&sem->wait_lock);
11
12         return;
13     }
14
15     tsk = current;
16     set_task_state(tsk, TASK_UNINTERRUPTIBLE);
17
18     waiter.task = tsk;
19     waiter.flags = WAITING_FOR_READ;
20     hold_task_desc(tsk);
21     list_insert_behind(&waiter.list, &sem->wait_list);
22
23     smp_unlock(&sem->wait_lock);
24
25     for (;;) {
26         if (!waiter.task)
27            break;
28         schedule();
29         set_task_state(tsk, TASK_UNINTERRUPTIBLE);
30     }
31
32     tsk->state = TASK_RUNNING;
33 }
34
35 static inline void down_read(struct rw_semaphore *sem)
36 {
37     __down_read(sem);
38 }
```

down_read 是读者获取信号的 API 接口，它在第 37 行直接调用__down_read 来获得读/写信号量。

__down_read 在第 6 行获得自旋锁，以保护对信号量数据结构的访问。

在第 8 行，判断是否可以直接获取信号量而不必睡眠。需要满足以下两个条件才能直接获得信号量：

1. 信号的 count 值大于等于 0，这表明信号量要么是只被读者所持有，要么没有任何持有者。
2. 等待列表为空，这表示没有任何等待者。

小问题 3.39：如果有等待者，那等待队列会有什么特征？

如第 8 行的条件满足，那么表示读者可以放心地获得信号量。因此在第 9 行将 count 字段加 1，表示一个新的读者到达。

第 10 行简单地释放信号量数据结构的自旋锁，并在第 12 行返回。

如果运行到第 15 行，说明不能直接获得信号量，因而必须等待。

第 16 行首先将线程的状态设置为 UNINTERRUPTIBLE 状态。这样在睡眠过程中，线程将不会被信号所唤醒。虽然目前 DIM-SUM 还不支持信号处理，但是在不远的将来，必然是会支持信号处理的。

第 18~19 行初始化等待描述符，表示当前任务是作为读者在等待信号量的。

第 20 将当前线程的描述符引用计数加 1，表示等待队列对该线程持有了一次引用，以防止线程描述符被意外地释放。

第 21 行将等待描述符添加到信号量的等待队列末尾。

运行到第 23 行，已经完成对信号量数据结构的修改，因而可以安全地释放信号量的自旋锁了。

第 25 行开始的反复循环是处理线程睡眠。

第 26 行判断等待描述符的 task 字段是否为空。如果为空，就表示信号量的持有者释放了信号量，并且将信号量授予给当前线程，因而当前线程可以获得信号量了。

如果当前线程能够获得信号量，则在第 26 行退出循环，结束睡眠等待。

小问题 3.40：为什么要由释放信号量的线程直接将信号量授予当前线程？它直接唤醒等待线程并由线程来竞争锁也是可以的。

第 28 行调用 schedule 函数将当前线程切换出去。

小问题 3.41：如果在第 26 行的判断条件执行完成，但还没有调用 schedule 函数前，其他线程将信号量授予给当前线程，这里会出现 BUG 吗？

运行到第 29 行，说明有其他线程将当前线程唤醒。此时线程的状态是 TASK_RUNNING。但是还不能确定是否真的获得了信号量，因此需要将线程状态设置为 TASK_UNINTERRUPTIBLE，并继续下一次循环。由下一次循环来判断是否真的获得了信号量。

运行到第 32 行，说明当前线程真的获得了信号量，因而可以放心地将当前状态设置为 TASK_RUNNING 并退出函数。

down_write 的处理逻辑与 down_read 类似，但如下流程略有不同：

```
1     if (sem->count == 0 && list_is_empty(&sem->wait_list)) {
2         sem->count = -1;
3         smp_unlock(&sem->wait_lock);
4
5         return;
6     }
```

第 1 行的第一个条件判断更新者是否可以直接获得信号量，如果 count 字段等于 0，就表示当前信号量没有被任何更新者/读者所持有，因而可以被更新者所获得。

第二个条件判断是否有其他等待者在申请获得信号量。如果有，显然不能将信号量直接授予当前线程。

如果第 1 行的条件满足，则将信号量授予当前线程。因此在第 2 行，将 count 字段设置为-1，表示信号量当前被更新者所持有。

接下来看看 up_read 函数的实现：

```
1 void fastcall __up_read(struct rw_semaphore *sem)
2 {
3     smp_lock(&sem->wait_lock);
4
5     sem->count--;
6     if (sem->count == 0 && !list_is_empty(&sem->wait_list)) {
7         struct rwsem_waiter *waiter;
8         struct task_desc *tsk;
9
10         sem->count = -1;
11         waiter = list_first_container(&sem->wait_list,
```

```
12            struct rwsem_waiter, list);
13        list_del(&waiter->list);
14
15        tsk = waiter->task;
16        waiter->task = NULL;
17        wake_up_process(tsk);
18        loosen_task_desc(tsk);
19    }
20
21    smp_unlock(&sem->wait_lock);
22 }
23
24 static inline void up_read(struct rw_semaphore *sem)
25 {
26    __up_read(sem);
27 }
```

up_read 函数在第 26 行调用__up_read 以释放信号量。

__up_read 函数是读者释放信号量的主函数。在第 3 行，该函数获得保护信号量数据结构的自旋锁。

在第 5 行，将信号量的 count 字段减 1，这表现了信号量读者数量减 1 的事实。

第 6 行的判断条件有两个，满足这两个条件，说明需要唤醒等待信号量的等待者：

1．count 字段为 0，表示所有读者都已经释放完信号量。

2．等待队列不为空，说明有等待者需要唤醒。

小问题 3.42：为什么说，这个等待队列上的第一个等待者一定是一个更新者？

第 10 行直接将 count 字段设置为-1，这表明当前的信号量被更新者所持有。

第 11 行获得等待队列中的第一个元素，并取得该元素对应的等待描述符。

第 13 行将第一个元素从等待队列中移除。

第 15 行获得等待线程描述符。

第 16 行将等待描述符的 task 指针设置为空，这表明已经将信号量授予给该线程的事实。

第 17 行唤醒等待线程，该线程一般情况下应该处于 TASK_UNINTERRUPTIBLE 状态。

小问题 3.43：在什么情况下，被唤醒的等待线程并不处于 TASK_UNINTERRUPTIBLE 状态？

第 18 行释放线程描述符的引用计数。相应的计数在 down_read 中曾经被引用。

第 21 行释放信号量的自旋锁。

更新者释放信号量的逻辑有所不同，有必要详细阐述。相应的代码如下：

```
 1 static inline void __do_wake(struct rw_semaphore *sem, int wake_write)
 2 {
 3     struct rwsem_waiter *waiter;
 4     struct task_desc *tsk;
 5     int woken;
 6
 7     waiter = list_first_container(&sem->wait_list, struct rwsem_waiter, list);
 8     if (wake_write && (waiter->flags & WAITING_FOR_WRITE)) {
 9         sem->count = -1;
10         list_del(&waiter->list);
11         tsk = waiter->task;
12         smp_mb();
```

```
13         waiter->task = NULL;
14         wake_up_process(tsk);
15         loosen_task_desc(tsk);
16 
17         return;
18     }
19 
20     if (!wake_write) {
21         if (waiter->flags & WAITING_FOR_WRITE)
22             return;
23     }
24 
25     woken = 0;
26     while (waiter->flags & WAITING_FOR_READ) {
27         list_del(&waiter->list);
28         tsk = waiter->task;
29         waiter->task = NULL;
30         wake_up_process(tsk);
31         loosen_task_desc(tsk);
32         woken++;
33 
34         if (list_is_empty(&sem->wait_list))
35             break;
36 
37         waiter = list_next_entry(waiter, list);
38     }
39 
40     sem->count += woken;
41 }
42 
43 void fastcall __up_write(struct rw_semaphore *sem)
44 {
45     smp_lock(&sem->wait_lock);
46 
47     sem->count = 0;
48     if (!list_is_empty(&sem->wait_list))
49         __do_wake(sem, 1);
50 
51     smp_unlock(&sem->wait_lock);
52 }
53 
54 static inline void up_write(struct rw_semaphore *sem)
55 {
56     __up_write(sem);
57 }
```

up_write 函数在第 56 行调用__up_write 函数来释放信号量。

在第 45 行，__up_write 函数首先获得信号量的自旋锁。

第 47 行将信号量的 count 字段设置为 0，这表示当前信号量既没有更新者，也没有读者。

在第 48 行判断信号量是否有等待者。如果有，则在第 49 行调用__do_wake 唤醒等待者。

第 51 行释放自旋锁后退出函数。

__do_wake 函数比较复杂，有必要仔细分析。

在__do_wake 函数的第 7 行，首先取得第一个等待者的描述符。

第 8 行的判断是处理唤醒更新者的情况，有两个判断条件：

1．如果传入的标志允许唤醒更新者，则表明当前信号量的 count 为 0，完全可用。

2．第一个等待者是一个更新者。

如果这两个条件都满足，就说明只需要唤醒第一个更新者。

在第 9 行将 count 字段设置为-1，表示当前信号量被更新者所持有。

第 10 行将等待者描述符从等待队列中移除。

第 12 行的内存屏障是为了防止第 13 行的赋值先于第 9~10 的赋值被其他 CPU 所看到。

第 13 行将等待描述符的 task 字段设置为空，表示信号量已经被授予这个等待者线程。

第 14 行唤醒等待者线程。

第 15 行释放等待者线程描述符的引用。

第 17 行直接返回。因此在此情况下，只需要唤醒第一个更新者即可，没有其他事情需要处理了。

第 20~23 行的代码处理主要用于更新者将自己降为读者的情况。在这种情况下，更新者可以唤醒等待队列中的读者，但是不能唤醒其他更新者。

第 21 行判断第一个等待者是否为更新者，如果是，则不可继续处理，直接返回。

运行到第 25 行，说明可以连续唤醒等待队列中的多个读者。这里首先将唤醒线程的数量设置为 0。

第 26 行的循环开始遍历等待队列中所有的读者。

第 27 行将等待者从队列中移除。

第 29 行将等待描述符的 task 字段设置为空，表示已经将信号量授予给该线程。

第 30 行唤醒等待者线程。

第 31 行释放对等待者线程的引用计数。

第 32 行将唤醒线程的数量加 1。

第 34 行判断是否已经唤醒所有等待者，如果是则在第 35 行退出循环。

第 37 行取得下一个等待者描述符。

小问题 3.44：第 37 行的 list_next_entry 可以被替换为 list_first_container 吗？

第 40 行更新 count 字段，以正确地反映当前的读者数量。

读/写信号量的其他函数都比较简单，相应的代码分析就留给读者作为练习了。

3.2.7 互斥锁

互斥锁的概念是如此简单，读者应该都或多或少地使用过它。我们甚至可以将上一节中的读/写信号量退化为互斥锁，只需要所有调用者都以更新者的身份获取信号量即可。

但是操作系统内核中的互斥锁也有它的特殊之处，本节将对它进行详细描述。

3.2.7.1 互斥锁的设计原理

互斥锁是为了防止多个线程同时进入锁临界区而设计出来的原语。举个形象的例子：当某个人打开锁进入一个房间后，他关上了门，另一个人想要进入这个房间，必须等待前一个人打开门从房间里面出来。这里的锁相当于是互斥锁，房间则是临界区，只能有一个人进入临界区。

DIM-SUM 中的互斥锁设计原理与读/写信号量是类似的，但是它的运行速度更快。

互斥锁是在精确计数 API 之上实现的。

对互斥锁的访问必须遵循一些规则：

1．同一时间只能有一个任务持有互斥锁，而且只有这个任务可以对互斥锁进行解锁。

2．不支持同一个任务对互斥锁进行递归锁定或解锁。

3．一个任务在持有互斥锁时是不能结束运行的。

4．不能用于中断上下文。

3.2.7.2　互斥锁的数据结构

```
1 struct mutex {
2     struct accurate_counter count;
3     struct smp_lock wait_lock;
4     struct double_list wait_list;
5 };
```

互斥锁的数据结构与读/写信号量是如此相似，以至于读者可能会怀疑看花了眼。

count 字段是一个精确计数器而不是普通的整型变量，这个字段可能有如下取值：

1．当值为 1 时，表示锁处于未锁状态。

2．当值为 0 时，表示锁处于锁定状态，但是没有等待者。

3．当值为-1 时，表示锁处于锁定状态，并且有等待者。

wait_lock 是保护等待队列的自旋锁，但是该自旋锁并不保护 count 字段。

wait_list 字段是保存所有等待者的等待队列。

3.2.7.3　互斥锁 API

互斥锁提供的 API 接口及其功能描述如下表所示：

API 名称	功 能 描 述
MUTEX_INITIALIZER	定义一个互斥锁
mutex_init	初始化互斥锁
mutex_is_locked	判断互斥锁是否已经被锁定
mutex_lock	获得互斥锁
mutex_lock_interruptible	获得互斥锁，但是可以被信号中断
mutex_trylock	试图获得互斥锁
mutex_unlock	释放互斥锁

3.2.7.4　互斥锁的实现

互斥锁的初始化 API 很简单，如下所示：

```
1 #define MUTEX_INITIALIZER(lockname) \
2     {                             \
3         .count = ACCURATE_COUNTER_INIT(1),       \
4         .wait_lock = SMP_LOCK_UNLOCKED(lockname.wait_lock), \
5         .wait_list = LIST_HEAD_INITIALIZER(lockname.wait_list)  \
6     }
7
```

```
 8 void mutex_init(struct mutex *lock)
 9 {
10     accurate_set(&lock->count, 1);
11     smp_lock_init(&lock->wait_lock);
12     list_init(&lock->wait_list);
13 }
```

仅仅需要注意的是：这里将 count 字段初始化为 1，表示未锁状态。读者在分析完代码后，可以想想为什么要这样设计。

mutex_is_locked 函数简单地判断 count 字段是否为 1，如下所示：

```
1 static inline int mutex_is_locked(struct mutex *lock)
2 {
3     return accurate_read(&lock->count) != 1;
4 }
```

获取互斥锁的代码实现如下所示：

```
 1 static int __mutex_lock_slow(struct mutex *lock, long state)
 2 {
 3     struct task_desc *task = current;
 4     struct mutex_waiter waiter;
 5     unsigned long count;
 6 
 7     smp_lock(&lock->wait_lock);
 8 
 9     waiter.task = task;
10     list_init(&waiter.list);
11     list_insert_behind(&waiter.list, &lock->wait_list);
12 
13     while (1) {
14         count = accurate_xchg(&lock->count, -1);
15         if (count == 1)
16             break;
17 
18         if (unlikely(state == TASK_INTERRUPTIBLE &&
19             signal_pending(task))) {
20             list_del(&waiter.list);
21             smp_unlock(&lock->wait_lock);
22 
23             return -EINTR;
24         }
25 
26         __set_task_state(task, state);
27         smp_unlock(&lock->wait_lock);
28         schedule();
29         smp_lock(&lock->wait_lock);
30     }
31 
32     list_del(&waiter.list);
33     if (likely(list_is_empty(&lock->wait_list)))
34         accurate_set(&lock->count, 0);
35 
```

```
36     smp_unlock(&lock->wait_lock);
37
38     return 0;
39 }
40
41 void mutex_lock(struct mutex *lock)
42 {
43     if (unlikely(accurate_dec(&lock->count) < 0))
44         __mutex_lock_slow(lock, TASK_UNINTERRUPTIBLE);
45 }
```

mutex_lock 函数的第 43 行是其快速路径。

视 count 字段的当前值而言，可能有两种情况：

1．count 值为 1，表示锁处于未锁定状态。减 1 后将其设置为锁定状态。这是没有锁冲突的情况，可以直接退出函数。

2．count 值为 0 或者负数，表示锁处于锁定状态。减 1 后仍然为锁定状态。此时需要调用__mutex_lock_slow 进入慢速路径。

小问题 3.45：与读/写信号量相比，互斥锁的数据结构和代码都不是那么直观，为什么要这样设计？

__mutex_lock_slow 慢速路径的处理比较复杂。在第 7 行，获取互斥锁数据结构的自旋锁。

第 9~11 行初始化等待描述符，并将其插入到等待队列的末尾。

第 13~30 行的反复循环是在等待锁可用。

其中，第 14 行的 accurate_xchg 函数原子地将 count 字段设置为-1，并获取它原来的值。

第 15 行判断 count 字段的原值是否为 1，如果是，则表示锁处于未锁定状态，可以被当前线程所获取。于是在第 16 行退出反复循环。

第 18~24 行的代码块主要用于 mutex_lock_interruptible 函数。简单地说，mutex_lock_interruptible 函数允许被信号打断。因此在 19 行判断是否有信号等待处理，如果有就中断互斥锁的获取流程并返回-EINTR。

视 state 参数的值而定，第 26 行将线程的运行状态设置为 TASK_INTERRUPTIBLE 或者 TASK_UNINTERRUPTIBLE。

第 27 行释放保护互斥锁数据结构的自旋锁。

第 28 行调用 schedule 函数将当前线程切换出来，等待其他线程将其唤醒。

运行到第 29 行，说明其他线程将当前线程唤醒，因此在重新获得自旋锁后，重新开始下一轮的循环，再次判断互斥锁的状态。

运行到 32 行，说明互斥锁的状态为可用状态，并且当前流程持有自旋锁。第 32 行首先将当前线程从等待队列中移除。

第 33 行判断等待队列是否为空，如果是，则表明没有等待者，需要在第 34 行将 count 字段设置为 0，以反映没有等待者这个事实。

第 36 行释放互斥锁的自旋锁，并在第 38 行返回 0，以表示成功获得互斥锁。

mutex_lock_interruptible 和 mutex_trylock 的实现与 mutex_lock 类似，相应地，代码分析工作留给读者作为练习。

mutex_unlock 函数的实现则简单得多，代码如下：

```
1 void mutex_unlock(struct mutex *lock)
```

```
 2 {
 3     if (unlikely(accurate_inc(&lock->count) <= 0)) {
 4         smp_lock(&lock->wait_lock);
 5 
 6         if (!list_is_empty(&lock->wait_list)) {
 7             struct mutex_waiter *waiter;
 8 
 9             waiter = list_first_container(&lock->wait_list,
10                 struct mutex_waiter, list);
11             wake_up_process(waiter->task);
12         }
13 
14         smp_unlock(&lock->wait_lock);
15     }
16 }
```

第 3 行递增 count 字段的值，存在两种情况：

1. 如果递增前 count 字段值等于 0，那么表示没有等待者。递增后的结果必然等于 1，此时可以直接退出。这是没有锁竞争的理想情况。

2. 如果递增前 count 字段的值为负数，那么表示有等待者。递增后的结果小于等于 0。此时进入第 4~14 行的代码块，唤醒等待者。

第 4 行首先获得保护等待队列的自旋锁。

第 6 行在锁的保护下再次判断等待队列是否为空。

小问题 3.46：第 3 行已经判断了 count 字段，表明存在等待者了，为什么需要第 6 行的判断？

如果等待队列确实不为空，则在第 9 行取得等待队列中第一个等待者。

第 10 行将第一个等待者唤醒。

第 14 行释放保护互斥锁的自旋锁。

3.3 内核同步原语

前面的章节主要描述互斥原语。这些原语用于 CPU/线程之间的临界区保护。

然而，这些原语不能用于同步。所谓同步，是指在中断或者线程中，由于已经准备好数据，因此等待这些数据的线程已经满足运行条件，所以可以唤醒等待线程开始后续处理。

一个典型的例子：线程在等待用户键盘输入时，如果键盘输入缓冲区中没有字符，那么就可以在信号量上面等待。当用户在键盘上输入一个字符时，可以将输入字符放到缓冲区，并通过信号量将等待的线程唤醒。被唤醒的线程可以从缓冲区中读取字符并继续处理。

当然，信号量也可以退化为互斥锁。也就是说，信号量既可以作为内核同步原语，也可以作为内核互斥原语。

3.3.1 信号量的设计原理

作为互斥锁的信号量主要解决的问题是：对线程之间需要共享的资源进行保护，仅仅允许一个线程对共享资源进行访问。

作为同步机制的信号量则解决另一个经典问题：生产者/消费者问题。

一个经典的生产者/消费者模型的例子是：线程 A 负责生产产品，例如创建并写入文件，线程 B 则负责消费产品，例如复制文件。正常过程是当线程 A 创建并准备好文件数据后，线程 B 才开始复制文件。但是如果两个线程不按照规定的时序运行，就会产生预期外的结果。例如，线程 A 的生产工作还未完成，只创建了文件但是没写入数据，线程 B 就开始复制文件，这必然导致线程 B 得到的是一个错误的文件。

导致这个问题出现的原因，就是两个线程间没有一种同步机制。

同步信号量解决了这个问题。信号量使用一个 count 字段来对生产者/消费者进行同步。当生产者准备好数据后，将 count 字段加 1，并通知消费者。消费者将 count 字段减 1，以完成同步过程。消费者如果发现 count 字段不为 1，则表示生产者没有准备好数据，因此会等待。

作为互斥锁的信号量，应该将 count 字段设置为 1。而作为同步机制的信号量，则需要将 count 字段设置为 0。

3.3.2　信号量的数据结构

信号量用 semaphore 数据结构来表示，其定义如下：

```
1 struct semaphore{
2     struct smp_lock lock;
3     unsigned int count;
4     struct double_list wait_list;
5 };
```

名为 count 的整型字段表示资源的计数值，存在如下可能的值：

1．count 值大于 0，表示信号量是空闲的。

2．count 值等于 0，表示信号量是忙的，但是没有线程在等待这个信号量。

3．count 值小于 0，表示信号量是忙的，并且至少有一个线程在等待这个信号量。但是需要注意：负值并不代表等待信号量的线程数量。

名为 lock 的自旋锁保护整个信号量数据结构。

名为 wait_list 的双向链表保存了所有等待信号量的等待者。

3.3. 3　信号量 API

信号量提供的 API 接口及其功能描述如下表所示：

API 名称	功能描述
SEMAPHORE_INITIALIZER	定义一个信号量
sema_init	初始化信号量
down	消费者等待信号量可用
down_interruptible	消费者等待信号量可用，但是等待过程可以被信号打断
down_trylock	消费者试图等待信号量可用
down_timeout	消费者等待信号量可用，如果一段时间内信号量不可用，则超时退出
up	生产者通知消费者，数据已经就绪

3.3.4 信号量的实现

信号量最重要、也最复杂的接口是 down 函数，其代码实现如下：

```
 1 static inline int __sched
 2 __down_common(struct semaphore *sem, long state, long timeout)
 3 {
 4     struct semaphore_waiter waiter;
 5     struct task_desc *task;
 6     int ret = 0;
 7 
 8     task = current;
 9     waiter.task = task;
10     list_init(&waiter.list);
11     list_insert_behind(&waiter.list, &sem->wait_list);
12 
13     while (1) {
14         if (signal_pending(task)) {
15             ret = -EINTR;
16             goto out;
17         }
18 
19         if (unlikely(timeout <= 0)) {
20             ret = -ETIME;
21             goto out;
22         }
23 
24         __set_task_state(task, state);
25         smp_unlock_irq(&sem->lock);
26         timeout = schedule_timeout(timeout);
27         smp_lock_irq(&sem->lock);
28 
29         if (waiter.task == NULL)
30             return ret;
31     }
32 
33  out:
34     list_del(&waiter.list);
35     return ret;
36 }
37 
38 void down(struct semaphore *sem)
39 {
40     unsigned long flags;
41 
42     smp_lock_irqsave(&sem->lock, flags);
43 
44     if (likely(sem->count > 0))
45         sem->count--;
46     else
47         __down_common(sem, TASK_UNINTERRUPTIBLE, MAX_SCHEDULE_TIMEOUT);
48 
```

```
49     smp_unlock_irqrestore(&sem->lock, flags);
50 }
```

down 函数在第 42 行获得自旋锁，并关闭中断。

小问题 3.47：前面章节的读/写信号量在保护自身数据结构的时候仅仅使用了自旋锁，但是并没有关闭中断，为什么第 42 行需要关闭中断？

第 44 行检查信号量的 count 字段。如果大于 0，就表示信号量可用，则跳转到第 45 行，将信号量计数值减 1 后退出。此时信号量将不再可用。

如果第 44 行检查到信号量的 count 字段小于等于 0，就说明信号量不可用，必须等待其变为可用。因此跳转到第 47 行调用__down_common 函数进入慢速处理流程。

第 49 行释放信号量的自旋锁并恢复中断标志位。

__down_common 循环函数是其慢速处理流程，它首先在第 8~10 行初始化等待者描述符。

然后在第 11 行将等待者描述符插入到信号量的等待队列末尾。

第 13~31 行是处理信号量等待过程的关键流程。

其中，第 14~17 行判断任务是否有待处理的信号，如果有则退出等待过程。

小问题 3.48：第 14~17 行有什么 BUG 吗？

第 19 行判断超时时间是否已经到达，如果到达，则设置错误返回码为-ETIME 并退出。

第 24 行设置线程的状态为 TASK_UNINTERRUPTIBLE 或者 TASK_INTERRUPTIBLE。

第 25 行释放自旋锁并打开中断。请注意这里是直接打开中断，并不是恢复中断标志位。

第 26 行调用 schedule_timeout 将当前线程切换出去。

运行到第 27 行，说明线程要么由于信号量可用的原因而被唤醒，要么由于超时时间到达而被唤醒。由于需要访问信号量的数据结构，因此要重新获得自旋锁并关闭中断。

小问题 3.49：这里关闭了中断，如果在第 30 行直接返回了，那么中断打开/关闭过程就没有配对使用，不太合乎编程规范。作者是不是搞错了？

第 29 行判断是否真的由于信号量被授予而被唤醒，如果是则返回表示成功的返回值。

如果由于信号或者超时的原因被唤醒，则跳转到下一轮循环继续处理。

运行到第 33 行，是由于线程被信号或者超时所唤醒，而不是被信号量所唤醒的。此时需要手动将等待描述符从等待队列中移除，并返回错误值。

up 函数很重要，但是很简单。代码如下所示：

```
 1 void up(struct semaphore *sem)
 2 {
 3     unsigned long flags;
 4
 5     smp_lock_irqsave(&sem->lock, flags);
 6
 7     if (likely(list_is_empty(&sem->wait_list)))
 8         sem->count++;
 9     else {
10         struct semaphore_waiter *waiter;
11
12         waiter = list_first_container(&sem->wait_list,
13             struct semaphore_waiter, list);
14         list_del(&waiter->list);
15         waiter->task = NULL;
```

```
16          wake_up_process(waiter->task);
17      }
18
19      smp_unlock_irqrestore(&sem->lock, flags);
20  }
```

在第 5 行，up 函数首先获得信号量的自旋锁并关闭中断。

第 7 行，判断信号量等待队列是否为空。如果为空，则仅仅将信号量计数器加 1 即可。

否则，跳转到第 10 行，开始唤醒等待队列中的线程。

第 12 行获得等待队列中第一个等待者。

第 14 行将等待者从等待队列中移除。

第 15 行将等待描述符的 task 字段设置为空，表示这是由于正常的信号量授予过程将等待者唤醒的。

第 16 行唤醒等待者线程。

不管是何种情况，均在第 19 行释放自旋锁并恢复中断标志。

小问题 3.50：不应当在本书中罗列太多的代码，难道不是吗？

第 4 章

调度

DIM-SUM 目前仅仅支持内核态任务的调度。但是在不远的将来，它将支持用户态进程的运行。也就是说，会存在进程和线程的概念。

4.1 基本概念

4.1.1 进程和线程

进程指正在运行的程序。一个进程通常包含它的可执行程序及其使用的系统资源，例如打开的文件、挂起的信号、内核内部数据、寄存器状态、占用的内存地址空间、创建的一个或多个线程等。

进程中包含的一个或者多个线程可以同时并发地运行在多个 CPU 中。这些线程是操作系统调度的基本对象。每个线程都拥有一个独立的程序计数器、线程堆栈和寄存器现场。

在同一个进程中，所有线程共享同一份代码段和全局数据。线程在访问这些全局数据的时候需要使用互斥机制进行保护。

举个简单的例子：在控制台上面运行一个命令启动一个程序，在这个程序中使用类似于 pthread_create 的 API 创建多个线程，这些线程之间可能共享多个全局变量。那么这个程序对应一个进程，在这个进程中包含多个线程。这些线程可以在多个 CPU 中并发运行。

进程和线程的关系如下：

1．一个线程只能属于一个进程，而一个进程可以有一个或者多个线程。

2．进程是内存、信号等资源的分配单位，同一进程的所有线程共享该进程的所有资源。

3．线程是处理器分配单位，一个线程仅能运行在一个 CPU 中，同一进程的多个线程可以运行在多个 CPU 中。

4．同一进程的不同线程在执行过程中，如果需要访问全局资源，则需要协作同步。

5．DIM-SUM 目前还不支持用户态进程。

4.1.2 任务

在嵌入式系统或者纯内核态操作系统中，常常使用任务这一概念。在 DIM-SUM 目前的版本中，经常使用任务来表述。但是这个概念会在不久的将来被进程/线程所取代。

任务是指由软件完成的一个活动。目前，可以将它理解为内核态线程。在 DIM-SUM 系统中，任务由 process_desc 数据结构来表示。

在后文中会同时使用线程和任务的概念。

DIM-SUM 已经能够在 SMP 多核系统中运行，但是还没有实现多核之间的调度均衡。因为我认为，优先级更高的事情是支持用户态任务的运行，而且多核负载均衡的实现相对来说并不复杂，也许会有开源爱好者能够实现这一点。

4.1.3 任务抢占

DIM-SUM 的目标是同时满足服务器和嵌入式实时系统的要求，因此需要操作系统内核可抢占。

所谓内核可抢占，是指任务在内核态中运行时，只要不是明确禁止抢占的状态，就允许高优先级的任务打断当前任务的运行，以抢占 CPU。如果不允许抢占，并且低优先级的任务在内核态中运行一个耗时的系统调用，那么将无法保证高优先级任务得到及时运行。

不允许任务抢占的特殊情况主要有：

1．系统运行在中断中。

2．任务当前持有自旋锁。当然，持有自旋锁的代码段都相当短，这不会对抢占造成大的延迟。

3．系统调用明确禁止抢占。例如，相应的系统调用在访问每 CPU 变量。

4.1.4 idle 线程

假设系统中有 MAX_CPUS 个 CPU，但是系统处于完全空闲状态，既没有用户输入，也没有应用输出和后台运行的任务。这个时候 CPU 在做什么呢？

答案是每个 CPU 都在运行一个名为 idle 的线程。这个线程一般什么都不做，就在那里死循环，等待被中断打断后，唤醒并运行线程。

小问题 4.1：idle 线程在死循环运行的时候，不会白白浪费 CPU 资源吗？

小问题 4.2：除了使用 idle 线程，可以用其他方式实现同样的目的吗？

下面看看 DIM-SUM 是如何启动多核系统的。

4.2 SMP CPU 初始化

在系统启动时，会在线程上下文中调用 init_in_process。在这个函数中调用 launch_slave 启动从核。对我们的实验环境来说，就是通过 launch_slave 启动 CPU 1~3，如下所示：

```
1 static __maybe_unused int init_in_process(void *unused)
2 {
3     ......
```

```
4     launch_slave();
5     ......
6 }
```

launch_slave 函数的实现流程如下：

```
1 void __init launch_slave(void)
2 {
3     unsigned int cpu;
4     int i;
5
6     for (i = 1; i < nr_existent_cpus; i++) {
7         mark_cpu_possible(i, true);
8     }
9
10    for_each_possible_cpu(cpu) {
11        mark_cpu_present(cpu, true);
12    }
13
14    for_each_present_cpu(cpu) {
15        if (!cpu_online(cpu))
16            cpu_launch(cpu);
17    }
18 }
```

在第 6 行中，nr_existent_cpus 表示系统识别到可用 CPU 数量。在系统初始化时，简单地将它赋值为 4。实际上，应当从配置文件或者硬件寄存器中读取正确的值，有兴趣的读者可以尝试完成这项略有挑战性的任务。

这一行从 1 到 nr_existent_cpus 遍历所有 CPU，也就是处理 CPU 1~3。并在第 7 行将这些 CPU 标记为 possible 状态。

possible 状态表示相应的 CPU 可能会在系统中存在。但是如果以后支持 CPU 热插拔，那么相应的 CPU 可能被拔掉，也就不能运行任何代码了。

第 10 行遍历所有处于 possible 状态的 CPU。需要注意的是，CPU 0 已经被设置为 possible 状态了。因此这里的循环会处理 CPU 0~3。

第 11 行将相应的 CPU 设置为 present 状态。present 状态表示 CPU 物理上可以使用，但是软件初始化工作还未完成。

第 14 行遍历所有处于 present 状态的 CPU，当然了，这里也会处理 CPU 0~3。

第 15 行判断 CPU 是否处于 online 状态。在这里需要注意的是：CPU 0 已经处于 online 状态，因此只有 CPU 1~3 通过了第 15 行的判断。

第 16 行针对 CPU 1~3 依次调用 cpu_launch，将相应的 CPU 激活。这个过程略显复杂，因此放在单独的 cpu_launch 函数中处理。

cpu_launch 函数的代码如下所示：

```
1 static int __cpu_launch(unsigned int cpu, struct task_desc *idle)
2 {
3     int ret;
4     //TODO
5     printk("xby_debug in __cpu_launch, %d.\n", cpu);
6
```

```
 7     salve_cpu_data.stack = task_stack_bottom(idle) + THREAD_START_SP;
 8     salve_cpu_data.cpu = cpu;
 9     __flush_dcache_area(&salve_cpu_data, sizeof(salve_cpu_data));
10
11     ret = boot_secondary(cpu, idle);
12     if (ret == 0) {
13        msleep(10);
14
15        if (!cpu_online(cpu)) {
16           pr_crit("CPU%u: failed to come online\n", cpu);
17           ret = -EIO;
18        }
19     } else {
20        pr_err("CPU%u: failed to boot: %d\n", cpu, ret);
21     }
22
23     salve_cpu_data.stack = NULL;
24
25     return ret;
26 }
27
28 int cpu_launch(unsigned int cpu)
29 {
30     int ret = 0;
31     struct task_desc *idle = idle_task(cpu);
32
33     lock_cpu_hotplug();
34
35     if (cpu_online(cpu) || !cpu_present(cpu)) {
36        ret = -EINVAL;
37        goto unlock;
38     }
39
40     ret = __cpu_launch(cpu, idle);
41
42 unlock:
43     unlock_cpu_hotplug();
44
45     return ret;
46 }
```

cpu_launch 函数在第 31 行获得当前 CPU 的 idle 线程描述符。

熟悉 Linux 的读者都知道，在 Linux 中，每个 CPU 上均会运行一个 idle 线程。当 CPU 上没有可以运行的线程时，它会调度这个 idle 线程运行。

在启动阶段，系统在 init_sched_early 函数中，为每个可能的 CPU 都分配了一个 idle 线程描述符。描述符指针保存在 idle_task_desc 数组中。

小问题 4.3：init_sched_early 函数调用 alloc_boot_mem_permanent 函数为每个 CPU 分配 idle 线程描述符。alloc_boot_mem_permanent 函数看起来仅仅用于启动阶段。为什么要调用 alloc_boot_mem_permanent 函数，而不调用 kmalloc 这样的 API，甚至直接定义一个静态数组？

第 33 行调用 lock_cpu_hotplug，以获得 mutex_cpu_hotplug 互斥锁。该锁的作用是防止多个

代码路径并发地执行 CPU 热插拔相关的操作。

第 35 行判断如下两个条件，如果这两个条件满足，就不必激活相关 CPU：

1．如果 CPU 已经处于 online 状态，则没有必要再次激活它了。

2．如果 CPU 没有处于 present 状态，则说明相应的物理 CPU 并不存在。

如果以上两个条件满足，则在第 36 行将返回值设置为错误值，并在第 37 行跳转到 unlock 标号，以退出本函数。

小问题 4.4：教科书上都讲，不要用 goto 语句，为什么第 37 行使用这样的语句？并且 DIM-SUM 的很多地方都使用这种“丑陋”的代码？

第 40 行调用__cpu_launch 真正地激活相应的 CPU。

第 43 释放 mutex_cpu_hotplug 互斥锁，以允许其他代码路径执行 CPU 热插拔操作。在第 45 行退出本函数。

第 1 行的__cpu_launch 函数执行硬件相关的操作以真正地激活 CPU，该函数接收两个参数：

1．cpu 参数表示要激活的 CPU 编号。

2．idle 参数是该 CPU 上的 idle 线程描述符。

小问题 4.5：为什么需要传递这两个参数？当 CPU 被激活时，物理 CPU 可以访问相应的硬件寄存器知道自己的 CPU 编号，通过这个编号也就能从全局变量数组中找到 idle 线程描述符了。

第 5 行打印的是我的调试信息，其中的 xby 是我姓名的拼音首字母缩写。

小问题 4.6：第 3~5 行的代码风格有什么问题？

第 7~8 行将该 CPU 需要的堆栈指针和 CPU 编号信息保存到全局变量 salve_cpu_data 中。当 CPU 真正激活时，会从全局变量 salve_cpu_data 中获得自己的信息。

第 9 行调用__flush_dcache_area 将全局变量 salve_cpu_data 数据进行刷新。

小问题 4.7：将全局变量刷新，这到底是什么意思？

第 11 调用 boot_secondary，该函数会通过 PSCI 通知 boot 系统将 CPU 激活。

熟悉 Linux arm 64 架构的读者应该知道有两种启动多核的流程，分别是 spin-table 方法和 PSCI 方法，其中的 PSCI 方法请参见 Linux 内核文档 kernel/Documentation/devicetree/bindings/arm/psci.txt。

简单地说，PSCI 是通过 smc 指令，从 el1 特权级别陷入到 el0 特权级别，从而通知运行在 el0 级别的 boot 代码，激活物理 CPU。

DIM-SUM 使用 PSCI 方法来激活 CPU。

第 12 行判断 boot_secondary 的返回值。如果返回值为 0，则表示调用 smc 指令成功，boot 代码已经将相应的 CPU 激活。于是执行第 13~18 行代码块。

第 13 行睡眠 10ms，以等待 CPU 被激活后，执行自身的初始化代码，如果不出意外，相应的 CPU 会将 online 标志设置上，以表示该 CPU 完全启动成功。

小问题 4.8：有没有这样一种可能：被激活的 CPU 在 10ms 内迟迟没有将软件环境准备好，以至于没有及时将 online 标志设置好？

如果第 15 行的判断表明 CPU 真的没有如我们所愿，将 online 标志设置成功，我们就会认为遇到了重要的意外，因此在第 16 行打印异常信息，并在第 17 行设置错误返回值。

如果第 12 行的判断表明没有成功调用 boot_secondary，那一定是 boot 代码出现了什么问题，可能是相应的 boot 代码并不支持 PSCI 多核启动模式，那么在第 20 行打印警告信息。

第 23 行清空 salve_cpu_data 数据，相应的数据结构可以用于启动下一个 CPU 了。

第 25 行简单地将结果返回给调用者。

调用 PSCI 以激活 CPU 的代码位于 boot_secondary 函数中，如下所示：

```
1 static int psci_cpu_on(unsigned long cpuid, unsigned long entry_point)
2 {
3     int err;
4     u32 fn;
5 
6     fn = 0xc4000003;
7     err = __invoke_psci_fn_hvc(fn, cpuid, entry_point, 0);
8     return psci_to_linux_errno(err);
9 }
10 
11 int psci_launch_cpu(unsigned int cpu)
12 {
13     int err = 0;
14     phys_addr_t entry = linear_virt_to_phys(slave_cpu_entry);
15 
16     printk("xby_debug in psci_launch_cpu, pa is %p.\n", entry);
17     err = psci_cpu_on(cpu_logical_map(cpu), entry);
18 
19     return err;
20 }
21 
22 static int boot_secondary(unsigned int cpu, struct task_desc *idle)
23 {
24     return psci_launch_cpu(cpu);
25 }
```

小问题 4.9：实际上，上面三个函数完全可以合并为一个函数吗？

boot_secondary 函数在第 24 行直接调用 psci_launch_cpu 以激活 CPU。

psci_launch_cpu 函数在第 14 行获得 slave_cpu_entry 函数的物理地址。该函数是被激活的 CPU 第一条要执行的指令地址，其实现位于 arch/arm64/kernel/head.S 中。

然后在第 17 行调用 psci_cpu_on，向其传入物理 CPU 编号以及初始汇编入口函数地址。

第 17 行中的 cpu_logical_map 将逻辑 CPU 编号转换为物理 CPU 编号。在 PSCI 中，需要的是物理 CPU 编号，这与我们在内核中的逻辑 CPU 编号并不一定相同。因此这里使用 cpu_logical_map 进行转换。

当然，在 DIM-SUM 的当前版本中，物理 CPU 编号与逻辑 CPU 编号是一一对应的。

小问题 4.10：在什么情况下，物理 CPU 编号和逻辑 CPU 编号并不相同？

psci_cpu_on 函数简单地按照 psci 的参数规范，为其准备参数，并调用__invoke_psci_fn_hvc 陷入 boot 中运行。

__invoke_psci_fn_hvc 的实现位于 arch/arm64/kernel/psci.S 中，它简单地调用 hvc 指令陷入 boot 中运行。

至此，从核将从 slave_cpu_entry 处开始运行。需要注意的是 slave_cpu_entry 函数是开始位置无关的代码。也就是说，系统不能在 slave_cpu_entry 函数中访问全局变量，或者更严格地说，系统不能随便访问全局变量。

小问题 4.11：什么是位置无关的代码？

slave_cpu_entry 汇编代码最终会跳转到 start_slave 函数，在 start_slave 函数中可以放心地访问全局变量了。

小问题 4.12：读者是否也有兴趣在 start_slave 函数中启动一个线程，看看 DIM-SUM 是否真的可以运行在多核系统中，并能放心地使用自旋锁、互斥锁、信号量来进行多核之间的同步与互斥？

4.3 数据结构

4.3.1 线程

线程有其自身的属性，例如调度属性、堆栈空间、文件属性，等等。

在这些属性中，有几个属性被频繁访问，因此需要特别对待，将其存放到线程堆栈顶部，即堆栈低地址端。

为此，设计了三个与线程相关的数据结构，分别是：

- process_desc，该数据结构保存线程中最常用的字段。
- process_union，该数据结构描述线程堆栈。
- task_desc，该数据结构保存线程绝大多数属性。

这三个数据结构的关系大致如下图所示。

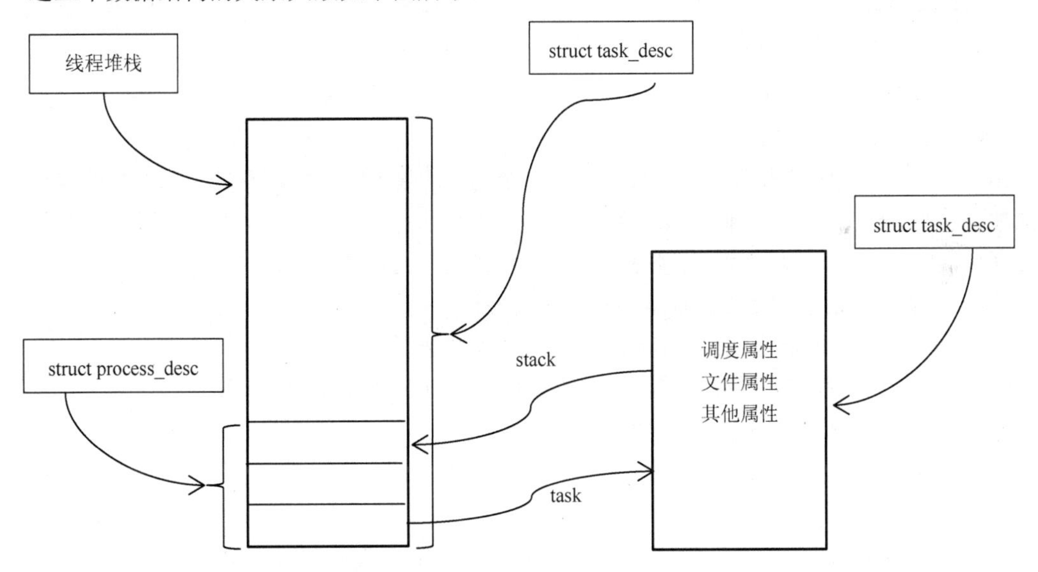

其中，stack、task 两个字段用于 process_desc、task_desc 两个数据结构之间的相互引用。

下面对这三个数据结构的字段进行详细描述。

process_desc 数据结构如下所示：

```
1 struct process_desc {
2     unsigned long flags;
3     int preempt_count;
4     struct task_desc *task;
5     int cpu;
6     struct arch_process_desc arch_desc;
7 };
```

由于 process_desc 数据结构存放在线程堆栈中，而线程内核栈空间只有 8KB，因此该结构应该尽量小，以避免占用过多的线程堆栈空间。这里仅仅存储最常用的几个字段。

其中，名为 flag 的字段表示线程的标志，这些标志主要与调度相关。它们的有效值及其含义如下表所示：

标志名称	含义
PROCFLAG_NEED_RESCHED	有更高优先级的线程被唤醒，线程将在合适的时候被抢占
PROCFLAG_OOM_KILLED	由于 OOM 的原因，任务正在被杀死。此时应当允许线程以高优先级的方式进行内存分配，以尽快结束运行流程后退出
PROCFLAG_SIGPENDING	有信号待处理
PROCFLAG_SINGLESTEP	正在单步调试该线程
PROCFLAG_COUNT	体系无关的线程标志数量，体系结构定义的标志应当从此开始

preempt_count 是一个 32 位的整型字段，表示当前线程的抢占计数。只有当该字段为 0 时，才表示允许抢占当前线程。该字段分为如下几部分。

第 0~7 位表示禁止抢占的次数。当调用者调用 preempt_disable 时，将抢占计数加 1。在调用 preempt_enable 时，将抢占计数减 1。

第 8~15 位表示禁止软中断的次数。当进入软中断处理时，将该计数加 1。反之，当退出软中断时，将该计数减 1。

小问题 4.13：什么是软中断？

小问题 4.14：既然软中断不能重入，那么必然只能进入软中断一次，这里只需要 1 位来表示禁止软中断的次数，为什么要用 8 位来表示？

第 16～27 位表示硬中断抢占计数。与软中断抢占计数不同的是，当进入硬中断处理时，该计数加 1，当退出硬中断处理时，该计数减 1。换句话说，当该计数为 0 时，表示没有处于硬中断处理过程中。一旦该字段不为 0，则表示处于硬中断处理过程中，此时绝不允许抢占当前线程。

第 31 位表示当前线程是否正在被高优先级任务抢占。

关于软中断/硬中断的详细描述，请读者参见随后的章节。

task 字段指向线程的详细描述符。该描述符是一个 task_desc 数据结构。

cpu 字段表示当前线程正在哪个 CPU 中运行。

小问题 4.15：线程可以访问硬件寄存器，找到自己当前在哪个 CPU 上运行，为什么还需要一个字段来描述这个事实？

arch_desc 是体系结构相关的描述符。在 arm 64 架构中，该结构目前为空，没有任何有效信息。

如前所述，process_desc 数据结构是保存在线程堆栈中的，下面看看线程堆栈数据结构是如何定义的。

该数据结构非常简单，如下所示：

```
1 union process_union {
2     struct process_desc process_desc;
3     unsigned long stack[PROCESS_STACK_SIZE/sizeof(long)];
4 };
```

很显然，如此定义线程堆栈，有一个隐含的约定：堆栈是从高地址向低地址扩展的。也就是说，栈顶位于低地址端。

小问题 4.16：有没有这样的体系架构，它的堆栈是向高地址扩展的？如果有，这里需要怎么修改？

接下来看看最复杂的 task_desc 数据结构：

```
 1 struct task_desc {
 2     int             magic;
 3     unsigned int     flags;
 4     volatile long    state;
 5     void            *stack;
 6     int             sched_prio;
 7     int         prio;
 8     bool            in_run_queue;
 9     struct double_list      run_list;
10     struct double_list      all_list;
11     uid_t uid;
12     uid_t euid;
13     gid_t egid;
14     gid_t gid;
15     gid_t pgrp;
16     uid_t fsuid;
17     gid_t fsgid;
18     char        name[TASK_NAME_LEN];
19     struct ref_count    ref;
20     pid_t pid;
21     struct exception_spot *user_regs;
22     int     in_syscall;
23     struct task_desc       *prev_sched;
24     void        *task_main;
25     void        *main_data;
26     int         exit_code;
27     struct task_file_handles    *files;
28     struct task_fs_context *fs_context;
29     struct {
30         int nested_count;
31         int link_count;
32     } fs_search;
33     struct tty_struct *tty;
34     void *journal_info;
35     struct wait_queue       wait_child_exit;
36     struct task_spot        task_spot;
37 };
```

magic 字段是线程描述符的魔法值，其值固定为 TASK_MAGIC。一旦该值不等于 TASK_MAGIC，则表明线程描述符被意外修改，系统将陷入错误状态，一般会导致系统重启。

小问题 4.17：TASK_MAGIC 的定义为 MAGIC_BASE+0x2，而 MAGIC_BASE 则定义为 0x761203，这个值有什么含义？为什么不是 55aa 这样的值？

flags 字段是线程的标志属性。请读者注意体会该字段与 process_desc 数据结构中的 flags 字段的区别。flags 字段的有效值及其含义如下表所示：

标志名称	含义
TASKFLAG_NOFREEZE	不要冻结此线程。也就是说此线程正在处理特殊的有状态事务，因此将阻止系统进入睡眠状态
TASKFLAG_FREEZING	线程正在被冻结。说明此时系统正在进入睡眠状态
TASKFLAG_FROZEN	线程已经被冻结
TASKFLAG_RECLAIM	线程正在执行内存回收，此时可以突破内存水线。在一般情况下，这是由于系统内存特别紧张，线程进入直接内存回收流程
TASKFLAG_SYNCWRITE	线程正在执行同步磁盘回写，例如在调用 fsync
TASKFLAG_FLUSHER	当前线程是后台内存回收线程。对于这类线程，在内存分配时需要小心处理

state 字段表示进程当前状态，如 TASK_INTERRUPTIBLE，其有效值及含义如下表所示：

标志名称	含义
TASK_INIT	线程正在初始化过程中
TASK_RUNNING	线程正在运行，但是既可能已经获得 CPU 并在 CPU 上运行，也有可能还在调度队列中等待被调度到 CPU 上运行
TASK_INTERRUPTIBLE	线程处于可被信号打断的等待状态，因此没有获得 CPU，也没有在运行队列中，而是位于等待队列中，等待被事件或者信号唤醒
TASK_UNINTERRUPTIBLE	线程处于不可中断的等待状态。与 TASK_INTERRUPTIBLE 所不同的是，它只能被事件唤醒，而不能被信号所唤醒
TASK_STOPPED	线程处于暂停状态。当收到 SIGSTOP、SIGTSTP、SIGTTIN 或 SIGTTOU 信号后，会进入此状态
TASK_TRACED	线程处于被跟踪状态。当线程被另外一个线程监控/跟踪时，常常处于该状态
TASK_SUSPEND	线程被手动挂起，不再参与调度了
TASK_KILLING	线程正在被杀死
TASK_ZOMBIE	线程已经被杀死，等待父进程调用 wait 系统调用，以完全释放线程描述符

stack 字段指向线程的堆栈。可以将它直接转换为对堆栈顶部地址的引用，也可以将它转换为 process_desc 数据结构。

sched_prio 是线程当前实际生效的调度优先级，系统按此字段所表示的优先级对线程进行调度。该优先级可能比线程被创建时的优先级有所提高或者降低。这主要是为了解决实时系统中的调度优先级反转问题。在服务器操作系统中，也可能会根据线程的实际运行时间动态地对线程运行优先级进行微调，以避免后台任务将其他任务长时间卡住。

小问题 4.18：什么是优先级反转问题？

in_run_queue 字段指示线程是否在运行队列中。

小问题 4.19：聪明的读者一定会有所疑惑：任务如果处于 TASK_RUNNING 状态，就一定在运行队列中，in_run_queue 是否显得有点多余？

run_list 是一个双向链表节点字段。通过此字段将线程放进调度运行队列。

all_list 也是一个双向链表节点字段。通过此字段将线程放进全局线程队列，该队列包含所有仍然存在的线程，甚至包括处于 TASK_ZOMBIE 状态的线程。

uid、euid、egid 表示线程的用户 ID、当前有效的用户 ID、当前有效的用户组 ID。这些字段主要用于线程权限控制。目前，DIM-SUM 还没有真正启用这些字段。

gid、pgrp、fsuid、fsgid 也与此类似。

name 字段表示线程的名称。

小问题 4.20：按照一般的编程习惯，id/name 这样的字段表示数据结构的身份特征，常常被置于数据结构的最前面。为什么这里的声明有点反直觉？

ref 字段表示数据结构的引用计数。只有当此字段值为 0 时，才真正释放数据结构的引用。

小问题 4.21：刚才提到过，当线程处于 TASK_ZOMBIE 状态时，父线程调用 wait4 就表示线程真正消亡了。这里的问题是：当线程处于 TASK_ZOMBIE 状态时，ref 字段是否一定为 1，然后在 wait4 的时候完全释放这个数据结构？

pid 字段是线程的 id 编号字段。目前，DIM-SUM 并不支持命名空间功能，因此该字段必然是全局唯一的。

user_regs 字段是线程从用户态进入到内核态时的寄存器现场。由于 DIM-SUM 目前并不支持用户态应用，因此本字段保留未用。但是也许下一个版本的 DIM-SUM 就会启用该字段了。

in_syscall 字段表示线程是否处于系统调用中。由于 DIM-SUM 的应用程序目前也运行在内核态，因此在应用程序调用 open/write 这样的系统调用时，会在系统调用的入口/出口处修改这个字段，以表明应用程序是否运行在系统调用中。

prev_sched 字段用于调度过程，表明当前线程由哪一个线程切换而来。访问该字段的代码有点令人难以理解期，其目的是正确地释放线程相关的数据结构。

task_main 是线程入口函数。

main_data 是传给线程入口函数的参数。

exit_code 是线程退出代码。

files 字段是与当前线程相关的文件句柄结构。简单地说，它保存线程中的文件句柄与文件描述符之间的关系。这样应用程序就可以通过标准文件系统 API 来操作文件了。

由于 DIM-SUM 的应用程序目前运行在内核态，所有应用程序共享文件句柄，因此该字段实际上指向一个全局的文件描述符数组。

fs_context 字段是线程与文件系统相关的信息，如当前目录。

fs_search 字段被文件系统用于查找文件路径，以避免符号链接查找深度过深，导致死循环。它包含以下两个字段：

1．nested_count 字段表示递归链接查找的层次。

2．link_count 字段表示调用链接查找的总次数。

这两个字段用于处理链接文件，防止出现过多的链接文件使得线程内核堆栈溢出。后面将在虚拟文件系统中详细讲解这两个字段的用法。

tty 字段表示当前线程使用 tty 描述符，用于控制台命令交互。简单地说，就是线程如何读取用户输入，并输出控制台信息。

journal_info 字段用于线程的文件系统日志，以表示当前线程正在使用的日志句柄对象。读者在阅读完 DIM-SUM 文件系统实现后，更能明白这个字段的含义。

wait_child_exit 字段是一个等待队列。在该队列中等待的线程，它们正在等待当前线程退出。

task_spot 字段保存了线程在调度切换时的寄存器现场。

小问题 4.22：线程在调度切换时到底需要保存哪些寄存器？是所有寄存器都需要保存吗？

在阅读代码的过程中，读者将更清楚地理解这些字段的含义。

4.3.2 调度队列

DIM-SUM 的调度子系统目前还比较因陋就简。我最初的目的是做出一个快速模型，以验证内存子系统、文件子系统、网络子系统的功能。相对来说，调度模块比较简单，因此不必花太多精力在这个模块上面。当然，这个模块会在以后的版本中被大刀阔斧地重构。

由于这个原因，DIM-SUM 的调度子系统没有实现真正的 SMP 多核调度。这也导致相应的调度队列数据结构相对简单。也就是说，调度队列是全局的，没有按 CPU 分为多调度队列。

系统严格按照线程优先级进行调度，所有线程都被认为是实时任务。同一个优先级的运行线程被组织到一个链表中，假设系统支持 128 个线程优先级（这正是 DIM-SUM 当前支持的优先级数量），那么系统将有 128 个运行队列。一旦某一优先级的线程被唤醒，那么就将 sched_runqueue_mask 中相应的位掩码设置为 1。

小问题 4.23：我们完全可以通过运行队列链表中的线程推算出 sched_runqueue_mask 掩码中的位，这显得 sched_runqueue_mask 有点冗余。作者真的想好了吗？

与调度队列相关的数据结构主要有两个：

1. 按优先级组织的运行任务队列。
2. 全局的线程链表，包含所有创建但还没有完全销毁的线程。

运行队列相关的数据结构如下所示：

```
1 #define SCHED_MASK_SIZE ((MAX_RT_PRIO + BITS_PER_LONG) / BITS_PER_LONG)
2 unsigned long sched_runqueue_mask[SCHED_MASK_SIZE] = { 0 };
3 struct double_list sched_runqueue_list[MAX_RT_PRIO+1];
```

MAX_RT_PRIO 宏是当前系统支持的最大优先级，目前该值为 128。第 1 行的宏，是为了计算运行队列状态掩码的长度。目前计算出来的结果为 17。也就是说，需要用 17 个 unsigned long 类型的值来保存掩码。

小问题 4.24：为什么不是 16 而是 17？

第 2 行定义一个数组，该数组保存了运行队列掩码值。如前所述，这个数组的长度为 17，并且被初始化为 0。

第 3 行声明了一个双向链表数组，数组的每一项都是一个链表头。每一个链表中保存了相应优先级的可运行线程。

最初，这些链表中没有任何线程。随着系统的运行，不同优先级的任务会反复进入/退出这些链表。

全局线程队列的定义很简单：

```
1 struct double_list sched_all_task_list = LIST_HEAD_INITIALIZER(sched_all_task_list);
```

该队列也是一个双向链表。请注意，它仅仅是全局线程队列的链表头。

由此可见，这个链表中保存所有已经创建但是还没有完全销毁的线程对象。

不论是全局线程队列，还是运行队列，都使用如下自旋锁进行保护：

```
1 struct smp_lock lock_all_task_list = SMP_LOCK_UNLOCKED(lock_all_task_list);
```

小问题 4.25：这是一把“丑陋”的全局锁？

4.3.3　杂项

调度模块还定义了如下一些杂项数据结构：

```
1 __attribute__((aligned(PROCESS_STACK_SIZE)))
2 union process_union master_idle_stack;
3
4 union process_union *idle_proc_stacks[MAX_CPUS];
5 struct task_desc *idle_task_desc[MAX_CPUS];
6 #define INIT_SP(tsk)        ((unsigned long)tsk + THREAD_START_SP)
```

第 2 行的 master_idle_stack 全局变量定义了 CPU 0 上面的 idle 任务堆栈。

小问题 4.26：对 master_idle_stack 的初始化是通过代码来实现的，而没有在变量定义的地方直接设置初值，这样的代码是不是不太“优雅”？

第 1 行的属性指示编译器将 master_idle_stack 变量按照 8KB 边界对齐。其中 PROCESS_STACK_SIZE 宏定义为 8192。

小问题 4.27：为什么需要将 master_idle_stack 进行 8KB 对齐？

第 2 行的 master_idle_stack 定义了主 CPU 中 idle 线程的堆栈。所谓主 CPU，即启动操作系统内核的 CPU。

小问题 4.28：为什么没有顺便在这里对 master_idle_stack 变量赋一些初值，而是在代码运行过程中进行赋值？这样的代码看起来并不“优雅”。

第 4 行的 idle_proc_stacks 数组定义了所有 CPU 中的 idle 线程堆栈指针。

小问题 4.29：看起来应该将 idle_proc_stacks 定义为每 CPU 变量，而不应该是数组。你是不是太不小心了？

第 5 行的 idle_task_desc 数组定义了所有 CPU 中的 idle 线程描述符指针。

第 6 行的宏定义了线程的栈底位置。虽然线程堆栈默认是 8192 字节，但是不能从 8192 字节的位置开始保存堆栈数据。因为在发生中断或者异常时，硬件会从堆栈高地址处开始，自动保存一些数据到堆栈中。

因此，THREAD_START_SP 宏的值会略小于 8192。

4.4　调度子系统初始化

调度子系统的初始化代码均位于 kernel/sched/core.c 中。

初始化代码分两部分：

1. 早期初始化。
2. 正常初始化。

小问题 4.30：为什么需要将初始化分成两部分？我读过太多的代码，一般都只有一份初始化代码，以及一份退出代码。

早期初始化函数入口为 init_sched_early，正常初始化函数入口为 init_sched。

4.4.1 init_sched_early 函数

init_sched_early 函数的实现比较烦琐，这里就不列出具体的代码了。读者可以从本书的相关网站下载源代码，并阅读本函数的实现。

init_sched_early 函数为所有 CPU 核分配 idle 线程的堆栈及线程描述符，并初始化这些数据结构。

在该函数的第 7 行开始一个循环，该循环遍历系统中已经探测到的 CPU，依次对这些 CPU 中的数据结构进行初始化。

第 9~17 行为 CPU 分配堆栈。

其中，第 9 行判断当前 CPU 是否为 CPU 0。请注意，这里的 CPU 编号从 0 开始计数，并且启动操作系统内核的 CPU 固定编号为 0。

如果是 CPU 0，则在第 11 行中直接使用静态声明的 master_idle_stack 作为其 idle 线程的堆栈。

否则在第 15 行，调用 alloc_boot_mem_permanent 从 boot 内存分配器中为 CPU idle 线程分配堆栈。

小问题 4.31：可恶的条件判断代码，Linus 好像比较“憎恨”这样的代码。为什么不统一调用 alloc_boot_mem_permanent 为所有 CPU 分配堆栈？

第 18 行调用 alloc_boot_mem_permanent 函数为 CPU idle 线程分配线程描述符。请注意传入的第 2 个参数，它要求 alloc_boot_mem_permanent 以缓存行对齐的方式进行内存分配。

小问题 4.32：第 18 行的缓存行对齐分配，是为了避免缓存行颠簸或者缓存行伪共享吗？究竟什么是缓存行伪共享？

第 23 行调用 init_idle_process 函数，来初始化 idle 线程的堆栈和线程描述符。

4.4.2 init_idle_process 函数

init_idle_process 函数的实现也比较烦琐，读者可以从本书的相关网站下载源代码，并阅读函数的实现。

init_idle_process 函数首先在第 4 行进行参数有效性检查。

如果参数正确，则在第 7 行调用 memset 将线程描述符初始化为全 0 状态。

第 8~10 行设置堆栈与进程描述符之间的相互引用。这里有必要提醒读者注意，在堆栈的低地址端，存放了调度常用字段。这些字段保存在名为 process_desc 的数据结构中。

第 12~22 行初始化线程描述符的如下字段。

1．线程名称，默认将 idle 线程命名为 idle0、idle1 这样的形式。

2．魔法值，用于意外的内存破坏诊断。

3．state 字段，将其设置为 TASK_INIT 以表示线程正处于初始化阶段。

4．sched_prio 字段，默认将线程优先级设置为最大实时任务优先级。这里需要注意的是：该编号越大，调度优先级越低。

5．task_main 字段。该字段是线程的入口函数。对于 idle 线程来说，其入口函数为 cpu_idle。

6．in_run_queue 字段。将该字段设置为 0，表示线程还没有被加入调度队列中的事实。

7．prev_sched 字段。该字段的含义有点隐晦，读者需要结合调度函数仔细体会。

第 24 行调用 init_task_fs 函数，该函数用于设置线程的文件操作环境。由于 DIM-SUM 目前仅仅支持内核态线程，因此相应的文件操作环境为全局数据结构。相应的代码会在将来进行重构。

第 26 行设置 idle 线程的抢占计数为 0。

第 28~29 行初始化调度相关的链表，以备将来将线程添加到调度运行链表和全局线程链表。

第 30 行调用 init_waitqueue，对 wait_child_exit 等待队列进行初始化。该队列中的线程正在调用 wait4 系统调用，以等待当前线程结束运行。

在线程结束运行时，唤醒该队列中的线程，由被唤醒的线程完成最后的数据结构清理工作。

第 31 行调用 hold_task_desc 以增加线程描述符的引用计数。

小问题 4.33：第 31 行的引用计数与什么相对应？或者更清晰地说，由谁在何时来递减本次引用计数？

4.4.3 init_sched 函数

init_sched 函数完成余下的调度子系统初始化过程。

第 5 行调用 list_init 对全局线程链表进行初始化。

第 7 行判断当前是否处于关闭中断状态。如果未关闭中断，则说明系统中存在异常的代码路径，意外地打开了中断。如果是这样的话，则在第 9 行打印出警告信息，以引起注意。

第 10 行强制关闭中断，以确保后续的初始化过程能正常运行。

第 12 行遍历优先级链表队列。系统一般会按照调度优先级的不同，将线程组织在不同的链表中。

第 13 行对每个优先级对应的链表进行初始化。这样调度系统就可以往相应的队列中加入线程了。

第 14 行初始化调度队列掩码，以表明目前没有任何线程位于就绪任务队列中的事实。

4.5 线程调度

当事件发生时，线程就可能被唤醒。例如：

1. 用户在控制台上按下某个按键，那么控制台守护线程就会被唤醒。
2. 某个线程释放了锁，那么等待该锁的线程就会被唤醒。

在线程被唤醒后，如果满足如下条件，就会进行线程上下文切换，将当前线程切换到被唤醒线程：

1. 有可用的空闲 CPU。
2. 被唤醒的线程优先级高于当前线程的优先级，并允许抢占。
3. 抢占计数递减为 0，表明系统允许抢占，并且有高优先级任务正在等待运行。

接下来先看看如何进行上下文切换，以及如何唤醒一个线程。

4.5.1 上下文切换

上下文切换的主要工作就是将某个 CPU 上面正在运行的线程切换出去，并选择一个合适的线程到 CPU 上运行。

4.5.1.1 上下文切换的实现

上下文切换的主函数是 schedule 函数。本节详细描述该函数的流程。

```
1 asmlinkage void schedule(void)
2 {
3     struct task_desc *prev, *next;
```

```
4      unsigned long flags;
5      int idx;
6
7      if (irqs_disabled() || (preempt_count() & ~PREEMPT_ACTIVE)) {
8          printk("cannt switch task, preempt count is %lx, irq %s.\n",
9              preempt_count(), irqs_disabled() ? "disabled" : "enabled");
10         BUG();
11     }
12
13 need_resched:
14     /**
15      * 这里必须手动增加抢占计数
16      * 以避免在打开锁的时候执行调度，那样就乱套了
17      */
18     preempt_disable();
19     smp_lock_irqsave(&lock_all_task_list, flags);
20
21     prev = current;
22     /**
23      * 很微妙的两个标志，请特别小心
24      */
25     if (!(preempt_count() & PREEMPT_ACTIVE) && !(prev->state & TASK_RUNNING))
26         del_from_runqueue(prev);
27
28     idx = find_first_bit(sched_runqueue_mask, MAX_RT_PRIO + 1);
29     /**
30      * 没有任务可运行
31      */
32     if (idx > MAX_RT_PRIO)
33         /**
34          * 选择本 CPU 上的 idle 任务来运行
35          */
36         next = idle_task_desc[smp_processor_id()];
37     else
38         next = list_first_container(&sched_runqueue_list[idx],
39                         struct task_desc, run_list);
40
41     /**
42      * 在什么情况下，二者会相等
43      */
44     if (unlikely(prev == next)) {
45         clear_task_need_resched(prev);
46         smp_unlock_irq(&lock_all_task_list);
47         preempt_enable_no_resched();
48         goto same_process;
49     }
50     clear_task_need_resched(prev);
51
52     next->prev_sched = prev;
53     task_process_info(next)->cpu = task_process_info(prev)->cpu;
54     prev = __switch_to(task_process_info(prev), task_process_info(next));
55     barrier();
```

```
56     /**
57      * 只能在切换后释放上一个进程的结构
58      * 待 wait 系统完成后，这里再修改
59      */
60     if (current->prev_sched && (current->prev_sched->state & TASK_ZOMBIE)) {
61         loosen_task_desc(current->prev_sched);
62         current->prev_sched = NULL;
63     }
64
65     smp_unlock_irq(&lock_all_task_list);
66     preempt_enable_no_resched();
67
68 same_process:
69     if (unlikely(test_process_flag(PROCFLAG_NEED_RESCHED)))
70         goto need_resched;
71
72     return;
73 }
```

在第 1 行的函数声明中，asmlinkage 关键字表明该函数通过堆栈而不是寄存器传递函数参数。诚如读者看到的那样，本函数实际上没有参数，因此不指定该关键字也是可以的。

asmlinkage 关键字强制约定函数传递参数的方式。这主要用于汇编代码中调用 C 函数的情况。很显然，schedule 函数是允许在汇编代码中被调用的。

第 3 行定义两个局部变量 prev、next。这两个变量用于表示切换之前，被切换出去的线程，以及将要切换进入的线程描述符。这两个变量有一点点微妙，需要读者注意！

小问题 4.34：这两个变量到底微妙在什么地方？

第 7 行进行健康检查，防止调用者在错误的上下文调用本函数。以下两个条件均表示异常情况：

1. 当前处于关闭中断状态。
2. 当前线程上下文禁止抢占。

小问题 4.35：为什么在关闭中断状态下不允许切换线程上下文？

小问题 4.36：是时候关注一下 PREEMPT_ACTIVE 这个标志位了，难道抢占计数字段中的 PREEMPT_ACTIVE 不代表抢占计数？如果代表抢占计数，那么这里的判断条件就是错误的。如果不代表抢占计数，那么这个字段的含义就是错误的。

如果第 7 行中的错误条件出现，则表示系统出现了重大的 BUG。因此：

1. 第 8 行打印出警告信息。
2. 第 10 行调用 BUG()宏，该宏会导致系统宕机，一定是读者不想遇到的。

小问题 4.37：读者注意到这里的 printk 调用了吗？你能想到有什么值得深入思考的地方？

实际上，如果没有注意到这句 printk 的危险性，可能说明你在操作系统领域或者说在 Linux 方面的经验还不是特别丰富。

4.5.1.2　上下文切换的典型用法

在 DIM-SUM 中，如果想进行线程上下文切换，有如下几种典型用法。

第一种用法示例如下：

```
1 set_current_state(TASK_UNINTERRUPTIBLE);
```

```
2 schedule();
3 __set_current_state(TASK_RUNNING);
```

熟悉 Linux 内核代码的读者应该非常熟悉这段代码。首先在第 1 行调用 set_current_state，将当前状态设置为 TASK_UNINTERRUPTIBLE 状态。然后在第 2 行调用 schedule 将自己切换出去。线程最终从 schedule 函数返回的时候，一定有代码路径唤醒了该线程。换句话说，此时线程重新获得了 CPU。因此，在第 3 行重新将自己设置为 TASK_RUNNING 状态。

细心的读者可能已经注意到了：线程状态为 TASK_UNINTERRUPTIBLE、TASK_INTERRUPTIBLE 的时候，并不完全表示线程没有处于运行状态。因此，不能在代码中直接通过一个线程的 state 字段来确定它的状态。

小问题 4.38：有点奇怪的是，在设置线程状态为 TASK_RUNNING 时调用了__set_current_state，而不是 set_current_state。这里有什么需要特别注意的吗？

第二种用法示例如下：

```
1 prepare_to_wait(&journal->wait_new_trans, &wait,
2     TASK_UNINTERRUPTIBLE);
3 schedule();
4 finish_wait(&journal->wait_new_trans, &wait);
```

这种方法首先在第 1 行将当前线程放到某个等待队列中，然后在第 3 行将当前线程切换出去。在第 4 行，当前线程被切换回来，说明有其他线程将当前线程从等待队列中唤醒，因此调用 finish_wait 将当前线程从等待队列中移除。

第三种用法示例如下：

```
1 schedule();
```

最后一种典型用法是直接调用 schedule 将当前线程切换出去。

由于这种方式没有在调用 shcedule 前设置线程状态。因此一般来说，此时线程的状态应当为 TASK_RUNNING 状态。这样，在 schedule 函数中，不会将当前线程从运行队列中移除。如果此时没有高优先级线程在运行，当前线程将继续运行。

这种用法和 Linux 中的 cond_resched 是不是很像？

小问题 4.39：是否也应该实现一个类似于 cond_resched 的函数？这样的函数是否可以完全避免直接调用 schedule？

4.5.2 唤醒线程

唤醒线程的函数名为 wake_up_process，代码看起来很简单：

```
1 int __sched wake_up_process_special(struct task_desc *tsk, unsigned int
state, int sync)
2 {
3     unsigned long flags;
4     int ret;
5
6     smp_lock_irqsave(&lock_all_task_list, flags);
7     if (tsk->state & state) {
8         add_to_runqueue(tsk);
```

```
 9          tsk->state = TASK_RUNNING;
10          ret = 0;
11      } else
12          ret = -1;
13      smp_unlock_irqrestore(&lock_all_task_list, flags);
14
15      return ret;
16  }
17
18  int __sched wake_up_process(struct task_desc *tsk)
19  {
20      return wake_up_process_special(tsk, TASK_STOPPED | TASK_TRACED |
21                  TASK_INTERRUPTIBLE | TASK_UNINTERRUPTIBLE, 0);
22  }
```

第18行是wake_up_process函数的声明。其中的__sched修饰符表示这是调度系统的核心函数，因此会放到特定的代码段中。这样做的目的是：

1．所有调度相关的函数都会编译到临近的区间，有利于减少代码缓存缺失带来的性能损失。

2．DIM-SUM可能会添加调试相关的代码，对于调度模块相关的代码，对其调试有一些限制。

3．使用这个修饰符可以标记出调度系统特定的代码段，防止调试模块对其误操作。

在第20行，会简单地调用wake_up_process_special来对通常状态（不是TASK_ZOMBIE等异常状态）的线程进行唤醒。

wake_up_process_special 函数才是唤醒线程的主函数。但是看起来也很简单，然而你需要细心地查阅该函数的代码。从函数名称可以看出，这个函数的作用是唤醒特定状态的线程。

在第1行，同样为wake_up_process_special函数指定了__sched修饰符。该函数的三个参数含义如下所示。

1．tsk：要被唤醒的线程描述符。

2．state：唤醒线程的特定状态。如果线程不属于此状态，则忽略唤醒操作。

3．sync：此参数目前未被使用。以后如果需要使用，它应当表示：当前线程即将睡眠，因此被唤醒的线程尽量在当前CPU上运行，而不必进行核间任务推送。这有利于提高调度速度。

第6行首先获得全局线程队列锁，并关闭中断。

小问题4.40：这里应当怎么改进一下？

小问题4.41：这里必须关闭中断吗？

在第7行判断线程的当前状态是否处于某些特定状态，这里只唤醒这些特定状态的线程。

这里对线程状态进行判断的目的有：

1．对于已经处于僵尸状态的线程，显然不能唤醒。调用者从来不会传入TASK_ZOMBIE标志，因此可以避免唤醒这类线程。

2．在信号处理过程中，只能唤醒处于TASK_INTERRUPTIBLE状态的线程。而应当忽略处于TASK_UNINTERRUPTIBLE状态的线程。

如果线程处于可被当前线程唤醒的状态，那么在第8~10行处理唤醒操作。

第8行将线程添加到运行队列中。

第9行将线程状态设置为可运行状态。

第10行将返回值设置为0，表示成功唤醒了线程。不过该返回值一般未被使用。

如果线程处于不可被当前线程唤醒的状态，那么直接在第12行设置返回值为-1，表示本次唤醒操作失败。

第 13 行释放全局线程队列锁，并恢复中断状态。

第 15 行简单地向调用者返回结果。

小问题 4.42：这里有一个巨大的疑问：虽然 wake_up_process_special 函数将线程放入运行队列，可是并没有调用 schedule 处理线程切换。如果当前线程一直死循环运行会发生什么？

4.5.2.1 处理抢占调度

实际上，在 wake_up_process_special 函数释放全局线程队列锁时，调用了 smp_unlock_irqrestore 函数。这个函数和抢占调度紧密相关，值得引起读者高度重视。

下面重点看看 smp_unlock_irqrestore 调用的 preempt_enable 会做些什么？

```
 1 asmlinkage void __sched preempt_schedule(void)
 2 {
 3     if (likely(preempt_count() || irqs_disabled()))
 4         return;
 5
 6 need_resched:
 7     /**
 8      * 如果不添加 PREEMPT_ACTIVE 标志，会出现什么情况？
 9      */
10     add_preempt_count(PREEMPT_ACTIVE);
11     schedule();
12     sub_preempt_count(PREEMPT_ACTIVE);
13
14     barrier();
15     if (unlikely(test_process_flag(PROCFLAG_NEED_RESCHED)))
16         goto need_resched;
17 }
18
19 #define preempt_check_resched() \
20 do { \
21     if (unlikely(test_process_flag(PROCFLAG_NEED_RESCHED))) \
22         preempt_schedule(); \
23 } while (0)
24
25 #define preempt_enable() \
26 do { \
27     preempt_enable_no_resched(); \
28     barrier(); \
29     preempt_check_resched(); \
30 } while (0)
```

preempt_enable 宏处理抢占调度。也就是说，如果当前线程唤醒一个新线程运行，并且被唤醒的线程优先级高于当前线程，那么就及时切换到被唤醒线程运行。

在该宏的第 27 行，调用 preempt_enable_no_resched 来递减抢占计数。

第 28 行的编译屏障防止第 27 行与 29 行之间的乱序。

第 29 行的 preempt_check_resched 处理抢占调度。

preempt_check_resched 宏在第 21 行判断当前线程的 PROCFLAG_NEED_RESCHED 标志。如果有这个标志，说明当前有高优先级的线程就绪，需要及时切换到高优先级线程去运行。

小问题 4.43：当前线程的 PROCFLAG_NEED_RESCHED 标志是在什么时候由谁设置的？

如果有高优先级线程就绪，则在第 22 行调用 preempt_schedule 切换到高优先级线程。

preempt_schedule 函数比较微妙，需要读者仔细推敲。

在第 3 行，preempt_schedule 函数判断当前线程是否可以被抢占。当如下条件满足时，当前函数不能被抢占：

1. 线程抢占计数不为 0。
2. 当前处于关闭中断状态。

小问题 4.44：为什么这两种状态不允许被抢占？

第 10 行添加抢占计数 PREEMPT_ACTIVE。

小问题 4.45：如果不添加 PREEMPT_ACTIVE 标志，那么会出现什么情况？

第 11 行调用 schedule 将当前线程切换出去，高优先级线程将获得 CPU。

这里需要注意 schedule 函数中对 PREEMPT_ACTIVE 的处理。

运行到 12 行，说明当前线程重新获得了 CPU。调用 sub_preempt_count 将第 10 行的操作还原。

第 15 行重新判断 PROCFLAG_NEED_RESCHED 标志，如果该标志被设置，说明有更高优先级的线程就绪，那么在第 16 行跳转到第 6 行，继续处理抢占标志。

小问题 4.46：在 preempt_check_resched、schedule、preempt_schedule 三个函数中都反复判断了 PROCFLAG_NEED_RESCHED 标志，这样的代码不“优雅”吧？

本节所描述的是线程调度的基本原语。实际上，这些原语难于使用。因此，DIM-SUM 封装了更高级的 API 供驱动或者其他内核模块所使用。这些高级 API 包括：

1. 信号量原语，在第 3 章有过描述。
2. 等待队列。
3. 位等待队列。
4. 线程睡眠。
5. 消息队列。

当然，读者也可以根据需要实现自己的 API。

4.6　高级调度 API

4.6.1　等待队列

熟悉操作系统原理或者 Linux 内核代码的读者应该清楚等待队列的含义。简单地说，等待队列用于使线程等待某一特定的事件发生而不用频繁轮询。在等待事件尚未发生的时候，线程在等待队列上睡眠。直到条件改变时，由事件触发者唤醒等待线程，并将线程从等待队列上移除。

4.6.1.1　等待队列数据结构

等待队列相关的数据结构如下所示：

```
1 typedef int (*wakeup_task_func_f)(struct wait_task_desc *wait,
2     unsigned mode, int flags, void *data);
3
4 struct wait_task_desc {
```

```
 5     struct task_desc    *task;
 6     unsigned int        flags;
 7     wakeup_task_func_f  wakeup;
 8     struct double_list  list;
 9 };
10
11 struct wait_queue {
12     struct smp_lock     lock;
13     struct double_list  awaited;
14 };
```

其中，wait_queue 表示一个等待队列，wait_task_desc 表示在等待队列上等待事件的线程信息。

wait_queue 描述符的字段包括：

- 名为 lock 的字段是一个自旋锁，用于保护对等待队列的并发访问。
- 名为 awaited 的字段是一个双向链表，这个链表中包含所有正在队列上等待的线程信息。

wait_task_desc 描述符的字段包括：

- 名为 task 的字段是线程描述符，表示等待事件的线程。
- 名为 flags 的字段是标志字段，该字段可以包含 WQ_FLAG_EXCLUSIVE，表示不得与随后的等待线程同时被唤醒，这主要是为了避免等待队列中的线程数量太多，引起唤醒风暴。
- 名为 wakeup 的字段用于唤醒回调函数，这个回调函数指针为 wakeup_one_task，它调用 wake_up_process_special 以唤醒等待线程。
- 名为 list 的字段是双向链表节点，通过这个节点，将 wait_task_desc 描述符链接到等待队列中。

4.6.1.2 等待队列 API

下表是等待队列提供的 API 接口：

API 名称	功 能 描 述
__WAIT_TASK_INITIALIZER	初始化 wait_task_desc 描述符
__WAIT_QUEUE_INITIALIZER	初始化等待队列描述符
init_wait_task	初始化 wait_task_desc 描述符
__init_waitqueue	初始化等待队列描述符
init_waitqueue	初始化等待队列描述符
waitqueue_active	等待队列上是否有等待线程
add_to_wait_queue	将线程添加到等待队列尾部
del_from_wait_queue	将线程从等待队列中移除
wake_up	从等待队列中唤醒一个线程
wake_up_interruptible	从等待队列中唤醒一个处于 TASK_INTERRUPTIBLE 状态的线程
DEFINE_WAIT	定义一个 wait_task_desc 描述符，将当前线程作为等待对象
cond_wait	条件等待，将线程加入等待队列，直到满足特定条件后被唤醒
cond_wait_interruptible	条件等待，将线程加入等待队列，直到满足特定条件或者接收到信号后被唤醒
cond_wait_timeout	条件等待，将线程加入等待队列，直到满足特定条件或者超时后被唤醒
cond_wait_interruptible_timeout	条件等待，将线程加入等待队列，直到满足特定条件或者超时、接收到信号后被唤醒
cond_wait_interruptible_exclusive	条件等待，将线程加入等待队列，直到满足特定条件或者接收到信号后被唤醒，唤醒时只能唤醒当前线程，以避免唤醒风暴
prepare_to_wait	将 wait_task_desc 描述符加入等待队列中，并设置线程状态

续表

API 名称	功 能 描 述
prepare_to_wait_exclusive	将 wait_task_desc 描述符加入等待队列中，并设置线程状态，同时设置等待标志，一次仅能唤醒一个线程
finish_wait	线程被唤醒后，将自己从等待队列中移除，以结束等待
wakeup_one_task	从等待队列中唤醒一个线程

4.6.1.3　等待队列的实现

将线程加入等待队列中，以等待特定事件的示例调用如下：

```
prepare_to_wait(&journal->wait_updates, &wait,
        TASK_UNINTERRUPTIBLE);
smp_unlock(&trans->lock);
smp_unlock(&journal->state_lock);
schedule();
finish_wait(&journal->wait_updates, &wait);
smp_lock(&journal->state_lock);
```

这段代码摘自文件系统日志处理代码。基本的流程是调用 prepare_to_wait 将当前线程加入等待队列，然后调用 schedule 将当前线程调度出去，直到被事件唤醒。当线程被唤醒后，调用 finish_wait 将自己从等待队列中移除。

我们首先看看 prepare_to_wait 函数的实现。如前所述，这个函数的作用是将 wait_task_desc 描述符加入等待队列中。

```
 1 void
 2 prepare_to_wait(struct wait_queue *q, struct wait_task_desc *wait, int state)
 3 {
 4     unsigned long flags;
 5
 6     wait->flags &= ~WQ_FLAG_EXCLUSIVE;
 7     smp_lock_irqsave(&q->lock, flags);
 8     if (list_is_empty(&wait->list))
 9         __add_to_wait_queue(q, wait);
10     set_current_state(state);
11     smp_unlock_irqrestore(&q->lock, flags);
12 }
```

在函数的第 6 行清除 WQ_FLAG_EXCLUSIVE 标志，表示允许将当前线程与等待队列中的其他线程同时唤醒，也就是说可以一次性唤醒多个线程。

prepare_to_wait_exclusive 则与之相反，它会设置上 WQ_FLAG_EXCLUSIVE。

第 7 行调用 smp_lock_irqsave 来获得等待队列的自旋锁，并关闭中断。

小问题 4.47：这里关闭中断，是否隐含说明可以在中断上下文中调用 prepare_to_wait?

第 8 行的判断有一点令人迷惑。实际上，这里并非是判断等待描述符中的 list 链表是否存在等待节点。它的真实含义是：当前描述符是否存在于某个等待队列中。

如果等待描述符并不存在于某个等待队列中，那么就在第 9 行调用__add_to_wait_queue 将其加入等待队列中。

第 10 行将当前线程设置为调用者期望的状态。其状态一般会被设置为 TASK_INTERRUPTIBLE 或者 TASK_UNINTERRUPTIBLE。

最后，在第 11 行释放等待队列的自旋锁，并恢复中断标志。

在线程被事件唤醒后，它调用 finish_wait 将自己从等待队列中移除。其实现如下：

```
 1 void fastcall finish_wait(struct wait_queue *q, struct wait_task_desc *wait)
 2 {
 3     unsigned long flags;
 4 
 5     __set_current_state(TASK_RUNNING);
 6     smp_lock_irqsave(&q->lock, flags);
 7     if (!list_is_empty(&wait->list)) {
 8         list_del_init(&wait->list);
 9     }
10     smp_unlock_irqrestore(&q->lock, flags);
11 }
```

既然线程已经被唤醒，并且运行到 finish_wait，就说明它已经获得 CPU。因此在第 5 行将线程状态设置为 TASK_RUNNING，以表明线程正在运行的事实。

第 6 行调用 smp_lock_irqsave 来获得等待队列的自旋锁，并关闭中断。

第 7 行判断当前线程是否处于某个等待队列中。如果是，则在第 8 行调用 list_del_init 将线程从等待队列中移除。

最后，在第 10 行释放等待队列的自旋锁，并恢复中断标志。

当特定的事件到达时，调用 wake_up、wake_up_interruptible 唤醒等待的线程。实际上，这两个函数仅仅是对__wake_up 的简单封装。我们来看看__wake_up 函数的实现：

```
 1 int wakeup_one_task(struct wait_task_desc *wait, unsigned mode, int sync,
void *data)
 2 {
 3     int ret = wakeup_one_task_simple(wait, mode, sync, data);
 4 
 5     if (ret)
 6         list_del_init(&wait->list);
 7     return ret;
 8 }
 9 
10 void __wake_up_common(struct wait_queue *q, unsigned int mode,
11                 int nr_exclusive, int sync, void *data)
12 {
13     struct double_list *curr, *next;
14 
15     list_for_each_safe(curr, next, &q->awaited) {
16         struct wait_task_desc *wait;
17         unsigned flags;
18         wait = list_container(curr, struct wait_task_desc, list);
19         flags = wait->flags;
20         /**
21          * wakeup_one_task
22          * wakeup_one_task_simple
23          * wakeup_one_task_bit
24          */
25         if (wait->wakeup(wait, mode, sync, data) &&
26             (flags & WQ_FLAG_EXCLUSIVE) &&
```

```
27            !--nr_exclusive)
28            break;
29     }
30 }
31
32 void fastcall __wake_up(struct wait_queue *q, unsigned int mode,
33              int nr_exclusive, void *data)
34 {
35     unsigned long flags;
36
37     smp_lock_irqsave(&q->lock, flags);
38     __wake_up_common(q, mode, nr_exclusive, 0, data);
39     smp_unlock_irqrestore(&q->lock, flags);
40 }
```

__wake_up 函数的实现位于第 35~39 行。其中，第 37 行获得等待队列的自旋锁，并关闭中断。

第 38 行调用__wake_up_common 唤醒特定状态的线程。

第 39 行释放等待队列的自旋锁，并恢复中断状态。

__wake_up_common 是__wake_up 函数的核心实现函数，它执行真正的唤醒等待线程操作。

在__wake_up_common 函数的第 15 行开始循环遍历等待队列中的所有等待线程。

小问题 4.48：注意到第 15 行的 list_for_each_safe 了吗，为什么不是 list_for_each?

第 18 行根据链表对象地址，得到该链表节点的等待描述符对象。

第 25 行调用等待描述符中的 wakeup 来唤醒等待线程。正如注释所描述的那样，常见的唤醒回调函数是：wakeup_one_task、wakeup_one_task_simple 和 wakeup_one_task_bit。

需要仔细阅读第 26、27 行的判断条件。这两个条件的含义是：如果等待线程设置了排他唤醒标志，并且唤醒的线程数量已经达到预期的数量，就退出循环。

这是为了避免一次性唤醒过多的线程。在等待队列中等待的线程数量过多的情况下，需要设置排他唤醒标志，否则可能引起唤醒风暴，导致系统性下降或者抖动。

最常见的唤醒回调函数是 wakeup_one_task，这个函数很简单。它在第 3 行唤醒线程。如果线程当前状态允许被事件唤醒，那么就在第 6 行将等待描述符从等待队列中移除。

4.6.2　位等待队列

等待队列的实现是如此简单而明了，以至于让人觉得不需要其他的等待队列，然而事实并非如此。

4.6.1 节的等待队列有一个明显的缺点，就是其数据结构中包含自旋锁和链表。在 DIM-SUM 中，这至少要占用 24B 的空间。

文件系统缓存的实现需要在系统中所有页面上实现等待唤醒操作。如果使用等待队列来实现，就需要在页面描述符中添加一个 wait_queue 对象。假设系统支持的页面大小为 4KB，那么就需要 0.6%的内存空间。

更进一步假设系统内存为 1T，那么这些等待队列将消耗 6G 内存，这显然值得优化。

Linux 和 DIM-SUM 为此提供了位等待队列。

在位等待队列中，可以包含一个位图，位图中的每一位表示一个等待对象。多个线程可以在等待队列的某一位上面进行等待。

通过这样的设计，可以将等待队列占用的内存数量减少一个甚至多个数量级。

小问题 4.49：难道位等待队列没有缺点？如果真的没有缺点，传统的等待队列就可以被完全替代，没有存在的价值了。

4.6.2.1 位等待队列数据结构

位等待队列仍然使用 wait_queue 数据结构来表示等待队列，但是该等待队列中的等待线程可能在等待该队列中的不同对象，因此等待、唤醒策略有所不同。

位等待队列与等待队列的最大不同之处在于 bit_wait_task_desc 数据结构，它表示在位等待队列上等待事件的线程信息。该描述符如下所示：

```
1 struct bit_wait_task_desc {
2         struct wait_task_desc wait;
3         unsigned long timeout;
4         void *addr;
5         int bit_nr;
6 };
```

其中，wait 字段与等待队列一样，描述在等待队列中等待的线程。

timeout 字段描述等待超时时间。

addr 是等待的位图地址，位图中每一位代表一个具体的被等待对象，例如一个缓存页面。

bit_nr 是被等待对象在位图中的序号。

4.6.2.2 位等待队列 API

下表是位等待队列提供的 API 接口：

API 名 称	功 能 描 述
DEFINE_WAIT_BIT	定义一个 bit_wait_task_desc 描述符，将当前线程作为等待对象，并指定要等待的对象位图及等待位
wait_on_bit	将当前线程放到位等待队列中，并等待特定的位可用
wait_on_bit_timeout	将当前线程放到位等待队列中，并等待特定的位可用。如果等待事件超时，则返回错误
wait_on_bit_lock	将当前线程放到位等待队列中，并等待特定的位可用。在成功等待到事件后，将相应的位设置为锁定状态
init_waitqueue	初始化等待队列描述符
wake_up_bit	唤醒位等待队列中的等待线程

4.6.2.3 位等待队列的实现

位等待队列的等待实现函数主要由 wait_on_bit 和__wait_on_bit 完成。

```
1 /**
2  * 开始在位图上等待
3  */
4 int __sched
5 __wait_on_bit(struct wait_queue *wq, struct bit_wait_task_desc *q,
6         wait_bit_schedule_f *sched, unsigned mode)
7 {
8     int ret = 0;
9
```

```
10     do {
11         /**
12          * 将当前任务挂到等待队列上
13          */
14         prepare_to_wait(wq, &q->wait, mode);
15         /**
16          * 如果位图中的位已经置位，就必须等待
17          */
18         if (test_bit(q->bit_nr, q->addr))
19             /**
20              * 根据调用者的要求，调用相应的调度函数
21              * 把自己调度出去
22              */
23             ret = sched(q);
24     /**
25      * 虽然被唤醒了，但是可能存在以下情况需要重试
26      *  1. 位图被其他人重新置位
27      *  2. 伪唤醒，需要再次睡眠
28      * 理论上，第一个条件可以不要
29      * 调用者必须在外层调用处再次判断
30      */
31     } while (test_bit(q->bit_nr, q->addr) && !ret);
32 
33     finish_wait(wq, &q->wait);
34 
35     return ret;
36 }
37 
38 /**
39  * 通常的位图等待函数
40  */
41 static inline int
42 wait_on_bit(unsigned long *word, int bit, unsigned mode)
43 {
44     struct wait_queue *wq = bit_waitqueue(word, bit);
45     DEFINE_WAIT_BIT(wait, word, bit);
46 
47     might_sleep();
48 
49     /**
50      * 很幸运，位图竟然可用
51      */
52     if (!test_bit(bit, word))
53         return 0;
54 
55 
56     return __wait_on_bit(wq, &wait, sched_bit_wait, mode);
57 }
```

第 42 行的 wait_on_bit 函数是该函数的声明。

小问题 4.50：为什么该函数并没有传递等待队列参数？

在该函数的第 44 行调用 bit_waitqueue 函数，获得所等待的位所在的等待队列。实际上，

DIM-SUM 内存管理系统维护了一个全局数据结构，将系统内存的每一位都映射到某个等待队列中。请读者仔细阅读内存管理系统相关内容以后，再来分析本函数的实现。

第 45 行调用 DEFINE_WAIT_BIT，定义一个等待线程描述符。指定当前线程想要等待的位。

第 47 行调用 might_sleep，如同 Linux 一样，这个宏的作用是：警示调用者，当前函数可能会睡眠，因此应当允许调度上下文。如果在不允许调度的上下文中调用此函数，将会收到来自 DIM-SUM 的警告，甚至产生宕机故障。

小问题 4.51：什么样的上下文不允许调度，会触发 might_sleep 的警告？

第 52 行是 wait_on_bit 函数的快速路径。它测试位图中相应的位是否为 0，如果为 0，则表示事件可用，因而当前线程不用等待，可以直接获得事件。因而在第 53 行直接返回 0 表示事件可用的事实。

运行到第 56 行，说明事件还不可用，因此调用__wait_on_bit 函数进入慢速流程。

__wait_on_bit 函数是__wait_on_bit 函数的慢速流程。

在第 14 行调用 prepare_to_wait 将当前线程加入等待队列的等待链表中。

第 18 行再次判断等待位图中相应的位是否为 1。如果为 1，表示事件不可用，必须等待。因而在第 23 行调用 sched 回调函数将当前线程切换出去，等待被事件唤醒。

运行到第 31 行，说明线程已经被信号或者事件唤醒。正如注释中所说，此时仍然需要再次测试位图中相应的位是否为 1。如果为 1，并且当前线程不是被信号所唤醒的，就继续循环，再次等待位图相应位可用。

运行到第 33 行，说明当前线程要么被信号所唤醒，要么被事件所唤醒。因此需要将当前线程从等待队列中移除。

第 35 行向调用者返回被唤醒的原因。

与等待实现函数相比，位等待队列的唤醒函数则要简单得多：

```
 1 /**
 2  * 唤醒队列中，符合条件的位等待者
 3  */
 4 void __wake_up_bit(struct wait_queue *wq, void *word, int bit)
 5 {
 6     struct wait_bit_key key = __WAIT_BIT_KEY_INITIALIZER(word, bit);
 7 
 8     if (waitqueue_active(wq))
 9         __wake_up(wq, TASK_NORMAL, 1, &key);
10 }
11 
12 void wake_up_bit(void *word, int bit)
13 {
14     __wake_up_bit(bit_waitqueue(word, bit), word, bit);
15 }
```

唤醒函数名为 wake_up_bit，它在第 14 行首先调用 bit_waitqueue 获得相应位的等待队列。然后调用__wake_up_bit 实现真正的唤醒操作。

__wake_up_bit 在第 6 行计算相应位的属性，据此初始化 wait_bit_key 对象。

第 8 行调用 waitqueue_active，该函数返回等待队列中是否有线程在等待。如果有，则在第 9 行调用__wake_up 函数唤醒等待队列中的线程。

在 4.6.1 节，我们已经介绍了__wake_up 函数，此处不再详述。

4.6.3 线程睡眠

对于应用开发者来说，在线程中调用 nanosleep 睡眠一段时间，将 CPU 让给其他线程，是自然而然的事。

然而，站在操作系统内核开发者的角度来看，这件简单的事情实质上并不简单。

nanosleep 调用首先会陷入 CPU 特权模式，并最终调用内核函数 sys_nanosleep。我们来看看 sys_nanosleep 函数的实现：

```
 1 asmlinkage long sys_nanosleep(struct timespec __user *time, struct
timespec    __user *rmtp)
 2 {
 3     struct timespec t;
 4     unsigned long expire;
 5 
 6     if (copy_from_user(&t, time, sizeof(t)))
 7        return -EFAULT;
 8 
 9     if ((t.tv_nsec >= 1000000000L) || (t.tv_nsec < 0) || (t.tv_sec < 0))
10        return -EINVAL;
11 
12     expire = timespec_to_jiffies(&t) + (t.tv_sec || t.tv_nsec);
13     current->state = TASK_INTERRUPTIBLE;
14     expire = schedule_timeout(expire);
15 
16     return expire;
17 }
```

为了保持和 Linux 的接口兼容，sys_nanosleep 接口定义和 Linux 完全一致，其返回值表示系统调用执行结果：0 表示执行成功，负值表示错误码。

time 参数是调用者指定的睡眠时间，其 tv_sec 和 tv_nsec 字段分别表示要睡眠的秒数、纳秒数。

rmtp 参数是剩余的睡眠时间。当系统调用被信号打断的时候，本函数可能会提前被结束执行。此时系统会将当前时间到预期睡眠时间的差值记录到此参数中，并返回给用户态调用者。但是为了快速实现 DIM-SUM 操作系统，当前忽略了此参数。

接下来我们看看该函数的实现：

在第 6 行中，调用 copy_from_user 从用户空间复制 time 参数中的睡眠时间到内核态数据结构 t 中。

小问题 4.52：copy_from_user 是否就像 Glibc 中的 memcpy 一样，不值得深入研究？

如果从用户态复制 time 参数失败，则在第 7 行返回-EFAULT，向用户表明复制参数失败的事实。

小问题 4.53：在什么情况下，copy_from_user 会复制失败？如果用户态地址不在内存中，产生缺页异常，会导致 copy_from_user 失败吗？

第 9 行检查传入的参数有效性。如果等待时间的纳秒数超过 1 000 000 000，则说明用户传入的参数不正确，此时应当将纳秒数转换为秒数，并指定在 time 参数的 tv_sec 字段中。

如果用户传入的秒数、纳秒数为负值，那么显然也是不正确的。

在这几种情况下，都在第 10 行向用户返回-EINVAL，以表明参数无效的事实。

假设用户传入的参数有效，则在第 12 行计算需要睡眠的时间。

这里首先调用 timespec_to_jiffies 将睡眠时间转换为操作系统内核的时间节拍数，对内核时间节拍不太了解的读者，可以先了解一下相关背景知识。由于 timespec_to_jiffies 在转换时进行向下取整运算，这有可能导致转换后的时间节拍数为 0。例如，假设用户传入的时间为 5ms，而系统设定的时间节拍时长为 10ms，timespec_to_jiffies 会将结果返回为 0。

为了应对这种情况，第 12 行判断 tv_sec 和 tv_nsec 字段是否为 0。只要其中一个字段不为 0，就强制将等待的时间节拍数加 1。

第 12 行的 t.tv_sec || t.tv_nsec 确实会返回 0 或者 1，我做了一个小实验：

```
printf("val is %d\n", (1 || 2));
```

这条语句的输出结果是：

```
val is 1
```

顺便提到这个实验，是想强调一下动手实践对于操作系统内核开发的重要性。

小问题 4.54：第 12 行有什么问题吗？

第 13 行将当前线程设置为 TASK_INTERRUPTIBLE 状态，这样在随后的睡眠期间可以被信号所打断。

第 14 行调用 schedule_timeout 让线程执行睡眠。

第 16 行将 schedule_timeout 的结果返回给用户。如果这个值大于 0，则表明由于信号的原因，睡眠过程被提前结束，返回值表明被提前结束的节拍数。

真正有趣的实现位于 schedule_timeout 函数中，其实现代码如下：

```
 1 signed long __sched schedule_timeout(signed long timeout)
 2 {
 3     struct timer timer;
 4     unsigned long long start = 0;
 5 
 6     might_sleep();
 7 
 8     switch (timeout)
 9     {
10     case MAX_SCHEDULE_TIMEOUT:
11         schedule();
12         goto out;
13     case 0:
14         current->state = TASK_RUNNING;
15         return 0;
16     default:
17         if (timeout < 0) {
18             current->state = TASK_RUNNING;
19             goto out;
20         }
21     }
22 
23     start = jiffies;
24     timer_init(&timer);
25     timer.data = (void*)current;
26     timer.handle = &process_timeout;
27 
```

```
28     timer_rejoin(&timer, (unsigned long long)start + timeout);
29
30     schedule();
31
32     timer_remove(&timer);
33
34     timeout = timeout - (signed long)(jiffies - start);
35
36     return timeout < 1 ? 0 : timeout;
37
38  out:
39     return MAX_SCHEDULE_TIMEOUT;
40  }
```

第 6 行调用 might_sleep，以表明本函数可能会睡眠的事实。如果调用者在原子上下文调用此函数，将会收到警告并引起系统宕机。这必然是调用者不想看到的情况。

小问题 4.55：什么是原子上下文？如果说中断处理函数位于原子上下文的话，为什么在中断处理函数中睡眠会引起宕机？

这个小问题实际上值得深入思考，熟悉操作系统设计的读者对这个问题应该不会陌生。

第 8～21 行的语句块实际上是处理几种特殊情况：

- 第 8 行判断用户传入值是否为 MAX_SCHEDULE_TIMEOUT，如果是，就强制将当前线程切换出去，并且不会启动定时器将当前线程唤醒。
- 第 13 行判断传入参数是否为 0，如果是，就不必将当前线程切换出去，直接在第 14 行将当前线程的状态修改回 TASK_RUNNING 并退出。细心的读者应该注意到了，在 4.6.3 节 sys_nanosleep 函数的第 13 行，线程状态曾经被设置为 TASK_INTERRUPTIBLE。
- 如果不属于前两种特殊情况，则在第 17 行判断等待时间是否小于 0。如果调用者传入小于 0 的参数，表示参数无效，那么这里只能直接返回了。

运行到第 23 行，说明不是特殊的参数，需要进行睡眠。因此在第 23~26 行初始化一个定时器，并将定时器的回调函数设置为 process_timeout。

第 28 行调用 timer_rejoin 以正式启动一个定时器，这个定时器会在指定的时间内被触发，并将当前线程唤醒。

第 30 行调用 schedule 将当前线程切换出去。

小问题 4.56：第 30 行的 schedule 函数一定会将当前线程切换出去吗？

运行到第 32 行，表明线程已经从睡眠状态被唤醒。可能的唤醒原因有：

- 定时器到期后，调用 process_timeout 函数将当前线程唤醒。
- 线程接收到信号，被内核信号处理流程唤醒。

线程被唤醒后，首先在第 32 行调用 timer_remove 将定时器从定时器链表中移除。

第 34 行计算剩余的等待时间，并在第 36 行返回结果。

第 36 行的定时器回调函数 process_timeout 很简单，它在睡眠时间到达后，由内核定时器模块调用，该函数调用 wake_up_process 将当前线程唤醒。

4.6.4 消息队列

消息队列的概念很简单，我们可以把消息队列看作存放消息的容器。生产者产生消息的时候，可以向消息队列中放入消息，消费者需要使用消息的时候，可以从中取出消息。它是一种先进先出的数据结构。

DIM-SUM 内核中的消息队列与用户态的消息队列有所不同。其主要差异在于：内核中的消息队列需要考虑中断、系统调用和 CPU 多核之间的同步，而用户态的消息队列只需要考虑用户态线程之间的同步。中断和 CPU 多核带来的内核复杂性，带给内核消息队列更多的复杂性，这是编写操作系统的难点之一。

DIM-SUM 消息队列采用预分配内存的方法来实现。在创建消息队列的时候，需要指定消息队列最多能容纳的消息个数及消息的大小，并根据这些参数来分配内存。

消息队列使用两个链表来管理活动消息节点链表和空闲消息节点链表。这些预分配的消息总是在这两个链表之间移动。消息队列也会分配内存空间来描述这些消息节点。

消息队列支持优先级排队。也就是说，优先级高的线程排在发送、接收等待队列的前面。

消息队列的头文件是 include/dim-sum/msg_queue.h，其实现文件则是 ipc/msg_queue.c。

4.6.4.1 消息队列数据结构

消息队列相关的数据结构如下所示：

```
 1 struct msg_queue_recv_item{
 2     unsigned int flag;
 3     struct msg_queue  *wait_msgq;
 4     struct task_desc  *task;
 5     struct double_list list;
 6 };
 7
 8 struct msg_queue_send_item{
 9     unsigned int flag;
10     struct msg_queue  *wait_msgq;
11     struct task_desc  *task;
12     struct double_list list;
13 };
14
15 struct msg_queue_node {
16     struct double_list list;
17     char    *data;
18     int     size;
19 };
20
21 struct msg_queue {
22     int option;
23     u32  magic;
24     int msg_size;
25     int msg_num;
26     char *data;
27     char *nodes;
28     int msg_count;
29     struct double_list msg_list;
```

```
30      struct double_list free_list;
31      struct smp_lock lock;
32      struct double_list wait_recv_list;
33      struct double_list wait_send_list;
34      struct accurate_counter refcount;
35      struct double_list all_list;
36  };
```

其中 msg_queue_recv_item 表示等待接收消息的线程，msg_queue_send_item 表示等待发送消息的线程，msg_queue_node 表示一个消息节点，msg_queue 表示一个等待队列。

1．msg_queue_recv_item 描述符包含以下几个字段：

名为 flag 的字段表示消息接收状态，可能的值包括：

- MSGQ_TRY_AGAIN：没有可供接收的消息，因此调用者可以忽略消息队列。
- MSGQ_WAIT：线程正在等待接收发送、消息。
- MSGQ_DELETED：消息队列已经被删除。

小问题 4.57：实际上，这些标志值定义有误。细心的读者发现了吗？

名为 wait_msgq 的消息队列，表示当前正在哪个消息队列上等待接收消息。

名为 task 的线程描述符，表示正在等待接收消息的线程。

名为 list 的链表节点描述符，通过此字段将 msg_queue_recv_item 描述符添加到消息队列的等待链表中。

msg_queue_send_item 描述符与 msg_queue_recv_item 描述符类似，此处不再详述。

2．msg_queue_node 表示一个消息节点，包含以下几个字段：

名为 list 的链表节点描述符，通过此字段将 msg_queue_node 描述符添加到消息队列的活动链表或者空闲链表中。

名为 data 的指针，指向消息起始处。

名为 size 的整型变量，表示消息的长度。

3．msg_queue 描述符表示一个消息队列，包含如下字段：

名为 option 的字段，表示消息队列的特征，可能的值有：

- MSGQ_Q_FIFO：接收、发送线程按先进先出的方式排队。
- MSGQ_Q_PRIOITY：接收、发送线程按线程优先级排队。

名为 magic 的整型字段，其值固定为 MSGQ_MAGIC，如果不是此值，则说明消息队列内存数据结构被破坏。

名为 msg_size 的整型字段，表示消息节点的实际长度，按 4 字节对齐。

名为 msg_num 的整型字段，表示消息队列中的消息节点个数。

名为 data 的指针，指向第一个消息的起始位置。

名为 nodes 的指针，指向消息节点描述符的起始位置。

名为 msg_count 的整型字段，表示消息队列中的活动消息节点个数。

名为 msg_list 的链表，指向活动消息节点的链表头。

名为 free_list 的链表，指向空闲消息节点的链表头。

名为 lock 的自旋锁，用于保护对消息队列的访问。

名为 wait_recv_list 的双向链表，指向等待接收消息的线程链表头。

名为 wait_send_list 的双向链表，指向等待发送消息的线程链表头。

名为 refcount 的引用计数描述符，在每一个等待接收、发送消息的线程，均会增加该引用计数。只有当引用计数递减为 0 的时候，才能彻底释放消息队列数据结构。

名为 all_list 的双向链表节点，用于调试目的，目前未用。

4.6.4.2 消息队列 API

下表是消息队列提供的 API 接口：

API 名称	功 能 描 述
msg_queue_init	初始化一个消息队列，为消息队列分配节点内存
msg_queue_destroy	销毁消息队列，释放消息节点占用的内存
msg_queue_receive	从消息队列中接收消息
msg_queue_send	向消息队列发送消息
msg_queue_count	获得当前消息队列中活动消息计数

熟悉消息队列数据结构各字段含义以后，阅读 msg_queue_init/msg_queue_destroy 函数将不会遇到任何障碍。由于 msg_queue_init/msg_queue_destroy 函数的实现比较烦琐，所以没有必要在此列出其完整代码，这里仅要对这两个函数的部分代码行进行阐述。

msg_queue_init 函数的实现较为烦琐，请读者从本书对应网站下载源代码，并结合源代码理解其实现。

在 msg_queue_init 函数的第 11 行，调用 in_interrupt 判断当前上下文是否在中断上下文。很显然，我们不能在中断上下文对消息队列进行初始化。有以下两个原因：

1．中断的执行时间不可预料，在这样的上下文执行初始化操作，表明代码执行时序上出现了问题。

2．在中断上下文分配大量的消息节点内存，要么由于内存分配阻塞引起宕机，要么内存分配失败，消息队列初始化不成功。

在 msg_queue_init 函数的第 56 行，调用 accurate_set 将消息队列的引用计数设置为 1。无论接收、发送消息的流程执行多少次，都不会将引用计数递减为 0，这样消息队列就不会被意外释放。

创建者调用 msg_queue_destroy，可以将消息队列的引用计数递减为 0，此时才执行最终的释放流程。

小问题 4.58：msg_queue_destroy 函数一定会释放消息队列吗？

接下来我们看看 msg_queue_send 函数的实现，这个函数有点长，也稍显复杂：

```
 1 int  msg_queue_send(struct msg_queue * msgq, char *msg, unsigned int msglen,
 2        int wait, int pri)
 3 {
 4    int ret = 0;
 5    unsigned long flags;
 6    struct double_list *list;
 7    struct msg_queue_node *node;
 8    struct double_list *list_wait;
 9    struct msg_queue_send_item wait_item;
10
11    ......
12
13    if (in_interrupt() && wait)
```

```
14    {
15        return ERROR_MSGQ_IN_INTR;
16    }
17
18 RETRY:
19    smp_lock_irqsave(&msgq->lock, flags);
20    if (!list_is_empty(&msgq->free_list))
21    {
22        list = msgq->free_list.next;
23        node = list_container(list, struct msg_queue_node, list);
24        list_del(list);
25        memcpy(node->data, msg, msglen);
26        node->size = msglen;
27        msgq->msg_count++;
28
29        list_insert_behind(list, &msgq->msg_list);
30
31        if (!list_is_empty(&msgq->wait_recv_list))
32        {
33            struct msg_queue_recv_item *wait;
34            struct task_desc *tsk;
35            list_wait = msgq->wait_recv_list.next;
36            wait = list_container(list_wait, struct msg_queue_recv_item, list);
37            list_del(list_wait);
38            list_wait->next = NULL;
39            wait->flag |= MSGQ_TRY_AGAIN;
40
41            tsk = wait->task;
42            wake_up_process(tsk);
43        }
44
45        smp_unlock_irqrestore(&msgq->lock, flags);
46    }
47    else {
48        if (in_interrupt())
49        {
50            smp_unlock_irqrestore(&msgq->lock, flags);
51
52            return ERROR_MSGQ_IN_INTR;
53        }
54        else
55        {
56            if (wait)
57            {
58                current->state = TASK_INTERRUPTIBLE;
59                wait_item.flag = MSGQ_WAIT;
60                wait_item.task = current;
61                wait_item.wait_msgq = msgq;
62
63                //list_insert_behind(&wait_item.list, &msgq->wait_send_list);
64                if (msgq->option & MSGQ_Q_PRIOITY)
65                {
```

```
66                  struct double_list *list;
67                  struct msg_queue_send_item *item;
68                  int prio = current->sched_prio;
69
70                  for(list = msgq->wait_send_list.prev; list != &(msgq-
                    >wait_send_list)    ; list = list->prev)
71                  {
72                      item = list_container(list, struct msg_queue_send_
                        item, list);
73                      if(item->task->sched_prio <= prio)
74                      {
75                          list_insert_front(&wait_item.list, list);
76                          goto out_list;
77                      }
78                  }
79                  list_insert_front(&wait_item.list, &msgq->wait_send_list);
80              }
81              else
82              {
83                  list_insert_behind(&wait_item.list, &msgq->wait_send_list);
84              }
85
86  out_list:
87              accurate_inc(&msgq->refcount);
88              smp_unlock_irqrestore(&msgq->lock, flags);
89              wait = schedule_timeout(wait);
90
91              smp_lock_irqsave(&msgq->lock, flags);
92
93              if (accurate_dec_and_test_zero(&msgq->refcount))
94              {
95                  smp_unlock_irqrestore(&msgq->lock, flags);
96
97                  free_msgq_all(msgq);
98
99                  return ERROR_MSGQ_IS_UNREFED;
100             }
101             else if (wait_item.flag & MSGQ_TRY_AGAIN)
102             {
103                 smp_unlock_irqrestore(&msgq->lock, flags);
104                 goto RETRY;
105             }
106             else if (wait_item.flag & MSGQ_DELETED)
107             {
108                 smp_unlock_irqrestore(&msgq->lock, flags);
109
110                 return ERROR_MSGQ_IS_DELETED;
111             }
112             else if (wait)
113             {
114                 list_del(&wait_item.list);
115                 smp_unlock_irqrestore(&msgq->lock, flags);
```

```
116
117                 goto RETRY;
118             }
119             else
120             {
121                 list_del(&wait_item.list);
122                 smp_unlock_irqrestore(&msgq->lock, flags);
123
124                 return ERROR_MSGQ_TIMED_OUT;
125             }
126         }
127         else
128         {
129             smp_unlock_irqrestore(&msgq->lock, flags);
130
131             return ERROR_MSGQ_FULL;
132         }
133     }
134   }
135
136   return ret;
137 }
```

该函数返回一个整型值，返回值为 0 表示发送消息成功，其他值表示失败。错误码定义在 msg_queue.h 中，如 ERROR_MSGQID_INVALID 表示错误的消息队列 ID。

该函数的参数包括：

msgq：要向其发送消息的消息队列描述符。

msg：要发送的消息缓冲区，其中的消息会被复制到消息节点中。

msglen：要发送的消息长度，该长度不能超过消息队列创建时设置的消息长度。

wait：在消息队列空间不足时，是否允许等待空间被释放。该参数指定等待超时时间。

pri：发送优先级。

在函数的第 11 行，包括参数有效性判断，这些判断都容易理解，此处不再详述。

第 13 行判断当前上下文是否在中断中，如果处于中断上下文，并且传入的参数允许线程等待，这显然是不合法的参数，因此在第 15 行返回错误。

第 18 行的 RETRY 标签，使得本函数形成了一个大的循环。形成这个循环的原因是，当消息队列可用空间不足时，线程需要睡眠以等待消息队列空间可用。一旦空间被释放，线程将被唤醒。但是如果线程被唤醒后，消息队列空间被其他过程占用，线程就必须再次睡眠以等待空间可用。

第 19 行调用 smp_lock_irqsave，以获得消息队列自旋锁，并关闭中断。

第 20~46 行的代码块构成了本函数的快速执行流程，其中第 20 行判断消息队列是否有空闲消息节点，如果有，则进入快速执行流程。

第 22~24 行从空闲链表中获得第一个可用消息节点，并将其从空闲链表中移除。

第 25 行将调用者传入的消息内容复制到消息节点中。

第 26 行设置消息的有效长度。

第 27 行递增消息队列中有效消息个数。

第 29 行将消息节点插入到活动消息链表中。

第 31 行判断是否有等待接收消息的线程。如果有，则在第 33~42 行唤醒等待线程。

第35~38行获得第一个等待消息的线程描述符，并将其从等待链表中移除。

第39行设置等待线程的标志，通知等待线程重试，从消息队列中获取消息。

第41~42行唤醒等待线程。

第45行释放消息队列自旋锁，并恢复中断。

最终，函数会跳转到第136行，向调用者返回成功。

函数第47~134行是慢速处理流程，当消息队列中没有可用消息节点时，会进入此流程。

第48~53行处理中断上下文的情况，由于中断上下文不允许睡眠，因此在第50行释放消息队列自旋锁，并恢复中断后，在第52行返回错误码，以结束函数调用。

第127~132行处理另外一种简单的情况，即调用者传入的wait标志为0。此时调用者不需要阻塞等待，因此在第129行释放消息队列自旋锁，并恢复中断后，在第131行返回错误码，以结束函数调用。

第58~125行处理需要睡眠等待空闲消息节点的情况。

第58行将线程状态设置为TASK_INTERRUPTIBLE，这意味着线程在等待过程中允许被信号打断。

第59~61行初始化等待描述符。

第63～84行将当前线程添加到消息队列的等待队列中去。按两种情况分别处理：

第一种情况是处理按照优先级排队等待的情况，这是在第64~79行处理的。

其中第64行判断消息队列的属性，如果在创建消息队列时指定了按优行级排队标志，则在第66~79行，将当前线程按照优先级插入到等待队列中。

小问题4.59：第66~79行的遍历是不是不太优雅？应该怎样优化一下？

第二种情况是处理不需要按照优先级排队的情况。这种情况很简单，在第83行将等待线程插入到等待队列的末尾即可。

一旦将线程插入到等待队列中，线程就可以放心地睡眠了。但是在睡眠之前，还有两件事情需要处理，这两件事情是由第87~88行的代码完成的：

第87行递增消息的队列引用计数。这样，线程在等待期间，就不用担心由于msg_queue_destroy被调用而造成非法内存引用了。

第88行释放消息队列自旋锁，并恢复中断。

完成睡眠的工作是通过第89行调用schedule_timeout函数完成的。

运行到第91行，说明线程已经被唤醒。下面几种情况会导致线程被唤醒：

1．在睡眠期间，有线程接收了消息，使得消息节点可用，因此唤醒了等待线程。

2．超时时间到，定时器将当前线程唤醒。

3．线程接收到信号被唤醒。

4．消息队列被销毁，线程被强制唤醒。

首先在第93行调用accurate_dec_and_test_zero递减消息队列的引用计数。如果引用计数变为0，说明在等待期间，消息队列被销毁，那么就在第95行释放消息队列自旋锁，并恢复中断。然后在第97行释放内存，并在第99行返回错误码。

第101行判断唤醒原因，如果是由于空闲消息节点可用，则在第103行释放消息队列自旋锁，并恢复中断。然后在第104行跳转到RETRY处，重新开始下一次循环，查看消息节点是否真的可用。

第106行判断消息队列是否被删除，如果是，则在第108行释放消息队列自旋锁，并恢复中断，然后在 110 行返回错误码。

第 112 行判断 schedule_timeout 函数的返回值。如果是由于信号的原因导致线程被提前唤醒，那么就在第 114 行将当前线程从等待队列中移除，并在 115 行释放消息队列自旋锁，并恢复中断。然后在第 117 行跳转到 RETRY 处，重新开始下一次循环等待。

最后一种情况是等待超时，因此在第 121 行将等待线程从等待队列中移除，并在第 122 行释放消息队列自旋锁，并恢复中断，然后在第 124 行返回错误码。

msg_queue_receive 函数是消息队列的接收函数。有趣的是，msg_queue_receiv 和 msg_queue_send 这对函数有很多类似的地方。

```
1 int msg_queue_receive( struct msg_queue * msgq, char *msgbuf, unsigned int buflen,
2         int wait )
3 {
4     int ret = 0;
5     unsigned long flags;
6     struct double_list *list;
7     struct msg_queue_node *node;
8     struct double_list *list_wait;
9     struct msg_queue_recv_item wait_item;
10
11     ......
12
13     if (in_interrupt() && wait)
14     {
15         return ERROR_MSGQ_IN_INTR;
16     }
17
18 RETRY:
19     smp_lock_irqsave(&msgq->lock, flags);
20
21     if (!list_is_empty(&msgq->msg_list))
22     {
23         int copy_size = buflen;
24         list = msgq->msg_list.next;
25         node = list_container(list, struct msg_queue_node, list);
26
27         if (node->size < buflen)
28             copy_size = node->size;
29
30         list_del(list);
31
32         memcpy(msgbuf, node->data, copy_size);
33
34         list_insert_behind(list, &msgq->free_list);
35
36         msgq->msg_count--;
37
38         if (!list_is_empty(&msgq->wait_send_list))
39         {
40             struct msg_queue_send_item *wait;
41             struct task_desc *tsk;
```

```
42             list_wait = msgq->wait_send_list.next;
43             wait = list_container(list_wait, struct msg_queue_send_item, list);
44             list_del(list_wait);
45             list_wait->next = NULL;
46             wait->flag |= MSGQ_TRY_AGAIN;
47 
48             tsk = wait->task;
49             wake_up_process(tsk);
50         }
51 
52         ret = copy_size;
53         smp_unlock_irqrestore(&msgq->lock, flags);
54     }
55     else
56     {
57         if (in_interrupt())
58         {
59             smp_unlock_irqrestore(&msgq->lock, flags);
60 
61             return ERROR_MSGQ_IN_INTR;
62         }
63         else
64         {
65             if (wait)
66             {
67                 current->state = TASK_INTERRUPTIBLE;
68                 wait_item.flag = MSGQ_WAIT;
69                 wait_item.task = current;
70                 wait_item.wait_msgq = msgq;
71                 if (msgq->option & MSGQ_Q_PRIOITY)
72                 {
73                     struct double_list *list;
74                     struct msg_queue_recv_item *item;
75                     int prio = current->sched_prio;
76 
77                     for(list = msgq->wait_recv_list.prev; list != &(msgq-
                       >wait_recv_list)    ; list = list->prev)
78                     {
79                         item = list_container(list, struct msg_queue_recv_
                           item, list);
80                         if(item->task->sched_prio <= prio)
81                         {
82                             list_insert_front(&wait_item.list, list);
83                             goto out_list;
84                         }
85                     }
86                     list_insert_front(&wait_item.list, &msgq->wait_recv_list);
87                 }
88                 else
89                 {
90                     list_insert_behind(&wait_item.list, &msgq->wait_recv_list);
91                 }
```

```
92
93 out_list:
94              accurate_inc(&msgq->refcount);
95              smp_unlock_irqrestore(&msgq->lock, flags);
96              wait = schedule_timeout(wait);
97
98              smp_lock_irqsave(&msgq->lock, flags);
99
100             if (accurate_dec_and_test_zero(&msgq->refcount))
101             {
102                 smp_unlock_irqrestore(&msgq->lock, flags);
103                 free_msgq_all(msgq);
104                 return ERROR_MSGQ_IS_UNREFED;
105             }
106             else
107                 if (wait_item.flag & MSGQ_TRY_AGAIN)
108                 {
109                     smp_unlock_irqrestore(&msgq->lock, flags);
110                     goto RETRY;
111                 }
112                 else if (wait_item.flag & MSGQ_DELETED)
113                 {
114                     smp_unlock_irqrestore(&msgq->lock, flags);
115
116                     return ERROR_MSGQ_IS_DELETED;
117                 }
118                 else if (wait)
119                 {
120                     list_del(&wait_item.list);
121                     smp_unlock_irqrestore(&msgq->lock, flags);
122                     goto RETRY;
123                 }
124                 else
125                 {
126                     list_del(&wait_item.list);
127                     smp_unlock_irqrestore(&msgq->lock, flags);
128
129                     return ERROR_MSGQ_TIMED_OUT;
130                 }
131         }
132         else
133         {
134             smp_unlock_irqrestore(&msgq->lock, flags);
135             return ERROR_MSGQ_EMPTY;
136         }
137     }
138   }
139   return ret;
140 }
```

msg_queue_receive 函数的定义与 msg_queue_send 类似，此处不再详述。

同样的，在第 11 行进行一些参数有效性检查。

第 13 行判断当前运行上下文是否在中断上下文。如果是，并且调用者指定了 wait 参数，则说明调用者期望睡眠等待接收消息。这显然也是不允许的，于是直接在第 15 行返回错误码。

第 19 行获得消息队列的自旋锁并关闭中断。

第 21~54 行是快速接收消息的流程，第 57~137 行是慢速接收消息的流程。

第 21 行判断消息队列中是否有活动消息。如果有，则进入第 21~54 行的快速流程。

第 23~32 行获得第一个活动消息，将其数据复制到传入的缓冲区中，并将活动消息从活动链表中移除。

第 34 行将消息添加到空闲链表中的尾部。实际上，这里将其添加到空闲链表的头部更合适，有利于保持节点的内存热度，提升系统性能。

第 36 行递减活动消息计数。

第 38 行判断是否有发送者在等待空闲消息节点。如果有这样的发送者，则在第 40~49 行唤醒等待者。

第 40~43 行获取等待队列中第一个等待者。

第 44 行将等待者从等待队列头部中移除。

第 46 行设置等待者的 MSGQ_TRY_AGAIN，以表示有可用空闲消息节点的事实。告诉等待重试以获得空闲消息节点。

第 48~49 行真正唤醒等待线程。

第 52 行设置获取到的消息长度。

第 53 行释放消息队列的自旋锁，并恢复中断。

第 57~137 行的慢速流程比较复杂。有两种特殊情况需要处理：

1. 在中断上下文调用 msg_queue_receive 函数。如果在第 57 行判断当前上下文是中断上下文，就在第 59 行释放消息队列的自旋锁，并恢复中断。然后在第 61 行返回错误码。

2. 调用者明确的指定 wait 参数为 0，表明调用者并不希望本函数睡眠，因此在第 134 行释放消息队列的自旋锁，并恢复中断，然后在第 135 行返回错误码。

第 67~131 行处理需要睡眠等待的情况。

第 67 行将线程状态设置为 TASK_INTERRUPTIBLE，以表明线程在睡眠期间允许被信号唤醒的事实。

第 68~70 行初始化等待描述符。

第 71~91 行将当前线程插入到等待队列中。同样的，这里也分两种情况插入：

1. 按优先级插入，这需要遍历链表，比较等待队列中等待线程的优先级。这是在第 73~86 行的代码块中完成的。

2. 将等待线程直接插入到等待队列的尾部，这是在第 90 行完成的。

第 94 行递增消息队列的引用计数，以表明接收者在引用消息队列的事实。

第 95 行释放消息队列的自旋锁，并恢复中断。

第 96 行调用 schedule_timeout，进行睡眠。

运行到第 98 行，说明线程被某种原因唤醒。因此在第 98 行重新获得消息队列自旋锁，并关闭中断。

第 100 行调用 accurate_dec_and_test_zero 以递减引用计数。如果消息队列引用计数变为 0，则说明消息队列已经被销毁，因此在第 102 行释放消息队列的自旋锁，并恢复中断。然后在第 103 行释放消息队列的内存，并在第 104 行返回错误码。

第 108 行判断线程被唤醒的原因。如果是有活动消息，则在第 109 行释放消息队列的自旋锁，并恢复中断。然后在第 110 行跳转到 RETRY 处，重新进入循环，判断是否有消息可用。

第 112 行判断消息队列是否被删除，如果消息队列已经被删除，则在第 114 行释放消息队列的自旋锁，并恢复中断，然后在第 116 行返回错误码。

运行到第 118 行，说明线程是被信号提前唤醒，因此判断是否需要继续等待。如果需要等待，则在第 120 行将当前线程从等待队列中移除，并在第 121 行释放消息队列的自旋锁，并恢复中断。然后在第 122 行跳转到 RETRY 处，尝试进入下一轮循环，以等待消息可用。

运行到第 126 行，说明等待超时，并且没有可用消息。因此在第 126 行将当前线程从等待队列中移除，并在第 127 行释放消息队列的自旋锁，并恢复中断，然后在第 129 行返回错误码。

小问题 4.60：实际上，消息队列是我在十年前编写的一段代码，这段代码有一些地方不太完善。例如，在存在性保证方面需要重构一下。请问为什么需要重构？如何重构？

第 5 章 中断及定时器

5.1 中断控制器初始化

DIM-SUM 操作系统的中断控制器实现代码位于 drivers/irqchip/gic_v2.c 中。其中初始化代码分为两部分：

1．主 CPU 上的初始化，对 ARM GIC 中断控制器进行全局初始化。

2．从 CPU 上的初始化，对 ARM GIC 中断控制器进行每 CPU 初始化。

其中，第一部分的初始化由 gic_v2_init 函数完成，第二部分的初始化由 gic_secondary_init 函数完成。

我们首先看看系统在什么流程调用这两个函数。

为此，我们在这两个函数中添加调试代码：

```
dump_stack();
```

修改 QEMU 启动参数，添加如下参数：

```
-serial stdio
```

这个参数是要求 QEMU 将串口控制台打印内容输出到主机命令行控制台，这样就能看到 DIM-SUM 从启动以来的所有日志了。如果没有这个参数，那么 dump_stack 输出的调用链可能会被大量启动日志冲刷掉。

从串口控制台可以看到 gic_v2_init 函数的调用链如下：

```
traps: Call trace:
[<ffffffc0000b2cac>] dump_backtrace+0x0/0x154
[<ffffffc0000b2e1c>] dump_task_stack+0x1c/0x30
[<ffffffc0000fa504>] __dump_stack+0x14/0x1c
[<ffffffc0000fa518>] dump_stack+0xc/0x14
[<ffffffc0001119d4>] gic_v2_init+0xc/0x8c
[<ffffffc00017abd8>] init_irq_controller+0xc/0x14
[<ffffffc000178438>] init_IRQ+0xc/0x14
[<ffffffc000178098>] start_master+0x54/0xb0
```

gic_secondary_init 函数的调用链如下：

```
traps: Call trace:
[<ffffffc0000b2cac>] dump_backtrace+0x0/0x154
[<ffffffc0000b2e1c>] dump_task_stack+0x1c/0x30
[<ffffffc0000fa504>] __dump_stack+0x14/0x1c
[<ffffffc0000fa518>] dump_stack+0xc/0x14
[<ffffffc000111a5c>] gic_secondary_init+0xc/0x20
[<ffffffc0000a0a54>] start_slave+0xa0/0xe8
```

5.1.1　主 CPU 中断控制器初始化

gic_v2_init 函数首先调用如下两行代码，其中，第一行的作用是映射 GIC Distributor 寄存器，这样就可以通过 dist_base 变量访问 GIC Distributor 寄存器了。

第二行的作用是映射 GIC CPU interface 寄存器。

```
dist_base = ioremap(0x8000000, 0x10000);
cpu_base = ioremap(0x8010000, 0x10000);
```

GIC Distributor 寄存器和 GIC CPU interface 寄存器的作用，请读者自行参阅相关硬件手册。

接下来，gic_v2_init 函数调用名为 gic_init_bases 的初始化函数，来对中断控制器进行初始化。传入的重要参数如下：

1．gic_nr：此参数表示中断控制器的编号，目前 DIM-SUM 只支持一个中断控制器，因此其值为 0。

2．dist_base：GIC Distributor 寄存器地址。

3．cpu_base：GIC CPU interface 寄存器地址。

其他参数无用。

gic_init_bases 函数执行如下主要步骤：

1．记录 GIC Distributor/GIC CPU interface 寄存器地址到内存数据结构中。这是通过如下代码行实现的：

```
gic->dist_base.common_base = dist_base;
gic->cpu_base.common_base = cpu_base;
```

2．初始化 gic_cpu_map 数组。这个数组记录了中断控制器中的 CPU 编号与系统逻辑 CPU 编号之间的对应关系，这样的对应关系主要在发送核间中断时使用。请注意，这里仅仅是将该数组每一项初始化为 0xff，在后续的初始化过程中，会赋予该数组实际的值。

3．调用 readl_relaxed 从 GIC_DIST_CTR 寄存器获得中断控制器所支持的中断数量，并将中断控制器所支持的中断数量保存到中断控制器数据结构的 gic_irqs 字段中。

4．调用 alloc_init_irq_mapping 函数，为 GIC 中断控制器分配一个内存数据，来处理系统逻辑中断与 GIC 中断之间映射关系。5.2.1.3 节会详细讲解这个函数。

5．如果是初始化第一个中断控制器，就调用 set_chip_irq_handle 设置中断控制器的中断处理回调函数。这样，在中断处理汇编部分，将会回调 gic_handle_irq 函数进行 GIC 中断处理。

6．调用 gic_dist_init 函数，该函数配置 GIC Distributor 寄存器，设置全局中断的分发策略。

7. 调用 gic_cpu_init 函数，该函数配置 GIC CPU interface 寄存器，设置主 CPU 特有中断的分发策略。例如，设置主 CPU 中定时器中断、IPI 中断的分发策略。

5.1.2 从 CPU 中断控制器初始化

从 CPU 中断控制器初始化很简单，它调用 gic_cpu_init 函数，该函数配置 GIC CPU interface 寄存器，设置从 CPU 特有中断的分发策略。

需要读者注意的是，该函数会读取当前 CPU 编号，根据 CPU 编号进行不同的设置。因此，主 CPU 和从 CPU 调用的函数路径有所差异，虽然两者调用了同样的函数，但是两者配置的寄存器实际上是不一样的。

5.2 中断控制器维护

操作系统内核开发者并不清楚系统中所有的中断控制器。在不同的系统中，中断控制器的种类、数量都不一样。因此，操作系统需要抽象出逻辑中断概念，来屏蔽这些硬件差异。

虽然 DIM-SUM 目前仅仅支持一个 GIC 中断控制器，但是随着 DIM-SUM 的发展，必然会支持多个中断控制器，也会支持不同类型的中断控制器。这样，就需要将这些中断控制器中的物理中断号进行统一管理。中断控制器维护就包含这样的工作。具体来说，中断控制器维护工作主要包括以下几点：

1. 全局逻辑中断与中断控制器物理中断号之间的映射关系维护。
2. 逻辑中断的控制，例如禁止中断、打开中断。
3. 设备中断处理函数的注册、取消注册。

5.2.1 中断号映射

处理逻辑中断号与中断控制器物理中断号映射关系的代码位于 kernel/irq/map.c 中。

5.2.1.1 中断号映射数据结构

其中最重要的数据结构是 irq_mapping，该数据结构保存逻辑中断号与物理中断号之间的映射关系。需要注意的是，每个中断控制器均包含一个这样的数据结构。其字段含义如下表所示：

字 段 名 称	含 义
name	映射表的名称，默认是中断控制器的名称
ops	由中断控制器驱动实现的回调函数表，向内核提供操作中断控制器的接口
data	私有数据，驱动自行使用
irq_count	中断控制器支持的最大中断数量，决定映射表大小，即 linear_map 数组的大小
linear_map	线性映射表，其长度由 irq_count 字段控制

irq_mapping_ops 数据结构是由驱动实现的回调函数表。这个数据结构很简单，其字段含义如下表所示：

字 段 名 称	含　　义
extract	最重要的字段。驱动框架会传入硬件配置信息，驱动对这些配置信息进行解释，并保存到内存中。 目前系统实现还是硬编码，但是以后会调整驱动框架，传入类似于 Linux 中 DTS 配置信息。 对于 GIC 中断控制器来说，这个字段指向 gic_irq_extract
init	初始化中断控制器
uninit	卸载中断控制器

小问题 5.1：什么是 DTS？

想要明白这些回调是在什么地方被调用的，可以在 gic_irq_extract 函数中加上 dump_stack 这个调试小技巧，下面这个调用链是其中一次的执行路径：

```
traps: Call trace:
[<ffffffc0000b2cac>] dump_backtrace+0x0/0x154
[<ffffffc0000b2e1c>] dump_task_stack+0x1c/0x30
[<ffffffc0000fa504>] __dump_stack+0x14/0x1c
[<ffffffc0000fa518>] dump_stack+0xc/0x14
[<ffffffc000110f54>] gic_irq_extract+0x3c/0x9c
[<ffffffc0000abd20>] init_one_hwirq+0x140/0x3a4
[<ffffffc00017aa44>] virtio_mmio_init+0x38/0x90
[<ffffffc00011061c>] probe_devices+0x14/0x28
[<ffffffc0000a0148>] init_in_process+0x20/0x90
[<ffffffc0000a76a8>] task_entry+0xcc/0xd8
```

可以看到，在系统启动时，各个驱动模块初始化的时候，调用 init_one_hwirq 函数，并传入硬件配置信息，由中断控制器驱动来解析硬件配置信息。

在解析硬件配置信息时，还需要用到 irq_configure 数据结构。该数据结构描述某个中断的编号、类型，供 GIC 中断控制器驱动使用。

字 段 名 称	含　　义
args_count	参数个数。对于 GIC 中断控制器来说，其值固定为 3
args	所有参数值。对于 GIC 中断控制器来说，第一个参数表示该中断是否为 SPI 中断。第二个参数表示中断编号。第三个参数表示中断类型，例如边缘触发型中断
np	中断所属设备节点。该设备节点应当是一个中断控制器，目前未用

5.2.1.2　中断号映射全局变量

中断号映射模块使用了如下两个全局变量：

全局变量名称	作　　用
irq_default_domain	全局唯一中断映射表，指向 gic_data[0].domain。 实际上，应当使用基数、红黑树这样的数据结构来代替这个数据结构
map_mutex	用于保护 irq_default_domain，防止并发访问此全局变量引起的逻辑错误

5.2.1.3　中断号映射的实现

中断号映射模块提供了如下 API：

API 名称	作　　用
get_virt_irq	根据中断控制器的硬件中断号，将其转换为全局逻辑中断号
alloc_init_irq_mapping	为中断控制器分配并初始化一个中断映射表
get_node_map	根据 DTS 配置信息，查找中断控制器的映射表
init_one_hwirq	根据 DTS 配置信息，传入 DTS 中断配置，对某个中断进行配置。这是设备驱动程序初始化设备中断的主要接口

接下来，我们逐一分析这几个函数的实现。

1．get_virt_irq 函数的实现

由于DIM-SUM目前不支持多个中断控制器，当然也不支持中断控制器级联，因此 get_virt_irq 函数的实现就特别简单。

它首先会取得 irq_default_domain 指针，这个指针指向了全局中断映射表。

如果系统还没有初始化 irq_default_domain 指针，则说明调用者过早调用了本函数。这里应当调用 BUG，以触发系统异常宕机。但是为了调试的目的，这里返回 0。

如果系统已经正常初始化，就判断调用者传入的硬件中断编号，如果硬件中断编号小于中断控制器的最大中断号，则说明传入参数正确，向调用者返回线性映射表中的逻辑中断号。

否则，表示调用者传入错误的硬件中断号，此时强制向调用者返回 0。

小问题 5.2：注意到 hw_irq 参数的类型了吗？

2．alloc_init_irq_mapping 函数的实现

alloc_init_irq_mapping 函数首先调用 kzalloc 函数分配映射表内存。这里需要注意，由于不同的中断控制器所支持的硬件中断号数量不一样，因此映射表所需要的内存也不一样。

小问题 5.3：正如 irq_mapping 数据结构的注释中所说，linear_map 字段必须放在数据结构的最后，这是为什么？

小问题 5.4：中断控制器是系统最重要的硬件，是否可以将它的初始化过程放到越靠前越好？

如果分配映射表内存失败，就向调用者返回 NULL，否则初始化映射表的 ops、data、irq_count 字段。

最后，将系统默认的映射表指针指向刚分配的数据结构。

3．get_node_map 函数的实现

get_node_map 函数本来应当根据调用者传入的 DTS 配置，返回对应的映射表，但是目前直接返回默认映射表即可。

在不久的将来，这个函数必然会被重构。

4．init_one_hwirq 函数的实现

第 1 步，该函数调用 get_node_map，根据 DTS 的设备节点信息查找中断映射表。当然，我们现在找到的总是 GIC 中断映射表。

第 2 步，如果映射表没有实现 extract 回调，就说明中断控制器驱动存在问题，无法解析中断配置信息，于是系统进入宕机状态。

第 3 步，调用映射表的 extract 回调，解析中断配置信息。目前这个回调函数是 gic_irq_extract。

第 4 步，如果 gic_irq_extract 返回非 0 值，则表示配置信息错误，此时返回错误。

小问题 5.5：在 gic_irq_extract 返回错误时，init_one_hwirq 返回 0，这是否妥当？有没有什么好的约定？

第 5 步，如果 gic_irq_extract 返回成功，那么该函数会将解析到的硬件中断号、中断类型分别保存在 hw_irq 和 type 变量中。

第 6 步，计算硬件中断号对应的逻辑中断号。如下所示：

```
virq = hw_irq;
```

实际上，为了简化代码，我们直接将硬件中断号转换为逻辑中断号。

第 7 步，如果从配置信息中解析出的硬件中断号大于等于中断控制器支持的中断数量，就说明传入的参数不正确，此时直接返回错误。

第 8 步，调用 get_irq_desc 从全局中断描述符表查找逻辑中断对应的描述符。

第 9 步，系统进行逻辑检查，以下两种情况返回失败：

- 如果逻辑中断号超过系统支持的最大中断号，那么 get_irq_desc 会返回 NULL，此时直接返回错误。
- 如果中断描述符已经初始化，并与中断控制器进行绑定，那么它的 map 字段必须为有效值。换句话说，不能重复对该中断进行初始化，此时直接返回错误。

第 10 步，调用 mutex_lock 获得 map_mutex 互斥锁。

第 11 步，初始化中断描述符的 hw_irq、map 字段。

第 12 步，初始化中断描述符的 isr_list 链表头，该链表保存了该中断中的所有中断回调函数。

第 13 步，如果中断控制器注册了 init 回调函数，就调用该回调函数对中断进行初始化。我们知道，目前 init 回调函数是 gic_irq_init。

第 14 步，如果 gic_irq_init 返回失败，就表明这个中断是错误的中断，于是恢复中断描述符的字段，并释放锁，然后向调用者返回错误值。

第 15 步，初始化映射表的名称，默认将中断控制器的名称赋予映射表。

第 16 步，在映射表的线性映射数组中记录下硬件中断号与逻辑中断号之间的映射关系。

第 17 步，调用 mutex_unlock 以释放 map_mutex 互斥锁。

第 18 步，设置中断描述符的中断标志，取消其 HWIRQ_DISALBE_ISR 标志，以表示硬件中断没有被禁止的事实。

第 19 步，如果硬件中断类型发生变化，那么调用 set_irq_trigger_type 以设置硬件中断类型。这可能回调中断控制器的 set_trigger_type 回调函数，即 gic_set_type 函数。

第 20 步，函数返回虚拟中断号，向调用者表示成功的事实。

5.2.2　逻辑中断的控制

5.2.2.1　逻辑中断数据结构

逻辑中断相关的数据结构，最重要的莫过于 irq_desc，即中断描述符，它代表一个逻辑中断。该数据结构的字段列表如下：

字 段 名 称	含　义
name	名称，以后的版本会支持 procfs，此字段将用于 procfs 显示
virt_irq	逻辑中断号
hw_irq	硬件中断号
hwflag	硬件中断标志，如 HWIRQ_DISALBE_ISR
lock	保护本描述符的自旋锁

续表

字 段 名 称	含 义
share_state	共享状态，即同一个逻辑中断是否允许多个硬件设备共享中断号
share_flag	当前已经注册的中断处理函数的标志
state	中断状态，分两部分，一是中断处理函数可以访问的公共状态，如：IRQSTATE_IRQ_DISABLED；二是中断子系统内部状态，如：IRQS_PENDING
handle	中断处理函数，注意不是设备驱动注册的中断处理函数，而是中断子系统根据中断类型确定的中断处理函数。如 handle_fasteoi_irq、handle_percpu_irq 分别用于处理普通设备中断、每 CPU 中断
isr_list	保存设备中断处理函数的链表。由于同一个中断可能被多个设备驱动共用，因此需要使用链表来保存这些设备驱动注册的回调函数
controller	该逻辑中断所属的中断控制器
controller_priv	中断控制器的私有数据
map	逻辑中断映射表指针
percpu_enabled	如果中断是每 CPU 中断，那么表示该中断可能在哪些 CPU 上触发，目前未用

系统可能的硬件中断标志包括：

名 称	含 义
HWIRQ_TYPE_NONE	硬件中断类型：未设置
HWIRQ_TYPE_EDGE_RISING	硬件中断类型：边缘触发，上升沿触发
HWIRQ_TYPE_EDGE_FALLING	硬件中断类型：边缘触发，下降沿触发
HWIRQ_TYPE_EDGE_MASK	边沿触发中断类型掩码
HWIRQ_TYPE_LEVEL_HIGH	硬件中断类型：电平触发，高电平触发
HWIRQ_TYPE_LEVEL_LOW	硬件中断类型：电平触发，低电平触发
HWIRQ_TYPE_LEVEL_MASK	电平触发中断类型掩码
HWIRQ_TRIGGER_TYPE_MASK	中断触发类型掩码
HWIRQ_DISALBE_ISR	硬件中断被禁止
HWIRQ_PER_CPU	该中断属于每 CPU 中断

系统可能的逻辑中断标志包括：

名 称	含 义
IRQSTATE_IRQ_DISABLED	中断被禁止，因此硬件设备不能向 CPU 发送中断
IRQSTATE_IRQ_MASKED	中断被屏蔽，因此 CPU 不响应硬件设备发送的中断
IRQSTATE_IRQ_INPROGRESS	中断正在被处理中，因此同一编号的中断将挂起，避免中断在不同 CPU 上被并发处理，以简化中断处理流程

系统可能的中断内部状态包括：

名 称	含 义
IRQS_PENDING	在处理中断的过程中，同一个中断到达，因此被挂起
IRQS_ONESHOT	一次性中断，处理完毕后需要将其屏蔽
IRQS_REPLAY	中断正在被重放，目前未用
IRQS_WAITING	用于设备探测，目前已经很少有设备需要探测了，未用

5.2.2.2　逻辑中断全局变量

逻辑中断管理相关的全局变量包括：

全局变量名称	作　　用
all_irq_desc	该全局数组保存了所有可能的逻辑中断描述符
NR_IRQS	系统允许的最大逻辑中断号，目前值为 128，可以调整

5.1.2.3　逻辑中断的 AI

与逻辑中断管理相关的 API 如下：

API 名称	作　　用
get_irq_desc	获得逻辑中断号对应的中断描述符
get_irq_trigger_type	获得逻辑中断的中断触发类型。不同类型的中断，要分别由不同的公共处理函数来处理
irq_state_clear	清除中断状态标志位
irq_state_set	设置中断状态标志位
irq_data_get_irq_chip_data	获得中断控制器私有数据
enable_percpu_irq	允许某个每 CPU 中断
disable_percpu_irq	禁止某个每 CPU 中断
irq_enable	允许某个设备中断
irq_disable	禁止某个设备中断

5.1.2.4　逻辑中断的实现

接下来，我们分析其中某些重要函数的实现。

1．__set_irq_trigger_type 函数的实现

__set_irq_trigger_type 函数被 set_irq_trigger_type、enable_percpu_irq 函数所调用。

该函数的作用是调用中断控制器的 set_trigger_type 回调函数，以设置逻辑中断的中断类型。

对于 GIC 中断控制器来说，这个回调函数是 gic_set_type。

2．set_irq_trigger_type 函数的实现

set_irq_trigger_type 函数设置普通中断的类型。它的实现流程如下：

第 1 步，调用 get_irq_desc 函数获得逻辑中断号对应的中断描述符。

第 2 步，判断 get_irq_desc 函数的返回值，如果中断描述符不存在，则说明逻辑中断号不合法，直接返回错误。

第 3 步，调用 irq_controller_lock 获得中断控制器的锁。当然，中断控制器可能有自身的锁，因此这个函数可能是空函数。

第 4 步，调用 smp_lock_irqsave 获得中断描述符的自旋锁并关闭中断。

小问题 5.6：这里为什么需要获得中断描述符的锁并关闭中断？

小问题 5.7：更进一步提问：是否可以不调用 irq_controller_lock？

第 5 步，调用__set_irq_trigger_type 设置硬件中断的类型。

第 6 步，释放第 3~4 步获得的锁。

3．enable_percpu_irq 函数的实现

enable_percpu_irq 函数用于打开某个每 CPU 中断，它的实现流程如下：

第 1 步，调用 get_irq_desc 函数获得逻辑中断号对应的中断描述符。

第 2 步，调用 smp_lock_irqsave 获得中断描述符的自旋锁并关闭中断。

第 3 步，调用__set_irq_trigger_type 设置硬件中断的类型。

第 4 步，调用中断控制器的 enable 或者 unmask 回调，打开中断。

小问题 5.8：在本函数中，并没有获取控制器的锁，这又是为什么？

5.2.3 设备中断处理函数

5.2.3.1 设备中断处理函数数据结构

与设备中断处理相关的数据结构主要是 irq_callback，它代表了一个设备驱动注册到逻辑中断上的设备中断处理回调函数。该数据结构的字段如下表所示：

字 段 名 称	含 义
name	名称，以后的版本会支持 procfs，此字段将用于 procfs 显示
flags	设备中断标志，如 IRQFLAG_PERCPU
handler	设备中断处理回调函数
dev_id	传递给回调函数的设备参数，在注册设备中断处理函数时指定。回调函数可以据此判断是哪一个设备发生了中断。不过一般未用此字段
percpu_dev_id	对于每 CPU 中断来说，传递给回调函数的设备参数在不同的 CPU 核上，其值不一样
list	通过此字段，将设备中断处理函数链接到中断描述符的回调函数链表中

在注册中断时，调用者可以传入如下标志，以指明中断标志：

名 称	含 义
IRQFLAG_TRIGGER_RISING	硬件中断类型：边缘触发，上升沿触发
IRQFLAG_TRIGGER_FALLING	硬件中断类型：边缘触发，下降沿触发
IRQFLAG_TRIGGER_HIGH	硬件中断类型：电平触发，高电平触发
IRQFLAG_TRIGGER_LOW	硬件中断类型：电平触发，低电平触发
IRQFLAG_TRIGGER_MASK	中断触发类型掩码
IRQFLAG_SHARED	允许与其他设备共享同一中断号
IRQFLAG_TIMER	时钟中断，需要特殊处理，以防止被线程化
IRQFLAG_PERCPU	注册的中断是每 CPU 中断，需要特殊处理
IRQFLAG_NO_THREAD	独享中断，禁止与其他设备共享同一中断号

5.2.3.2 注册、取消注册设备中断的 API

与注册、取消注册设备中断处理相关的 API 如下：

API 名称	作 用
register_isr_handle	注册设备中断处理函数
unregister_isr_handle	取消注册设备中断处理函数
register_percpu_irq_handle	注册每 CPU 设备中断
unregister_percpu_irq_handle	取消注册每 CPU 设备中断

5.2.3.3　注册、取消注册设备中断的实现

接下来分别描述与注册、取消注册设备中断相关函数的实现。

1．__register_irq_callback 函数的实现

__register_irq_callback 函数是其他几个函数的基础，它将中断回调函数插入到中断描述符链表，并执行一些硬件相关的初始化。详细流程如下：

第 1 步，判断传入的中断描述符是否合法，如果不合法，则退出。传入参数合法的条件是：

- 中断描述符不为 NULL。
- 中断描述符指向的中断控制器不为 NULL。

第 2 步，判断中断描述符的 isr_list 链表字段是否为空。如果为空，则表示当前注册的设备中断处理函数是第一个函数，因此根据调用者传入的标志，决定中断描述符是否允许共享中断。

第 3 步，如果中断描述符的 isr_list 链表字段不为空，则表示在该中断描述符中已经存在设备中断。此时需要判断是否能够将新中断处理函数插入到链表中。当如下条件之一满足时，将不能插入新的中断处理函数：

- 中断描述符不存在 IRQFLAG_SHARED 标志，或者新注册的中断不存在 IRQFLAG_SHARED 标志，二者均表示不允许中断共享。
- 中断描述符的中断触发类型与新注册的中断触发类型不一致。

如果没有冲突，就表示允许共享中断，并且中断触发类型一致，于是设置 share 局部变量为 1，表示当前正准备注册共享中断。

小问题 5.9：为什么中断触发类型不一样，就不允许共享中断？

第 4 步，判断 share 变量，如果为 0，表示是初次在中断描述符中注册设备中断，则执行如下子步骤：

- 如果调用者指明了中断触发类型，则调用__set_irq_trigger_type，通知中断控制器设置中断触发类型。

小问题 5.10：__set_irq_trigger_type 会根据中断触发类型来设置中断描述符的中断处理函数为 handle_percpu_irq 或者 handle_percpu_irq 吗？

- 如果调用者表明当前中断是每 CPU 中断，则设置中断描述符的标志。
- 调用 irq_startup 启动中断，这个函数实际上会通知中断控制器驱动执行一些初始化工作。

第 5 步，调用list_insert_behind 将设备中断处理函数添加到中断描述符 isr_list 链表的尾部。

2．register_isr_handle 函数的实现

该函数是常见的设备中断注册函数，详细流程如下：

第 1 步，判断传入参数合法性。当如下条件满足其中一条时，就说明参数不合法，直接向调用者返回错误：

- 传入标志表明允许中断共享，但是没有指定设备参数。
- 没有指定设备处理函数。
- 中断描述符为 NULL，这一般是中断编号非法。
- 硬件已经明确禁止了注册设备处理函数。当中断控制器级联时，如果调用者试图在级联中

断上注册中断处理函数，就会出现这样的错误，因为级联中断必须由中断系统处理其中断。

第 2 步，分配设备中断处理回调数据结构。如果分配失败，则表示内存紧张，向调用者返回错误。

第 3 步，根据传入参数初始化设备中断回调数据结构。

第 4 步，调用 irq_controller_lock 以获得中断控制器的锁。

第 5 步，调用 smp_lock_irqsave 以获得中断描述符的锁，并关闭中断。

第 6 步，调用__register_irq_callback，将设备中断处理函数添加到回调函数链表中。

第 7 步，调用 smp_unlock_irqrestore 以释放中断描述符的自旋锁并恢复中断。

第 8 步，调用 irq_controller_unlock 以释放中断控制器的锁。

第 9 步，如果第 6 步添加设备中断处理函数失败，则释放第 2 步分配的内存。

第 10 步，向调用者返回注册结果。

3．unregister_isr_handle 函数的实现

unregister_isr_handle 函数取消注册的设备中断处理函数。详细流程如下：

第 1 步，判断传入参数合法性。当如下条件满足其中一条，说明参数不合法，直接向调用者返回错误：

- 中断描述符为 NULL。
- 中断类型为每 CPU 中断，应当调用 unregister_percpu_irq_handle 来取消注册。
- 当前在中断上下文。

小问题 5.11：为什么中断上下文不允许取消注册？

第 2 步，调用 irq_controller_lock 以获得中断控制器的锁。

第 3 步，调用 smp_lock_irqsave 以获得中断描述符的锁，并关闭中断。

第 4 步，遍历中断描述符的 isr_list 链表，找到注册的设备中断处理函数。如果存在这样的函数，则将其从 isr_list 链表中移除。

第 5 步，判断第 4 步中是否找到设备中断处理函数，如果没有找到，则说明调用者重复调用了本函数，打印警告信息并释放锁，然后退出本函数。

第 6 步，如果从 isr_list 链表中移除当前设备中断处理函数后，isr_list 链表变为空，则说明是移除最后一个中断处理函数，进行如下子步骤：

- 清除中断描述符的共享标志。
- 调用 irq_shutdown 以禁止设备发送中断到 CPU。

第 7 步，调用 smp_unlock_irqrestore 以释放中断描述符的自旋锁并恢复中断。

第 8 步，调用 synchronize_irq，以确保在多核下面，中断处理函数真的执行完毕了。

第 9 步，调用 irq_controller_unlock 以释放中断控制器的锁。

第 10 步，调用 kfree 以释放中断处理函数的数据结构。

4．register_percpu_irq_handle 函数的实现

register_percpu_irq_handle 函数类似于 register_isr_handle 函数，在此不再详述。

5．unregister_percpu_irq_handle 函数的实现

该函数目前未实现，在此不再详述。

5.3　中断处理

一次中断处理包括以下三个部分：

1．汇编语言实现的中断序言部分。

2．一般由 C 语言实现的中断处理程序，包含中断子系统的公共处理代码及设备中断处理。

3．汇编语言实现的中断尾声部分。

想要了解一次中断处理过程的调用过程，仍然可以使用 dump_stack 这个实用的调试手段，其具体步骤如下：

1．在源代码中搜索 register_isr_handle，正如 5.2.3.2 节所述，这个函数会注册设备中断处理程序。当然了，中断处理程序也会调用注册的函数。

2．在设备中断处理程序中调用 dump_stack 输出调用链。

下面将详细讲解中断处理的各个部分。

5.3.1　序言

硬件触发中断后，会跳转到中断向量表执行，中断向量表定义如下：

```
1     .align  11
2 ENTRY(exception_vectors)
3     ventry  el1_no_imp      // Synchronous EL1t
4     ventry  el1_no_imp      // IRQ EL1t
5     ventry  el1_no_imp      // FIQ EL1t
6     ventry  el1_no_imp      // Error EL1t
7
8     ventry  el1_sync            // Synchronous EL1h
9     ventry  el1_irq         // IRQ EL1h
10    ventry  el1_no_imp      // FIQ EL1h
11    ventry  el1_no_imp      // Error EL1h
12
13    ventry  el0_no_imp      // Synchronous 64-bit EL0
14    ventry  el0_irq         // IRQ 64-bit EL0
15    ventry  el0_no_imp      // FIQ 64-bit EL0
16    ventry  el0_no_imp      // Error 64-bit EL0
17
18    ventry  el0_no_imp      // Synchronous 32-bit EL0
19    ventry  el0_no_imp      // IRQ 32-bit EL0
20    ventry  el0_no_imp      // FIQ 32-bit EL0
21    ventry  el0_no_imp      // Error 32-bit EL0
22 END(exception_vectors)
```

目前，DIM-SUM 仅仅注册了 IRQ 和地址访问异常两个向量。如上面代码中第 8、9 和 14 行所示。

注意第 1 行的声明，它告诉编译器，将 exception_vectors 向量表按照 ARM 规范的要求进行地址边界对齐。

在系统初始化阶段，会将 exception_vectors 向量表地址设置到系统寄存器中。这样，一旦发生中断，就会跳转到第 9 行开始运行。

展开第9行的宏，其定义如下：

```
1 .macro ventry  label
2    .align  7
3    b   \label
4 .endm
```

可以看到，它会跳转到汇编标号el1_irq处执行：

```
1 ENTRY(el1_irq)
2    save_regs 1
3    enable_dbg
4
5    adrp   x1, handle_arch_irq
6    ldr x1, [x1, #:lo12:handle_arch_irq]
7    mov x0, sp
8    blr x1
```

el1_irq函数的第1行类似于C函数声明。

第2行的宏save_regs将x0~x30寄存器保存到当前堆栈中，并将堆栈指针减小S_FRAME_SIZE个字节。

S_FRAME_SIZE代表中断现场所需要的堆栈空间大小。

小问题5.12：S_FRAME_SIZE的值是多少？它是怎么计算出来的？

这里向save_regs宏传递参数1，表示保存中断现场而不是系统调用现场。有兴趣的读者可以仔细分析这段代码，找到两者的差异。

第3行的enable_dbg宏目前未实现。

第5行加载handle_arch_irq页面基地址到x1寄存器。

第6行的实质是加载handle_arch_irq指针的内容到x1寄存器，其中#:lo12:handle_arch_irq表示指针handle_arch_irq的后12位，也就是页内地址。

用一句伪代码来表示第6行：

```
x1 = *handle_arch_irq;
```

在GIC中断控制器初始化过程中，曾经调用如下语句设置handle_arch_irq指针的值为gic_handle_irq：

```
set_chip_irq_handle(gic_handle_irq);
```

第7行将当前SP值保存到x0中，根据ARM函数参数传递规范，x0代表C语言的第一个参数。在第2行，我们已经将SP指向了中断寄存器现场。这样就将寄存器现场传递给gic_handle_irq函数了。

第8行的blr指令会调用gic_handle_irq函数，并将返回地址设置为汇编语句的下一行。

接下来，将进入C语言实现的中断处理部分。这部分代码入口是gic_handle_irq。gic_handle_irq的实现，具体内容请参见5.3.2节。

5.3.2 中断处理通用流程

在GIC中断控制器初始化的时候，会在gic_init_bases函数中调用如下语句，将gic_handle_irq

注册为中断处理入口：

```
set_chip_irq_handle(gic_handle_irq);
```

下面我们看看 gic_handle_irq 函数的实现：

```
 1 static void __exception_irq_entry gic_handle_irq(struct exception_spot *regs)
 2 {
 3     u32 irqstat, irqnr;
 4     struct gic_chip_data *gic = &gic_data[0];
 5     void __iomem *cpu_base = gic_data_cpu_base(gic);
 6 
 7     do {
 8         irqstat = readl_relaxed(cpu_base + GIC_CPU_INTACK);
 9         irqnr = irqstat & GICC_IAR_INT_ID_MASK;
10 
11         if (likely(irqnr > 15 && irqnr < 1021)) {
12             do_hard_irq(gic->domain, irqnr, regs);
13             continue;
14         }
15         if (irqnr < 16) {
16             writel_relaxed(irqstat, cpu_base + GIC_CPU_EOI);
17             do_IPI(irqnr, regs);
18 
19             continue;
20         }
21         break;
22     } while (1);
23 }
```

该函数第 4 行首先获得 GIC 中断是由哪个中断控制器触发的。由于目前 DIM-SUM 只支持一个中断控制器，因此这里直接取 gic_data 数组的第一个元素。

小问题 5.13：假如要支持多个 GIC 中断控制器，应该怎么修改代码？

第 5 行取得中断控制器的基地址寄存器。

第 6~22 行循环处理接收到的所有中断。

第 8 行读取 GIC_CPU_INTACK 寄存器，获得中断状态。

第 9 行获得中断状态寄存器中的中断编号。

第 11 行判断中断编号是否为外部设备发送的中断，有两个条件：

1. 中断号应当大于 15，因为小于等于 15 的中断用于 CPU 片内中断，不用于外部设备中断。

2. 中断号应当小于 1021，这是 GIC 中断控制器所支持的最大中断号，超过此中断号可能是误报。

如果满足以上条件，就说明是外部设备产生的中断，因此在第 12 行调用 do_hard_irq 进行处理，并在第 13 行转入下一次循环，读取下一个中断状态。

如果不是外部设备产生的中断，那么将运行第 15 行，这里判断是否是 CPU 片内中断。

如果中断号小于 16，则说明是 CPU 片内中断，进行第 16~19 行的处理。

其中第 16 行调用 writel_relaxed 向 GIC_CPU_EOI 寄存器写应答信号。

小问题 5.14：为什么片内中断要先写入 EOI 应答信号，而设备中断不这样处理？如果两类中断都用同样的方式进行处理，那么代码可以更“优雅”一点。

第 17 行调用 do_IPI，进行 IPI 核间中断的处理。

第 19 行转入下一次循环，读取下一个中断状态。

如果运行到第 21 行，则说明既不是设备中断，也不是 CPU 片内中断。这表示已经处理完所有中断，因此调用 break 退出循环，以结束中断处理。

小问题 5.15：为什么不将第 21 行的 break 换成 return？

接下来我们看看如何处理外部设备中断和 CPU 片内中断。

5.3.3 处理外部设备中断

do_hard_irq 函数负责处理外部设备中断，这个函数看起来简单，实则不然。其代码实现如下：

```
 1 int do_hard_irq(struct irq_mapping *map, unsigned int hw_irq,
 2                 struct exception_spot *regs)
 3 {
 4     unsigned int irq;
 5     struct irq_desc *desc;
 6     int ret = 0;
 7 
 8     irq = get_virt_irq(map, hw_irq);
 9 
10     irq_preface(irq);
11 
12     if (unlikely(irq < 0 || irq >= NR_IRQS)) {
13         irq_err_count++;
14         ret = -EINVAL;
15     } else {
16         desc = get_irq_desc(irq);
17         desc->handle(irq, desc);
18     }
19 
20     irq_tail(irq, regs);
21 
22     return ret;
23 }
```

第 8 行从中断号映射表中找到硬件中断对应的逻辑中断号。

第 10 行的 irq_preface 是通用的中断前置处理。在调用设备驱动处理外部中断前，应当调用此函数。目前，它仅仅是增加当前线程硬中断抢占计数。

第 12 行判断中断是否为非法中断，如果满足如下两个条件，则说明中断号非法：

1. 中断号小于 0，实际上，irq 局部变量无符号数，因此这个条件可以去掉。
2. 中断号大于等于 NR_IRQS，NR_IRQS 是系统支持的最大中断编号。

小问题 5.16：既然 irq 局部变量是无符号数，那么为什么不直接去掉这个判断？

如果中断号非法，则在第 13 行递增 irq_err_count 计数，并在第 14 行设置返回值为错误值。

如果中断号合法，则在第 16 号调用 get_irq_desc，该函数通过逻辑中断号找到中断描述符，并在第 17 行调用中断的回调函数。

在 GIC 中断控制器驱动初始化的时候，会调用 gic_irq_init 设置每个中断的回调函数，对于硬件中断号小于 32 的中断来说，其回调函数为 handle_percpu_irq，否则为 handle_fasteoi_irq。换句话说，第 17 行可能会调用 handle_percpu_irq 或者 handle_fasteoi_irq。

第 20 行的 irq_tail 是通用的中断后置处理。在调用设备驱动回调函数处理完外部中断后，应当调用此函数。它主要是软中断的相关处理。5.3.6 节将对此函数进行分析。

最后，函数在第 22 行向调用者返回处理结果。

5.3.3.1　处理普通外部设备中断

常见的普通外部设备中断由 handle_fasteoi_irq 函数进行处理。

```
 1 void handle_fasteoi_irq(unsigned int irq, struct irq_desc *desc)
 2 {
 3     struct irq_controller *controller = desc->controller;
 4
 5     smp_lock(&desc->lock);
 6
 7     if (desc->state & IRQSTATE_IRQ_INPROGRESS) {
 8         desc->state |= IRQS_PENDING;
 9         goto out;
10     }
11     desc->state &= ~(IRQS_REPLAY | IRQS_WAITING);
12
13     if (unlikely(list_is_empty(&desc->isr_list)
14         || (desc->state & IRQSTATE_IRQ_DISABLED))) {
15         desc->state |= IRQS_PENDING;
16         mask_irq(desc);
17         goto out;
18     }
19
20     if (desc->state & IRQS_ONESHOT)
21         mask_irq(desc);
22     call_isr(desc);
23     cond_unmask_eoi_irq(desc, controller);
24
25     smp_unlock(&desc->lock);
26     return;
27
28 out:
29     controller->eoi(desc);
30     smp_unlock(&desc->lock);
31 }
```

在该函数第 3 行，获得中断描述符的中断控制器描述符。

第 5 行调用 smp_lock 获得中断描述符的自旋锁。

第 7 行判断当前中断描述符的状态。如果同样的中断在其他 CPU 上正在被处理，则在第 8 行设置中断状态为 IRQS_PENDING 状态，然后在第 9 行跳转到 out 标号，退出本函数。

小问题 5.17：第 8 行设置 IRQS_PENDING 有什么用？为什么要这么设计？

小问题 5.18：发现这段代码有什么 BUG 了吗？

第 11 行清除 IRQS_REPLAY 和 IRQS_WAITING，这两个标志主要用于老式设备的中断号探测。目前不用考虑，所以这行代码可以删除。

第 13 行判断当前是否可以处理设备中断，有两个条件：

1．没有任何设备驱动注册了中断处理函数。

2．通过软件的方式临时禁止了该中断。

以上条件一旦满足，就不必进行真正的中断处理，因此进入第 15~17 行的处理过程。

第 15 行设置 IRQS_PENDING 标志，以表示曾经有硬件中断发生，但是没有处理的事实。

第 16 行屏蔽相应的硬件中断。

第 17 号跳转到 out 标号，结束中断处理。

运行到第 20 行，说明需要调用驱动的中断处理函数。

第 20 行判断该中断是否为一次性中断，如果是，则在第 21 行调用 mask_irq 将中断屏蔽。

小问题 5.19：哪些中断是一次性中断，它有什么用？

第 22 行调用 call_isr，该函数遍历该中断描述符中注册的驱动中断处理函数，并回调这些函数。

第 23 行根据实际情况进行如下处理：

1．向中断控制器发送 eoi 信号以表明中断处理结束的事实。

2．不再屏蔽相应的中断。

第 25 行调用 smp_unlock 释放中断描述符的自旋锁。

接下来详细描述一下其中的 call_isr 函数，该函数是通用中断处理流程与驱动中断处理函数交互的主要函数。

```
 1 enum isr_result call_isr(struct irq_desc *desc)
 2 {
 3     enum isr_result ret = ISR_SKIP;
 4     unsigned int irq = desc->virt_irq;
 5     struct double_list *entry;
 6 
 7     desc->state &= ~IRQS_PENDING;
 8     irq_state_set(desc, IRQSTATE_IRQ_INPROGRESS);
 9     smp_unlock(&desc->lock);
10 
11     list_for_each(entry, &desc->isr_list) {
12         enum isr_result res;
13         struct irq_callback* cb = container_of(entry, struct irq_callback, list);
14 
15         res = cb->handler(irq, cb->dev_id);
16 
17         if (!irqs_disabled())
18             disable_irq();
19 
20         ret |= res;
21     }
22 
23     smp_lock(&desc->lock);
24     irq_state_clear(desc, IRQSTATE_IRQ_INPROGRESS);
25 
26     return ret;
27 }
```

第 4 行获得逻辑中断号。

第 7 号清除当前中断描述符的 IRQS_PENDING 标志，以表示当前中断描述符没有挂起中断的事实。

第 8 行设置当前中断描述符的 IRQSTATE_IRQ_INPROGRESS 标志，该标志表示当前正在处理中断。

状态设置完毕后，在第 9 行调用 smp_unlock 释放自旋锁。

第 11~21 行循环遍历中断描述符中注册的所有驱动中断处理函数。

第 13 行从链表节点获得中断回调函数描述符的地址。

第 15 行真正调用驱动注册的回调函数。

第 17 行判断当前中断状态，如果是开的中断状态，就强制关闭它。这实际上暗含了一个设计原则：操作内核不太相信驱动代码，要时刻注意防止驱动程序破坏系统。

小问题 5.20：第 17~18 行明显在提示我们：后续的代码必须在关闭中断的状态下运行，为什么有这个要求？

第 23 行重新获得中断描述符的自旋锁。

第 24 行在获得中断描述符自旋锁的状态下，清除 IRQSTATE_IRQ_INPROGRESS 标志，表示当前没有中断回调函数正在处理。

5.3.3.2　处理每 CPU 中断

外部设备除了发送普通的设备中断外，也可能向 CPU 发送每 CPU 中断，例如时钟中断。与普通设备中断相比，这些中断最大的不同之处在于：可能在每个 CPU 上并行地处理这些中断。每 CPU 中断由 handle_percpu_irq 函数处理。

```
 1 void handle_percpu_irq(unsigned int irq, struct irq_desc *desc)
 2 {
 3     struct irq_controller *controller = desc->controller;
 4     struct irq_callback *cb;
 5     void *dev_id;
 6 
 7     BUG_ON(list_is_empty(&desc->isr_list));
 8 
 9     cb = list_first_container(&desc->isr_list, struct irq_callback, list);
10     dev_id = this_cpu_var(cb->percpu_dev_id);
11 
12     if (controller->ack)
13         controller->ack(desc);
14 
15     cb->handler(irq, dev_id);
16 
17     if (controller->eoi)
18         controller->eoi(desc);
19 }
```

由于每 CPU 中断的回调函数自行处理多核之间的并发同步，因此 handle_percpu_irq 函数不需要进行复杂的同步处理。

该函数的第 3 行获得中断描述符的中断控制器对象。

第 7 行判断中断描述符的回调函数链表。如果没有包含任何回调函数，则说明中断被异常触发，或者说回调函数被意外删除，这种情况将导致系统宕机。

第9行获得第一个驱动回调函数，实际上也仅仅只有一个驱动回调函数位于链表中。

第10行获得当前CPU的设备编号。实际上，在注册每CPU中断处理函数时，注册者应当传递一个每CPU变量给中断描述符，这个每CPU变量用于指定每个CPU中的设备编号。当然，这实际上可以是任何回调参数，而不一定是设备编号。

第12行判断中断控制器的ack回调，如果中断控制器存在特定的应答函数，就在第13行调用它，以应答设备。

第15行调用驱动注册的回调函数。

第17行判断中断控制器是否注册了eoi回调函数，如果注册了，就回调该函数以结束中断。

5.3.4 处理核间中断

实际上，DIM-SUM目前还没有完全支持SMP，因此没有去实现do_IPI函数。DIM-SUM仅仅在代码中添加了如下一句：

```
printk("xby_debug in do_IPI, irq is %d, cpu is %d.\n", ipinr, smp_processor_id());
```

好消息是，在不久的将来，DIM-SUM将会真正支持SMP。另外，经过测试，DIM-SUM目前可以正常地触发IPI中断，并在do_IPI函数中得到响应。

5.3.5 软中断

我还在犹豫，是否真的要像Linux那样设计并实现软中断。因为传统软中断的处理，实际上可以放到线程上下文中去处理。DIM-SUM目前的功能还不需要软中断，因此暂未实现它。

5.3.6 尾声

本小节主要包括以下几个部分：

1．进程抢占处理。

2．信号处理。

3．中断现场的恢复。

在Linux中，这些处理均在汇编代码中实现。

与Linux不同的是，DIM-SUM尽量将这些处理放在C语言中处理。尾声的入口处理函数是irq_tail，其实现如下：

```
1 void exception_tail(struct exception_spot *regs)
2 {
3     if (need_resched()) {
4         unsigned long flags;
5
6         local_irq_save(flags);
7         preempt_in_irq();
8         local_irq_restore(flags);
```

```
 9     }
10
11     if (test_process_flag(PROCFLAG_SIGPENDING)
12          && (!current->in_syscall)) {
13         process_signal(regs);
14     }
15
16     if ((hardirq_count() == 0)
17          && (!current->in_syscall)) {
18         current->user_regs = NULL;
19     }
20 }
21
22 void irq_tail(int irq, struct exception_spot *regs)
23 {
24     disable_irq();
25     sub_preempt_count(HARDIRQ_OFFSET);
26     exception_tail(regs);
27 }
```

在第 24 行，强制关闭中断。实际上，当运行到 irq_tail 时，系统就处于关闭中断状态。因此严格来说，这一句是不必要的。

但是，DIM-SUM 支持软中断处理以后，就不能保证这里一定处于关闭中断状态。为了稳妥起见，这里再强制关闭一下中断。

第 25 行递减线程的硬中断抢占计数，相应的计数在中断处理之前递增。

第 26 行调用 exception_tail 函数执行真正的尾声处理。

我们接着看看 exception_tail 函数的实现。

5.3.6.1　处理抢占

exception_tail 函数是中断/异常处理的尾声部分，其第一部分位于第 3~9 行，它负责处理线程抢占。

第 3 判断是否有高优先级线程被唤醒，因此需要处理线程抢占。如果有高优先级线程被唤醒，则运行到第 4 行开始处理。

第 6 行关闭中断。

第 7 行调用 preempt_in_irq，以进行线程切换。相应的代码分析工作交给读者自己完成。

一旦切换回当前线程，就会运行到第 8 行，进行中断标志的恢复工作，接下来进行下一步的尾声工作。

5.3.6.2　处理信号

exception_tail 函数的第二部分位于第 11~14 行，负责处理信号。

第 11 行判断如下条件，如果满足条件，就进行信号处理：

1．线程有信号需要处理。

2．当前线程没有处于系统调用中。

如果满足如上两个条件，就在第 13 行调用 process_signal 处理信号。

5.3.6.3　DIM-SUM 的临时处理

exception_tail 函数的第三部分位于第 16~19 行，是 DIM-SUM 为了支持内核态 C 库 API 而实现的。如果当前没有处于中断嵌套中，并且也不处于系统调用中，则说明系统将会返回应用程序执行，这样就在第 18 行设置线程的 user_regs 变量为 NULL，以表明没有应用程序寄存器现场的事实。

由于 DIM-SUM 很快就会支持用户态应用程序，因此这段代码被删除。

5.3.6.4 恢复中断寄存器

中断处理的最后一步，是恢复在中断序言处保存在栈帧中的寄存器，代码仍然位于 exception.S 文件的 el1_irq 函数中：

```
1:
restore_regs 1
ENDPROC(el1_irq)
```

代码很简单，请读者自行分析。

5.4 工作队列

工作队列是一种将工作延后处理的手段。通常我们在中断处理函数中仅仅执行必要的工作，例如从硬件寄存器读取数据，而对数据的处理可以放到非中断上下文中。

有两类工作应当放到工作队列中：

1. 执行时间较长的工作。
2. 有可能需要睡眠的工作。例如需要获得互斥锁、信号量的工作。

这两类工作不适合放在中断上下文中的原因是：

1. 中断可能打断任意线程，如果执行时间久，那么可能对线程带来大的干扰。
2. 中断处理函数一般运行在关闭中断上下文中，如果执行时间久，那么可能导致外设中断丢失，引起系统异常。
3. 中断处理流程不允许睡眠，否则系统会崩溃。

我们可以这样理解工作队列：系统中创建了一些工作队列线程，这些线程一直睡眠，等待系统分配一些工作给它。一旦有这些的工作，这些线程就会唤醒，在线程上下文中执行工作。

工作队列分为单线程工作队列和每 CPU 工作队列。

单线程工作队列是全局唯一的，整个系统中只有一个线程为此工作队列服务。所有任务都是串行执行，因此同步开销较小，但是工作任务的延迟可能加大。

每 CPU 工作队列则不一样，在每个 CPU 上都存在一个线程为工作队列服务。

由于工作队列与中断机制紧密配合，因此我们将它放到本章中进行描述。

5.4.1 工作队列的数据结构

要描述一项待完成的工作，可以使用工作描述符，具体如下：

```
1 struct work_struct {
2     unsigned long pending;
3     struct double_list entry;
4     void (*func)(void *);
5     void *data;
```

```
6     void *wq_data;
7     struct timer timer;
8 };
```

该描述符各字段的详细含义如下：

名为 pending 的字段，表示要执行的工作是否在工作线程的待处理链表中。

名为 entry 的字段是一个双向链表节点。通过此字段将工作描述符添加到工作队列的待处理链表中。

名为 func 的字段是一个回调函数指针。这是描述符的重要字段，代表了待执行的工作。

名为 data 的字段表示回调函数的参数。当回调函数被执行时，将会传入此参数。

名为 wq_data 的字段是一个指针。这个字段被工作队列管理函数所使用，工作队列使用者不必关注。

名为 timer 的字段是一个定时器。如果想延后再将工作描述符挂到工作队列，就会使用此定时器。

接下来，我们了解一下名为 cpu_workqueue_struct 的数据结构，它用来描述与 CPU 相关的数据：

```
 1 struct cpu_workqueue_struct {
 2     struct smp_lock lock;
 3     long remove_sequence;
 4     long insert_sequence;
 5     struct double_list worklist;
 6     struct wait_queue more_work;
 7     struct wait_queue work_done;
 8     struct workqueue_struct *wq;
 9     struct task_desc *thread;
10     int run_depth;
11 } aligned_cacheline;
```

该描述符各字段的详细含义如下：

名为 lock 的字段是一个自旋锁，用来保护该描述符。虽然每个 CPU 都有自己的工作队列线程，但是有时候也需要访问其他 CPU 的工作队列数据结构。因此需要使用自旋锁进行保护。

名为 remove_sequence、insert_sequence 的字段是两个计数器，用于 flush_workqueue 函数。

名为 worklist 的字段是一个双向链表头。该链表包含待处理工作。

名为 more_work 的字段是一个等待队列。在该队列中等待的线程，由于正在等待更多的工作而处于睡眠状态。如果当前 CPU 中的工作线程正在运行，那么此字段将不包含任何线程。实际上，该等待队列中的线程就是工作队列的工作线程。

名为 work_done 的字段是一个等待队列。在该队列中等待的线程，由于正在等待工作队列完成而处于睡眠状态。

名为 wq 的字段是一个指针，指向所在的工作队列描述符。

名为 thread 的字段是一个线程描述符，指向当前 CPU 中，工作线程的描述符。

名为 run_depth 的字段，表示当前的递归执行深度。由于在工作队列的回调函数可能递归调用工作队列相关函数，如果层次过深的话，可能消耗过多的堆栈空间，引起系统崩溃，因此使用此字段进行跟踪。

最后，我们看看工作队列描述符的含义：

```
1 struct workqueue_struct {
```

```
2     struct cpu_workqueue_struct cpu_wq[MAX_CPUS];
3     const char *name;
4     struct double_list list;
5 };
```

名为 cpu_wq 的字段保存了该工作队列中每个 CPU 上的工作线程。

名为 name 的字段表示此工作队列的名称。

名为 list 的字段是一个链表节点。如果工作队列是每 CPU 工作队列，就需要处理 CPU 热插拔事件。这样就需要将工作队列放到全局链表中进行统一管理。该字段即是为了将工作队列放到全局链表中使用。

5.4.2 工作队列的全局变量

工作队列只使用了两个全局变量：

```
1 static struct smp_lock workqueue_lock =
2             SMP_LOCK_UNLOCKED(workqueue_lock);
3 static struct double_list workqueues = LIST_HEAD_INITIALIZER(workqueues);
```

其中，双向链表 workqueues 中保存了所有每 CPU 工作队列，这样在 CPU 热插拔的时候，可以遍历这个链表，为这些工作队列创建工作线程。

workqueue_lock 自旋锁用于保护对双向链表 workqueues 的访问。

5.4.3 工作队列的 API

下表是工作队列提供的 API 接口：

API 名称	功 能 描 述
DECLARE_WORK	定义一个工作队列
INIT_WORK	初始化一个工作队列
create_workqueue	创建工作队列
create_singlethread_workqueue	创建全局单线程工作队列
destroy_workqueue	销毁工作队列
queue_work	将工作任务挂接到工作队列中
queue_delayed_work	启动定时器，当定时器到期后将工作任务挂接到工作队列中
flush_workqueue	等待工作队列中所有工作被全部执行完毕
schedule_work	在全局工作队列 keventd_wq 中挂接一个工作任务
schedule_delayed_work	启动定时器，当定时器到期后在全局工作队列 keventd_wq 中挂接一个工作任务
schedule_delayed_work_on	启动定时器，当定时器到期后在全局工作队列 keventd_wq 中挂接一个工作任务，并且指定在特定 CPU 上执行此工作
cancel_delayed_work	终止定时器，不再将工作任务挂接到工作队列中

可以看到，这些 API 与 Linux 完全兼容。实际上，工作队列相关的实现代码，也是移植 Linux 代码。这些代码会在以后的版本中被重构。

接下来我们看看部分重要 API 的实现，熟悉 Linux 工作队列实现的读者可以略过这节内容。

5.4.4　工作队列的实现

5.4.4.1　创建工作队列

create_workqueue 和 create_singlethread_workqueue 分别创建每 CPU 工作队列和全局单线程工作队列。

create_workqueue 函数接收一个字符串作为参数，并根据传递给函数的字符串为工作线程命名。该函数根据系统 CPU 数量创建多个工作线程，并返回新创建工作队列的地址。

create_singlethread_workqueue 与 create_workqueue 相似，但是不管系统中有多少个 CPU，都只创建一个工作者线程。

这两个函数均调用__create_workqueue 来执行创建过程。

```
#define create_workqueue(name) __create_workqueue((name), 0)
#define (name) __create_workqueue((name), 1)
```

接下来我们看看__create_workqueue 的实现。

```
 1 static struct task_desc *create_workqueue_thread(struct workqueue_struct *wq,
 2                             int cpu)
 3 {
 4     struct cpu_workqueue_struct *cwq = wq->cpu_wq + cpu;
 5     struct task_desc *p;
 6
 7     smp_lock_init(&cwq->lock);
 8     cwq->wq = wq;
 9     cwq->thread = NULL;
10     cwq->insert_sequence = 0;
11     cwq->remove_sequence = 0;
12     list_init(&cwq->worklist);
13     init_waitqueue(&cwq->more_work);
14     init_waitqueue(&cwq->work_done);
15
16     if (is_single_threaded(wq))
17         p = kthread_create(worker_thread, cwq, 30, "%s", wq->name);
18     else
19         p = kthread_create(worker_thread, cwq, 30, "%s/%d", wq->name, cpu);
20     if (IS_ERR(p))
21         return NULL;
22     cwq->thread = p;
23     return p;
24 }
25
26 struct workqueue_struct *__create_workqueue(const char *name,
27                             int singlethread)
28 {
29     int cpu, destroy = 0;
30     struct workqueue_struct *wq;
31     struct task_desc *p;
```

```
32
33     BUG_ON(strlen(name) > 10);
34
35     wq = kmalloc(sizeof(*wq), PAF_KERNEL);
36     if (!wq)
37         return NULL;
38     memset(wq, 0, sizeof(*wq));
39
40     wq->name = name;
41     lock_cpu_hotplug();
42     if (singlethread) {
43         list_init(&wq->list);
44         p = create_workqueue_thread(wq, 0);
45         if (!p)
46             destroy = 1;
47         else
48             wake_up_process(p);
49     } else {
50         smp_lock(&workqueue_lock);
51         list_insert_front(&wq->list, &workqueues);
52         smp_unlock(&workqueue_lock);
53         for_each_online_cpu(cpu) {
54             p = create_workqueue_thread(wq, cpu);
55             if (p) {
56                 kthread_bind(p, cpu);
57                 wake_up_process(p);
58             } else
59                 destroy = 1;
60         }
61     }
62     unlock_cpu_hotplug();
63
64     if (destroy) {
65         destroy_workqueue(wq);
66         wq = NULL;
67     }
68     return wq;
69 }
```

在函数__create_workqueue 的第 33 行，判断传入的工作队列名称是否超过指定的长度。如果是，则强制系统宕机。

小问题 5.21：强制宕机显得有点粗暴，有没有更好的办法？

第 35 行调用 kmalloc 分配工作队列描述符的内存。

如果分配内存失败，则在第 37 行向调用返回 NULL 以表示失败。

第 38 将分配的内存清零，实际上可以在第 35 行传入__PAF_ZERO 标志以实现同样的目的。

第 40 行将调用者传入的名称参数保存到工作队列的 name 指针中。读者可以看到，这里要求调用者保证传入参数的存在性。

第 41 行调用 lock_cpu_hotplug，以防止与 CPU 热插拔流程之间产生冲突。

小问题 5.22：如果第 41 行不调用 lock_cpu_hotplug 会出现哪些问题？

第 42 判断调用者是否希望创建全局单线程工作队列，如果是，则执行如下步骤：

1．第 43 行调用 list_init 初始化 list 字段，但是并不将其加入全局链表中。

2．第 44 行调用 create_workqueue_thread 为工作队列创建工作线程。

3．第 45 行判断创建线程是否成功，如果不成功则设置 destroy 标志，随后的流程将释放相关资源。如果成功则调用 wake_up_process 唤醒刚创建的线程。

如果调用者希望创建每 CPU 工作队列，则执行如下步骤：

1．第 50~52 行，在全局 workqueue_lock 自旋锁的保护下，将工作队列添加到全局链表 workqueues 中。

2．第 53 行遍历当前在线的 CPU 列表，在每一个 CPU 上面执行如下操作：

- 调用 create_workqueue_thread 创建工作线程。
- 如果创建成功，则在第 56 行调用 kthread_bind 将线程绑定到当前 CPU 中，并且在第 57 行调用 wake_up_process 唤醒线程。
- 如果创建不成功，则设置 destroy 标志，随后的流程将释放相关资源。

创建工作线程结束后，在第 62 行调用 unlock_cpu_hotplug，以释放 CPU 热插拔流程的锁，允许 CPU 热插拔流程运行。

如果创建工作线程的过程中出现异常，则在第 65~66 行执行清理工作。

其中，第 65 行调用 destroy_workqueue 销毁工作队列，这个函数将在 5.4.4.2 节中讲解。

第 66 行设置 wq 变量 NULL，这样调用者将接收到表示失败的返回值。

第 68 行返回 wq 变量给调用者，以表示调用成功或者失败。

为工作队列创建工作线程的工作是由 create_workqueue_thread 函数完成的。这个函数比较简单，其流程如下：

1. 在第 7~14 行设置每 CPU 数据结构的初始值。实际上，在分配工作队列数据结构的时候，我们已经将所有内存清零了，因此第 9~11 行显得比较多余。然而执行工作队列创建的时机并不多，因此也不会带来性能损失。

2．第 16~19 行创建工作线程。视调用者的意愿而定，如果调用者是创建全局唯一的工作线程，则将工作队列的名称指定给工作线程。否则以工作队列名称和当前 CPU 编号来给工作线程命名。

3. 第 20 行判断是否成功创建了线程，如果不成功，则向调用者返回 NULL 以表示创建失败。如果创建线程成功，则在第 22 行将线程赋予 cpu_workqueue_struct 结构的 thread 字段。

4．最后，在第 23 行向调用者返回新创建的线程对象。

5.4.4.2　销毁工作队列

销毁工作队列的实现如下：

```
 1 static void cleanup_workqueue_thread(struct workqueue_struct *wq, int cpu)
 2 {
 3     struct cpu_workqueue_struct *cwq;
 4     unsigned long flags;
 5     struct task_desc *p;
 6 
 7     cwq = wq->cpu_wq + cpu;
 8     smp_lock_irqsave(&cwq->lock, flags);
 9     p = cwq->thread;
10     cwq->thread = NULL;
11     smp_unlock_irqrestore(&cwq->lock, flags);
```

```
12     if (p)
13        kthread_stop(p);
14 }
15 
16 void destroy_workqueue(struct workqueue_struct *wq)
17 {
18     int cpu;
19 
20     flush_workqueue(wq);
21 
22     lock_cpu_hotplug();
23     if (is_single_threaded(wq)) {
24        cleanup_workqueue_thread(wq, 0);
25     } else {
26        for_each_online_cpu(cpu) {
27           cleanup_workqueue_thread(wq, cpu);
28        }
29        smp_lock(&workqueue_lock);
30        list_del(&wq->list);
31        smp_unlock(&workqueue_lock);
32     }
33     unlock_cpu_hotplug();
34     kfree(wq);
35 }
```

destroy_workqueue 函数首先会在第 20 行调用 flush_workqueue 将当前所有挂起的工作刷新，也就是等待当前工作队列上的所有工作被执行完成。

第 22 行调用 lock_cpu_hotplug 以防止与 CPU 热插拔流程冲突。因为后续流程会销毁每 CPU 上的工作线程。此时要防止在 CPU 热插拔的流程中动态创建、销毁线程。

第 23 行判断工作队列是否为全局单线程队列。如果是，则在第 24 行调用 cleanup_workqueue_thread，销毁该工作队列的工作线程。

如果第 23 行的判断表明当前工作队列是每 CPU 工作队列，那么执行如下步骤：

1．第 26~28 行遍历当前在线 CPU，调用 cleanup_workqueue_thread 逐一销毁这些 CPU 上的工作线程。

2．在全局 workqueue_lock 自旋锁的保护下，将当前工作队列从全局 workqueues 队列中移除。

3．销毁所有工作线程后，在第 33 行调用 unlock_cpu_hotplug 释放 CPU 热插拔的锁。

4．在第 34 行调用 kfree 释放工作队列的数据结构。

小问题 5.23：在销毁的过程中，有没有可能仍然有调用者在向工作队列中添加工作任务？这个问题实际上涉及操作系统的设计问题，值得仔细思考。

cleanup_workqueue_thread 函数是销毁工作队列用到的辅助函数。其流程比较简单：

1．在第 7 行找到要销毁线程所在的 cpu_workqueue_struct 结构。对于全局单线程工作队列来说，使用 cpu_wq 数组中的第一个元素。

小问题 5.24：这里有必要针对全局单线程工作队列进行优化，以减小 cpu_wq 数组所占用的空间？如果需要，可以怎么优化？

2．第 8~11 行在工作线程自旋锁的保护下，将工作线程描述符指针保存到临时指针变量 p 中，同时清空指针。

3．第 12 行判断工作线程是否存在，如果存在就在第 13 行终止掉线程。

小问题 5.25：第 12 行的判断是否多余？在什么情况下指针变量 p 可能为空？

5.4.4.3　挂接工作任务

将工作任务挂接到工作队列上，是由 queue_work 函数完成的。其实现代码如下：

```
 1 static void __queue_work(struct cpu_workqueue_struct *cwq,
 2             struct work_struct *work)
 3 {
 4    unsigned long flags;
 5
 6    smp_lock_irqsave(&cwq->lock, flags);
 7    work->wq_data = cwq;
 8    list_insert_behind(&work->entry, &cwq->worklist);
 9    cwq->insert_sequence++;
10    wake_up(&cwq->more_work);
11    smp_unlock_irqrestore(&cwq->lock, flags);
12 }
13
14 int queue_work(struct workqueue_struct *wq, struct work_struct *work)
15 {
16    int ret = 0, cpu = get_cpu();
17
18    if (!atomic_test_and_set_bit(0, &work->pending)) {
19       if (unlikely(is_single_threaded(wq)))
20          cpu = 0;
21       BUG_ON(!list_is_empty(&work->entry));
22       __queue_work(wq->cpu_wq + cpu, work);
23       ret = 1;
24    }
25    put_cpu();
26    return ret;
27 }
```

该函数在第 16 行调用 get_cpu 来获得当前 CPU 编号。

小问题 5.26：第 16 行的 get_cpu 还有一个副作用，就是会禁止抢占。有必要禁止抢占吗？如果不禁止抢占，会有什么后果？

第 18 行执行原子位测试并设置操作。简单地说，atomic_test_and_set_bit 原子地对工作任务的 pending 字段第 0 位进行测试，如果这一位为 0，就将其设置为 1。如果为 1，就忽略。

如果当前值为 0，那么表示该工作任务还没有被挂接到工作队列中，因此需要执行如下 4 个步骤，将其挂接到工作队列：

1．第 19 行判断是否为全局单线程工作队列。如果是，则设置 CPU 为 0，表示选择第 0 个 CPU 上的工作线程。

2．第 21 行执行验证工作，以确保工作任务当前没有加入任何链表中。如果已经存在于其他链表中，则表示内存受到了破坏，或者代码逻辑有误，此时将触发宕机。

3．第 22 行调用__queue_work 将工作任务添加到工作线程中。

4．第 23 行将返回值设置为 1，表示挂接工作任务成功。

第 25 行调用 put_cpu 以递减抢占计数。

第 26 行向调用者返回结果。

__queue_work 函数是 queue_work 的辅助函数，它执行真正的挂接操作。其实现流程如下：

第 6 行调用 smp_lock_irqsave 获得工作线程的锁并关闭中断。

第 7 行设置工作任务所在的工作线程。

第 8 行将工作任务加入工作线程任务链表的尾部。

小问题 5.27：第 8 行可以将工作任务添加到链表的头部吗？

第 9 行设置工作任务的编号，这个编号用于 flush_workqueue。

第 10 行调用 wake_up 将工作线程唤醒，此时工作线程可能正在睡眠以等待工作任务。

第 11 行调用 smp_unlock_irqrestore 以释放工作线程的自旋锁并恢复中断。

5.4.4.4 工作线程的运行

在创建工作线程的时候，曾经指定了线程入口函数为 worker_thread：

```
 1 static inline void run_workqueue(struct cpu_workqueue_struct *cwq)
 2 {
 3     unsigned long flags;
 4 
 5     smp_lock_irqsave(&cwq->lock, flags);
 6     cwq->run_depth++;
 7     if (cwq->run_depth > 3) {
 8         printk("%s: recursion depth exceeded: %d\n",
 9             __FUNCTION__, cwq->run_depth);
10     }
11     while (!list_is_empty(&cwq->worklist)) {
12         struct work_struct *work = list_container(cwq->worklist.next,
13                         struct work_struct, entry);
14         void (*f) (void *) = work->func;
15         void *data = work->data;
16 
17         list_del_init(cwq->worklist.next);
18         smp_unlock_irqrestore(&cwq->lock, flags);
19 
20         BUG_ON(work->wq_data != cwq);
21         atomic_clear_bit(0, &work->pending);
22         f(data);
23 
24         smp_lock_irqsave(&cwq->lock, flags);
25         cwq->remove_sequence++;
26         wake_up(&cwq->work_done);
27     }
28     cwq->run_depth--;
29     smp_unlock_irqrestore(&cwq->lock, flags);
30 }
31 
32 static int worker_thread(void *__cwq)
33 {
34     struct wait_task_desc wait = __WAIT_TASK_INITIALIZER(wait, current);
35     struct cpu_workqueue_struct *cwq = __cwq;
36 
37     current->flags |= TASKFLAG_NOFREEZE;
```

```
38
39     set_current_state(TASK_INTERRUPTIBLE);
40     while (!kthread_should_stop()) {
41         add_to_wait_queue(&cwq->more_work, &wait);
42         if (list_is_empty(&cwq->worklist))
43             schedule();
44         else
45             __set_current_state(TASK_RUNNING);
46         del_from_wait_queue(&cwq->more_work, &wait);
47
48         if (!list_is_empty(&cwq->worklist))
49             run_workqueue(cwq);
50         set_current_state(TASK_INTERRUPTIBLE);
51     }
52     __set_current_state(TASK_RUNNING);
53     return 0;
54 }
```

worker_thread 函数首先在第 34 行定义一个等待描述符，用于将工作线程挂到工作队列的等待队列中。

第 37 行设置当前线程的 TASKFLAG_NOFREEZE 标志，该标志表示该线程不能被冻结。这是为了支持快速关机功能，目前还未实现，因此不关注此标志。

第 39 行设置线程状态为 TASK_INTERRUPTIBLE，在随后的运行过程中，如果没有需要执行的工作任务，就会切换出去，进入 TASK_INTERRUPTIBLE 状态。

第 40 行开始的循环是工作线程的运行主体。只要没有调用 kthread_stop()，kthread_should_stop 就返回 false。

如果线程没有被停止，那么就执行第 61~50 行的循环。该循环主要执行如下操作：

1．第 41 行将当前工作线程添加工作队列的等待队列中。

2．第 42 行判断当前线程的待执行工作链表，如果链表为空，则表示没有待执行的工作，因此在第 43 行调用 schedule 将自己切换出去。否则在第 45 行将线程状态设置为 TASK_RUNNING，表示自己正在运行的事实。

3．运行到第 46 行，说明线程被唤醒，被唤醒的原因可能有：

- query_work 被调用，向工作队列提交了新的工作任务。
- 工作队列被销毁，调用者唤醒工作线程并等待工作线程退出。

4．线程被唤醒后，调用 del_from_wait_queue 将自己从工作队列的等待队列中移除。

5．第 48 行判断是否真的有工作任务需要运行。如果有，则在第 49 行调用 run_workqueue 执行这些任务。实际上，这里的判断代码有点多余，因为即使链表为空，也能在 run_workqueue 中正确地处理。所以 Linux 的代码有时确实有点冗余，不过考虑到相关代码会被重构，因此没有删除这个判断。

6．运行完工作队列中的任务后，在第 50 行重新将线程状态设置为 TASK_INTERRUPTIBLE 开启下一次循环。

运行到第 52 行，说明工作队列将被销毁，因此需要退出工作线程。这里将线程状态设置为 TASK_RUNNING，随后线程将及时退出。

run_workqueue 函数是工作线程的主要处理函数。需要注意的是，这个函数除了被工作线程在 worker_thread 函数中直接调用外，还可能在工作任务回调函数中被间接调用。例如，某个工作任务的代码实现如下：

```
1 foo()
2 {
3     ......
4     flush_workqueue(balabala)
5     ......
6 }
```

这样在 worker_thread 函数回调 foo 的时候，foo 会调用 flush_workqueue 并间接调用 run_workqueue 函数。简而言之，run_workqueue 函数可能会被递归执行。

明白了这一点以后，阅读 run_workqueue 函数的代码就简单多了。

在 run_workqueue 函数的第 5 行，首先获得工作线程的自旋锁，并关闭中断。

第 6 行将 run_workqueue 函数的运行深度加 1，也就是对该函数递归次数加 1。

第 7 行判断递归次数，如果大于 3，则说明系统有设计不合理的地方，因此在第 8 行输出警告信息。应当注意这个警告，过多的嵌套次数可能导致内核堆栈越界，引起系统宕机。

第 11~27 行的循环，实际上是遍历所有待执行的工作任务，将逐项执行这些任务：

1．第 12 行取得工作队列中第一个工作任务描述符。

2．第 14 行取得工作任务的回调函数。

3．第 15 行取得工作任务的参数。

4．第 17 行将第一个工作任务从链表中移除。

5．第 18 行释放工作线程的自旋锁并恢复中断状态。

6．第 20 行的 BUG_ON 语句，实际上是为了确保内存数据的有效性，保证得到的工作任务真的是属于当前工作队列的。

7. 第 21 行清除当前工作的挂起标志，这样同一个工作任务可以再次放到链表中。自此以后，我们不能再访问工作任务数据结构的任何元素。

8．第 22 行执行工作任务的回调函数。

9．运行到第 24 行，说明已经执行完工作任务，需要处理下一个工作任务，因此在这一行重新获得工作线程的自旋锁并关闭中断。

10．第 25 行递增 remove_sequence，这个字段实际上表示已经完成的工作任务序号。

11．第 26 行唤醒等待工作任务完成的线程。例如有线程在执行 flush_workqueue，这里需要通知调用 flush_workqueue 的线程。

小问题 5.28：第 18 行为什么要释放自旋锁，并在第 24 行重新获得锁？这样的调用顺序看起来有点奇怪。

小问题 5.29：我怀疑第 24 行有一个重要的 BUG，有吗？如果有，如何修复？

运行到第 28 行，说明已经处理完工作队列中所有工作任务，并且处于工作线程的自旋锁保护之下。

第 28 行递减 run_workqueue 函数的递归层次，以表明本函数即将退出的事实。

第 29 行释放工作线程的自旋锁并恢复中断。

5.4.4.5 刷新工作队列

flush_workqueue 函数刷新工作队列。这个函数等待工作队列上所有工作任务执行完毕。这种简单粗暴的同步方式，是否值得优化？

在分析完工作队列的主要函数以后，flush_workqueue 函数的代码就很清楚了。相关的分析工作留给读者作为练习。

5.5　定时器与时间管理

内核与时钟相关的功能包含以下两部分：

1. 内核定时器
2. 内核计时

其中，定时器模块用于为系统执行周期性的任务。

时间管理模块的实现则比较粗略，仅仅提供了 get_cycles 接口和读取 jiffies 的接口。

本模块的实现代码位于 kernel/time/timer.c、kernel/time/time.c、drivers/clocksource/arm_arch_timer.c 中。

5.5.1　初始化

模块初始化分为以下两部分：

1. 主 CPU 中运行的全局初始化，这是由于 init_timer_arch 和 init_time_arch 函数完成的。
2. 从 CPU 中运行的局部初始化，这是由 arch_timer_secondary_init 函数完成的。

5.5.1.1　主 CPU 初始化

在主 CPU 中，主要执行以下初始化流程：

1. 在 init_timer_arch 函数中，为每一类定时器调用 init_one_hwirq 配置定时器中断，这些配置位于 arch_timer_of_desc 数组中。
2. 调用 arch_timer_register 注册定时器中断函数 arch_timer_handler_phys。这样，在定时器中断到达 CPU 时，将会回调 arch_timer_handler_phys 函数。
3. 调用 arch_timer_setup 设置主 CPU 上的定时器、计时寄存器相关参数。同时调用 __arch_timer_setup 注册系统时钟设备，并调用时钟设备的 trigger_timer 接口，以触发下一次定时器中断的产生。
4. 调用 init_time_arch，获取系统计时精度。

5.5.1.2　从 CPU 初始化

从 CPU 的初始化很简单，它仅仅调用 arch_timer_setup，以设置当前 CPU 上的定时器、计时寄存器相关参数。

5.5.2　定时器的数据结构

与定时器相关数据结构有以下两个：

1. 定时器描述符，用于描述用户注册的定时器。
2. 定时器队列，在每个 CPU 中有一个这样的队列。用于描述 CPU 需要处理的定时器对象。

这两个数据结构分别用 timer 和 cpu_timer_queue 来描述。

定时器描述符的定义如下：

```
1 struct timer
2 {
3     unsigned long magic;
4     unsigned int flag;
5     struct cpu_timer_queue *queue;
6     struct rb_node rbnode;
7     struct double_list list;
8     u64 expire;
9     u64 period;
10    int (*handle)(void *data);
11    void *data;
12 };
```

名为 magic 的字段是一个魔法值，用于探测定时器描述符是否被破坏。

名为 flag 的字段是定时器标志，如 TIMER_RUNING。可能的标志值如下表所示：

标志名称	标志含义
TIMER_OPEN_IRQ	运行该定时器时，将打开中断。可能是该定时器执行时间较长，这样可以避免长时间关闭中断
TIMER_FREE	一次性定时器，并且已经被运行过，因此将不再运行
TIMER_INQUEUE	定时器正在等待队列中，将在合适的时机被 CPU 执行
TIMER_RUNING	定时器正在运行
TIMER_ONESHOT	一次性运行的定时器
TIMER_PERIODIC	周期性运行的定时器

名为 queue 的字段是定时器队列指针，指向所属 CPU 队列。

名为 rbnode 的字段是红黑树节点对象，通过此节点将定时器加入 CPU 定时器队列的红黑树中。

名为 list 的字段是双向链表节点对象，通过此节点将定时器加入 CPU 定时器队列的链表中。

名为 expire 的字段表示定时器到期时间，以 jiffies 表示。

名为 period 的字段表示该定时器的执行周期，仅对包含 TIMER_PERIODIC 标志的定时器有效。

名为 handle 的字段是回调函数指针，指向定时器回调函数。

名为 data 的字段是一个指针，指向定时器回调参数。

定时器队列的定义如下：

```
1 struct cpu_timer_queue
2 {
3     struct smp_lock lock;
4     struct double_list timers;
5     struct rb_root rbroot;
6 };
```

名为 lock 的字段是一个自旋锁，用于保护本队列数据结构。

名为 timers 的字段是一个双向链表，表示队列上的定时器链表。

名为 rbroot 的字段是一个红黑树头节点，表示队列中所有定时器描述符的根节点。

5.5.3　定时器的全局变量

定时器模块仅仅包含两个全局变量：

1. 名为 cpu_timers 的全局数组，包含 MAX_CPUS 个数组元素。每个数组元素包含某个 CPU 上的定时器队列。

2. 名为 dummy_timer_queue 的定时器队列对象，该对象目前尚未使用，但是以后可能会用于保存空闲定时器队列，用于 proc 或者调试目的。

小问题 5.30： cpu_timers 数组可以用每 CPU 变量代替吗？

5.5.4　定时器的 API

下表是定时器模块提供的 API 接口：

API 名称	功　能　描　述
TIMER_INITIALIZER	定义一个定时器对象
timer_init	初始化一个定时器对象
timer_add	将动态定时器插入到合适的链表中
timer_rejoin	将运行结束的定时器重新插入到合适的链表中
timer_remove	将运行结束的定时器从链表中移除
synchronize_timer_del	同步等待定时器运行完毕，并从队列中移除

5.5.5　定时器的实现

TIMER_INITIALIZER、timer_init 用于初始化一个定时器描述符，其实现很简单。相应的代码分析留给读者作为练习。

timer_add 将动态定时器插入到合适的链表中。其代码实现如下：

```
 1 void timer_add(struct timer * timer)
 2 {
 3     unsigned long flag;
 4     int cpu = smp_processor_id();
 5     struct cpu_timer_queue *queue = &cpu_timers[cpu];
 6
 7     smp_lock_irqsave(&queue->lock, flag);
 8     timer->queue = queue;
 9     __timer_insert(queue, timer);
10     timer->flag &= ~TIMER_FREE;
11     smp_unlock_irqrestore(&queue->lock, flag);
12 }
```

第 4 行获得当前 CPU 编号。

第 5 行根据当前 CPU 编号，找到该 CPU 上的定时器队列。新的定时器将会插入到这个队列中。

第 7 行获得定时器队列的锁，并关闭中断。

第 8 行设置定时器描述符所在的队列指针。

第 9 行在锁的保护下，将定时器描述符插入到定时器队列中。

第 10 行去掉定时器对象的 TIMER_FREE 标志，以表示定时器对象已经处于队列中的事实。

第 11 行释放定时器队列的锁并恢复中断。

将定时器插入队列中的实现并不是想象中的那么简单，有必要详细描述一下：

```
 1 static void __timer_insert(struct cpu_timer_queue *queue, struct timer *timer)
 2 {
 3     struct rb_node **link = &queue->rbroot.rb_node;
 4     struct rb_node *parent = NULL, *rbprev = NULL;
 5     struct timer *entry;
 6 
 7     while (*link) {
 8         parent = *link;
 9         entry = rb_entry(parent, struct timer, rbnode);
10 
11         if (timer->expire < entry->expire)
12             link = &(*link)->rb_left;
13         else {
14             rbprev = parent;
15             link = &(*link)->rb_right;
16         }
17     }
18     rb_link_node(&timer->rbnode, parent, link);
19     rb_insert_color(&timer->rbnode, &queue->rbroot);
20 
21     if (rbprev) {
22         entry = rb_entry(rbprev, struct timer, rbnode);
23         list_insert_front(&timer->list, &entry->list);
24     } else
25         list_insert_front(&timer->list, &queue->timers);
26 
27     timer->flag |= TIMER_INQUEUE;
28 }
```

第 3~4 行的临时变量，用于红黑树遍历。

第 7~17 行的循环，在红黑树中根据定时器对象的超时时间，查找新定时器对象应当插入的位置。

小问题 5.31：第 7~17 行的循环，与普通的红黑树查找流程有什么不同？其结果是什么？这样的结果是定时器模块期望的吗？

第 18~19 行将新定时器对象插入到红黑树中，如果有必要，则会对红黑树进行动态平衡操作。

第 21 行判断新定时器对象是否有前驱节点对象。

如果有前驱节点对象，则在第 22 行获得该对象，并在第 23 行将加入定时器到双向链表合适的位置。

小问题 5.32：第 23 行有何不妥？

如果没有前驱节点对象，则说明新定时器的超时时间是最短的，因此需要将定时器对象插入到队列双向链表的头部。这是由第 25 行的代码实现的。

第 27 行设置定时器的 TIMER_INQUEUE 标志，以表示定时器位于队列中的事实。

timer_rejoin 将运行结束的定时器重新插入到合适的链表中。一般用于周期性定时器执行完成后，将自己重新插入链表中。其代码实现如下：

```
 1 int timer_rejoin(struct timer *timer, u64 expire)
 2 {
 3     unsigned long flag;
 4
 5     timer->expire = expire;
 6     lock_timer_queue(timer, &flag);
 7     if (timer->flag & TIMER_INQUEUE)
 8         __timer_dequeue(timer);
 9     unlock_timer_queue(timer, flag);
10
11     timer_add(timer);
12
13     return 0;
14 }
```

第 5 行修改定时器的超时时间。

第 6 行获得定时器所在队列的自旋锁，并关闭中断。

第 7 行，判断定时器是否处于队列中。如果是，则在第 8 行调用__timer_dequeue 将其从红黑树及双向链表中移除。

小问题 5.33：第 7 行已经获得定时器所在队列的锁，这是否足以说明定时器就在队列中，从而并不需要第 7 行的判断？

第 9 行释放定时器队列的锁，并恢复中断。

第 11 行调用 timer_add 将定时器添加到当前 CPU 的定时器队列中。

timer_remove 的实现比较简单，此处不再详述。

synchronize_timer_del 同步等待定时器运行完毕，并从队列中移除。该函数主要用于彻底释放定时器资源时使用。其实现代码如下：

```
 1 int synchronize_timer_del(struct timer *timer)
 2 {
 3     timer_remove(timer);
 4
 5     while (timer->flag & TIMER_RUNING) {
 6         cpu_relax();
 7         preempt_check_resched();
 8     }
 9
10     return 0;
11 }
```

首先，在第 3 行调用 timer_remove 将定时器从队列中移除。这样，如果该定时器尚未在 CPU 上执行，那么它将不会在随后的某个时刻被定时器中断执行。

但是，也在另一种情况，即定时器已经被中断处理函数从队列中移除，并且已经在 CPU 上执行。

在这种情况下，就需要第 5~8 行的循环处理了。

其中，第 5 行判断定时器是否正在运行中。

小问题 5.34：第 5 行的判断并没有处于锁的保护中，这会不会产生多核一致性问题？

第 6 行调用 cpu_relax，暂时放弃对 CPU 总线的占用，以防止造成总线饥饿。

第 7 行调用 preempt_check_resched，如果此时当前 CPU 中有更高优先级的任务就绪，就强制切换到高优先级任务，以防止第 5~8 行的循环导致当前 CPU 的调度延迟。

小问题 5.35：允许在中断上下文调用 synchronize_timer_del 吗？如果这么做，那么系统可能造成什么样的结果？

我们在本节分析了定时器的实现，但是这些实现仅仅是站在 API 调用者的角度观察定时器。实际上，系统还包括更重要的部分，即定时器中断处理。这将在 5.5.6 节中详述。

5.5.6 定时器中断处理

系统在初始化过程中，会触发初始定时器中断，并在中断处理流程中，回调注册的定时器处理函数 arch_timer_handler_phys。在 arch_timer_handler_phys 中调用 dump_stack，可以看到如下调用链输出：

```
[<ffffffc0000b2cac>] dump_backtrace+0x0/0x154
[<ffffffc0000b2e1c>] dump_task_stack+0x1c/0x30
[<ffffffc0000fa504>] __dump_stack+0x14/0x1c
[<ffffffc0000fa518>] dump_stack+0xc/0x14
[<ffffffc000113ca8>] arch_timer_handler_phys+0x42c/0x440
[<ffffffc0000acac4>] handle_percpu_irq+0x104/0x12c
[<ffffffc0000aad70>] do_hard_irq+0xd0/0xe8
[<ffffffc0000a00a4>] gic_handle_irq+0xa4/0xf4
[<ffffffc0000b2028>] el1_irq+0x68/0xc0
[<ffffffc0000a883c>] cpu_idle+0x48/0x148
[<ffffffc0001780c4>] start_master+0x80/0xb0
```

从这个调用链可以看到定时器中断的执行路径。

5.5.6.1 ARM 64 定时器中断处理

我们先看看 DIM-SUM 定时器模块针对 ARM 64 的特定处理部分，这部分代码包含在函数 arch_timer_handler_phys 中：

```
 1 static __always_inline enum isr_result timer_handler(const int access,
 2                 struct timer_device *evt)
 3 {
 4    unsigned long ctrl;
 5
 6    ctrl = arch_timer_reg_read(access, ARCH_TIMER_REG_CTRL, evt);
 7    if (ctrl & ARCH_TIMER_CTRL_IT_STAT) {
 8       ctrl |= ARCH_TIMER_CTRL_IT_MASK;
 9       arch_timer_reg_write(access, ARCH_TIMER_REG_CTRL, ctrl, evt);
10       evt->handle(evt);
11       return ISR_EATEN;
12    }
13
14    return ISR_SKIP;
15 }
16
17 static enum isr_result arch_timer_handler_phys(unsigned int irq, void *dev_id)
```

```
18 {
19     struct timer_device *evt = dev_id;
20
21     return timer_handler(ARM_TIMER_CP15_REAL_ACCESS, evt);
22 }
```

在第 19 行，首先获得当前 CPU 对应的定时器设备对象。在初始化定时器设备的过程中，我们调用 register_percpu_irq_handle 注册了中断处理函数，在调用该函数的过程中，传入的设备参数是 arch_timer_evt，这是一个每 CPU 对象。

在中断处理通用流程中，会根据当前 CPU 编号，获得 arch_timer_evt 对象在当前 CPU 中的定时器设备描述符，并传给 arch_timer_handler_phys 中断回调函数。

在第 19 行将传递过来的 dev_id 对象强制转换为定时器设备描述符。

第 21 行调用 timer_handler 处理定时器。

timer_handler 是实际处理定时器的函数。在该函数的第 6 行，调用 arch_timer_reg_read 从定时器设备寄存器中读取定时器的控制码。

第 7 行从控制码中读取定时器的中断状态。如果确实发生了定时器中断，则在第 8~11 行处理定时器中断。

第 8 行将临时变量 ctrl 添加 ARCH_TIMER_CTRL_IT_MASK 标记。

第 9 行调用 arch_timer_reg_write 将 ARCH_TIMER_CTRL_IT_MASK 标记写回控制寄存器。这实际上是告诉硬件，本次中断已经被处理。

第 10 行调用定时器设备的 handle 回调。在初始化定时器时，我们调用__arch_timer_setup 函数，该函数会调用 register_timer_device，此时会设置定时器设备的 handle 回调为 hrtimer_interrupt。

第 11 行返回 ISR_EATEN，表示中断已经被正常处理。

如果第 7 行的判断表明定时器并没有被真正触发，则说明该中断是与其他设备共享的中断，或者是设备误报的伪中断，那么将在第 14 行返回 ISR_SKIP，以表示中断被中断处理函数忽略的事实。

5.5.6.2 通用定时器中断处理

通用定时器中断的入口函数是 hrtimer_interrupt。实际上，在现代 CPU 中，支持高精度定时器是基本的硬件功能，因此 DIM-SUM 并不打算支持老式的定时器硬件。这些老式硬件只能生成周期性定时中断。因此，不能仅仅根据 hrtimer_interrupt 函数名称来武断地认为这个函数只支持高精度定时器，并且系统还存在另一个定时器函数入口。

hrtimer_interrupt 函数的实现代码如下：

```
1 void hrtimer_interrupt(struct timer_device *dev)
2 {
3     unsigned long counter;
4
5     if (smp_processor_id() == 0)
6     {
7         add_jiffies_64(1);
8     }
9
10    run_local_timer();
11
12    counter = ns_to_timer_counter(dev, NSEC_PER_SEC / HZ);
```

```
13     dev->trigger_timer(counter, dev);
14 }
```

在 hrtimer_interrupt 函数的第 5 行，判断定时器中断是否发生在第一个 CPU 中。对于第一个 CPU 来说，系统赋予其一个特殊的任务：维护系统全局时间节拍计数。

如果当前 CPU 是第一个 CPU，则在第 7 行调用 add_jiffies_64 递增全局时间节拍计数。

小问题 5.36：add_jiffies_64 的实现竟然不是想象中的那么简单，真的让人搞不懂。难道不能简单使用精确计数器来实现？

小问题 5.37：第 5~8 行的代码看起来不太符合代码规范？有哪些可以改进的地方？

第 10 行调用 run_local_timer 执行用户注册的定时器。

第 12 行计算时间下一个时间节拍的到期时间，并将其转换为定时器设备的计数值。

第 13 行调用定时器设备的回调函数，设置硬件寄存器，以触发下一个时间节拍定时器中断的到来。

小问题 5.38：hrtimer_interrupt 函数是一个定时器模块的通用函数，不应该直接调用时间节拍定时器的特定函数。现在的代码感觉有点别扭，该如何改进？

接下来我们详细讲述 run_local_timer 函数的实现，该函数处理当前 CPU 中用户注册的定时器。

```
 1 static void run_local_timer(void)
 2 {
 3     unsigned long flag;
 4     int cpu = smp_processor_id();
 5     struct cpu_timer_queue *queue = &cpu_timers[cpu];
 6     u64 now = get_jiffies_64();
 7     struct timer *timer;
 8
 9 again:
10     smp_lock_irqsave(&queue->lock, flag);
11     while (likely(!list_is_empty(&queue->timers))) {
12         timer = list_container(queue->timers.next, struct timer, list);
13
14         if (timer->expire > now)
15             break;
16
17         __timer_dequeue(timer);
18         timer->flag |= TIMER_RUNING;
19
20         smp_unlock_irqrestore(&queue->lock, flag);
21         if (timer->flag & TIMER_OPEN_IRQ) {
22             enable_irq();
23             timer->handle(timer->data);
24             disable_irq();
25         } else
26             timer->handle(timer->data);
27         smp_lock_irqsave(&queue->lock, flag);
28
29         if (!(timer->flag & TIMER_INQUEUE)) {
30             if (!(timer->flag & TIMER_FREE)) {
31                 if (timer->flag & TIMER_PERIODIC) {
32                     timer->expire += timer->period;
```

```
33                  __timer_insert(queue, timer);
34              } else
35                  timer->flag |= TIMER_FREE;
36          }
37      }
38      timer->flag &= ~TIMER_RUNING;
39  }
40
41  if (likely(!list_is_empty(&queue->timers))) {
42      timer = list_container(queue->timers.next, struct timer, list);
43
44      now = get_jiffies_64();
45      if (timer->expire <= now) {
46          smp_unlock_irqrestore(&queue->lock, flag);
47          goto again;
48      }
49  }
50
51  smp_unlock_irqrestore(&queue->lock, flag);
52 }
```

这个函数较长，分三个部分：

1．第 1~7 行的函数是局部变量定义部分

2．第 10~39 行的函数处理到期的定时器

3．第 40~49 行的函数收尾处理部分

第 4 行获得当前 CPU 编号。

第 5 行获得当前 CPU 所在的定时器队列。

第 6 行调用 get_jiffies_64 获得当前时钟节拍数。这个函数的实现并不简单，读者需要仔细阅读相关源代码。

第 10 行获得定时器队列的自旋锁，并关闭中断。

第 11 行遍历定时器队列的双向链表。该链表中的定时器，均按照超时时间进行递增排序。

小问题 5.39：将定时器组织到队列中的红黑树与双向链表中，显得有点多余，可以只保留红黑树或者双向链表吗？

第 12 行根据链表节点对象获得定时器对象指针。

第 14 行判断当前定时器对象的超时时间，如果大于当前时间，就说明当前定时器及链表后面的定时器都没有到期，因此也就没有必要在当前时刻进行处理。这样，就在第 15 行退出循环。

第 17 行调用__timer_dequeue 将当前定时器对象从队列中移除。

第 18 行将定时器对象设置为 TIMER_RUNING 状态，表示其正在被运行的事实。

第 20 行释放定时器队列的自旋锁并恢复中断状态。

第 21 行判断定时器属性，如果该定时器允许在开中断状态下运行，那么：

- 在第 22 行强制打开中断。
- 在第 23 行调用定时器回调函数，以处理该定时器。
- 第 24 行重新关闭中断。

否则，在第 26 行直接调用定时器回调函数，以处理该定时器。此时仍然保持关闭中断状态。

处理当前定时器后，在第 27 行重新获得定时器队列的自旋锁并关闭中断。

在第 17 行我们将定时器从队列中移除。如果在处理定时器的过程中，没有重新将它加入队列中，那么定时器就不会处于队列中。

第 29 行判断定时器对象是否处于队列中，如果没有，就在第 30~36 行做一些特殊处理：

- 第 30 行判断定时器的 TIMER_FREE，如果没有此标志，则说明定时器仍然是激活状态。因此继续在第 31 行判断其是否为周期性定时器。
- 如果是周期性定时器，就递增其到期时间，并将定时器对象重新插入到队列中。
- 如果不是周期性定时器，就设置其 TIMER_FREE 标志，表示定时器不再激活。

第 38 行在队列锁的保护下，清除定时器的 TIMER_RUNING 标志。这样，其他 CPU 中等待该定时器执行结束的线程，就可以放心地释放该定时器对象了。

运行到第 41 行，说明已经处理完当前队列中所有到期的定时器。但是仍然存在一种特殊的情况：在循环处理到期定时器的时候，可能消耗了过多的时间，导致 CPU 0 已经递增了时间节拍，这可能会导致队列中新的定时器到期。

因此，在第 41 行判断定时器队列是否存在定时器。如果存在，则：

- 在第 42 行取出队列中第一个定时器。
- 第 44 行再次获取当前时间节拍。
- 在第 45 行判断第一个定时器是否到期。如果到期，则释放队列的自旋锁并跳转到 again 标号处继续运行。

运行到第 51 行，说明完全处理了队列中的定时器，因此释放队列的自旋锁，并恢复中断。

小问题 5.40：如果同时有过多的定时器到期，就会导致 run_local_timer 函数运行较长时间，这会不会导致中断处理函数运行过久？这会带来什么样的影响？可以怎么改进？

5.5.7 时间管理

内核时间管理是一个复杂的话题。它应当包含时区管理、RTC、时间设置、墙上时钟等诸多内容。

然而比较遗憾的是，目前 DIM-SUM 仅仅实现了很少一部分时间管理的功能。这是因为我希望尽早完成文件系统、用户态程序的启动、posix 接口等功能，从而将时间管理的优先级放到了一个比较低的位置。

大致来说，DIM-SUM 实现了以下三个与计时相关的工作：

1. 时间节拍的递增及读取。
2. 硬件时间戳的访问。
3. 时间延迟。

5.5.7.1 时间节拍

时间节拍的处理主要有 add_jiffies_64 和 get_jiffies_64 两个 API。这两个 API 分别用于在定时器中递增时间节拍，以及读取时间节拍的当前值。

递增时间节拍的实现稍微有点难于理解，其代码如下：

```
1 void add_jiffies_64(unsigned long ticks)
2 {
3     unsigned long flags;
4
```

```
 5     local_irq_save(flags);
 6     smp_seq_write_lock(&time_lock);
 7     jiffies_64 += ticks;
 8     smp_seq_write_unlock(&time_lock);
 9     local_irq_restore(flags);
10 }
```

第 5 行关闭当前 CPU 的中断。随后将会调用顺序写锁，而该锁没有实现同时获取锁并关闭中断的接口，因此这里调用 local_irq_save 关闭中断。

第 6 行调用 smp_seq_write_lock，以防止多个调用者并发写入时间节拍值。需要引起读者注意的是，在 smp_seq_write_lock 的实现中，调用了微妙的 smp_wmb 语句。

第 7 行递增时间节拍。

第 8 行释放顺序写锁。

第 9 行恢复中断。

获取时间节拍的实现如下：

```
 1 u64 get_jiffies_64(void)
 2 {
 3     unsigned long seq;
 4     u64 ret;
 5 
 6     do {
 7         seq = smp_seq_read_begin(&time_lock);
 8         ret = jiffies_64;
 9     } while (smp_seq_read_retry(&time_lock, seq));
10 
11     return ret;
12 }
```

第 6~9 行的循环，是顺序读锁的典型用法。如果在读取的过程中，顺序读锁的序号没有发生改变，也就是说没有调用者在顺序写锁的保护下修改时间节拍，那么我们在第 8 行读取到的时间节拍是没有变化的。在这种情况下我们退出循环，获取到正确的时间节拍值。

可以看到，顺序读锁的实现主要在于 smp_rmb 调用，这个读内存屏障与顺序写锁中的写内存屏障相呼应，二者共同保证在多核系统中，不同的 CPU 看到正确的时间节拍值。

5.5.7.2　硬件时间戳

硬件时间戳是由系统硬件提供的硬件寄存器。该寄存器可以精确到纳秒级。因为不同的硬件提供的精度不一样，所以调用者需要认真阅读硬件手册，确定硬件寄存器的精度。

简单地说，硬件时间戳类似于读取 x86 平台 TSC 硬件寄存器的作用。其 API 是 get_cycles，实现如下：

```
1 static inline u64 arch_counter_get_cntvct(void)
2 {
3     u64 cval;
4 
5     isb();
6     asm volatile("mrs %0, cntvct_el0" : "=r" (cval));
7 
8     return cval;
```

```
 9 }
10
11 #define get_cycles()    arch_counter_get_cntvct()
```

其中的 isb 指令有清理指令流水线的作用，以确保在 isb 指令完成后，才从内存或者缓存中读取指令，真正从硬件寄存器中读取时间戳。

第 6 行的汇编语句从硬件寄存器中读取时间戳到临时变量 cval 中，并在第 8 行向调用者返回硬件时间戳的值。

get_cycles 主要用于微秒级的时间延迟。

对于 32 位系统或者硬件寄存器来说，get_cycles 返回值可能是 32 位的。我们进一步假设其精度为 1 纳秒，并且其值每个 CPU 周期变化一次。那么对于 1 千兆赫兹的系统来说，get_cycles 的返回值会在每 4 秒的时间内产生回绕。

因此，对于 32 位系统来说，使用 get_cycles 进行长时间的计时，并不是一个明智的决定。

由于现代 CPU 基于上都是 32 位系统，并且时间戳寄存器也是 64 位的，因此你也可以大致认为，将 get_cycles 用于长时间（例如长达数十年）的计时也是可以的。

5.5.7.3 时间延迟

对于硬件驱动开发者来说，常常需要进行微秒级的延迟，以等待硬件寄存器状态的变化。在这种情况下，调用那些可能引起睡眠的函数，例如 msleep，会存在如下问题：

1．驱动常常需要在中断上下文运行，这时候调用 msleep 会引起系统宕机。

2．调度切换并切回当前线程，花在调度上面的开销也是微秒级别的。可能刚刚切换出去，就需要立即切换回来，这实在没有必要。

3．调度系统的时间片精度常常是毫秒级的，远远达不到驱动期望的微秒级精度。

4．频繁调度会引起内存缓存被破坏，系统性能下降。

因此，DIM-SUM 也提供了如下延迟 API：

1．mdelay 用于毫秒级的延迟。

2．udelay 用于微秒级的延迟。

3．ndelay 用于纳秒级的延迟。

这些延迟 API 本质是执行死循环，直到 CPU 经过指定的时间。因此，并不建议使用其中的 mdelay 来进行毫秒级的延迟。相反，如果你需要毫秒级的延迟，建议使用 msleep 或者其他机制。

在 ARM 64 架构中，这些延迟相关的 API 依赖于 5.5.7.2 节介绍的 get_cycles 实现。相关的实现代码位于 include/dim-sum/delay.h、include/asm-generic/delay.h、arch/arm64/lib/delay.c 中，有兴趣的读者可以自行阅读相关源代码。

第 6 章

内存管理

6.1 内存初始化

6.1.1 艰难地准备 C 运行环境

在从 uboot 或者 uefi 代码跳转到内核的时候，系统还没有开启 MMU。此时，CPU 还运行在类似于 x86 架构实模式的状态。相应的执行入口代码位于 arch/arm64/kernel/head.S 中。

在对 CPU 进行必要的初始化以后，系统会调用__create_temporary_page_tables 创建三个临时页表项，分别映射如下三块区域：

1．__idmap_text 段，该段包含汇编初始化代码的一部分，这部分代码需要在 MMU 打开的状态下运行。

2．内核镜像，包含内核代码段和数据段的大小。

3．FDT 表，即驱动设备树配置表，系统根据这个表来识别系统中的所有硬件，这是 boot 与 Linux 之间的约定。DIM-SUM 目前没有使用 FDT 表，而是使用硬编码的方式在处理硬件驱动，但是仍然映射了 FDT 表供未来使用。

这三部分区域被映射后，就可以在 C 代码中执行代码并访问全局变量了。

但是__create_temporary_page_tables 仅仅是在三个预分配的页表项中创建了页表映射数据，并没有真正打开 MMU。

接下来，调用__prepare_cpu_mmu，该函数为 CPU 执行 MMU 方面的准备工作，主要是设置一些 MMU 相关的控制寄存器。

最后，调用__turn_on_cpu_mmu 真正打开 MMU。在打开 MMU 后，系统跳转到__prepare_jump_to_master。

__prepare_jump_to_master 为系统第一个线程准备好堆栈环境后，就会跳转到激动人心的 C 语言部分。

6.1.2 准备 BOOT 内存空间

在系统内存模块没有完全初始化成功之前，也就是在系统启动阶段，也有内存分配的需求。例如：系统页表分配、内存管理模块本身需要分配的内存、早期启动的驱动代码需要的内存空间。为此，DIM-SUM 提供了一个简单的 BOOT 内存分配器。系统在最初的启动阶段，就应当为 BOOT 内存分配器准备好环境。

从汇编语言进入到 C 语言环境后，最先执行的 C 语言函数是 start_master。在该函数中，首先会准备 BOOT 内存空间，然后分两步完成此工作：

1. 调用 parse_device_configs 来解析内存相关的配置。
2. 调用 init_boot_mem_area 来准备 BOOT 内存空间。

parse_device_configs 函数应当根据 FDT 表的配置来动态地配置系统内存。DIM-SUM 目前还不支持 FDT，因此使用硬编码的形式来设置系统内存空间：

```
1 void parse_device_configs(void)
2 {
3     ......
4 
5     boot_memory_start = (unsigned long)kernel_text_end + SZ_128K;
6     boot_memory_end = boot_memory_start + SZ_128M;
7     add_memory_regions(SZ_1G, 0x4UL * SZ_1G);
8 }
```

首先在第 5 行设置 BOOT 内存的起始位置，将其设置为内核镜像尾部再偏移 128K 的位置。实际上可以直接将内核镜像尾部地址作为 BOOT 内存起始地址，但是我在调试过程中，为了稳妥起见，还是将起始地址向后增加了 128K。

接着在第 6 行将起始地址加上 128M 空间作为 BOOT 内存结束地址，这也是我随意指定的长度。DIM-SUM 目前所需的 BOOT 内存空间不多，128M 足够。实际上，应当将整个物理地址空间作为 BOOT 内存空间。

然后在第 7 行调用 add_memory_regions，将 1G~5G 部分的物理地址空间作为系统可用的内存空间。

在设置完系统可用内存空间后，系统调用 init_boot_mem_area 来初始化 BOOT 内存空间。该函数很简单，仅仅是设置 BOOT 内存分配器的模块变量。

6.2 节将描述 BOOT 内存分配器的实现。

6.1.3 物理内存块管理

Uboot 在跳转到 DIM-SUM 内核中运行时，会通过 FDT 向内核传递系统物理内存块信息。这些信息是系统内存分配的基础信息，因此有必要对这些物理块信息进行维护。

相应的代码位于 include/dim-sum/memory_regions.h、mm/phys_regions.c 中。

数据结构 phys_memory_regions 用于描述系统中的所有物理块：

```
1 #define MAX_PHYS_REGIONS_COUNT  16
2 struct phys_memory_regions {
3     unsigned long cnt;
```

```
4     struct {
5         unsigned long base;
6         unsigned long size;
7     } regions[MAX_PHYS_REGIONS_COUNT];
8 };
```

如上代码所示，系统最多支持 16 个内存块，每一个物理内存块的起始物理地址及其长度分别记录在 base、size 字段中。

系统物理内存块数量记录在 cnt 字段中。

系统使用一个名为 all_memory_regions 的全局变量来记录物理内存块，如下代码所示：

```
1 struct phys_memory_regions all_memory_regions = {
2         .cnt = 0,
3     };
```

在初始化阶段，当识别到新的物理内存块时，应当调用 add_memory_regions 以通知系统。并且需要注意的是，应当按照物理内存起始地址大小，按照从小到大的方式来调用 add_memory_regions。

系统还提供一个名为 phys_addr_is_valid 的 API，该函数用于判断某个物理地址是否为一个有效的地址。

该函数的实现非常简单，它遍历当前所有物理内存块，并判断给定的物理地址是否处于有效的物理内存块中。

系统也提供两个名为 min_phys_addr、max_phys_addr 的 API，分别返回系统中支持的最小、最大物理地址。

系统在随后的内存初始化阶段，还会与本模块交互。

6.1.4　早期设备内存映射

在汇编初始化阶段，可以在汇编中调用打印函数来实现简单的调试，这是通过直接向串口物理寄存器地址输出字符来实现的。当打开 MMU 以后，相应的物理地址不能直接访问。为了调试方便，DIM-SUM 允许在此阶段映射串口物理寄存器地址到虚拟地址来实现打印需求。

这就需要使用早期设备内存映射机制，以实现对外部设备物理地址的直接访问。

相应的实现代码位于 include/asm-generic/early_map.h、arch/arm64/include/asm/early_map.h、mm/early_map.c 中。

DIM-SUM 允许的早期设备内存映射目前只有一项，如下表所示：

名　称	含　义
EARLY_MAP_BEGIN	第一项，永远不会使用，因此相应的虚拟地址空间不会被映射，这样就可以形成内存保护墙
EARLY_MAP_EARLYCON	只能输出而不能输入的串口
EARLY_MAP_END	最后一项，永远不会使用，因此相应的虚拟地址空间不会被映射，这样就可以形成内存保护墙

与早期设备内存映射相关的定义如下表所示：

名　　称	含　　义
EARLY_MAP_VA_START	用于早期设备内存映射的虚拟地址空间起始地址
EARLY_MAP_VA_END	用于早期设备内存映射的虚拟地址空间结束地址
EARLY_MAP_PAGEATTR_IO	early-map 的页面属性，一般也是 I/O 页面属性。表示早期设备内存映射到设备，用于 I/O 访问。
EARLY_MAP_IO	映射类型，作为设备寄存器空间映射到虚拟地址
EARLY_MAP_KERNEL	映射类型，作为普通内核地址映射到虚拟地址
EARLY_MAP_NOCACHE	映射类型，作为非缓存访问空间映射到虚拟地址
EARLY_MAP_CLEAR	映射类型，取消映射
EARLY_MAP_PAGEATTR_IO	EARLY_MAP_IO 映射类型所需要的页面属性
EARLY_MAP_PAGEATTR_KERNEL	EARLY_MAP_KERNEL 映射类型所需要的页面属性
EARLY_MAP_PAGEATTR_NOCACHE	EARLY_MAP_NOCACHE 映射类型所需要的页面属性
EARLY_MAP_PAGEATTR_NONE	EARLY_MAP_CLEAR 映射类型所需要的页面属性
early_map_to_virt	转换某一项设备映射的虚拟地址。例如，串口映射项的虚拟地址固定是 EARLY_MAP_VA_START 偏移两个页面的地址
early_map_to_idx	根据虚拟地址值，找到它属于哪个设备映射项。实际上，目前的实现不正确
early_map_pt_l2	用于早期设备映射的二级页表项
early_map_pt_l3	用于早期设备映射的三级页表项
early_map_pt_l4	用于早期设备映射的四级页表项

在初始化阶段，会调用 init_early_map_early 来为早期设备映射进行准备工作：

```
1 void __init init_early_map_early(void)
2 {
3     pt_l1_t *pt_l1;
4     pt_l2_t *pt_l2;
5     pt_l3_t *pt_l3;
6     unsigned long addr = EARLY_MAP_VA_START;
7
8     early_map_pt_l4 = alloc_boot_mem_permanent(PAGE_SIZE, PAGE_SIZE);
9     early_map_pt_l3 = alloc_boot_mem_permanent(PAGE_SIZE, PAGE_SIZE);
10    early_map_pt_l2 = (pt_l2_t *)early_map_pt_l3;
11
12    pt_l1 = pt_l1_ptr(kern_memory_map.pt_l1, addr);
13    attach_to_pt_l1(pt_l1, early_map_pt_l2);
14    pt_l2 = pt_l2_ptr(pt_l1, addr);
15    attach_to_pt_l2(pt_l2, early_map_pt_l3);
16    pt_l3 = pt_l3_ptr(pt_l2, addr);
17    attach_to_pt_l3(pt_l3, early_map_pt_l4);
18
19    if ((early_map_to_virt(EARLY_MAP_BEGIN) >> PT_L3_SHIFT)
20            != (early_map_to_virt(EARLY_MAP_END) >> PT_L3_SHIFT)) {
21        BUG();
22    }
23
24    if ((pt_l3 != follow_pt_l3(&kern_memory_map, early_map_to_virt
    (EARLY_MAP_BEGIN)))
25        || pt_l3 != follow_pt_l3(&kern_memory_map, early_map_to_virt
        (EARLY_MAP_END))) {
```

```
26          BUG();
27      }
28 }
```

在第 8~10 行，为第 2~4 级页表分配内存空间。由于此时系统内存分配器还没有就绪，因此调用 BOOT 内存分配器 API alloc_boot_mem_permanent 来分配内存。

由于 ARM 64 架构目前只使用了三级页表，因此忽略第二级页表。第 10 行强制将二级页表指针指向三级页表。

第 12 行计算早期设备映射的虚拟地址空间在内核页表项中的位置。

第 13 行将一级页表项指向刚刚分配的二级页表。

第 14~17 行依次类推，将第 3~4 级页表项也建立好映射关系。

第 19~22 行，首先判断早期设备映射的起始虚拟地址和结束虚拟地址是否位于同一个三级页表项中，如果不是，则说明虚拟映射占用的地址空间过大，或者没有对齐到三级页表的边界。这时就在第 21 行调用 BUG，强制内核宕机。

小问题 6.1：为什么要求早期设备映射的起始虚拟地址和结束虚拟地址位于同一个三级页表项中？

第 24~27 行，遍历页表项，比较起始虚拟地址和结束虚拟地址对应的三级页表项是否为同一个页表项，如果不是，则说明刚刚建立的页表项不完整，此时也调用 BUG，强制内核宕机。

同时，本模块还提供一个名为 early_mapping 的 API，供驱动调用。这样，驱动就可以在系统初始化阶段将设备寄存器地址空间映射到虚拟地址空间，并开始驱动设备进行工作。典型的驱动是串口驱动，它为系统提供早期 printk 的能力，极大方便了系统调试。

early_mapping 的实现如下：

```
1 static void early_map_set_pt_l4(int idx, phys_addr_t phys, page_attr_t flags)
2 {
3     unsigned long addr = early_map_to_virt(idx);
4     pt_l4_val_t *pt_l4;
5 
6     BUG_ON(idx <= EARLY_MAP_BEGIN || idx >= EARLY_MAP_END);
7 
8     pt_l4= follow_pt_l4(&kern_memory_map, addr);
9 
10     if (page_attr_val(flags)) {
11         set_pt_l4(pt_l4, pfn_pte(phys >> PAGE_SHIFT, flags));
12     } else {
13         invalidate_pt_l4(&kern_memory_map, addr, pt_l4);
14         flush_tlb_kernel_range(addr, addr+PAGE_SIZE);
15     }
16     flush_cache_all();
17 }
18 
19 void early_mapping(int idx, phys_addr_t phys,
20         enum early_map_page_type type)
21 {
22     page_attr_t attr;
23     switch (type) {
24     case EARLY_MAP_IO:
25         attr = EARLY_MAP_PAGEATTR_IO;
```

```
26          break;
27      case EARLY_MAP_KERNEL:
28          attr = EARLY_MAP_PAGEATTR_KERNEL;
29          break;
30      case EARLY_MAP_NOCACHE:
31          attr = EARLY_MAP_PAGEATTR_NOCACHE;
32          break;
33      case EARLY_MAP_CLEAR:
34          attr = EARLY_MAP_PAGEATTR_NONE;
35          break;
36      default:
37          BUG();
38      }
39
40      early_map_set_pt_l4(idx, phys, attr);
41 }
```

early_mapping 包含以下三个参数：

1. 名为 idx 的参数是要映射的设备在系统中的序号，这个序号必须介于 EARLY_MAP_BEGIN 和 EARLY_MAP_END 之间。换言之，所有想实现早期设备内存映射的驱动，必须在 EARLY_MAP_BEGIN 和 EARLY_MAP_END 之间添加自己的索引号。

2. 名为 phys 的参数，是要映射的外部设备寄存器空间的物理地址。同一个设备的外部设备寄存器空间不能超过 1 个页面大小。

3. 名为 type 的参数，指定要映射地址空间的页面类型。

小问题 6.2：每个早期设备内存映射的驱动都需要在 EARLY_MAP_BEGIN 和 EARLY_MAP_END 之间添加自己的索引号，这样的实现真不是什么好主意，能不能改进一下？

第 24~38 行，根据调用者传入的映射类型，获得要映射的页面属性。

第 40 行调用 early_map_set_pt_l4 设置四级页表项的属性，并将其映射到物理地址空间。

early_map_set_pt_l4 函数的实现较为简单，其步骤如下：

1. 在第 3 行获得本次映射占用的虚拟地址空间。

2. 在第 6 行确保调用者传入的序号真的位于 EARLY_MAP_BEGIN 和 EARLY_MAP_END 之间。需要注意的是，EARLY_MAP_BEGIN 和 EARLY_MAP_END 这两项作为内存保护墙，是不允许被映射的。

3. 在第 8 行调用 follow_pt_l4，获得该项映射在内核页表项中第 4 级页表项的位置。

4. 在第 10 行判断页面属性，如果不为 0，则表示调用者希望建立映射，因此在第 11 行调用 set_pt_l4 为第 4 级页表项建立起与物理地址之间的映射。

5. 如果页面属性为 0，则表示调用者希望取消映射。因此在第 13 行调用 invalidate_pt_l4 使第 4 级页表项失效，并且在第 14 行调用 flush_tlb_kernel_range 强制刷新 TLB。

小问题 6.3：强制刷新 TLB 的作用是什么？

第 16 行调用 flush_cache_all 强制刷新内存缓存。

小问题 6.4：强制刷新内存缓存的作用是什么？刷新所有内存缓存，听起来性能不太友好。

6.1.5　初始化每 CPU 变量

对于每 CPU 变量来说，每个 CPU 都存在一份每 CPU 变量的副本。因此在系统启动的时候，需要为这些副本分配空间。这是通过调用 init_per_cpu_offsets 函数来实现的。

init_per_cpu_offsets 的函数实现如下：

```
 1 void __init init_per_cpu_offsets(void)
 2 {
 3     unsigned long size, i;
 4     char *ptr;
 5 
 6     size = ALIGN(per_cpu_var_end - per_cpu_var_start, SMP_CACHE_BYTES);
 7 
 8     ptr = alloc_boot_mem_permanent(size * (MAX_CPUS - 1), /* -1!! */
 9                      SMP_CACHE_BYTES);
10 
11     per_cpu_var_offsets[0] = 0;
12     for (i = 1; i < MAX_CPUS; i++, ptr += size) {
13         per_cpu_var_offsets[i] = ptr - per_cpu_var_start;
14         memcpy(ptr, per_cpu_var_start, per_cpu_var_end - per_cpu_var_start);
15     }
16 }
```

在第 6 行计算所有每 CPU 变量所占用的空间大小，其中 per_cpu_var_end 是每 CPU 变量所在数据段的结束地址，per_cpu_var_start 是其开始地址。

为了系统性能的原因，我们需要将每 CPU 变量占用的空间进行缓存行对齐，因此在计算其所占用的空间时，将其空间向上取整，对齐到缓存行大小。

小问题 6.5：如果不进行缓存行对齐，会有什么结果？

第 8 行调用 BOOT 内存分配函数 alloc_boot_mem_permanent，为每 CPU 变量分配内存空间。由于 CPU 0 的每 CPU 变量空间已经存在于数据段中，因此只需要为其余的 CPU 分配空间，这也就是第 8 行在计算空间的时候，根据总 CPU 数量减 1 来计算的原因。

第 11~15 行计算每个 CPU 中，每 CPU 变量相对于数据段中每 CPU 变量的偏移。这个偏移值对于后续对每 CPU 变量的访问至关重要。

很显然，CPU 0 可以直接访问数据段中的每 CPU 变量，而不是访问副本，因此第 11 行强制将 CPU 0 的偏移值设置为 0。

第 12 行遍历处理 CPU 1~MAX_CPUS 的所有 CPU，为其执行如下操作：

1. 设置当前 CPU 中，每 CPU 变量的偏移值。
2. 复制每 CPU 变量的副本到刚刚分配的内存中。

6.1.6　初始化线性映射

到目前为止，DIM-SUM 所进行的虚拟内存访问，均依赖于在汇编阶段映射的三段区域。这三段区域仅仅是可用内存的一小部分。

因此需要在合适的阶段，将所有可用物理空间全部映射到内核虚拟地址空间中。这是在初始化阶段调用 init_linear_mapping 函数来实现的。

```
1 void __init init_linear_mapping(void)
2 {
3     int i;
4 
5     empty_zero_page = alloc_boot_mem_permanent(PAGE_SIZE, PAGE_SIZE);
6     set_ttbr0(linear_virt_to_phys(empty_zero_page));
7 
8     for (i = 0; i < all_memory_regions.cnt; i++) {
9         unsigned long start;
10        unsigned long end;
11 
12        start = all_memory_regions.regions[i].base;
13        end = start + all_memory_regions.regions[i].size;
14 
15        if (start >= end)
16            break;
17 
18        linear_mapping(start, (unsigned long)linear_phys_to_virt(start),
19                end - start, PAGE_ATTR_KERNEL_EXEC);
20    }
21 
22    flush_tlb_all();
23    cpu_set_default_tcr_t0sz();
24 }
```

该函数建立所有物理内存页面的虚拟地址映射。

第 5 行分配一个空的页面，这个页面的内容全部为 0。

第 6 行将 ttbr0_el1 系统配置寄存器的值指向刚分配的 0 页。

第 8~20 行循环遍历物理内存块，并为每一块物理内存建立虚拟地址映射。

第 12~13 行获得物理内存块的起始、结束地址。

第 15 判断物理内存块的起始、结束地址是否有效，如果无效，则处理下一内存块。

第 18 行调用 linear_mapping 进行真正的内存映射处理，随后我们将详细描述该函数。

第 22 行调用 flush_tlb_all 刷新所有 TLB。

第 23 行调用 cpu_set_default_tcr_t0sz，使得新的地址映射生效。

linear_mapping 的实现较为烦琐，我们来看看它的主要流程：

```
1 static void __init *alloc_page_table(unsigned long sz)
2 {
3     void *ptr = alloc_boot_mem_permanent(sz, sz);
4 
5     BUG_ON(!ptr);
6     memset(ptr, 0, sz);
7 
8     return ptr;
9 }
10 
11 static void __init linear_mapping(phys_addr_t phys, unsigned long virt,
12                 phys_addr_t size, page_attr_t prot)
13 {
14    pt_l1_t *pt_l1 = pt_l1_ptr(kern_memory_map.pt_l1, virt & PAGE_MASK);
```

```
15      if (virt < KERNEL_VA_START) {
16          pr_warn("BUG: failure to create linear-space for %pa at 0x%016lx.\n",
17                  &phys, virt);
18          return;
19      }
20
21      __linear_mapping(&kern_memory_map, pt_l1, phys, virt,
22              size, prot, alloc_page_table);
23  }
```

第 14 行获得虚拟地址在内核页表项中对应的一级页表项指针。

第 15~18 行判断虚拟地址的有效性，如果无效，则打印警告信息后退出。

第 21 行调用__linear_mapping 进行真正的地址映射。需要注意的是，在创建页表的时候，需要为页表分配内存空间，而此时还不能访问所有内存空间，因此我们还是需要使用 BOOT 内存分配器来分配内存。

在调用__linear_mapping 时，传入 alloc_page_table 函数，这是用于分配页表的回调函数。该函数会调用 BOOT 内存分配器 API alloc_boot_mem_permanent 来为页表分配空间。在分配页表内存空间时，会强制将分配的内存空间按页对齐，这是硬件所要求的。

__linear_mapping 会依次创建第 2、3、4 级页表，接下来我们看看这是如何实现的：

```
1 static void  __linear_mapping(struct memory_map_desc *mm, pt_l1_t *pt_l1,
2                 phys_addr_t phys, unsigned long virt,
3                 phys_addr_t size, page_attr_t prot,
4                 void *(*alloc)(unsigned long size))
5 {
6     unsigned long addr, length, end, next;
7
8     addr = virt & PAGE_MASK;
9     length = PAGE_ALIGN(size + (virt & ~PAGE_MASK));
10    end = addr + length;
11
12    do {
13        next = pt_l1_promote(addr, end);
14        alloc_and_set_pt_l2(mm, pt_l1, addr, next, phys, prot, alloc);
15        phys += next - addr;
16        pt_l1++;
17        addr = next;
18    } while (addr != end);
19 }
```

第 8~10 行获得起始虚拟地址、结束虚拟地址及地址空间的长度。

第 12~18 行的循环遍历处理每一个一级页表项，并为每一个一级页表做如下处理：

1. 在第 13 行获得下一个一级页表项的对应虚拟地址。
2. 在第 14 行为当前地址到下一个一级页表项地址中所有下级页表项分配页表，并将一级页表项指向分配的二级页表。
3. 第 15 行递增物理地址，使其指向下一个一级页表项的物理地址。
4. 第 16 行递增一级页表项指针。
5. 第 17 行递增下一个一级页表项对应的虚拟地址。

处理二级页表、三级页表和四级页表的流程与此相似，在此不再详述。

执行完线性映射初始化以后，系统就能够访问所有的物理内存空间了。

6.1.7 其他内存初始化工作

在建立好线性映射后，我们有了访问所有物理内存的能力。要合理访问这些内存，还需要页面分配器、Beehive 内存分配器来管理这些内存。因此，我们有必要为这些内存分配器进行初始化工作。

这些初始化工作均在 init_memory 函数中完成：

```
1 void __init init_memory(void)
2 {
3     init_sparse_memory();
4 
5     init_page_allotter();
6     free_all_bootmem();
7 
8     init_beehive_allotter();
9 }
```

第 3 行的 init_sparse_memory 函数初始化分散内存块，分散内存是与平坦内存相对的概念。在早期的系统中，物理内存基本上是连续的，中间可能会存在一些小的空洞。现代 CPU 则有所不同，其物理地址空间可能相距甚远，我们称之为分散内存块。

与平坦内存相比，管理分散内存块的代码更加复杂，因此在第 3 行调用 init_sparse_memory 来对这些分散内存块进行初始化。详细的初始化过程将在随后的章节中描述。我们现在仅仅需要知道，该函数主要是建立页描述符和页编号之间的关联。

第 5 行调用 init_page_allotter 初始化页面分配器，详细的初始化过程将在随后的章节中描述。

第 6 行调用 free_all_bootmem 将 BOOT 内存传递给页面分配器管理。

第 8 行调用 init_beehive_allotter 初始化 Beehive 内存分配。

6.2 BOOT 内存分配器

与 Linux 的 BOOT 内存分配器相比，DIM-SUM 的 BOOT 内存分配器更加简单明了。

DIM-SUM 的内存分配器仅仅管理一段连续的虚拟地址空间，这段地址空间的起始、结束地址用两个变量__start、__end 表示：

```
1 static unsigned long __start = 0, __end = 0;
```

其基本思想是将 BOOT 内存分为两部分：

1．分配以后会一直被系统使用的部分，这部分内存不能被释放。

2．临时分配的 BOOT 内存，在 BOOT 内存分配失效的时候自动失效。

第一部分内存从低地址向高地址增长，当前递增的位置由变量__low 表示。第二部分内存从高地址向低地址递减，当前递减的位置由变量__high 表示。

这就是 DIM-SUM 的 BOOT 内存分配器只有分配函数而没有释放函数的原因，因为临时分配的 BOOT 内存会在 BOOT 内存分配器失效的时候自动释放。

6.2.1 BOOT 内存分配 API

下表是 BOOT 内存分配器提供的 API：

名　　称	含　　义
init_boot_mem_area	初始化 BOOT 内存分配器
alloc_boot_mem_permanent	分配持久性 BOOT 内存
alloc_boot_mem_stretch	分配持久性 BOOT 内存，但是其空间大小可以伸缩，也就是系统物理内存越多就分配更多的内存，否则减少内存分配量。主要用于系统初始化时，分配大的散列表
alloc_boot_mem_temporary	分配临时性 BOOT 内存

6.2.2 BOOT 内存分配器的实现

init_boot_mem_area 的实现很简单，请读者自行阅读相关源代码。

alloc_boot_mem_permanent 的实现比较有意思，其代码如下：

```
 1 void* alloc_boot_mem_permanent(int size, int align)
 2 {
 3     unsigned long start;
 4 
 5     if (boot_state >= KERN_MALLOC_READY)
 6        panic("alloc_boot_mem_permanent.\n");
 7 
 8     if ((__start == 0)
 9        && (__end == 0))
10     {
11        BUG();
12     }
13 
14     if (align == 0)
15        align = sizeof(long);
16 
17     start = __low;
18 
19     start = round_up(start, align);
20 
21     __low = start + size;
22     if (__low > __high)
23     {
24        BUG();
25     }
26 
27     memset((void *)start, 0, (size_t)size);
28 
29     return (void *)start;
30 }
```

boot_state 代表当前系统运行阶段，如果是 KERN_MALLOC_READY 状态，就表示内核标准页面分配器、Beehive 内存分配器均已经就绪。很显然，此时 BOOT 内存器已经失效，如果调用 BOOT 内存分配器提供的 API 进行内存分配，必然会破坏内核标准内存分配器。

因此，在第 5 行进行系统状态判断，如果出现这种异常情况，就在第 6 行调用 panic，强制系统宕机。当然，在宕机现场会打印出异常调用链，我们也就能快速判断错误调用 BOOT 内存分配器的调用者。

在第 8~12 行判断 BOOT 内存分配器所管理的起始、结束地址，如果其中一项为 0，表示还没有初始化 BOOT 内存分配，这时调用相关 API，显然是一种异常行为，因此在第 11 行调用 BUG 强制宕机。

第 14~15 行判断用户是否指定了对齐参数，如果没有指定，就强制按照 CPU 位宽进行对齐。对于 DIM-SUM 来说，即是按照 8 字节对齐。

第 17~19 行将当前已经分配的地址向上按照对齐的要求进行取整，以保证本次分配的内存符合用户的对齐要求。

其中__low 变量是上次已经分配的内存位置，start 变量表示本次分配的起始地址。

第 21 行移动__low 变量到本次内存分配的结束地址处。下次内存分配将从该地址处继续。

第 22 行判断 BOOT 内存空间是否分配完毕，如果是，则说明 BOOT 内存空间太小，或者有大量消耗内存的分配者。不管何种情况，系统都不能继续运行，因此在第 24 行调用 BUG 让系统宕机。

第 27 行将分配的内存块清零，以防止内存信息泄漏，或者调用者意外使用随机数据引起异常。

第 29 行向调用者返回分配到的内存。

alloc_boot_mem_stretch 函数是 alloc_boot_mem_permanent 函数的封装函数，它主要用于分配尽可能大的连续内存块。在内核创建散列表的时候很有用，这样创建出的散列表尽可能大，以减小冲突的概率。

该函数的参数含义如下：

bucket_size 参数表示每个数据项的大小，由于该函数主要用于散列表内存分配，因此该参数取名为 bucket_size。

名为 max_orders 的参数用于确定散列表的大小，由于散列表要求按 2 的幂对齐，因此最终的大小为 2^{max_orders}。

名为 real_order 的指针用于接收最终的散列表大小。如果内存空间不足，则会递减 max_orders 参数，直到 BOOT 内存能够满足要求而止。这个参数告诉调用者最终分配的散列表的大小。

```
 1 void *__init alloc_boot_mem_stretch(unsigned long bucket_size,
 2                 unsigned long max_orders,
 3                 unsigned int *real_order)
 4 {
 5     unsigned long size;
 6     void *ret = NULL;
 7
 8     do {
 9         size = bucket_size << max_orders;
10         ret = alloc_boot_mem_permanent(size, PAGE_SIZE);
11     } while (!ret && size > PAGE_SIZE && --max_orders);
12
```

```
13     if (!ret)
14        panic("Failed to allocate stretch memory\n");
15
16     if (real_order)
17        *real_order = max_orders;
18
19     return ret;
20 }
```

第 8~11 行的循环尝试按照 max_orders 的要求分配 BOOT 内存。

第 9 行按照 max_orders 的值计算要分配的内存大小。

第 10 行调用 alloc_boot_mem_permanent 分配指定大小的内存，分配的内存按页进行对齐。

如果 alloc_boot_mem_permanent 返回失败，则在第 11 行递减 max_orders 并重试。

如果运行到第 13 行，则说明分配内存成功，或者无法分配内存。因此在第 13 行判断是否分配成功，如果不成功，则说明系统没有可用内存，在第 14 行调用 panic 强制将系统宕机。

否则说明系统分配内存成功，因此在第 16 行判断用户是否传入了 real_order，如果传入，则在第 17 行设置该指针的值，向调用者表明分配内存的大小。

第 19 行向调用者返回分配的内存地址。

alloc_boot_mem_temporary 函数的实现类似于 alloc_boot_mem_permanent，不过有两个差异之处：

1．alloc_boot_mem_temporary 将从 BOOT 内存的高地址向低地址处分配。

2．alloc_boot_mem_temporary 分配的内存将在 BOOT 内存分配器销毁的时候自动失效，因此驱动不能在 BOOT 内存分配器失效后继续访问所分配的内存。

6.2.3　BOOT 内存分配器的销毁

BOOT 内存分配器仅仅在系统初始化阶段临时使用。一旦标准内核分配器初始化完毕，就会销毁 BOOT 内存分配器。

系统调用 free_all_bootmem，将 BOOT 内存分配器中的空闲内存释放给标准内存分配器：页面分配器。

free_all_bootmem 会遍历所有物理内存块，将其中永久分配出去的 BOOT 内存保留起来，其他所有内存均通过 free_all_bootmem_core 释放给页面分配器。

6.3　页面编号

内核使用 page_frame 数据结构来描述一个页面，同时使用页面编号来表示物理页面。在内核代码路径中，常常需要在页面数据结构和物理页面之间快速转换。

对于平坦内存模型来说，内存块是连续的，因此可以使用一个大的 page_frame 数组来描述所有物理页面。假如有 4G 连续地址空间的物理内存，并且进一步假设这些物理地址的范围是 0~4G，页面大小是 4KB，那么我们可以用一个包含 1M 数据元素的 page_frame 数组来描述这些页面。地址 0 所在的页面在数组的第 0 项，地址 4096 的物理页面在数组的第 1 项。依此类推。我们可以用物理地址除以页面大小，直接得到数组元素的索引。

但是，在分散内存的系统中，这些物理地址块可能并不连续。物理地址空间跨度大，如果直接用物理地址除以页面大小来获得数组元素的索引，那么数组元素的索引号将会非常大，以至于数组大小超过了系统所有内存的大小。

因此，需要使用新的方法来建立 page_frame 数据结构与物理页面之间的关系。

DIM-SUM 的基本思想是将物理内存按内存块进行编号，同时通过物理内存块号和块内页面号来映射到 page_frame 数据结构。

相关的实现代码位于 include/dim-sum/page_num.h、mm/page_num.c 中。

6.3.1 页面编号的数据结构

物理内存块使用 mem_section_desc 数据结构来表示：

```
1 struct mem_section_desc {
2     unsigned long page_info;
3     u16 node_id;
4 };
```

其中，名为 page_info 的字段用于表示内存块中页面描述符 page_frame 数据结构的位置。该字段包含以下两部分：

1. 其最后两位是状态标志，如 MEM_SECTION_PRESENT。
2. 其余位表示内存块内第一个页面描述符的地址。

最后两位包含的内存块状态标志如下表所示：

名　　称	含　　义
MEM_SECTION_PRESENT	该内存块是否已经初始化
MEM_SECTION_MAPPED	该内存块是否已经映射到物理内存
MEM_SECTION_FLAG_MASK	内存块标志掩码

名为 node_id 的字段表示内存块所属的 NUMA 节点编号，目前均为 0。

系统也定义了一些与页面编号相关的宏：

名　　称	含　　义
SECTION_SIZE_BITS	该值为 30，系统有效物理地址是 48 位，因此表示物理内存的第 30~48 位是内存块的编号
MAX_PHYSMEM_BITS	该值为 48，表示物理内存的有效长度
PAGE_NUM_SECTION_SHIFT	从页面编号中获取其所在的内存块编号所需要右移的倍数
PAGE_NUM_TO_PHYS	将页面编号转换为物理地址
PAGE_NUM_ROUND_UP	获得某个地址的页面编号，向上取其编号
PAGE_NUM_ROUND_DOWN	获得某个地址的页面编号，向下取其编号
MEM_SECTIONS_WIDTH	物理地址块的宽度，其值为 18
MEM_SECTIONS_COUNT	物理地址块的数量，其值为 2^{18}
MEM_SECTIONS_MASK	物理地址块的掩码，其值为 $2^{18}-1$
MEM_SECTIONS_RSHIFT	页面描述符的 flags 字段中，表示内存块编号的位
PAGES_PER_SECTION	每个内存块中，可能包含的页面数量
MAX_PAGE_NUM	最大的页面编号值

6.3.2 页面编号的全局变量

名为__mem_section 的全局变量，用于保存系统中所有可能的物理块。

名为 total_pages 的全局变量，用于保存系统中所有有效的页面总数。

6.3.3 页面编号的 API

下表是页面编号相关的 API：

名　　称	含　　义
sectid_of_page	获得页面描述符中保存的内存块编号
page_num_to_section_nr	从页面编号中获得内存块编号
section_nr_to_page_num	获得内存块中第一个内存页面的编号
__page_of_section	找到内存块的第一个页面描述符
__nr_to_mem_section	根据内存块编号，找到对应的内存块描述符
page_num_to_section	根据页面编号，找到其所在内存块描述符
number_of_page	获得页面描述符对应的页面编号
number_to_page	根据页面编号，获得对应的页面描述符
node_id_of_page	获得页面所在的 NUMA 节点编号
mem_section_is_present	根据内存块描述符，判断内存块是否存在
mem_section_nr_is_present	根据内存块编号，判断内存块是否存在
init_sparse_memory	初始化分散内存块模块

6.3.4 页面编号的实现

页面编号模块最重要的实现，是其初始化函数 init_sparse_memory：

```
 1 void init_sparse_memory(void)
 2 {
 3     unsigned long sectid;
 4     struct page_frame *frames;
 5     int i;
 6
 7     for (i = 0; i < all_memory_regions.cnt; i++) {
 8         unsigned long pg_num_min, pg_num_max;
 9         unsigned long start, end;
10
11         start = all_memory_regions.regions[i].base;
12         end = all_memory_regions.regions[i].base
13                 + all_memory_regions.regions[i].size;
14         pg_num_min = PAGE_NUM_ROUND_UP(start);      /* DOWN */
15         pg_num_max = PAGE_NUM_ROUND_DOWN(end);  /* UP */
16         add_sparse_memory(0, pg_num_min, pg_num_max);
17     }
18
19     BUG_ON(!is_power_of_2(sizeof(struct mem_section_desc)));
```

```
20
21    for (sectid = 0; sectid < MEM_SECTIONS_COUNT; sectid++) {
22        if (!mem_section_nr_is_present(sectid))
23            continue;
24
25        frames = alloc_page_frames_desc(sectid);
26        if (!frames)
27            continue;
28
29        init_one_section(sectid, frames);
30    }
31
32    total_pages = 256 * 1024;
33 }
```

第 7 行开启第 8~16 行的循环，该循环遍历 uboot 传递给内核的所有内存块。

第 11~13 行获得 BOOT 内存块的起始、结束地址。

第 14~15 行获得 BOOT 内存块的起始、结束页面编号。

第 16 行调用 add_sparse_memory 添加内存块信息，该函数仅仅是标记有哪些内存块存在。详细的初始化过程在 init_one_section 函数中完成。

第 21 行开启第 22~29 行的循环，该循环对所有可能的内存块进行真正的初始化工作。

第 22 判断内存块是否真的存在。内存块是否存在的标志，是由上一步调用 add_sparse_memory 而设置的。

很显然，对于 2^{18} 个可能的内存块来说，绝大部分的内存块都是不存在的。

如果内存块存在，就在第 25 行为该内存块分配页面描述符的内存。

如果无法分配到页面描述符的内存，则在第 28 行跳转到下一个循环进行处理。

小问题 6.6：既然分配不到内存，那么即使跳到下一个循环也分配不到内存，为什么不在第 27 行执行 break 语句退出循环？

第 29 行调用 init_one_section 对内存块中的页面描述符进行初始化。

第 32 行设置系统总内存页面数量。当然，这里的硬编码不是太好，期望读者能参与 DIM-SUM 的开发中来并将其修正。

如前所述，add_sparse_memory 是根据 BOOT 内存块设置系统内存块是否存在的标志，其主体代码流程如下：

```
 1 static void __init add_sparse_memory(int node_id,
 2     unsigned long pg_num_start, unsigned long pg_num_end)
 3 {
 4     ......
 5     for (num = pg_num_start; num < pg_num_end; num += PAGES_PER_SECTION) {
 6         unsigned long sectid = page_num_to_section_nr(num);
 7         struct mem_section_desc *section;
 8
 9         section = __nr_to_mem_section(sectid);
10         if (!section->page_info) {
11             section->page_info = MEM_SECTION_PRESENT;
12             section->node_id = node_id;
13         }
14     }
15 }
```

第 5 行开始第 6~13 行的循环，遍历 BOOT 内存块的所有页面编号，找到其所在的内存块。

第 6 行获得该页面编号对应的内存块编号。

第 9 行获得内存块描述符。

第 10 行判断内存块描述符的属性，如果还没有设置，就执行如下步骤。

第 11 行设置内存块描述符的 MEM_SECTION_PRESENT 标志，表示该内存块存在的事实。

第 12 行设置内存块的 NUMA 编号，当然，目前其值均为 0。

小问题 6.7：第 10 行的判断可以去掉吗？

init_one_section 函数在初始化内存块的时候，有一个小花招，这里有必要分析一下其代码实现：

```
1 static int init_one_section(unsigned long sectid, struct page_frame *frames)
2 {
3     struct page_frame *fake_frame;
4     struct mem_section_desc *section = __nr_to_mem_section(sectid);
5
6     if (!mem_section_is_present(section))
7         return -EINVAL;
8
9     fake_frame = frames - section_nr_to_page_num(sectid);
10    section->page_info &= MEM_SECTION_FLAG_MASK;
11    section->page_info |= (unsigned long)fake_frame | MEM_SECTION_MAPPED;
12
13    return 0;
14 }
```

该函数在第 4 行根据内存块编号获得内存块描述符。

第 6 行判断该内存块是否存在，如果不存在，则说明传入的参数非法，因此在第 7 行退出。

小问题 6.8：第 6~7 行的判断确实是冗余的，作者为什么在这里保留了相关代码？

第 9 行的代码看着比较奇怪。正如 6.3.1 节在描述内存块数据结构的时候，曾经提到 page_info 字段保存了内存块第一个内存描述符的地址。但是从这里的代码来看，应当将 page_info 字段设置为 frames 的值。

实际上， page_info 里面保存的并不是第一页的页面描述符，而是一个偏移值，以减少计算量。其根本目的，是在进行页面编号与页面描述符的转换时，不必再针对内存块中第一个页面编号进行计算。

第 9 行的实现技巧，需要读者结合相关代码仔细斟酌。

第 10 行首先去掉内存块中的现有标志，并在第 11 行设置首页描述符地址及映射标志，以表示该内存块已经存在页面描述符的事实。

小问题 6.9：为什么不将 init_sparse_memory 函数中两个循环合并为一个循环，那样代码将更易读，也可以合并 add_sparse_memory、init_one_section 函数？

接下来，我们看看两个重要的接口函数，这两个函数被频繁调用，因此需要小心实现：

```
1 static inline unsigned long number_of_page(struct page_frame * pg)
2 {
3     int __sec = sectid_of_page(pg);
4
5     return (unsigned long)(pg - __page_of_section(__nr_to_mem_section(__sec)));
```

```
 6 }
 7
 8 static inline struct page_frame *number_to_page(unsigned long num)
 9 {
10     struct mem_section_desc *__sec = page_num_to_section(num);
11
12     return __page_of_section(__sec) + num;
13 }
```

number_of_page 函数用于获得页面的编号。

在第 3 行获得页面所在的内存块编号，该编号保存在页面描述符的 flags 字段中。

在第 5 行获得内存块描述符后，并进一步获得该描述符的第一个页面描述符地址。使用页面描述符指针 pg 减去第一个描述符地址，即可以获得该页面描述符的页面编号。请回忆前面提及的小花招。

number_to_page 函数与 number_of_page 函数正好相反，它根据页面编号获得页面描述符的地址。

在第 10 行，该函数获得页面编号对应的内存块描述符。

第 11 行获得内存块中第一个页面描述符地址，并加上页面编号，以获得页面描述符的地址。

6.4 页面分配器

DIM-SUM 内存分配模块主要包含以下两部分内容：

1．页面分配器。

2．Beehive 内存分配。

页面分配器一次性为调用者分配一个或者多个页面，其分配的最小单元是页面。在实现页面分配器的时候，需要重点解决外碎片的问题。

因为页面分配器的最小单元是页面，所以不太适合内存分配的普遍需求。大量的内存分配需求针对数十、数百字节的小内存分配。因此，需要在页面分配器的基础上，实现更细粒度的内存分配，这由 Beehive 内存分配实现的。

Beehive 是蜂窝的意思，我们可以将一个或者数个页面想象成一个蜂窝。Beehive 分配器的作用就是在蜂窝里面为每只小蜜蜂分配一个容身之处。

Beehive 分配器需要重点解决的是页面内的内碎片问题。

接下来的章节将详细描述页面分配器和 Beehive 分配器的实现。

6.4.1 页面分配器的设计原理

DIM-SUM 的页面分配器设计原理与 Linux 是一致的，其核心算法是伙伴管理系统。

伙伴管理系统自从 SUN 公司在 UNIX 中实现以后，其设计思想被众多操作系统内核所借鉴。经过数十年的实践证明，这个算法在操作系统内核中稳定可靠，有效避免了外碎片问题。

核心的设计思想是将内存按 NUMA 节点进行组织，CPU 在分配内存的时候，优先从当前 NUMA 节点中分配内存，当本地 NUMA 节点内存不足时，再从其他 NUMA 节点分配。

目前，DIM-SUM 还不支持 NUMA 的管理，系统将所有内存块视为一个 NUMA 节点的内存。但是内存分配代码已经支持多 NUMA 节点的处理，后续需要在系统初始化的时候，按照物理内存的分布，将内存页面组织到不同的 NUMA 节点对象中。

每个 NUMA 节点包含以下三个内存区域：

1．DMA 内存区。DMA 内存区主要用于一些老式的设备，这些设备只能访问低端内存。这可能是因为设备支持的数据地址宽度受限。不过这样的设备已经不多了，也许在不久的将来，这样的设备将会消失，因此 DMA 内存将不复存在。

2．KERNEL 内存区。KERNEL 内存区主要用于内核内存分配。在 32 位系统中，内核只能访问部分内存空间。例如在 Linux 中，x86 内核只能访问 1G 以下的内存空间，超过 1G 的内存留给用户态使用。这些保留给内核访问的内存区域即为 KERNEL 内存区。

3．USER 内存区。USER 内存则保留给用户态应用使用。

对于 ARM 64 架构来说，内核能够访问所有地址空间，因此 KERNEL 内存区与 USER 内存区的界限并不清楚。换句话说，USER 内存区的长度为 0。用户态应用程序需要的内存可以直接从 KERNEL 内存区中分配。

在每个内存区中，均将页面按 2 的整数次幂进行分割，分别放在 12 个链表中。长度为 2^{11} 的页面块放到第 12 个链表中，长度为 2^{10} 的页面块放到第 11 个链表中，依此类推，长度为 2^0 的页面块放到第 1 个链表中。

当系统要分配特定数量的页面时，优先在最匹配的链表中分配页面。如果相应的链表中没有页面，就从上一个链表中取出更大的页面块，并将该页面块划分成更小的块，分配给用户。

对于单页面分配来说，系统做了特殊的优化，即在每个 CPU 中，保存一定数据的每 CPU 缓存页面。当用户希望分配单个页面时，优先从缓存中分配页面，以避免频繁访问伙伴系统中的页面块链表。

小问题 6.10：单页面分配的缓存优化，有什么优势？这会造成内存浪费吗？

6.4.2 页面分配器的数据结构

每个 NUMA 节点的内存用数据结构 memory_node 来表示：

```
 1 struct memory_node {
 2     struct page_area pg_areas[PG_AREA_COUNT];
 3     struct page_area_pool {
 4         struct page_area *pg_areas[MAX_NUMNODES * PG_AREA_COUNT + 1];
 5     } pools[PG_AREA_COUNT];
 6 
 7     struct {
 8         int node_id;
 9         unsigned long pages_swell;
10         unsigned long pages_solid;
11         unsigned long start_pgnum;
12     } attrs;
13 };
```

其中，名为 pg_areas 的数组表示本 NUMA 节点中所有内存区。如上节所述，包含三个内存区，用枚举类型 page_area_type 来表示，具体如下所示：

```
1 enum page_area_type {
2     PG_AREA_DMA,
3     PG_AREA_KERNEL,
4     PG_AREA_USER,
5     PG_AREA_COUNT
6 };
```

这几个枚举值分别表示 DMA 内存区、

1. KERNEL 内存区、USER 内存区和内存区种类数量。

通过这几个枚举值可以访问节点中的所有内存区。

名为 pools 的字段是一个数组，表示可用于页面分配的内存区列表。这里有必要对这个字段进行详细描述。

假设系统有两个 NUMA 节点，每个节点内有三个内存区，那么 pools 字段包含三个数组元素。每个数组元素分别表示 DMA、KERNEL、USER 内存区的备用内存区。每一个内存区最多可能包含 6 个备用内存区。

例如，如果我们想在 NMUA 节点 0 的 USER 内存区分配内存，那么可能的备用内存区将包括节点 0 的 USER、KERNEL、DMA 内存区，也包括 NUMA 节点 1 上的 USER、KERNEL、DMA 内存区。如果我们想在 NMUA 节点 0 的 KERNEL 内存区分配内存，那么可能的备用内存区就没有这么多了，只包括节点 0 的 KERNEL、DMA 内存区，以及 NUMA 节点 1 上的 KERNEL、DMA 内存区。

因此，这个数组中包含的有效备用区数量最多可能达到 MAX_NUMNODES × PG_AREA_COUNT 个，其中 MAX_NUMNODES 表示系统支持的最大 NUMA 节点数量，PG_AREA_COUNT 表示每个 NUMA 节点中的内存区数量。

最终，将 pg_areas 的大小声明为 MAX_NUMNODES× PG_AREA_COUNT + 1，其中最后一个元素的值总是为 NULL，以方便代码循环遍历备用内存区。

名为 attrs 的内嵌数据结构包含几个 NUMA 节点的属性。

其中，名为 node_id 的属性表示 NUMA 节点编号。

名为 pages_swell 的属性表示 NUMA 节点中所有页面数量，包含空洞页面。

名为 pages_solid 的属性表示 NUMA 节点中所有页面数量，不包含空洞页面。

名为 start_pgnum 的属性表示 NUMA 节点中第一个页面的编号。

每个 NUMA 节点所包含的内存区用数据结构 page_area 来表示，其定义如下：

```
1 struct page_area {
2     struct smp_lock     lock;
3     unsigned long       free_pages;
4     unsigned long       pages_min, pages_low, pages_high;
5     unsigned long       pages_reserve[PG_AREA_COUNT];
6     struct per_cpu_page_cache {
7         struct per_cpu_pages cpu_cache[CPU_CACHE_COUNT];    /* 0: hot. 1: cold */
8     } aligned_cacheline_in_smp page_caches[MAX_CPUS];
9     struct page_free_brick {
10        struct double_list  free_list;
11        unsigned long       brick_count;
12    } buddies[PG_AREA_MAX_ORDER];
13    struct {
14        char unused[0];
```

```
15     } aligned_cacheline_in_smp _pad1;
16     struct wait_queue   * wait_table;
17     unsigned long       wait_table_bits;
18     struct memory_node  *mem_node;
19     struct {
20         char           *name;
21         unsigned long       pgnum_start;
22         unsigned long       pages_swell;
23         unsigned long       pages_solid;
24     } attrs;
25 };
```

名为 lock 的字段是保护该描述符的自旋锁。

名为 free_pages 的字段表示内存区中空闲页的数目。

pages_min、pages_low、pages_high 三个字段用于内存分配水线。

其中，名为 pages_min 的字段是内存区中保留页的数目，这些保留页仅仅用于中断、内存紧急分配时使用，一般情况下不会分配给用户。

名为 pages_low 的字段是内存水线的低值，当内存区中可用内存低于此值时，将触发内存回收处理流程。当然，DIM-SUM 的内存回收流程与 Linux 有较大区别，尽量避免像 Linux 那样，实现过于复杂和臃肿。

名为 pages_high 的字段是内存水线的高值。当内存回收到一定程度，内存区中可用内存高于此值时，将停止内存回收流程。

名为 pages_reserve 的数组，是为内存不足保留的页面数量。举个例子，当调用者想分配 USER 区的内存时，可能发现 USER 区已经没有可用内存，因此需要继续在 KERNEL 内存区中查找可用内存，此时，其分配优先级将降低，以防止将 KERNEL 内存区的内存耗尽，该数组记录每种分配类型在本内存区中应当保留的页面数量。

名为 page_caches 的字段表示为单页内存分配而保存的每 CPU 缓存页面，本质上这是一个每 CPU 变量，因此根据系统支持的 CPU 数量定义了一个大型数组。

小问题 6.11：对于 CPU 数量很多、NUMA 节点也很多的大型系统，page_caches 显得有点浪费内存，可以改进一下吗？

同时，page_caches 数组还会为每一种内存缓存类型保留内存，内存缓存类型使用如下枚举值定义：

```
1 enum {
2     PAGE_COLD_CACHE,
3     PAGE_HOT_CACHE,
4     CPU_CACHE_COUNT,
5 };
```

内存缓存类型分热缓存和冷缓存两类，随后的章节将介绍冷热缓存的含义。

名为 buddies 的字段是伙伴系统的核心数据结构，它是一个数组，该数组共有 11 项，分别保存 2^0，2^1，…，2^{10} 大小的内存块链表。

该数组是一个内嵌数据结构，包含以下字段：

名为 free_list 的字段是一个双向链表头，该链表包含所有空闲内存块。

名为 brick_count 的字段是一个计数值，表示该链表中的节点数量。

名为_pad1 的字段用于对齐数据元素，无实际含义。

名为 wait_table 的字段是一个进程等待队列的散列表，这些进程正在等待内存区中的某页。我们将在文件系统中详细描述这个字段。

名为 wait_table_bits 的字段是 wait_table 等待队列散列表数组的大小，值为 2 的幂。

名为 mem_node 的字段是指向内存区所属 NUMA 节点的指针。

名为 attrs 的字段包含一组内存区的属性，其中：

名为 name 的属性指向内存区的传统名称，分别是 DMA、NORMAL 和 HighMem。

名为 pgnum_start 的属性表示内存区的第一个页面的编号。

名为 pages_swell 的属性表示以页为单位的内存区的总大小，包含空洞。

名为 pages_solid 的属性表示以页为单位的内存区的总大小，不包含空洞。

接下来，我们看看每 CPU 上面的单页缓存数据结构，这个数据结构用 per_cpu_pages 来表示，其定义如下：

```
1 struct per_cpu_pages {
2     int count;
3     int low;
4     int high;
5     int batch;
6     struct double_list list;
7 };
```

名为 count 的字段表示缓存中的页面个数。

名为 low 的字段表示缓存下界，低于此值就需要补充缓存页面。

名为 high 的字段表示缓存上界，高于此值就需要将多余的页面归还给伙伴系统。

名为 batch 的字段表示一次申请或者归还的页面数量。

名为 list 的字段是一个双向链表头，该链表包含所有缓存中的页面描述符。

最后，我们来看看最为核心的页面描述符，这是用 page_frame 数据结构表示的。其定义如下：

```
1 struct page_frame {
2     unsigned long flags;
3     struct accurate_counter ref_count;
4     union {
5         struct accurate_counter share_count;
6         unsigned int inuse_count;
7     };
8     union {
9         pgoff_t index;
10        void *freelist;
11    };
12    union {
13        struct {
14            unsigned int order;
15            unsigned long private;
16            struct file_cache_space*cache_space;
17        };
18        struct beehive_allotter *beehive;
19        struct page_frame *first_page;
20    };
```

```
21      union {
22          struct double_list brick_list;
23          struct double_list cache_list;
24          struct double_list beehive_list;
25          struct double_list pgcache_list;
26          struct double_list lru;
27      };
28 };
```

这个数据结构应当尽量小，因为每一个页面都需要一个这样的数据结构来描述。假设页面的大小为 4K，这个结构占用 40 个字节，就会使用 1%的内存来描述系统中所有的页面。

小问题 6.12：如果这个数据结构过大，还会导致其他缺点吗？

所以我们可以看到页面描述符里面有不少 union 类型的字段，就是为了减小该数据结构的大小。

名为 flags 的字段是一组标志，也对页面所在的内存区进行编号：

1. 在不支持 NUMA 的机器上，flags 中字段中内存区索引占两位，NUMA 节点索引占 1 位。
2. 在支持 NUMA 的 32 位机器上，flags 中内存区索引占用两位，NUMA 节点数目占 6 位。
3. 在支持 NUMA 的 64 位机器上，64 位的 flags 字段中，内存区索引占用两位，NUMA 节点编号占用 10 位。
4. 最左边的位数，用于表示该页面所属的内存块编号。

可用的页面标志如下表所示：

名　　称	含　　义
PG_GHOST	目前未被内核管理并使用的页，就像幽灵一样存在于系统中，可能被 BOOT 内存分配器分配出去了，也有可能是空洞页面
PG_BEEHIVE	页面由 BEEHIVE 内存分配器所管理
PG_locked	页面锁定标志： 文件页缓存表示是否有人在锁定该缓存页，BEEHIVE 表示是否正在操作该页中的内存
PG_private	私有标志，由各模块自行定义其含义
PG_buddy	是否属于伙伴系统管理
PG_ADDITIONAL	是否属于伙伴块，附加在主页面中的页
PG_HASBUFFER	是完整的页面缓存，还是包含了文件块缓冲区
PG_active	是否为活动的缓存页
PG_BEEHIVE_INCACHE	BEEHIVE 内存分配器中的每 CPU 缓存页面
PG_uptodate	页面是否最新，即从磁盘读入成功
PG_error	磁盘页面读/写过程中出现了错误
PG_pending_dirty	在文件系统之外，将页面置为脏，待文件系统处理
PG_writeback	已经向块设备提交了回写请求
PG_mappedtodisk	缓存页全部与磁盘块映射，无空洞

名为 ref_count 的字段表示页框的引用计数：

1. 当小于 0 时，表示没有人使用。
2. 当大于等于 0 时，表示有人使用，并且使用计数为该字段数量加 1。

当页面被映射到用户态时，名为 share_count 的字段表示映射到用户态进程地址空间的次数。

由于同一个页面可能被多个用户态进程所共享，因此该值可能会大于 1。

当页面被 Beehive 内存分配器使用时，名为 inuse_count 的字段表示该页面中已经分配出去的 Beehive 对象数目。

当页面被用于文件页缓存时，名为 index 的字段表示该页在某个页面缓存映射内的索引号。

如果页面没有用于文件页缓存，而是用于 Beehive 内存分配器，那么名为 freelist 的字段表示该页面中 Beehive 分配器的空闲对象指针。

如果页面是空闲的，则名为 order 的字段由伙伴系统使用。如果该页是伙伴系统中一个 2^k 大小的空闲页块的第一个页，那么它的值就是 k。这样，伙伴系统就可以查找相邻的伙伴，以确定是否可以将空闲块合并成 $2^{(k+1)}$ 大小的空闲块。

如果页面被某个内核模块分配，那么 order 字段不再有效，另一个名为 private 的字段用于分配该页面的模块，并由使用该页面的模块来解释。

如果页面由 Beehive 内存分配器管理，并且是 Beehive 内存分配器的第一个页面，那么名为 beehive 的字段指向页面所在的 Beehive 内存分配器。

如果页面由 Beehive 内存分配器管理，并且不是 Beehive 内存分配器的第一个页面，那么名为 first_page 的字段指向 Beehive 内存分配器的第一个页面。

最后，页面描述符包含一个双向链表节点对象。在不同的情况下，这个字段有不同的名称，并将页面链接到不同的双向链表中：

1. 当页面属于伙伴系统时，名为 brick_list 的字段将页面链接到伙伴系统的空闲链表中。

2. 当页面属于页面分配器的每 CPU 单页缓存时，名为 cache_list 的字段将页面链接到单页缓存链表中。

3. 当页面属于 Beehive 内存分配器时，名为 beehive_list 的字段将页面链接到 NUMA 节点的半满链表中。

4. 当页面属于文件页高速缓存时，名为 pgcache_list 的字段将页面链接到页高速缓存链表中。

5. 否则，名为 lru 的字段将页面链接到 LRU 链表中。

这些页面描述符的字段及标志有点难于理解，需要读者阅读内存分配器、文件系统源代码后才能完整地理解其含义。

系统也定义了一些与页面分配相关的宏：

名　　称	含　　义
MAX_NUMNODES	所支持 NUMA 节点的数量
PG_AREA_TYPE	获得内存区的类型
NODE_PG_AREA	获得内存区在 page_area_nodes 中的索引号，其中 page_area_nodes 保存了系统中所有内存区

6.4.3 页面分配器的全局变量

页面分配器模块定义的全局变量如下所示：

```
1 static DEFINE_PER_CPU(struct page_statistics_cpu, statistics) = {0};
2 static char *pg_area_names[PG_AREA_COUNT] = {
3              "DMA",
4              "KERNEL",
```

```
5                "USER" };
6 static unsigned long pg_area_size[PG_AREA_COUNT];
7 static unsigned long pg_area_hole[PG_AREA_COUNT];
8 struct memory_node sole_memory_node;
9 struct page_area *page_area_nodes[1 << (PG_AREA_SHIFT + MEM_NODES_SHIFT)];
```

其中，statistics 的每 CPU 变量统计每 CPU 上的页面统计计数，主要用于调试以及 proc 文件系统。

名为 pg_area_names 的数组保存了所有内存区的名称，用于 proc 文件系统或者调试打印。

名为 pg_area_size 的数组表示每个内存区的大小，包含空洞。需要注意的是，该数组中每一个数据元素都包含所有 NUMA 节点中相同内存区的页面。

名为 page_area_nodes 的数组与 pg_area_size 类似，但是不包含空洞。

名为 sole_memory_node 的全局变量，表示全局唯一的 NUMA 节点。

名为 page_area_nodes 的数组，表示所有 NUMA 节点的内存区。

6.4.4　页面分配器的 API

页面分配器提供了如下一些主要 API：

名　　称	含　　义
alloc_page_frame	分配单个页面，并返回其页面描述符
alloc_page_frames	分配多个页面，并返回其首页面描述符
alloc_page_memory	分配单个页面，并返回其页面地址
alloc_pages_memory	分配多个页面，并返回其页面地址
alloc_zeroed_page_memory	分配单个页面，并将页面内容清零，返回其页面地址
free_page_frame	释放单个页面
free_hot_page_frame	释放单个页面，并将其放到热缓存池中
free_cold_page_frame	释放单个页面，并将其放到冷缓存池中

在分配以及释放内存的时候，常常需要指定分配页面的大小，通常用 order 参数表示。实际分配、释放的内存页面数量为 2^{order} 个。

可用的分配标志如下表所示：

名　　称	含　　义
PAF_DMA	所请求的页框必须处于 DMA 内存区
PAF_KERNEL	普通的内核内存分配，可以在 KERNEL 内存区中分配，并且在内存紧张时，允许阻塞等待内存可用，并允许通过 I/O、文件子系统回收页面
PAF_USER	普通的用户内存分配，可以从 USER 内存区中分配，并且在内存紧张时，允许阻塞等待内存可用，并允许通过 I/O、文件子系统回收页面
PAF_ATOMIC	原子内存分配，常用于中断等不允许阻塞的代码路径。因此允许更多的突破内存水线限制
PAF_NOIO	分配内核所需要的内存，可以在 KERNEL 内存区中分配，但是不允许 I/O、文件子系统回收页面。主要用于 I/O 子系统中，防止递归地进行 I/O 路径内存分配，从而导致系统崩溃

续表

名　称	含　义
PAF_NOFS	分配内核所需要的内存，可以在 KERNEL 内存区中分配，但是不允许文件子系统回收页面。主要用于文件子系统中，防止递归地进行文件子系统路径内存分配，从而导致系统崩溃
PAF_NOWAIT	类似于原子分配标志，但是不能突破太多的内存水线
__PAF_ZERO	任何返回的页面必须被填满 0
__PAF_RECLAIMABLE	分配可回收的页，主要是页缓存
__PAF_BEEHIVE	分配用于 Beehive 内存分配器的内存
__PAF_IO	允许执行 I/O 操作来回收内存
__PAF_FS	允许执行文件系统操作来回收内存
__PAF_WAIT	如果内存紧张，则允许内核阻塞当前进程以等待空闲页面变得可用
__PAF_EMERG	紧急内存分配，允许内核访问保留的页缓存池
__PAF_COLD	所请求的页为“冷”，可能是文件页，内核并不直接访问
__PAF_NOFAIL	分配内存必须成功，不能失败。因此在内存紧张的时候，可能陷入循环等待

6.4.5 页面分配器的实现

alloc_page_frame、alloc_page_frames 均是对__alloc_page_frames 函数的简单封装，因此我们重点分析__alloc_page_frames 函数的实现。

首先来看看该函数的声明：

```
1 struct page_frame *
2 __alloc_page_frames(int node_id, unsigned int paf_mask, unsigned int order)
```

该函数请求在 NUMA 节点中分配一组连续页面，它是页面分配器的核心，包含以下三个参数：

1．node_id：要请求的 NUMA 节点编号，将优先从该节点分配，待支持 NUMA 内存区后，可能在内存紧张的时候从其他 NUMA 节点中分配内存。

2．paf_mask：在内存分配请求中指定的分配标志，如 PAF_KERNEL。

3．order：连续分配的页面数量的对数（实际分配的是 2^{order} 个连续的页面）。

这个函数的实现很长，因此我们分段对其进行分析。

6.4.5.1 页面分配函数声明及序言

页面分配函数声明及序言如下：

```
1     struct page_area_pool *pool =
2         MEMORY_NODE(node_id)->pools + (paf_mask & PAF_AREAMASK);
3     const int wait = paf_mask & __PAF_WAIT;
4     struct page_area **pg_areas, *area;
5     struct task_desc *p = current;
6     struct page_frame *page;
7
8     ASSERT(order < PG_AREA_MAX_ORDER);
9     ASSERT(boot_state >= KERN_MALLOC_READY);
10
11    if (boot_state < KERN_MALLOC_READY)
```

```
12         panic("failure to call __alloc_page_frames, " \
13            "instead of alloc_boot_mem_permanent.\n");
14
15      pg_areas = pool->pg_areas;
16      area = pg_areas[0];
17      ASSERT(area != NULL);
```

第 1 行首先获得 NUMA 节点的备用内存区指针，然后根据分配标志获得用户期望的内存区索引，最终获得起始备用内存区，后续将从此内存区开始分配内存。

例如，如果用户期望从 NUMA 节点 0 分配内存，并且传入参数 PAF_KERNEL，则说明用户期望从节点 0 的 KERNEL 内存区分配内存。第 1 行计算出节点 0 的 KERNEL 内存区位置，优先从该内存区分配内存，如果 KERNEL 内存区没有足够的空闲内存，则退回到 DMA 内存区进行分配。

第 3 行判断用户传入的参数是否允许等待。换句话说，在内存紧张的时候，是否允许当前线程睡眠，以等待内存回收流程回收足够的内存。当用户传入 PAF_KERNEL、PAF_USER 标志时，允许线程等待。但是，如果当前线程运行在中断上下文，或者持有自旋锁的时候，就不允许线程等待。

小问题 6.13：为什么在持有自旋锁的情况下，不允许等待内存回收？有没有另一种内核实现，允许在持有自旋锁的情况下，仍然可以等待回收？

第 4~6 行定义一些局部变量，这些变量的作用请读者阅读后续代码。

第 8 行的 ASSERT 确保传入的 order 参数没有超过系统允许的范围。

小问题 6.14：为什么第 8 行没有判断 order 是否小于 0，并且也不允许 order == PG_AREA_MAX_ORDER？

第 9 行确保系统运行状态处于 KERN_MALLOC_READY 之后，也就是说，伙伴系统已经正常初始化。

第 11 行再次判断系统运行状态，如果伙伴系统没有初始化，就强制系统宕机。虽然第 9 行的 ASSERT 也确保系统处于正确的状态，但是根据系统配置的不同，相应的 ASSERT 语句可能并不会被编译进系统，因此仍然需要第 11 行的判断。

第 15 行记录备用内存区的第一个内存区，随后系统将从该内存区开始遍历，直到分配到内存或者遇到最后一个 NULL 指针（表示没有可用的备用内存区）。

第 17 行的 ASSERT 语句确保至少有一个备用内存区可用。

6.4.5.2　页面分配函数快速流程

接下来，系统尝试在伙伴系统中分配内存，分以下两种情况：

1. 如前所述，系统针对单页内存分配进行了优化，因此需要处理 order == 0 的情况。

2. 对于 order >= 1 的情况，表示用户希望分配 2 个及以上的内存页面，因此直接从伙伴系统中分配内存。

我们首先分析第一种情况，其代码如下：

```
1      if (order == 0) {
2         area = pg_areas[0];
3         while (area) {
4            if (!pages_enough(area, paf_mask, 0, 0)) {
5               area++;
6               continue;
7            }
8
```

```
 9            page = alloc_page_cache(area, paf_mask);
10            if (page)
11                goto got_pg;
12
13            area++;
14        }
15
16        area = pg_areas[0];
17        while (area) {
18            if (!pages_enough(area, paf_mask, 0, 1)) {
19                area++;
20                continue;
21            }
22
23            page = alloc_page_cache(area, paf_mask);
24            if (page)
25                goto got_pg;
26
27            area++;
28        }
29    }else {
```

第 1 行判断 order 参数是否为 0，如果为 0，则表示用户希望分配 2^0 即 1 个页面。接着进入第 2~28 行的处理流程。

第 2 行强制从第一个备用内存区开始分配内存。

第 3~14 行的循环是第一轮分配流程。这一轮将尽量在各个内存区的高水线处分配内存。由于每个内存区的内存水线是有限的，如果过多突破某个内存区的水线，就会过早触发内存回收，引起系统抖动。

小问题 6.15：可以详细讲解一下内存分配水线吗？

第 3 行开启第 4~13 行的循环，该循环遍历处理所有备用内存区，尝试在这些内存区中为用户分配内存。

第 4 行判断当前内存区中的可用内存是否高于高水位线，如果不满足此条件，则说明当前内存区中的可用内存略显紧张，因此不宜在此内存区中分配内存。于是在第 5 行递增备用内存区指针，并在第 6 行开始下一轮循环，尝试从下一个备用内存区中分配内存。

请注意，在调用 pages_enough 时，最后一个参数 try 的值是 0，表示不要过度突破内存内线。

运行到第 9 行，说明内存区中的空闲内存数量充足，我们可以放心地从伙伴系统中分配分内存，于是调用 alloc_page_cache 为用户分配内存。

alloc_page_cache 表示从伙伴系统中分配内存，同时考虑每 CPU 缓存中保存的单页缓存页面。也就是优先从每 CPU 缓存中分配页面。后续我们会详细分析 alloc_page_cache 函数。

第 10 行判断 alloc_page_cache 是否分配到页面，如果是，则跳转到 got_pg 标号，以表明本次分配成功的事实。

小问题 6.16：前面的代码已经判断了伙伴系统中有充足的内存可用，那么第 10 行的判断是否是多余的？

运行到第 13 行，说明 alloc_page_cache 并没有为我们分配到所需要的内存，因此需要尝试从下一个备用内存区中分配内存，于是递增 area 变量，并进入下一轮循环。

如果第 3~14 行的循环没有分配到内存，则说明所有备用内存区中的内存都稍显紧张，至少没有高于高水线，因此我们退而求其次，看看是否可以多突破一点内存水线。

小问题 6.17：为什么不将第 3~14 行的循环与第 16~28 行的循环合并，好让代码显得更优雅。

第 16~28 行的代码，开启新一轮循环。与第 3~14 行的循环类似，该循环仍然遍历处理所有备用内存区，尝试在这些内存区中为用户分配内存。但是与上一个循环所不同的是，在调用 pages_enough 判断内存水线是否充足的时候，传入的最后一个参数 try 的值为 1，表示更多突破内存区的水线限制。

如果用户希望分配超过一页的内存，那么处理流程会有所不同，主要的差异在于：针对多页内存分配，我们并没有为其实现每 CPU 缓存处理。

小问题 6.18：为什么不针对多页内存分配也实现每 CPU 缓存处理？

多页分配处理流程与单页分配类似，相应的代码请读者自行阅读分析。在阅读代码时，请注意上面代码中的 alloc_page_cache 被替换成 alloc_page_nocache。

我们暂时将 alloc_page_cache 和 alloc_page_nocache 的实现放到一边，在分析完页面分配的完整流程后，我们再继续分析这两个函数。

在前述代码流程中，如果__alloc_page_frames 函数成功地分配到内存，就会跳转到 got_pg 标号处。

但是如果前述代码流程没有分配到内存，则说明系统处于一种极度内存紧张的状态，于是进入内存紧张处理流程。

6.4.5.3　页面分配函数慢速流程

DIM-SUM 目前的内存紧张处理流程还很简单，造成这种状况的原因如下：

1. 我在工程实践中处理了太多与内存回收有关的故障，深感 Linux 在这方面的设计有所不足，因此决定在 DIM-SUM 中重新实现新的内存回收机制。

2. 内存回收机制与文件系统紧密相关，而文件系统的设计是非常难的。Linus 本人在实现 Linux 的过程中，也深感文件系统的难度，曾经有放弃的念头。DIM-SUM 也会遇到这样的问题。我希望在实现用户态应用支持以后，实现一款新的文件系统。这需要修改内存回收相关模块，所以将这一块工作留在以后完成。

3. 时间不足。DIM-SUM 并不以商业为目的，没有接受任何商业资助，人力和物力都存在问题。

言归正传，我们来看看内存紧张处理流程的实现：

```
1     if (((p->flags & TASKFLAG_RECLAIM) || unlikely(test_process_flag
      (PROCFLAG_OOM_KILLED))) && !in_interrupt()) {
2         area = pg_areas[0];
3         while (area) {
4             page = alloc_page_nocache(area, order, paf_mask);
5             if (page)
6                 goto got_pg;
7
8             area++;
9         }
10
11        goto nopage;
12    }
```

```
13
14     if (!wait)
15         goto nopage;
16
17     msleep(1);
18     goto try_again;
```

在第 1 行判断当前任务是否为内存回收关键任务，例如当前任务正执行内存直接回收，或者正在进行后台内存回收。这些任务本身在为内存回收服务，因此可以无限制地使用内存。

第 2 个判断条件是处理另一种情况，即当前线程正在被杀死以释放更多内存。在这种情况下，显然也可以无限制地使用内存。

针对以上两种情况，有一种排除条款：如果当前在中断上下文，即中断打断了内存回收线程的执行，或者打断了被杀线程，那么这种情况本质上并不属于线程运行上下文，因此要受中断处理流程的内存分配限制。

如果满足上述条件，那么将执行第 2～11 行的处理流程。细心的读者会发现，在该流程中，并没有判断内存水线限制。

在第 2 行获得第一个备用内存区，并在第 3 行启动一个循环，遍历所有可用的备用内存区。

第 4 行调用 alloc_page_nocache 直接从伙伴系统中分配内存而不考虑各个内存区的水线。

注意，这里没有调用 alloc_page_cache，因为每 CPU 缓存中的单页内存不存在。

第 5 行判断是否成功分配到内存，如果成功，则在第 6 行跳转到 got_pg，向用户返回分配的内存。

如果在当前内存区不能分配到内存，就在第 8 行递增 area 变量，启动下一轮循环，并在下一个备用内存区进行内存分配。

如果遍历所有备用内存区都不能成功分配到内存，则说明系统完全没有可用内存。因此在第 11 行跳转到 nopage 标号，向用户返回 NULL。

小问题 6.19：第 11 行可以去掉吗？如果用户传入标志允许等待，例如传入 PAF_KERNEL 这样的标志，是否可以删除这一行，并最终跳转到 try_again 处？

第 14 行判断用户是否允许在内存紧张的时候等待内存回收。如果用户运行在中断上下文，或者抢占上下文（例如在自旋锁的保护之中），那么将不允许等待内存回收，在这种情况下，运行到第 15 行，并跳转到 nopage 标号处，向用户返回 NULL。

反之，如果第 14 行的判断表明用户允许等待，那么就会运行到第 17 行，在这里调用 msleep 进行睡眠。实际上，最终的流程应当是在这里唤醒内存回收处理线程，或者直接回收内存。正如前文所述，我正在考虑重构相关代码，因此在这里进行简单的睡眠，等待其他线程释放内存。

如果睡眠时间超时，则可能会有可用的内存存在，因此在第 18 行跳转到 try_again 标号，重新开始完整的内存分配流程。

6.4.5.4 页面分配函数尾声处理

不管内存分配是否成功，都将进入尾声处理部分，其流程如下：

```
1 nopage:
2     if (printk_ratelimit()) {
3         printk(KERN_WARNING "%s: page allocation failure."
4             " order:%d, mode:0x%x\n",
5             p->name, order, paf_mask);
```

```
 6          dump_stack();
 7      }
 8      return NULL;
 9
10  got_pg:
11      if (page->cache_space || page_mapped_user(page) ||
12          (page->flags & ALLOC_PAGE_FLAG))
13          encounter_confused_page(page);
14
15      page->flags &= ~ALL_PAGE_FLAG;
16      page->private = 0;
17      set_page_ref_count(page, 1);
18
19      if (paf_mask & __PAF_BEEHIVE) {
20          int i;
21
22          pgflag_set_beehive(page);
23          pgflag_clear_additional(page);
24          for (i = 1; i < (1 << order); i++) {
25              struct page_frame *p = page + i;
26
27              pgflag_set_beehive(p);
28              pgflag_set_additional(p);
29              p->first_page = page;
30          }
31      }
32
33      if (paf_mask & __PAF_ZERO) {
34          int i;
35
36          for(i = 0; i < (1 << order); i++)
37              clear_highpage(page + i);
38      }
39
40      return page;
```

第 1~8 行处理不能分配到内存的情况。

第 2 行检查打印速度限制，如果已经与上一次打印间隔相距一段时间，那么我们可以放心输出警告信息。

当然，我们不能不加任何约束地打印警告信息。

小问题 6.20：或者换句话说，如果不对打印信息加以约束，那么会产生什么后果？

第 3 行的打印表明警告信息是由内存分配引起的，第 6 行直接输出当前调用链，以方便对故障进行诊断。

第 10~40 行处理成功分配到内存页面的情况。

第 11 行判断页面的状态，如果刚分配的页面存在如下状态，则说明页面正被某些模块使用，这明显是一种异常状态。

1．页面残留有文件页缓存信息。

2．页面被映射到用户态进程空间。

3．页面存在一些分配标志，表明正在被 Beehive 或者其他模块所管理。

如果遇到这些标志，就调用 encounter_confused_page 打印异常信息，并对页面状态标志进行调整。

第 15 行清除页面状态标志。

小问题 6.21：第 15 行为什么不直接将 flags 字段置 0？既然是清除状态，并且 flags 字段看起来就是保存页面状态的，那么直接赋值更简单明了。

第 16 行清除页面 private 标志。这个标志被不同的内核模块复用，并用作模块私有数据的存储。

第 17 行设置页面引用计数为 1，在随后调用 free_page_frames 时，会递减此计数。

小问题 6.22：有没有这样一种可能，当随后的代码流程继续递增页面引用计数时，会导致一种结果，即调用 free_page_frames 时并不真正将页面归还给伙伴系统。

第 19 行针对 Beehive 内存分配器进行一些收尾工作。这些工作是有必要的，读者需要阅读 Beehive 内存分配器的实现以后，再来阅读这段代码。

具体来说，针对 Beehive 内存分配器需要做如下一些特殊处理：

1. 在第 22 行设置页面标志，以表示当前页面被 Beehive 内存分配器所管理的事实。
2. 清除第一个页面的 PG_ADDITIONAL 标志。
3. 第 24~29 行对第 2 页到最后一页的页面进行处理。设置这些页面的 PG_BEEHIVE 标志，以表示这些页面被 Beehive 内存分配器所管理的事实。同时设置这些页面的 PG_ADDITIONAL 标志，设置这些页面的 first_page 指针，使其指向首页面。

总的来说，对于 Beehive 内存分配器管理的页面，我们假设 Beehive 内存分配器一次分配了 4 个页面，那么这 4 个页面均包含 PG_BEEHIVE 标志，其中第 2~4 个页面包含 PG_ADDITIONAL 标志，并且第 2~4 个页面的 first_page 指针指向第 1 个页面。

第 33~38 行处理__PAF_ZERO 标志，它在第 36 行遍历本次分配的所有页面，并调用 clear_highpage 将页面清零。

小问题 6.23：clear_highpage 的实现看起来复杂，为什么不直接调用 memset 来做清零操作？

第 40 行向用户返回分配到的页面。

6.4.5.5 alloc_page_cache、alloc_page_nocache 的实现

alloc_page_cache 函数从每 CPU 缓存的单页内存中分配页面，必要时从伙伴系统中补充页面到每 CPU 缓存中，其实现流程如下：

```
 1 static struct page_frame *
 2 alloc_page_cache(struct page_area *pg_area, paf_t paf_flags)
 3 {
 4     struct page_frame *page = NULL;
 5         struct per_cpu_pages *cache;
 6         unsigned long flags;
 7     int cache_type;
 8 
 9     if (paf_flags & __PAF_COLD)
10         cache_type = PAGE_COLD_CACHE;
11     else
12         cache_type = PAGE_HOT_CACHE;
13 
14     cache = &pg_area->page_caches[get_cpu()].cpu_cache[cache_type];
```

```
15      local_irq_save(flags);
16      if (cache->count <= cache->low) {
17          int i;
18
19          for (i = 0; i < cache->batch; ++i) {
20              page = alloc_page_nocache(pg_area, 0, paf_flags);
21              if (page == NULL)
22                  break;
23              cache->count++;
24              list_insert_behind(&page->cache_list, &cache->list);
25          }
26      }
27      if (cache->count) {
28          page = list_container(cache->list.next, struct page_frame, cache_list);
29          list_del(&page->cache_list);
30          cache->count--;
31      }
32      local_irq_restore(flags);
33      put_cpu();
34
35      ASSERT(page_in_pgarea(pg_area, page));
36
37      return page;
38  }
```

第 9 行判断用户传入的分配标志是否包含__PAF_COLD，如果包含此标志，则说明用户希望分配冷内存，因此设置 cache_type 临时变量为 PAGE_COLD_CACHE，随后将从冷内存池中分配内存。

小问题 6.24：冷内存、热内存到底是什么概念？何时应当分配冷内存，何时应当分配热内存？

第 14 行从内存区的每 CPU 页面缓存池中获得想要的缓存池指针。

第 15 行关闭当前 CPU 的中断。

小问题 6.25：第 15 行为什么需要关闭中断？是否有必要获得自旋锁之类的东西？

第 16 行判断缓存池中的页面数量，如果低于缓存低水线，则说明内存缓存池中页面紧张，需要从伙伴系统中补充一点页面进来。因此在第 17~25 行执行如下操作：

1．第 19 行启动第 20~24 行的循环，补充多个页面到缓存池中，循环次数由缓存参数 batch 确定。

2．第 20 行调用 alloc_page_nocache 从伙伴系统中分配一个页面。

3．如果第 20 行分配页面不成功，则在第 22 行退出循环，因为此时伙伴系统中也没有可分配的页面。

4．如果分配页面成功，则在第 23 行递增缓存池中可用的页面计数。

5．第 24 行将刚分配的页面添加到缓存池页面链表中。

小问题 6.26：第 16~26 行循环有限定的次数，是否一定能填充满缓存池？什么时候能填满，什么时候不能填满？如果填不满，会有什么影响？

第 27 行判断缓存池中的页面个数，如果存在可用页面，就在第 28~30 行从缓存池中分配页面：

1．第 28 行获得缓存池链表中第一个链表节点对应的页面。

2．第 29 行将第一个页面从链表中移除。

3．第 30 行递减缓存池中的页面计数。

小问题 6.27：如果缓存池中没有可用页面了，就会在第 16~26 行从伙伴系统中补充页面到链表中，并且在第 29 行将其从链表中移除，这样的实现效率是不是有点低？

第 32 行恢复中断。

第 33 行调用 put_cpu，这实际上是打开抢占，该行与第 14 行中的 get_cpu 相对应。

小问题 6.28：有什么办法可以去除对 get_cpu、put_cpu 的调用？这样做有什么好处，有什么坏处？

第 35 行验证分配的页面真的处于当前内存区中，这一行代码更多的是用于调试。不过内核开发者常常疑神疑鬼，这里的验证可以早一点暴露出系统问题。

第 37 行返回分配到的页面，也可能是 NULL。

alloc_page_nocache 函数则直接从伙伴系统中分配页面，可能是从伙伴系统中分配单个页面，也可能是分配多个页面。其代码流程如下：

```
1 static struct page_frame *
2 alloc_page_nocache(struct page_area *pg_area, int order, paf_t paf_flags)
3 {
4     struct page_frame *page = NULL;
5     struct page_free_brick * bricks;
6     unsigned int current_order;
7     unsigned long flags;
8 
9     smp_lock_irqsave(&pg_area->lock, flags);
10 
11     for (current_order = order; current_order < PG_AREA_MAX_ORDER; ++
      current_order) {
12         bricks = pg_area->buddies + current_order;
13         if (list_is_empty(&bricks->free_list))
14             continue;
15 
16         page = list_container(bricks->free_list.next, struct page_frame, brick_list);
17         split_bricks(pg_area, page, order, current_order, bricks);
18 
19         pg_area->free_pages -= 1UL << order;
20 
21         break;
22     }
23 
24     smp_unlock_irqrestore(&pg_area->lock, flags);
25 
26     return page;
27 }
```

首先在第 9 行获得内存区的自旋锁并关闭中断。

小问题 6.29：如果支持多 NUMA 节点，可以将内存区划分得更小，第 9 行的锁冲突会更小，这样的优化有没有现实工程意义？

第 11 行的循环，值得细细体会，我们举个例子以方便读者理解循环代码。

假设用户传入的 order 参数是 1，也就是说，用户希望分配两个页面。显然，我们需要在伙伴系统的 11 个内存链表中搜索。这 11 个链表分别保存了 2^0，2^1，…，2^{11} 大小的页面块。如果 2^1

页面块的链表为空，就需要在 2^2 的页面块链表中搜索，最多搜索到 2^{10} 页面块链表，这就是第 11 行的含义。

第 12 行获得页面块对象。

第 13 行判断页面块链表是否为空，如果为空，则继续在更大的页面块链表中搜索。

如果运行到第 16 行，则说明某个页面块链表中存在空闲页面，因此取出该链表中第一个节点对应的页面对象。

我们再次举例，假设在 2^1 、2^2 、2^3 页面块里面都没有空闲页面，但是在 2^4 页面块链表中找到了空闲页面，此时 current_order 值为 4。

第 17 行调用 split_bricks 将 2^4 大小的页面块切分，分为 2 个 2^1 的块，1 个 2^2 的块，1 个 2^3 的块，其中第一个 2^1 的块由 page 变量所指向。剩余的 2^1 、2^2 、2^3 的块分别添加到伙伴系统相应的链表中。

split_bricks 的实现较为烦琐，相应的代码细节留给读者慢慢体会。

由于我们已经成功从伙伴系统中分配了页面，因此在第 19 行递减空闲页面数量，并在第 21 行退出循环。

第 24 行释放内存区的锁并恢复中断。

第 26 行返回分配到的页面，或者返回 NULL。

6.4.5.6 内存水线的处理

内存水线的判断是由 pages_enough 函数来实现的。虽然我从事 Linux 相关工作已经超过 10 年了，可是以前在分析 Linux 内核源代码的时候，并没有逐行分析相关函数，直到在工作中遇到几个至关重要的内存优化，才对这个 Linux 内存水线理解得更深刻。因此希望读者不要轻视这个函数：

```
 1 static int pages_enough(struct page_area *pg_area,
 2         paf_t paf_mask, int order, unsigned long int try)
 3 {
 4     long min = try ? pg_area->pages_min : pg_area->pages_low;
 5     long free_pages = pg_area->free_pages - (1 << order) + 1;
 6     int reserve_idx = 1;
 7     int i;
 8 
 9     if (try) {
10         if (paf_mask & __PAF_EMERG)
11             min -= min / 2;
12         if (paf_mask & PAF_NOWAIT)
13             min -= min / 4;
14     }
15 
16     if (paf_mask & PAF_DMA)
17         reserve_idx = 0;
18     else if (paf_mask & __PAF_USER)
19         reserve_idx = 2;
20 
21     if (free_pages <= min + pg_area->pages_reserve[reserve_idx])
22         return 0;
23 
24     for (i = 0; i < order; i++) {
```

```
25          free_pages -= pg_area->buddies[i].brick_count << i;
26          min >>= 1;
27          if (free_pages <= min)
28              return 0;
29      }
30
31      return 1;
32  }
```

这个函数的参数含义是非常明显的，需要再次强调 try 参数。请读者回头看看我对这个参数的解释，细心领会其作用。

第 4 行确定使用哪个内存水线作为本次计算的基础。在每个内存区中，都有 min、low、high 三个水线相关的值，其中 min、low 用于内存分配时的内存紧张程度判断。

小问题 6.30：细心的读者是否认真看过在 Linux 代码中，min、low、high 三个水线值的计算过程？不同版本的计算方式有何变化？可以怎么调节？各种调节方法有何优点、缺点？

如果所有备用内存区的内存都比较紧张，那么说明不同内存区的可用内存都小于 low 水线。当传入的 try 参数为 1 时，就换为 min 水线进行计算，这是第 4 行完成的工作。

第 5 行计算可供分配的空闲页面数量。这是借鉴 Linux 的算法，我至今也没有想清楚这里为什么要加 1？如果哪位读者想明白了，记得发邮件告诉我。

第 6 行判断应该根据哪个参数来计算保留内存。在大多数情况下，用户传入的分配标志是 PAF_KERNEL，表示从 KERNEL 内存区开始分配。因此也按照 KERNEL 内存区的要求要保留内存。

但是，用户有时也会传入 PAF_DMA、__PAF_USER 等标志。如果是__PAF_USER 标志，那么其优先级稍低，我们应当保留更多的内存。反之，如果是 PAF_DMA 标志，那么我们就应当尽量满足用户的分配请求，从而降低保留页面的数量。

第 16~19 行的作用就是根据用户的分配请求，来确定需要保留的内存页面数量。

小问题 6.31：为什么要降低__PAF_USER 分配标志的优先级？

第 9 行判断是否处于内存紧张状态，如果是，则当前使用 min 水线，此时需要区别对待不同的分配需求。

第 10 行判断是否包含__PAF_EMERG 标志，一般是中断处理函数时才会传入此标志，其分配请求优先级更高，因此可以将 min 水线突破一半。

第 11 行判断是否包含 PAF_NOWAIT 标志，一般是内核中比较重要的流程才会传入此标志，应当优先满足其分配需求，因此将 min 水线突破 1/4。

第 21 行判断当前内存区的可用内存数量，如果已经小于水线以及保留内存的要求，就说明该内存区内存紧张，不适合再从该内存区中分配内存，因此在第 22 行返回 0，表示内存水线不满足需求。

第 24~29 行处理一种特殊情况。即内存区的可用内存虽然满足水线的要求，但是大部分可用内存均是单页碎片。我曾经在工程实践中遇到可用内存达到数十 G，但是几乎全部是单页碎片内存的情况 。

这种情况需要特殊处理，也就是需要将这些单页碎片从空闲内存中剔除。这是由第 24~29 行的代码实现的。

假设用户传入的 order 参数是 2，即希望分配 2^2 个页面，那么我们需要遍历伙伴系统，将 2^0、2^1 的空闲页剔除出去。

第 24 行的循环即是遍历处理，将 2^0 、2^1 的空闲页剔除。

第 25 行根据当前伙伴系统空闲页链表中的节点数量，计算其页面数量，从总的空闲页中剔除。

第 26 行递减水线，将其缩小一半。

小问题 6.32：第 26 行将水线缩小一半，这合理吗？是递减多了，还是递减少了？这样的做法有什么根据吗？

一旦发现空闲内存小于水线要求，就向调用者返回失败，这是在第 27~28 行实现的。因为每次循环都会修改水线，因此需要在这里重新判断一次。

小问题 6.33：在实际工程中，我们发现第 24~29 行的处理也有不合理的地方？为什么不合理？有没有什么好的处理方法？

最后，在第 31 行向用户返回成功，表示水线满足用户的分配需求。

6.4.5.7　杂项分配函数

DIM-SUM 还提供了三个杂项分配函数 alloc_page_memory、alloc_pages_memory 和 alloc_zeroed_page_memory。

与 alloc_page_frames 不同的是，alloc_page_frames 函数返回所分配页面的页面描述符，因此可以用于 USER 内存区的分配。而 alloc_page_memory、alloc_pages_memory、alloc_zeroed_page_memory 函数返回所分配页面的内核态虚拟地址，因此只能用于 KERNEL、DMA 内存区的分配。

其中，alloc_page_memory 函数封装了 alloc_pages_memory。

接下来，我们看看 alloc_pages_memory 和 alloc_zeroed_page_memory 的实现。

```
1 unsigned long alloc_pages_memory(unsigned int paf_mask, unsigned int order)
2 {
3     struct page_frame * page;
4 
5     BUG_ON(paf_mask & __PAF_USER);
6 
7     page = alloc_page_frames(paf_mask, order);
8     if (!page)
9         return 0;
10
11    return (unsigned long) page_address(page);
12 }
13
14 fastcall unsigned long alloc_zeroed_page_memory(unsigned int paf_mask)
15 {
16    return alloc_pages_memory(paf_mask | __PAF_ZERO, 0);
17 }
```

alloc_zeroed_page_memory 分配一个页面，并将所分配的页面清零。它调用 alloc_pages_memory 分配页面，并传入__PAF_ZERO 标志，由页面分配器负责清零的工作。

小问题 6.34：第 16 行可以不用传入__PAF_ZERO 标志，而是由 alloc_zeroed_page_memory 来负责清零的工作吗？这样做有什么好处？

alloc_pages_memory 函数分配一个或者多个页面，并返回这些页面的内核虚拟地址。

第 5 行判断用户传入的标志是否包含__PAF_USER。如果包含__PAF_USER 标志，那么说明是在 USER 内存区中分配，这个内存区是专为用户态应用程序准备的，因此不应该由内核态代码直接访问其虚拟地址。这明显是 API 调用错误，应当触发系统宕机。

第 7 行调用 alloc_page_frames 分配所需的页面。

如果 alloc_page_frames 分配页面失败，则在第 9 行返回 0 地址，表示内存分配失败。

否则在第 11 行调用 page_address 获得该页面的内核地址，并返回给用户。对 page_address 函数的分析工作，就留给读者作为练习。

6.4.5.8 页面释放函数主流程

free_page_frames 函数释放一个或者多个连续页面到每 CPU 页面缓存或者伙伴系统中。其实现流程如下：

```
 1 void free_page_frames(struct page_frame *page, unsigned int order)
 2 {
 3     if (!pgflag_ghost(page) && loosen_page_testzero(page)) {
 4         if (order == 0)
 5             free_hot_page_frame(page);
 6         else {
 7             struct page_area *pg_area = page_to_pgarea(page);
 8             unsigned long flags;
 9
10             smp_lock_irqsave(&pg_area->lock, flags);
11             __free_pages_nochche(page, pg_area, order);
12             smp_unlock_irqrestore(&pg_area->lock, flags);
13         }
14     }
15 }
```

第 1 行首先判断页面是否属于伙伴系统管理。如果页面属于 BOOT 内存所管理，那么不应该释放到伙伴系统。

如果属于伙伴系统，那么调用 loosen_page_testzero 递减页面计数，直到该计数递减为 0，才执行第 4~13 行的释放流程。

第 4 行判断要释放的页面数量，如果 order == 0，那么表示用户期望释放 2^0 即 1 个页面，因此在第 5 行调用 free_hot_page_frame 将页面释放到热缓存池中。

如果用户期望释放多个连续页面，那么不用考虑每 CPU 页面缓存，直接将页面释放给伙伴系统即可：

1．首先在第 7 行调用 page_to_pgarea 找到页面所属的内存区。

2．第 10 行获得内存区的自旋锁并关闭中断。

3．第 11 行调用__free_pages_nochche，在锁的保护下将页面释放给伙伴系统。

4．第 12 行释放内存区的自旋锁并恢复中断。

接下来我们看看将单个页面释放到每 CPU 页面缓存的流程。

6.4.5.9 释放单个页面到缓存

将单个页面释放到每 CPU 页面缓存是由 free_page_to_cache 函数实现的，该函数包含两个参数：

1．page 参数表示要释放的页面描述符地址。

2．cold 参数表示要将页面释放到热高速缓存还是冷高速缓存中。

该函数实现流程如下：

```
1 static void fastcall free_page_to_cache(struct page_frame *page, int cache_idx)
2 {
3    struct page_area *pg_area = page_to_pgarea(page);
4    struct per_cpu_pages *cache;
5    unsigned long flags;
6
7    ASSERT(cache_idx < CPU_CACHE_COUNT);
8
9    if (page_mapped_anon(page))
10       page->cache_space = NULL;
11
12    inc_page_statistics(cache);
13
14    cache = &pg_area->page_caches[get_cpu()].cpu_cache[cache_idx];
15    local_irq_save(flags);
16    if (cache->count >= cache->high) {
17       struct page_frame *tmp;
18       int real_count = 0;
19       int count = cache->batch;
20
21       smp_lock(&pg_area->lock);
22       while (!list_is_empty(&cache->list) && count--) {
23          tmp = list_container(cache->list.prev, struct page_frame, cache_list);
24          list_del(&tmp->cache_list);
25          __free_pages_nochche(tmp, pg_area, 0);
26          real_count++;
27       }
28       smp_unlock(&pg_area->lock);
29
30       cache->count -= real_count;
31       sub_page_statistics(cache, real_count);
32    }
33    list_insert_front(&page->cache_list, &cache->list);
34    cache->count++;
35    local_irq_restore(flags);
36    put_cpu();
37 }
```

在该函数的第 3 行，获得页面所属内存区对象。

第 7 行验证用户传入的参数没有超过每 CPU 缓存池的最大索引号。

第 9 行判断页面是否映射到匿名页，由于匿名页映射标志与页缓存映射表示共用 cache_space 字段，因此在第 10 行强制将该字段清空。

第 12 行递增每 CPU 页面缓存计数，因为我们马上会将页面放入每 CPU 页面缓存中。注意这里的参数 cache 是统计计数的名称，不是局部变量 cache。

第 14 行获得内存区每 CPU 缓存池对象，随后会将页面放入此缓存池中。

第 15 行关闭中断。因为随后我们会访问每 CPU 缓存数据，需要防止中断重入调用本函数。

第 16 行判断缓存池中的页面数量，如果超过上限，就在第 17~31 行执行如下操作，将缓存池中的页面释放给伙伴系统：

1．第 19 行获得需要从缓存池中释放的页面数量。

2．第 21 行获得内存区的自旋锁，因为后续我们要修改内存区的伙伴系统数据。由于第 15 行已经关闭了中断，因此第 21 行只需要获得内存区的自旋锁即可。

3．第 22 行循环从缓存池链表取出缓存页面。

小问题 6.35：第 15 行已经关闭了中断，并且第 16 行判断缓存池中的页面数量已经超过上限，那么第 22 行的!list_is_empty(&cache->list)这个判断似乎不需要了，去掉这一行会有什么后果？

4．第 23 行获得缓存池链表中第一个页面。

5．第 24 行将第一个页面从缓存池链表中移除。

6．第 25 行调用__free_pages_nochche 将页面释放给伙伴系统。

7．第 26 行对释放给伙伴系统的页面进行计数。

8．第 28 行释放内存区的自旋锁。

9．第 30 行递减内存区每 CPU 页面缓存计数。

10．同时在第 31 行递减全局的缓存页面计数。

运行到第 33 行，可以确保缓存池中的页面数量低于上限，因此可以放心地将页面添加到缓存池的前端。

小问题 6.36：第 33 行为什么不将页面添加到链表尾部？

第 34 行增加内存区每 CPU 页面缓存计数，以体现当前页面被添加到缓存池中的事实。

第 35 行恢复中断，并在第 36 行调用 put_cpu 以打开抢占。

6.4.5.10　释放页面到伙伴系统

free_page_to_cache 函数将页面释放到每 CPU 页面缓存池，与之相对的是__free_pages_nochche，该函数将页面直接释放到系统。其实现流程如下：

```
1 static noinline void __free_pages_nochche (struct page_frame *page,
2         struct page_area *pg_area, unsigned int order)
3 {
4     ......
5
6     for (i = 0 ; i < order_size; i++)
7         free_pages_check(page + i);
8
9     update_page_statistics(free, 1 << order);
10
11    pg_num = number_of_page(page);
12    min_num = pg_num & ~((1 << PG_AREA_MAX_ORDER) - 1);
13    min_buddy = number_to_page(min_num);
14    page_idx = page - min_buddy;
15
16    BUG_ON(page_idx & (order_size - 1));
17
18    while (order < PG_AREA_MAX_ORDER-1) {
19        struct page_free_brick *bricks;
20        struct page_frame *buddy;
21        int buddy_idx;
22
23        buddy_idx = (page_idx ^ (1 << order));
24        buddy = min_buddy + buddy_idx;
25        if (!page_in_pgarea(pg_area, buddy))
26            break;
```

```
27          if (!page_is_buddy(buddy, order))
28             break;
29          list_del(&buddy->brick_list);
30          bricks = pg_area->buddies + order;
31          bricks->brick_count--;
32          pgflag_clear_buddy(page);
33          page->order = 0;
34          page_idx &= buddy_idx;
35          order++;
36      }
37
38      coalesced = min_buddy + page_idx;
39      coalesced->order = order;
40      pgflag_set_buddy(coalesced);
41      list_insert_front(&coalesced->brick_list, &pg_area->buddies[order]
        .free_list);
42      pg_area->buddies[order].brick_count++;
43      pg_area->free_pages += order_size;
44 }
```

第6行遍历本次释放的所有页面，并在第7行检查这些页面的状态。如果当前页面处于如下状态，那么就不应该释放它：

1．页面被映射到用户态应用程序。

2．页面的缓存对象指针不为空，可能是因为页面被映射到文件缓存中。

3．页面引用计数不为0。

4．页面已经处于空闲状态，可能是在进行重复释放。

一旦遇到以上情况，系统就会调用 encounter_confused_page 打印警告信息。

第9行更新系统计数，表示空闲页面数量增加。

第11行计算要释放的第一个页面的编号。

第12行计算可能与当前页面处于同一个伙伴块的最小页面编号，要释放的页面将会尝试与该页面进行合并，形成大的伙伴块。

第13行获得第12行的页面描述符。

第14行计算当前页面描述符与第12行页面描述符之间的距离，用于计算相邻伙伴页面。

第16行的验证是为了防止第11~14行的计算过程中出现逻辑错误。

第18行开启第19~35行的循环。理论上讲，释放任意一个页面，都有可能与前后相邻的页面合并成一个2^{10}大小的巨页。因此这里循环到PG_AREA_MAX_ORDER-1，即试图与2^9大小的页合并，最终合并形成2^{10}的页。

第23行获得当前页面相邻伙伴的页面与最小的伙伴页面之间的距离。

第24行获得邻近伙伴页面描述符。

第25行判断伙伴页面是否位于当前内存区中。如果没有位于当前内存区，那么显然不能与当前页面进行合并，于是在第26行退出循环。

第27行调用 page_is_buddy 判断相邻页面是否可以真的与当前页面合并，判断条件如下：

1. 相邻页面位于伙伴系统中。

2. 只有相邻页面块的大小与当前页面块大小相同，才能形成更高一级的伙伴块。

3. 相邻的页面不属于 BOOT 内存分配器分配出去的页面。

4. 相邻的页面引用计数为 0，即该页面是真正空闲的。

如果以上条件有一个不满足，则均不能合并，因此在第 28 行退出循环。

第 29 行将伙伴页面从链表中移除，这样该页面将不再处于原来的伙伴系统中。

第 30~31 行递减原伙伴页所在链表的计数值。

第 32 行清除当前页面的 PG_buddy 标志，该标志仅仅为伙伴页中的第一个领头页面设置。而现在页面已经与其他页面合并了，需要将该标志清除掉。

同理，第 33 行清除掉 order 值，因为当前页面可能不再是领头页面。

第 34 行计算新的领头页面的索引号。这个领头页面可能是当前页，也可能是伙伴页。

第 35 行递增 order 索引值并开启下一轮循环。

运行到第 38 行，说明已经找到最大可能合并的伙伴页面，并且 page_idx 中保存了合并页面的索引号，因此在第 38 行获得新的领头页面的描述符。

第 39 行设置领头页面的 order 值，随后的 2^{order} 个页面都将属于该页面的伙伴页面。

第 40 行设置领头页面的 PG_buddy 标示，以表示它是伙伴块中领头页面的事实。

第 41 行将新的领头页面插入到新的伙伴块链表头部。

第 42 行递增新的领头页面所在的伙伴块链表计数。

第 43 行递增整个内存的空闲页面计数。

小问题 6.37：这里只处理了 PG_buddy 标志，是不是忘记处理 PG_ADDITIONAL 标志了？

6.4.6 页面分配器的初始化

页面分配器的初始化分以下两部分：

1. 调用 init_page_allotter 初始化页面分配器的数据结构。
2. 调用 free_all_bootmem 将 BOOT 内存移交给页面分配器管理。

6.4.6.1 初始化页面分配器的数据结构

这是由 init_page_allotter 函数完成的，其实现流程如下：

```
1 void __init init_page_allotter(void)
2 {
3     unsigned long pg_num_min, pg_num_max;
4     unsigned int node_id;
5 
6     pg_num_min = PAGE_NUM_ROUND_UP(min_phys_addr());
7     pg_num_max = PAGE_NUM_ROUND_DOWN(max_phys_addr());
8     calc_page_area_sizes(pg_num_min, pg_num_max);
9 
10     for (node_id = 0; node_id < num_possible_nodes(); node_id++) {
11         struct memory_node *node = MEMORY_NODE(node_id);
12 
13         node->attrs.start_pgnum = pg_num_min;
14         init_one_node(node);
15     }
16 
17     for (node_id = 0; node_id < num_possible_nodes(); node_id++) {
18         struct memory_node *node = MEMORY_NODE(node_id);
```

```
19
20          init_page_area_pool(node);
21      }
22 }
```

首先在第 6 行得到系统中最小的物理页面编号。

然后在第 7 行获得系统中最大的物理页面编号。

第 8 行调用 calc_page_area_sizes 计算所有内存区的大小及其空洞，该函数具体流程如下：

1．如果系统支持 DMA 内存区，就计算 DMA 区域的大小及页面编号。

2．计算 KERNEL、USER 内存区的大小及页面编号。

3．根据 BOOT 向内核传递的物理内存块信息，计算 DMA、KERNEL、USER 三个内存区的物理页面数量。

第 10~14 行的循环遍历所有可能的 NUMA 节点，并调用 init_one_node 来初始化 NUMA 节点，init_one_node 函数主要完成如下工作：

1. 计算节点中所有页面数量，包含 DMA、KERNEL、USER 内存区之内的页面空洞。

2. 计算节点中所有页面数量，不包含页面空洞。

3. 计算每个内存区的页面数量。

4. 计算每个内存区的每 CPU 缓存池参数。

5. 为每个内存区分配位等待队列所需要的内存空间。在文件系统中将会频繁使用位等待队列，来管理文件页面缓存。

6. 初始化内存区中每个页面的描述符。

7. 初始化内存区中伙伴系统所用的空闲页面链表。

最后，在初始化函数的第 17~21 行，为每个 NUMA 节点初始化它的后备内存区。

6.4.6.2　释放 BOOT 内存

当页面分配器所需要的数据结构完全建立好以后，我们就可以调用内存分配器的 API 了。但是，现在内存分配器中还没有可用的内存页面。

因此，我们需要将系统中所有可分配的页面移交给页面分配器来管理，这是由 free_all_bootmem 函数实现的。

该函数遍历由 BOOT 传给内核的所有物理内存块，针对每个物理内存块，执行如下操作：

1．如果其地址范围覆盖了 BOOT 内存，那么剔除已经被 BOOT 内存分配器分配的内存，作为要释放内存的起始地址。

2．否则将 BOOT 内存块的起始地址作为要释放内存的起始地址。

3．调用 free_all_bootmem_core 将 BOOT 内存块中的内存全部释放给伙伴系统。

6.5　Beehive 内存分配器

6.5.1　Beehive 内存分配器的设计原理

伙伴系统分配内存时，其最小分配单位是页面。如果想要分配小于一个页面，例如几十个字节的内存，应该怎么办呢？此时就需要用 Beehive 内存分配器。

Beehive 内存分配器是基于内存对象进行管理的，所谓的内存对象就是内核中的数据结构，例如 files_stat_struct、smp_lock 等。系统将相同类型的内存对象归为一类，相同类型的内存对象由同一个 Beehive 内存分配器来进行内存分配。Beehive 内存分配器由 beehive_allotter 数据结构进行描述。

每个 Beehive 内存分配器由一组 Beehive 对象组成，每个 Beehive 对象由一个或者多个页面构成。在每个 Beehive 对象中，包含一个或者多个内存对象。每当用户要申请这样一个内存对象时，Beehive 内存分配器就从一个 Beehive 对象中分配一个内存对象出去。当要释放内存对象时，将其重新保存在 Beehive 对象的链表中，而不是直接返回给伙伴系统，从而避免页面内部碎片。

Beehive 内存分配器在分配内存对象时，会为每个 CPU 保留一定数量缓存的内存对象，并优先从缓存的内存对象中进行分配。这类似于页面分配器的每 CPU 缓存池。

每个处理器都有一个本地的活动 Beehive 对象，由 beehive_cpu_cache 数据结构描述。

每个 NUMA 节点使用 beehive_node 数据结构维护一个处于半满状态的 Beehive 对象队列，作为备用 Beehive 对象缓存池。所谓半满状态的 Beehive 对象，是指在 Beehive 对象中，一部分内存对象已经分配给用户，而另一部分内存还没有分配出去。

在 Beehive 内存分配器中，一个 Beehive 对象就是一组连续的物理内存页面，被划分成了固定数目的内存对象。与 Linux Slab 算法相比，Beehive 对象没有额外的空闲对象队列，而是重用了空闲对象自身的存储空间并将其链接起来，这既节省了对象元数据空间，也大大简化了代码的复杂度。

在 Beehive 内存分配器中，每个 Beehive 对象没有额外的元数据空间，Beehive 对象的元数据存储到页面描述符中，并且是重用页面描述符的字段，因此不会使得页面描述符变得过于复杂而浪费存储空间。

对于 Beehive 内存分配器来说，有以下三种典型的内存分配流程：

1．快速分配流程。

2．慢速分配流程。

3．最慢分配流程。

快速分配流程是最常见的流程：在同一个 Beehive 内存分配器中进行反复的申请、释放操作后，Beehive 内存分配器在每个 CPU 中均存在缓存的内存对象。这些内存对象位于当前 CPU 的活动 Beehive 对象中，由活动 Beehive 对象的空闲链表所指向。

在这种情况下，当内核申请分配对象时，可以直接从所在处理器的 beehive_cpu_cache 数据结构的 freelist 字段获得第一个空闲对象的地址，然后更新 freelist 字段，使其指向下一个空闲对象。然后将移除的空闲对象返回给调用者。

当 CPU 的活动 Beehive 对象并不存在，或者活动 Beehive 对象的 freelist 已经变空时，进入慢速分配流程：Beehive 内存分配器会尝试从 CPU 所在 NUMA 节点的半满链表中，找到一个可用的半满 Beehive 对象，放到 CPU 缓存的活动 Beehive 对象中，并尝试从该 Beehive 对象中分配内存对象。

当 CPU 的活动 Beehive 对象并不存在，并且 NUMA 节点的半满 Beehive 对象链表也为空的时候，进入最慢分配流程：在这种情况下，只能从伙伴系统中分配新的页面并填充到 CPU 缓存 Beehive 对象中。

在最慢分配流程中，最大的开销是在伙伴系统中需要使用全局的自旋锁。

同样，也存在两种典型的内存释放流程：

1. 快速释放流程。

2. 慢速释放流程。

当被释放的内存对象刚好可以放回到 CPU 缓存 Beehive 对象时，进入快速释放流程：此时仅仅将内存对象放回 CPU 缓存 Beehive 对象中，不需要做任何额外的处理。

在释放对象时，如果遇到如下情况，则需要进入慢速释放流程：

1．Beehive 对象由全满变为半满，此时需要将 Beehive 对象加入 NUMA 节点的半满链表中。

2．Beehive 对象由半满变为全空，此时需要将页面释放回伙伴系统。

Beehive 内存分配器要求用户在分配内存前，为每一类内存对象创建 Beehive 内存分配器对象。这多少显得有点不近情理。用户更期望的是，内核提供一种 API，能分配任意大小的内存对象。因此，DIM-SUM 提供了 kmalloc 这样的内存分配接口，这个接口的名称和参数均与 Linux 保持一致。

为此，系统创建了一批固定大小的 Beehive 内存分配器，其管理的内存对象大小分别为 32B、64B、96B、128B、192B、256B、512B、1024B、2048B，我们称其为通用 Beehive 内存分配器。无论用户希望分配多大的内存对象，都在这些通用 Beehive 内存分配器中，找到最合适的内存分配器来满足用户的内存分配需求。

出于调试的目的，DIM-SUM 也支持在内存对象中嵌入红区，并且也可以对内存对象进行毒化。

所谓红区，是指在分配内存对象时，为内存对象多分配一个指针大小的空间。在该空间中固定写入特定指针值。一旦内存被分配给用户以后，被用户意外地越界修改了，就会破坏红区的值，这对系统级别的内存调试是很有用的。

内存毒化的基本原理是：在内存红区之后，再分配一个指针大小的空间。在分配内存时，将整个内存对象初始化为特定的值，这样更容易暴露那些粗心用户非法引用未初始化内存对象中的数据。

6.5.2　Beehive 内存分配器的数据结构

Beehive 内存分配器最重要的数据结构是 beehive_allotter，它被用户创建，然后用户从这个对象中分配所需要的内存。其定义如下：

```
 1 struct beehive_allotter {
 2     int ref_count;
 3     unsigned long flags;
 4     struct {
 5         int size_solid;
 6         int size_swell;
 7         const char      *name;
 8         int order;
 9         int obj_count;
10         int free_offset;
11         unsigned int        align;
12         unsigned long min_partial;
13         void (*ctor)(struct beehive_allotter *, void *);
14     } attrs;
15 
16     struct double_list list;
17     struct beehive_cpu_cache *cpu_caches[MAX_CPUS];
18     struct beehive_node *nodes[MAX_NUMNODES];
19 };
```

名为 ref_count 的字段表示该数据结构的引用计数，当多个相似分配器共用本描述符时，增加该计数。由于全局锁 beehive_lock 的原因，这里可以不用重量级的引用计数对象，而直接使用一个整型变量，这样可以减少内存消耗以及提升性能。

当用户创建多个内存分配器，但是这些内存分配器所管理的内存对象大小接近时，系统并不会真的创建多个内存分配器，而是仅仅创建一个真实的内存分配器对象，并递增该对象的引用计数，以供多个用户复用对象。

名为 flags 的字段表示内存分配器的标志，可能的标志如下表所示：

名　　称	含　　义
BEEHIVE_CACHE_DMA	位于 DMA 内存区的 Beehive 对象
BEEHIVE_UNMERGEABLE	强制指定，不允许与其他 BEEHIVE 合并
BEEHIVE_RECLAIM_ABLE	用于缓存对象，在内存紧张时可以回收
BEEHIVE_PANIC	如果失败就宕机，创建关键对象时指定
BEEHIVE_HWCACHE_ALIGN	分配对象要求与硬件缓存行对齐
BEEHIVE_POISON	将页面内容进行毒化
BEEHIVE_DEBUG_FREE	目前未使用
BEEHIVE_RED_ZONE	目前未使用
BEEHIVE_STORE_USER	目前未使用

名为 attrs 的内嵌数据结构表示内存分配器属性，具体包含如下一些属性：

1．名为 size_solid 的字段表示每次分配给用户的内存对象实际的大小。

2．名为 size_swell 的字段表示内存对象占用的空间大小，包含管理这些对象的元数据、调试数据等。

3．名为 name 的字段表示内存分配器的名称，用于 proc 显示。

4．名为 order 的字段表示内存空间不足，需要从页面分配器中补充 Beehive 对象时，一次需要补充的页面数量，实际补充的页面数量是 2^{order} 个。

5．名为 obj_count 的字段表示每个 Beehive 对象中的内存对象数量。

6．名为 free_offset 的字段表示空闲对象指针在内存对象中的位置。

7．名为 align 的字段表示对象对齐要求。

8．名为 min_partial 的字段表示在半满链表中，内存对象的下限，目前未用。

9．名为 ctor 的字段表示分配对象时，在该内存对象中应当执行的初始化操作。

10．名为 list 的字段是一个双向链表节点，通过此节点将内存分配器链接入全局分配器链表。

11．名为 cpu_caches 的字段表示每 CPU 缓存内存对象。在分配内存时，首先从每个 CPU 各自的缓存池中分配，以提升分配性能。

随后将详细描述这个数据结构。

小问题 6.38：在页面分配器和 Beehive 内存分配器中，都反复提到了每 CPU 缓存池，这个措施真的那么有效吗？

名为 nodes 的字段是一个数组，保存了每个 NUMA 节点中内存分配器的信息。

beehive_cpu_cache 数据结构描述了 Beehive 内存分配器在每 CPU 上的缓存信息，用于快速分配和释放内存。其定义如下：

```
1 struct beehive_cpu_cache {
```

```
2     unsigned int size_solid;
3     struct page_frame *beehive_page;
4     void **freelist;
5     unsigned int next_obj;
6     int node;
7 };
```

名为 size_solid 的字段表示缓存的内存对象的实际大小。

名为 beehive_page 的字段表示 Beehive 对象所在的页面描述符。

名为 freelist 的字段表示 Beehive 页面中的空闲对象首指针。如果没有缓存的 Beehive 页面，则为 NULL。

名为 next_obj 的字段是一个偏移值，表示在每个空闲对象中，指向下一个对象的指针在对象中的偏移。

名为 node 的字段表示缓存页所在的 NUMA 节点。

beehive_node 数据结构用于描述每个 NUMA 节点中，Beehive 内存分配器的 NUMA 节点信息。其定义如下：

```
1 struct beehive_node {
2     struct smp_lock list_lock;
3     unsigned long partial_count;
4     struct double_list partial_list;
5     struct accurate_counter beehive_count;
6 };
```

名为 list_lock 的字段是保护 beehive_node 数据结构的自旋锁。

名为 partial_count 的字段表示在 NUMA 节点中，当前内存分配器半满链表中有多少个对象。

名为 partial_list 的字段是一个双向链表头，表示 NUMA 节点中半满链表的链表头。

名为 beehive_count 的字段表示 NUMA 节点中的 Beehive 对象数量，包含全满及半满的 Beehive 对象。

DIM-SUM 也定义了一些与 Beehive 内存分配器相关的宏，如下表所示：

名　　称	含　　义
DEFAULT_MAX_ORDER	当分配 Beehive 对象时，最多从页面分配器中获得 $2^{DEFAULT\_MAX\_ORDER}$ 个页面
DEFAULT_MIN_OBJECTS	一个 Beehive 对象最少包含的内存对象数量。根据此值及内存对象大小计算 Beehive 对象所需要的页面
BEEHIVE_NEVER_MERGE	不可合并的 Beehive 内存分配器标志
BEEHIVE_MERGE_SAME	在判断 Beehive 对象是否可以合并时，需要判断的标志
MAX_KMALLOC_SIZE	通过 kmalloc 接口所能分配的最大内存对象大小

6.5.3　Beehive 内存分配器的全局变量

Beehive 内存分配器模块所用到的全局变量如下所示：

```
1 struct mutex beehive_lock = MUTEX_INITIALIZER(beehive_lock);
2 struct double_list all_beehives = LIST_HEAD_INITIALIZER(all_beehives);
3 static int beehive_max_order = DEFAULT_MAX_ORDER;
```

```
4 static int beehive_min_objects = DEFAULT_MIN_OBJECTS;
```

all_beehives 全局变量是一个双向链表表头，该链表包含了系统创建的所有 Beehive 内存分配器，用于 proc 文件系统的显示和诊断目的。当然，在 Beehive 内存分配器合并时，也会遍历此链表。

beehive_lock 全局变量是一个互斥锁，用于保护保护全局 Beehive 内存分配器链表。

beehive_max_order、beehive_min_objects 全局变量的含义，请参见 6.5.2 节对 DEFAULT_MAX_ORDER、DEFAULT_MIN_OBJECTS 宏的解释。当然，在以后 DIM-SUM 的发展过程中，可能会允许用户通过启动参数、proc 文件系统接口来修改这些全局变量的值。

同时，为通用的内存分配函数 kmalloc 定义了如下数组：

```
 1 static struct {
 2     int size;
 3     char *name;
 4     char *name_dma;
 5     struct beehive_allotter *beehive;
 6     struct beehive_allotter *beehive_dma;
 7 } kmalloc_beehives[] = {
 8     { .size = 32, .name = "kmalloc-32", .name_dma = "kmalloc-dma-32" },
 9     { .size = 64, .name = "kmalloc-64", .name_dma = "kmalloc-dma-64" },
10     { .size = 96, .name = "kmalloc-96", .name_dma = "kmalloc-dma-96" },
11     { .size = 128, .name = "kmalloc-128", .name_dma = "kmalloc-dma-128" },
12     { .size = 192, .name = "kmalloc-192", .name_dma = "kmalloc-dma-192" },
13     { .size = 256, .name = "kmalloc-256", .name_dma = "kmalloc-dma-256" },
14     { .size = 512, .name = "kmalloc-512", .name_dma = "kmalloc-dma-512" },
15     { .size = 1024, .name = "kmalloc-1024", .name_dma = "kmalloc-dma-1024" },
16     { .size = 2048, .name = "kmalloc-2048", .name_dma = "kmalloc-dma-2048" },
17 };
```

kmalloc_beehives 是一个数组对象。系统默认建立了 18 个 Beehive 内存分配器，为用户分配 32B、64B、96B、128B、192B、256B、512B、1024B、2048B 大小的内存对象。这些预先创建的对象简化了用户编码复杂度，也减小了系统中的 Beehive 内存分配器数量。

由于用户可以指定分配参数决定是从 KERNEL 还是 DMA 内存区中分配内存对象。因此，该数组中每个数据元素均包含两个内存分配器，用于这两个内存区的内存分配。

最后，为模块初始化流程定义了全局状态变量：

```
1 static enum {
2     DOWN,
3     EARLY,
4     UP,
5 } beehive_init_state = DOWN;
```

在 Beehive 内存分配器模块初始化过程中，也需要分配内存，而此时内存分配 API 还不能使用，因此需要调用 BOOT 内存分配器的 API 来进行初始化。这就要求系统能够记录下当前初始化阶段，在不同的阶段调用不同的分配内存 API。

beehive_init_state 全局变量记录了当前系统内存模块初始化的三个阶段，其含义如下：

1. DOWN 状态表示最初始的阶段，什么都还没有做。

2. EARLY 状态表示基本的数据结构就绪，但是还得等待伙伴系统就绪。

3．UP 状态表示所有初始化工作全部已经完成，可以调用本模块的 API 了。

6.5.4　Beehive 内存分配器的 API

Beehive 内存分配器提供了如下一些主要 API：

名　　称	含　　义
beehive_create	创建 Beehive 内存分配器对象
beehive_destroy	销毁 Beehive 内存分配器对象
beehive_alloc	从 Beehive 内存分配器中分配内存
beehive_zalloc	从 Beehive 内存分配器中分配内存，并将内存清零
beehive_free	将内存释放回 Beehive 内存分配器
kmalloc	通用的内存分配函数，用户可以指定要分配的内存大小
kzalloc	通用的内存分配函数，用户可以指定要分配的内存大小，并将分配的内存清零
kfree	释放由 kmalloc 分配的内存

随后的章节将详细描述这些函数的实现。

6.5.5　Beehive 内存分配器的实现

6.5.5.1　创建 Beehive 内存分配器

创建 Beehive 内存分配器的函数是 beehive_create，其实现流程如下：

```
 1 struct beehive_allotter *beehive_create(const char *name, size_t size,
 2         size_t align, unsigned long flags,
 3         void (*ctor)(struct beehive_allotter *, void *))
 4 {
 5     struct beehive_allotter *beehive;
 6
 7     mutex_lock(&beehive_lock);
 8     beehive = find_similar(size, align, flags, name, ctor);
 9     if (beehive) {
10         int cpu;
11
12         beehive->ref_count++;
13         beehive->attrs.size_solid = max(beehive->attrs.size_solid, (int)size);
14         for_each_possible_cpu(cpu)
15             beehive->cpu_caches[cpu]->size_solid = beehive->attrs.size_solid;
16
17         mutex_unlock(&beehive_lock);
18
19         return beehive;
20     }
21
22     beehive = kmalloc(sizeof(struct beehive_allotter), PAF_KERNEL);
23     if (beehive) {
```

```
24          if (init_beehive(beehive, PAF_KERNEL, name,
25                  size, align, flags, ctor) == 0) {
26              list_insert_front(&beehive->list, &all_beehives);
27              mutex_unlock(&beehive_lock);
28
29              return beehive;
30          }
31          kfree(beehive);
32      }
33      mutex_unlock(&beehive_lock);
34
35      if (flags & BEEHIVE_PANIC)
36          panic("Cannot create beehive %s\n", name);
37      else
38          beehive = NULL;
39
40      return beehive;
41  }
```

该函数包含 5 个参数，其含义如下：

1．名为 name 的参数表示要创建的 Beehive 内存分配器名称。

2．名为 size 的参数表示 Beehive 内存分配器中管理的内存对象大小。

3．名为 align 的参数指定了内存对象的对齐要求。

4．名为 ctor 的参数指定了内存对象的初始化要求。每当新分配一个内存对象时，就需要调用此回调函数对内存进行初始化。

该函数最终返回创建的 Beehive 内存分配器，如果失败，则返回 NULL。

在第 7 行，首先获得全局互斥锁 beehive_lock。因为随后我们需要遍历全局 Beehive 内存分配器链表，在其中查找相似的内存分配器，并且可能会向该链表添加新的内存分配器。

小问题 6.39：看起来第 8 行的互斥锁保护的范围有点广，能不能缩小一点范围？

第 8 行调用 find_similar，查找与期望创建的内存分配器相似的分配器，以尽量避免创建过多的相似 Beehive 内存分配器。

随后我们会详细分析 find_similar 函数。

第 9 行判断是否已经存在相似的、可以进行合并的 Beehive 内存分配器。如存在这样的分配器，就执行第 10~19 行的流程。

第 12 行递增原 Beehive 内存分配器的引用计数，表示有新的用户在引用该内存分配器的事实，以防止该内存分配器被意外地提前释放。

第 13 行修正 Beehive 内存分配器的 size_solid 属性，该属性表示内存分配器所管理的内存对象实际大小。因为新的创建参数可能会超过原分配器的对象大小，因此将两者最大值作为分配器的新属性。

第 14~15 行遍历所有可能的 CPU，为这些 CPU 中的缓存池对象也设置 size_solid 属性。

第 17 行释放全局 beehive_lock 互斥锁。

第 19 行返回已有的 Beehive 内存分配器，用户可以从该分配器中分配内存。

小问题 6.40：在从 Beehive 内存分配器中分配内存的时候，并没有使用 beehive_lock 互斥锁，这会导致分配函数可能见到 size_solid 属性的新值，也可能见到它的旧值，这会不会引起代码逻辑错误？可以在分配、释放函数中也使用 beehive_lock 互斥锁进行保护吗？

运行到第 22 行，说明没有相似的 Beehive 内存分配器，必须重新分配一个。因此在该行调用 kmalloc 为 Beehive 内存分配器准备内存。

小问题 6.41：kmalloc 也是通过 Beehive 内存分配器来实现的，第 22 行难道不会有可恶的递归出现？

第 23 行判断 Beehive 内存分配器所需要的内存是否分配成功。如果能够成功分配 Beehive 内存分配器所需要的内存，那么就执行第 24~31 行的流程。

第 24 行调用 init_beehive，对新分配的 Beehive 内存分配器进行必要的初始化。

如果初始化成功，则在第 26 行调用 list_insert_front 将新创建的内存分配器添加到系统全局链表中，并在第 27 行释放全局链表的互斥锁，在第 29 行返回新创建的内存分配器。

如果初始化内存分配器不成功，那么就释放新分配的 Beehive 内存分配器，并进入异常处理流程。

我们将在随后详细描述 init_beehive 函数的执行流程。

运行到第 33 行，说明内存分配器的初始化流程出现异常，因此需要做一些异常处理工作。

首先在第 33 行释放全局链表的互斥锁。

第 35 行判断用户传入的创建标志，如果包含 BEEHIVE_PANIC 标志，则说明用户期望在失败的时候让系统进入宕机状态，因此在第 36 行调用 panic 强制让系统宕机。

否则在第 38 行设置 beehive 为 NULL，并在第 40 行向用户返回 beehive 的值，以表示创建过程失败的事实。

如前所述，find_similar 函数查找系统中是否存在相似的 Beehive 内存分配器，如果存在这样的 Beehive 内存分配器，就沿用旧的分配器，而不必创建新的分配器。

小问题 6.42：合并相似的 Beehive 内存分配器有什么好处，有什么坏处？

find_similar 函数首先判断用户是否传入了 BEEHIVE_NEVER_MERGE 标志，如果有这个标志，就表示用户并不希望进行 Beehive 内存分配器的合并操作，因此直接返回 NULL。

如果用户指定了 ctor 参数，就说明用户期望对新分配的对象进行特定的初始化。很显然，这样的内存分配器不能与其他内存分配器合并，否则会对其他内存分配器分配出来的内存对象产生污染。

小问题 6.43：如果对指定了 ctor 参数的内存分配器强制进行合并，还会有什么其他后果？

接下来，find_similar 函数根据对象大小及对齐要求，计算对象实际占用的空间大小。

最后，find_similar 函数在全局 Beehive 内存分配器链表中搜索，查找适合与当前 Beehive 内存分配器合并的对象。

如果链表中的 Beehive 内存分配器满足如下条件，就不能与当前 Beehive 内存分配器合并：

1．指定了 BEEHIVE_NEVER_MERGE 标志，明确禁止合并。

2．指定了 ctor 参数。

3．要创建的 Beehive 内存分配器中的内存对象空间大小超过了现有内存分配器的大小。

4．要创建的 Beehive 内存分配器与现有内存分配器的属性不一致，不适合合并。

5．现有内存分配器的对齐属性不适合合并。

6．现有内存分配器的对象比要创建的分配器对象更大，超过了一个指针的宽度，如果合并可能会造成空间浪费。

如果以上限制都不存在，则适合将内存分配器进行合并。

init_beehive 函数对新创建的 Beehive 内存分配器进行初始化。这个函数的主要流程如下：

第 1 步，init_beehive 函数将 Beehive 内存分配器清零。

第 2 步，根据用户传入的参数，将 Beehive 内存分配器的字段赋予初始值。

第 3 步，调用 find_out_layout 确定 Beehive 内存分配器中元数据、对象数据的布局。find_out_layout 函数主要执行如下流程：

1．计算对象占用的实际空间大小，将对象大小按照 CPU 位宽进行对齐。

2．如果用户指定 Beehive 内存分配器包含红区，则每个数据对象后面均会包含一个指针大小的红区，因此将对象占用空间大小扩大一个指针。

3．如果用户指定 Beehive 内存分配器包含毒化功能，则再增加一个指针大小的空间，用于保存毒化数据。

4．按照对齐要求，计算每一个内存对象占用的实际空间大小，并赋予内存分配器的 size_swell 字段。

5．调用 calculate_order，计算 Beehive 对象最适合的大小，并将其值赋给 order 属性。每次需要从伙伴系统中补充 Beehive 内存分配器的对象空间时，会根据 order 属性向伙伴系统申请内存空间。

6．计算每个 Beehive 对象中能够容纳的内存对象个数。

calculate_order 函数的计算过程略显冗长，但是并不难懂。相关的代码分析留给读者作为练习。

小问题 6.44：calculate_order 函数最注重什么，又忽略了什么？是否需要改进？

第 4 步，设置 Beehive 内存分配器对象的引用计数为 1。

第 5 步，调用 init_beehive_nodes 函数来设置内存分配器 NUMA 节点相关配置信息。该函数遍历所有 NUMA 节点，针对每个 NUMA 节点执行如下初始化流程：

1．视系统初始化阶段的不同，调用 alloc_boot_mem_permanent 或者 kmalloc 为每个 NUMA 节点分配 Beehive 内存分配器的内存。

2．调用 init_beehive_node 初始化 NUMA 节点信息：设置半满 Beehive 对象的个数为 0，设置 Beehive 对象的个数为 0，初始化链表头及相关的自旋锁。

第 6 步，调用 alloc_beehive_cpu_caches 设置内存分配器每 CPU 缓存池，该函数遍历系统中所有可能的 CPU，针对每个 CPU 执行如下初始化流程：

1．视系统初始化阶段的不同，调用 alloc_boot_mem_permanent 或者 kmalloc 为每个 CPU 分配 Beehive 内存分配器的内存。

2．调用 init_cpu_cache 初始化 Beehive 内存分配器的每 CPU 缓存池，为缓存池对象赋予适当的字段初始值。

6.5.5.2 销毁 Beehive 内存分配器

销毁 Beehive 内存分配器的函数是 beehive_destroy。这个函数的实现不是想象的那么简单，值得仔细分析。其实现流程如下：

```
1 void beehive_destroy(struct beehive_allotter *beehive)
2 {
3     mutex_lock(&beehive_lock);
4 
5     beehive->ref_count--;
6     if (!beehive->ref_count) {
7         list_del(&beehive->list);
8         mutex_unlock(&beehive_lock);
```

```
 9
10          free_beehive_desc(beehive);
11      } else
12          mutex_unlock(&beehive_lock);
13 }
```

第 3 行首先获得 Beehive 内存分配器全局链表的互斥锁。

小问题 6.45：有经验的内核开发者已经习惯将锁的释放过程放到函数末尾，并且在函数中使用跳转语句，跳转到函数末尾。这样的开发习惯可以有效避免遗忘释放锁。为什么这里没有使用这样的编码风格？

第 5 行递减 Beehive 内存分配器的引用计数。

小问题 6.46：看起来 beehive_lock 是保护全局链表的，是否可以将第 5 行移到锁的保护之外？

第 6 行判断 Beehive 内存分配器的引用计数是否递减为 0，如果是，那么表示已经没有任何人在复用该 Beehive 内存分配器，因此可以放心地释放它。这是由第 7~10 行的代码块完成的。在第 7 行将 Beehive 内存分配器从全局链表中移除。

在第 8 行释放保护全局链表的互斥锁。

最关键的是第 10 行，调用 free_beehive_desc 以释放 Beehive 内存分配器的所有资源。

如果仍然有人在复用该 Beehive 内存分配器，则在第 12 行释放保护全局链表的互斥锁，然后退出。

free_beehive_desc 释放 Beehive 内存分配器的所有资源。该函数的实现流程如下：

```
 1 static inline int free_beehive_desc(struct beehive_allotter *beehive)
 2 {
 3     struct beehive_node *node;
 4     int i;
 5
 6     drain_cpu_caches(beehive);
 7     free_cpu_caches(beehive);
 8
 9     for (i = 0; i < MAX_NUMNODES; i++) {
10         node = beehive->nodes[i];
11         node->partial_count = free_partial_list(beehive, node);
12         if (accurate_read(&node->beehive_count))
13             return 1;
14     }
15
16     free_nodes(beehive);
17     kfree(beehive);
18     return 0;
19 }
```

第 6 行调用 drain_cpu_caches 函数，将所有 CPU 中内存对象缓存池中的对象释放回 Beehive 对象。如果一切顺利，就会导致每一个 Beehive 对象中的内存对象全部变为空闲状态，因此可以放心地将 Beehive 对象释放回页面管理器。该函数执行如下操作：

1. 调用 smp_call_for_all，向所有 CPU 发送 IPI 核间中断。要求所有 CPU 执行 drain_cpu_cache 函数，以释放每 CPU 缓存池中的对象。请注意，在调用 smp_call_for_all 函数时，最后一个参数是 1，表示等待所 CPU 执行完 drain_cpu_cache 才退出。

2．每个 CPU 执行 drain_cpu_cache 以释放该 CPU 中的 Beehive 内存缓存池中的内存对象。

小问题 6.47：smp_call_for_all 要向所有 CPU 发送 IPI 核间中断并等待，这个操作的代价高昂，能不能直接在当前核循环释放所有 CPU 中的缓存对象？

drain_cpu_cache 函数在获得缓存池中 Beehive 对象的页面锁以后，调用 remove_cpu_cache 来释放缓存对象。

第 7 行调用 free_cpu_caches 函数，将 Beehive 内存分配器的每 CPU 缓存池对象释放。

第 9 行开启第 10~13 行的循环。该循环遍历所有 NUMA 节点，做 Beehive 内存分配器的清理工作。

第 10 行获得 Beehive 内存分配器的 NUMA 节点对象描述符。

第 11 行针对当前 NUMA 节点，调用 free_partial_list 函数。该函数将半满 Beehive 对象销毁，并将其内存释放回伙伴系统。

如果半满链表中还有被使用的内存对象，那么说明我们过早调用了 beehive_destroy。这是一种错误的行为，为了避免错误扩大，必须向调用者返回错误。这是由第 12~13 行的语句来完成的。

小问题 6.48：第 13 行返回 1 以表示错误，这有什么后果？

第 16 行调用 free_nodes 函数，该函数遍历所有 NUMA 节点，释放 Beehive 内存分配器的 NUMA 节点相关数据结构。

小问题 6.49：在初始化的时候，为 NUMA 节点相关数据结构调用了不同的内存分配函数，但是在 free_nodes 函数中，直接调用了 kfree 以释放相关内存。这会不会引起内存方面的异常访问，例如野指针、内存破坏？

第 17 行释放 Beehive 内存分配器。

6.5.5.3 Beehive 内存分配

Beehive 内存分配函数是 beehive_alloc，该函数主体结构简单，其流程如下：

```
 1 void *beehive_alloc(struct beehive_allotter *beehive, paf_t pafflags)
 2 {
 3     ......
 4     local_irq_save(flags);
 5     cache = beehive->cpu_caches[smp_processor_id()];
 6     if (unlikely(!cache || !cache->freelist || !cache_match_node(cache, node)))
 7         object = beehive_alloc_nocache(beehive, pafflags, node, cache);
 8     else {
 9         object = cache->freelist;
10         cache->freelist = object[cache->next_obj];
11     }
12     local_irq_restore(flags);
13 
14     if (unlikely((pafflags & __PAF_ZERO) && object))
15         memset(object, 0, cache->size_solid);
16 
17     return object;
18 }
```

在开始访问每 CPU 中的缓存 Beehive 对象前，先关闭当前 CPU 的中断。这是为了防止在中断中调用本函数，产生重入破坏每 CPU 缓存数据。这是由第 4 行的 local_irq_save 实现的。

第 5 行获得当前 CPU 的缓存 Beehive 对象。

第 6 行判断当前 CPU 的缓存 Beehive 对象是否有效，判断条件如下：

1．缓存 Beehive 对象指针不为 NULL。

2．缓存 Beehive 对象的空闲内存对象指针不为 NULL，表示缓存 Beehive 对象还有空闲对象。

3．缓存 Beehive 对象所在的 NUMA 节点与用户期望的节点匹配。

如果不满足以上条件，就在第 7 行调用 beehive_alloc_nocache，进入慢速分配流程。否则执行快速分配路径，这是由第 9~10 行实现的。

第 9 行将缓存 Beehive 对象中第一个空闲内存对象指针取出来，随后会将内存对象返回给用户。

第 10 行将缓存 Beehive 对象中的空闲对象指针向后移动。空闲指针是保存在每个空闲内存对象中的，这样可以避免在 Beehive 对象中维护一个指针链表，占用 Beehive 对象元数据空间。空闲指针在空闲对象中的位置由 next_obj 来表示。实际上 next_obj 字段是一个对象内偏移值。

第 12 行恢复中断。

第 14 行针对__PAF_ZERO 标志做一些特殊处理。如果用户指定了此标志，则表示期望将分配到的内存对象清零，如果成功分配到内存对象，就在第 15 行调用 memset 将其清零。

小问题 6.50：在页面分配器中处理__PAF_ZERO 标志的做法与第 14 行有所不同，为什么会有这样的差异？

第 17 行返回分配到的内存对象。

接下来看看慢速分配流程的实现，这是由 beehive_alloc_nocache 函数实现的。

该函数略显复杂，共分为以下三个部分：

1．预处理。

2．获取缓存 Beehive 对象。

3．从缓存 Beehive 对象中分配内存。

我们首先来看看第一部分的实现。

```
 1 static void *beehive_alloc_nocache(struct beehive_allotter *beehive,
 2       paf_t pafflags, int node, struct beehive_cpu_cache *cache)
 3 {
 4    ......
 5    if (!cache->beehive_page)
 6       goto got_cache;
 7
 8    beehive_page_lock(cache->beehive_page);
 9
10    if (unlikely(!cache_match_node(cache, node))) {
11       remove_cpu_cache(beehive, cache);
12       goto got_cache;
13    }
14
15 load_freelist:
16    object = cache->beehive_page->freelist;
17    if (unlikely(!object)) {
18       remove_cpu_cache(beehive, cache);
19       goto got_cache;
20    }
```

第 5 行判断缓存 Beehive 对象是否存在，如果不存在，就在第 6 行跳转到 got_cache 标号处获取缓存 Beehive 对象。

如果缓存 Beehive 对象存在，则说明其中的空闲内存不存在了，后续需要维护页面状态，因此在第 8 行调用 beehive_page_lock 锁住页面，防止并发地修改页面状态。

第 10 行判断缓存 Beehive 对象所在的 NUMA 节点是否满足用户期望的分配要求，如果不满足，可能是用户指定在特定 NUMA 节点中分配内存。

如果不满足用户要求，则在第 11 行调用 remove_cpu_cache 将当前页面从当前缓存中移除，然后在第 12 行跳转到 got_cache 标号处获取缓存 Beehive 对象。

小问题 6.51：会不会存在一种极端情况：不同的用户传入不同的参数分配内存，导致在第 10 行判断失败并反复获取缓存 Beehive 对象，即形成乒乓现象，从而引起性能剧烈抖动？

以下两种情况，可能运行到第 15 行，需要我们小心处理：

1．直接从函数开始处运行到第 15 行。

2．获取缓存 Beehive 对象后，跳转到这里，准备从缓存 Beehive 对象中为用户分配内存。

由于在获取缓存的过程中，有可能打开中断，从而引入微妙的竞态条件，因此需要在这里再次小心判断页面状态，并且在要页面锁的保护之下进行。

第 16 行从缓存 Beehive 对象中获得空闲内存对象。

第 17 行判断内存空闲对象是否真的存在。如果不存在，则说明缓存 Beehive 对象已经变成全满状态，因此在第 18 行将它从 CPU 缓存中移除，并跳转到 got_cache 标号处重新获取缓存 Beehive 对象。

小问题 6.52：是否存在某些线程，每次运行到第 17 行的时候，都会发现空闲内存被别的线程分配了，导致反复获取缓存 Beehive 对象？

第二部分是获取缓存 Beehive 对象，其实现代码如下：

```
 1 got_cache:
 2     page = pick_and_lock_partial_page(beehive, pafflags, node);
 3     if (page) {
 4         cache->beehive_page = page;
 5         goto load_freelist;
 6     }
 7 
 8     if (pafflags & __PAF_WAIT)
 9         enable_irq();
10 
11     page = alloc_one_beehive(beehive, pafflags, node);
12 
13     if (pafflags & __PAF_WAIT)
14         disable_irq();
15 
16     if (page) {
17         cache = beehive->cpu_caches[smp_processor_id()];
18         if (cache->beehive_page) {
19             beehive_page_lock(cache->beehive_page);
20             remove_cpu_cache(beehive, cache);
21         }
22         beehive_page_lock(page);
23         pgflag_set_beehive_incache(page);
24         cache->beehive_page = page;
```

```
25
26          goto load_freelist;
27      }
28
29      return NULL;
```

当 Beehive 内存分配器发现当前 CPU 中缓存的 Beehive 对象无法满足分配需求时，就会运行到第 1 行。

第 2 行调用 pick_and_lock_partial_page，该函数试图从 Beehive 内存分配器 NUMA 节点的缓存中，找到一个半满的 Beehive 对象。随后我们会详细分析这个函数的实现。

如果幸运地从 NUMA 节点的半满链表中找到合适的 Beehive 对象，那么我们就在第 4 行将这个 Beehive 对象作为当前 CPU 的缓存 Beehive 对象，并跳转到 load_freelist，试图从当前缓存 Beehive 对象中为用户分配内存对象。

否则运行到第 8 行，进入到最慢分配流程。该流程会与伙伴系统交互以获取 Beehive 对象。

第 8 行判断用户的分配标志，如果用户允许分配流程阻塞，那么我们此时就需要强制打开中断。这是通过在第 9 行调用 enable_irq 来实现的。

第 11 行调用 alloc_one_beehive 分配一个 Beehive 对象并且对其进行初始化。随后我们会详细分析这个函数的实现。

第 13 行判断用户传入的标志，如果允许分配流程阻塞，那么就在第 9 行打开了中断，此时应当关闭中断。这是通过在第 14 行调用 disable_irq 来实现的。

如果成功地从伙伴系统中分配到 Beehive 对象，就在第 17~26 行将其设置为内存分配器的缓存 Beehive 对象。在第 17 行获得当前缓存 Beehive 对象描述符。

第 18 判断当前缓存 Beehive 对象是否已经存在，因为在第 11 行从伙伴系统中分配页面的时候，线程可能睡眠，因此其他线程可能已经修改了缓存 Beehive 对象。这样就在第 19 行锁住缓存 Beehive 对象的页面，并在第 20 行将其从缓存对象中移除。第 22 行锁住当前分配的页面。

第 23 行设置页面的 PG_BEEHIVE_INCACHE 标志，表示页面当前处于缓存 Beehive 对象中的事实。

第 24 行将缓存 Beehive 对象的页面指向刚分配的对象。

第 26 行跳转到 load_freelist，试图从当前缓存 Beehive 对象中为用户分配内存对象。

小问题 6.53：为什么第 18~21 行不释放当前分配的页面，并继续保存原有的缓存 Beehive 对象？

如果运行到 29 行，说明从伙伴系统中分配页面失败，此时只能向用户返回 NULL 了。

pick_and_lock_partial_page 函数是 Beehive 内存分配的辅助函数，它从 Beehive 内存分配器的 NUMA 节点中，获得半满的 Beehive 对象并锁住：

```
1 static struct page_frame *
2 pick_and_lock_partial_page(struct beehive_allotter *beehive,
3                         gfp_t flags, int node_id)
4 {
5     ......
6     if (node_id < 0)
7         node_id = numa_node_id();
8     node = beehive->nodes[node_id];
9
10    if (node->partial_count == 0)
```

```
11         return NULL;
12
13     smp_lock(&node->list_lock);
14
15     list_for_each_entry(page, &node->partial_list, beehive_list) {
16         if (beehive_page_trylock(page)) {
17             list_del(&page->beehive_list);
18             node->partial_count--;
19             pgflag_set_beehive_incache(page);
20
21             smp_unlock(&node->list_lock);
22             return page;
23         }
24     }
25
26     smp_unlock(&node->list_lock);
27     return NULL;
28 }
```

第 6 行判断用户传入的 NUMA 节点编号，如果小于 0，则表示用户没有特别明确想在哪个 NUMA 节点中分配，一般是在当前 NUMA 节点中分配内存的。因此在第 7 行将节点编号设置为当前 NUMA 节点编号。

第 8 行从 Beehive 内存分配器获得 NUMA 节点相关的信息。

第 10 行判断 NUMA 节点中的半满 Beehive 对象数量，如果等于 0，当然也就没有办法向用户提供备用的 Beehive 对象了，因此在第 11 行返回 NULL。

第 13 行获得保护 NUMA 节点半满链表的自旋锁。

第 15 行遍历 NUMA 节点半满链表，针对其中每一个 Beehive 对象执行如下操作：

1．在第 16 行调用 beehive_page_trylock 试图获得该 Beehive 对象所在页面的锁。因为后续需要修改页面状态，所以需要锁住页面。

2．在成功锁住 Beehive 对象页面的情况下，在第 17 行调用将页面从半满链表中移除。

3．第 18 行递减 NUMA 节点的半满链表计数。

4．第 19 行设置页面 PG_BEEHIVE_INCACHE 标志，表示页面位于 Beehive 内存分配器的 CPU 缓存中。

5．第 21 行释放保护 NUMA 节点半满链表的自旋锁。

6．在第 22 行返回找到的半满 Beehive 对象页面。

小问题 6.54：为什么第 16 行不直接调用 beehive_page_lock 直接锁住页面？毕竟调用 beehive_page_trylock 有可能由于冲突的原因导致无法从半满链表中移除可用的 Beehive 对象。

如果遍历完 NUMA 节点的所有半满链表，都没有找到合适的半满 Beehive 对象，那么就在第 26 行释放保护 NUMA 节点半满链表的自旋锁，并在第 27 行向用户返回 NULL。

小问题 6.55：在哪些情况下，可能会运行到第 26 行？

alloc_one_beehive 是另一个 Beehive 内存分配用到的辅助函数，该函数从伙伴系统中分配 Beehive 对象所需要的页面，并初始化相应的 Beehive 对象元数据：

```
1 static struct page_frame *
2 alloc_one_beehive(struct beehive_allotter *beehive, gfp_t flags, int node_id)
3 {
```

```
 4     ....
 5     if (beehive->flags & BEEHIVE_CACHE_DMA)
 6        flags |= PAF_DMA;
 7     if (beehive->flags & BEEHIVE_RECLAIM_ABLE)
 8        flags |= __PAF_RECLAIMABLE;
 9     flags |= __PAF_BEEHIVE;
10     if (node_id == -1)
11        page = alloc_page_frames(flags, beehive->attrs.order);
12     else
13        page = __alloc_page_frames(node_id, flags, beehive->attrs.order);
14     if (!page)
15        goto out;
16     ASSERT(node_id < 0 || node_id_of_page(page) == node_id);
17     node = beehive->nodes[node_id_of_page(page)];
18     accurate_inc(&node->beehive_count);
19     page->beehive = beehive;
20     start = page_address(page);
21     if (unlikely(beehive->flags & BEEHIVE_POISON))
22        memset(start, MEMORY_SLICE_INUSE, PAGE_SIZE << beehive->attrs.order);
23
24     curr = start;
25     if (unlikely(beehive->attrs.ctor))
26        beehive->attrs.ctor(beehive, start);
27     for (p = start + beehive->attrs.size_swell;
28        p < start + beehive->attrs.obj_count * beehive->attrs.size_swell;
29        p += beehive->attrs.size_swell) {
30        if (unlikely(beehive->attrs.ctor))
31           beehive->attrs.ctor(beehive, p);
32        set_freepointer(beehive, curr, p);
33        curr = p;
34     }
35     set_freepointer(beehive, curr, NULL);
36     page->freelist = start;
37     page->inuse_count = 0;
38 out:
39     return page;
40 }
```

在第 5 行，判断用户传入标志，是否期望从 DMA 内存区中分配内存对象，如果是，那么就需要从 DMA 内存区中分配 Beehive 对象。因此在第 6 行设置页面分配器的分配标志。

在第 7 行，判断用户传入标志，是否是可以回收的内存对象，如果是，也设置页面分配器的可回收标志。

小问题 6.56：哪些内存对象可能是允许回收的？设置页面可回收标志有什么用？

第 8 行设置页面分配标志__PAF_BEEHIVE，表示相应的页面用于 Beehive 内存分配器。请参阅页面分配函数的实现，针对此标志进行一些特殊的处理。

第 10~13 行，从伙伴系统中为 Beehive 内存分配器分配页面。

如果从伙伴系统中分配页面失败，则在第 15 行退出本函数。

第 16 行验证分配到的页面，其所在的 NUMA 节点与期望的 NUMA 节点编号一致。

第 17 行获得 Beehive 内存分配器的 NUMA 节点信息。

第 18 行递增 NUMA 节点中的 Beehive 对象计数。

第 19 行设置页面所属的 Beehive 内存分配器。

第 20 行获得页面的虚拟地址，后续将使用此虚拟地址填充 Beehive 对象的元数据。

第 21~22 行处理 BEEHIVE_POISON 标志，必要时对页面填充毒化数据。

第 24~36 行初始化 Beehive 对象的元数据，即将 Beehive 对象中所有空闲内存对象链接到空闲对象链表中，该链表的头指针位于 Beehive 对象页面描述符中。

首先在第 25~26 行为第一个内存对象调用 ctor 初始化函数。

第 27 行开始第 20~33 行的循环，遍历后续的空闲内存对象。

其次在第 30~31 行依次将每个空闲内存对象调用 ctor 初始化函数。

第 32 行将当前空闲内存对象设置到前一个对象的链表指针中，形成一个单向链表。

在第 35 行设置最后一个空闲内存对象的下一个空闲内存对象指针为 NULL，表示空闲链表结束。

第 36 行设置页面的空闲内存对象指针，使其指向第一个空闲内存对象。

第 37 行设置在用的内存对象计数为 0。

最后在第 39 行返回申请到的 Beehive 对象内存描述符。

当一个 Beehive 对象不再适合作为 Beehive 内存分配器的每 CPU 缓存 Beehive 对象时，就会将其从缓存 Beehive 对象中移除，这是由 remove_cpu_cache 函数实现的：

```
 1 static void remove_cpu_cache(struct beehive_allotter *beehive,
 2              struct beehive_cpu_cache *cache)
 3 {
 4    ......
 5    while (unlikely(cache->freelist)) {
 6       void **object;
 7       object = cache->freelist;
 8       cache->freelist = cache->freelist[cache->next_obj];
 9       object[cache->next_obj] = page->freelist;
10       page->freelist = object;
11       page->inuse_count--;
12    }
13    cache->beehive_page = NULL;
14    pgflag_clear_beehive_incache(page);
15
16    if (page->inuse_count) {
17       if (page->freelist)
18          insert_to_partial_front(node, page);
19       beehive_page_unlock(page);
20    } else {
21       if (node->partial_count < MIN_PARTIAL) {
22          insert_to_partial_behind(node, page);
23          beehive_page_unlock(page);
24       } else {
25          beehive_page_unlock(page);
26          discard_one_beehive(beehive, page);
27       }
28    }
29 }
```

由于页面属于 Beehive 内存分配器的 CPU 缓存对象，因此空闲内存对象链头的头指针保存在缓存对象的 freelist 字段中。既然页面不再属于 CPU 缓存对象，就需要将所有空闲对象归还给页面。这是由第 5~12 行的循环实现的。

第 5 行开始这段循环，它遍历处理缓存中的所有空闲对象。

第 7 行获得第一个空闲对象。

第 8 行将缓存的空闲对象指针指向向下一个空闲对象。

第 9~10 行将当前空闲对象加入页面的空闲对象链表中。

第 11 行递减页面在用对象计数。因为当前空闲对象从缓存链表中转换到页面空闲链表中了。

第 13 行清除当前缓存对象的 Beehive 对象指针，表示当前缓存对象不再存在。

第 14 行清除页面 PG_BEEHIVE_INCACHE 标志，表示该页面当前并不属于缓存的 Beehive 对象。

第 16 行判断页面的在用内存对象计数。如果不为 0，表示页面中有内存对象被分配出去了。因此执行第 17~19 行的代码块。

第 17~18 判断页面中是否有空闲内存对象，如果有，说明是半满的 Beehive 对象，因此在第 18 行调用 insert_to_partial_front 将其插入到半满链表中。

第 19 行释放页面锁。

如果第 16 行的判断表明在用内存对象计数为 0，则表示该 Beehive 对象是一个空对象。此需要视情况执行如下操作：

1. 如果 NUMA 节点的半满 Beehive 对象数量较少，则在第 22 行将 Beehive 对象插入到 NUMA 节点的半满链表尾端。

2. 在第 23 行释放释放页面的锁。

3. 如果 NUMA 节点的半满 Beehive 对象数量充足，则在第 25 行释放页面的锁以后，在第 26 行调用 discard_one_beehive 将页面释放到伙伴系统中。

discard_one_beehive 辅助函数实现比较简单，相关的代码分析工作留给读者作为练习。

6.5.5.4　Beehive 内存释放

Beehive 内存释放是由 beehive_free 函数实现的，其入口函数简单明了，如下所示：

```
 1 void beehive_free(struct beehive_allotter *beehive, void *addr)
 2 {
 3     ......
 4     page = linear_virt_beehive(addr);
 5     BUG_ON(page->beehive != beehive);
 6
 7     local_irq_save(flags);
 8     cache = beehive->cpu_caches[smp_processor_id()];
 9     if (likely(page == cache->beehive_page)) {
10         object[cache->next_obj] = cache->freelist;
11         cache->freelist = object;
12     } else
13         beehive_free_nocache(beehive, page, addr, cache->next_obj);
14     local_irq_restore(flags);
15 }
```

该函数在第 4 行调用 linear_virt_beehive，获得要释放的虚拟地址所在的物理页面，并找到该页面的领头页面，该页面即为 Beehive 对象页面。

第 5 行验证页面所属的 Beehive 对象真的是用户传入的 Beehive 对象。如果不是，可能出现以下两种异常情况：

1. 用户传入的参数不正确。
2. 页面描述符被破坏。

这两种异常情况都可能导致不可预知的后果，因此在第 5 行触发宕机。

第 7 行关闭中断。

第 8 行获得当前 CPU 的缓存 Beehive 对象。

第 9 行判断要释放的对象所属的 Beehive 对象是否为当前 CPU 缓存的 Beehive 对象，如果是，则进入第 10~11 行的快速释放流程：

1. 第 10 行将当前内存对象的下一个空闲对象指针指向缓存 Beehive 对象的第一个空闲对象。
2. 第 11 行将 Beehive 对象的空闲对象指向当前内存对象。

这实际上是将当前释放的内存对象加入缓存 Beehive 对象的空闲内存对象链表中。

如果不能进入快速释放流程，则在第 13 行调用 beehive_free_nocache 进入慢速释放流程。

小问题 6.57： 哪些情况可能导致释放的内存对象并不在 CPU 缓存 Beehive 对象中？考虑清楚这个问题，对于提升系统性能有所帮助。

第 14 行恢复中断。

beehive_free_nocache 函数是 Beehive 内存分配器的慢速释放流程，其实现如下：

```
 1 static void beehive_free_nocache(struct beehive_allotter *beehive,
 2         struct page_frame *page, void *addr, unsigned int next_obj)
 3 {
 4     ......
 5     beehive_page_lock(page);
 6     full = (page->freelist == NULL);
 7     object[next_obj] = page->freelist;
 8     page->freelist = object;
 9     page->inuse_count--;
10     if (unlikely(pgflag_beehive_incache(page)))
11         goto out_unlock;
12     if (unlikely(!page->inuse_count)) {
13         if (!full)
14             delete_from_partial(beehive, page);
15         beehive_page_unlock(page);
16         discard_one_beehive(beehive, page);
17         return;
18     }
19     if (unlikely(full))
20         insert_to_partial_behind(beehive->nodes[node_id_of_page(page)], page);
21 out_unlock:
22     beehive_page_unlock(page);
23     return;
24 }
```

第 5 行锁住 Beehive 对象的页面。

第 6 行判断 Beehive 对象是否为全满的状态。

第 7~8 行将当前内存对象插入到页面的空闲对象链表中。

第 9 行递减 Beehive 对象的在用内存对象计数。

第 10 行判断页面是否位于 Beehive 内存分配器的缓存池中。如果没有，则释放页面锁后退出本函数。

第 12 行判断页面的在用内存对象计数，如果为 0，则说明 Beehive 对象已经变为全空的对象，因此执行如下操作：

1．第 13~14 行判断 Beehive 对象是否处于半满状态。如果是，则在第 14 行调用 delete_from_partial 将 Beehive 对象从半满链表中移除。

2．释放页面的锁。

3．第 16 行调用 discard_one_beehive 将页面释放到伙伴系统。

运行到第 19 行，说明页面中存在在用内存对象，因此在第 19 行判断页面原来的状态是否为全满状态，如果原来处于全满状态，那么现在必然变为半满状态。因此在第 20 行调用 insert_to_partial_behind 将 Beehive 对象添加到 NUMA 节点的半满链表中。

6.5.5.5　通用内存分配

要分配非固定大小的内存块，无法使用 beehive_alloc、beehive_free。为此，DIM-SUM 提供了 kmalloc、kfree 接口来实现任意大小的内存块分配、释放。我们称之为通用内存分配、释放接口。

kmalloc 是通用内存分配接口，该函数实现如下：

```
 1 void *kmalloc(size_t size, gfp_t flags)
 2 {
 3     struct beehive_allotter *beehive;
 4 
 5     if (unlikely(size > MAX_KMALLOC_SIZE))
 6         return (void *)alloc_pages_memory(flags, get_order(size));
 7 
 8     beehive = find_beehive(size, flags & PAF_DMA);
 9 
10     if (unlikely(!beehive))
11         return NULL;
12 
13     return beehive_alloc(beehive, flags);
14 }
```

系统在初始化的时候，创建了一些默认的 Beehive 内存分配器。这些 Beehive 内存分配器保存在 kmalloc_beehives 数组中，可用于 32B、64B、96B、128B、192B、256B、512B、1024B、2048B 的内存分配。

当用户期望分配任意大小的内存块时，它会遍历这个数组，找到与之最接近、且能满足要求的 Beehive 内存分配器，并从该分配器中分配内存。

例如，用户如果想分配 90B 的内存，就会从 2048B 的内存分配器开始，从大到小遍历数组，最终找到大小为 96B 的 Beehive 内存分配器满足要求。

查找合适的 Beehive 内存分配器工作是由 find_beehive 函数完成的。

该函数在第 5 行判断用户请求的内存分配大小，如果超过 2048B，则没有任何一个通用 Beehive 内存分配器能够满足要求。因此在第 6 行直接调用 alloc_pages_memory 从伙伴系统中分配页面，并返回给用户。

否则，在第 8 行调用 find_beehive 函数查找合适的通用 Beehive 内存分配器。

第 10 行做简单的检查，以避免 find_beehive 函数找不到合适的通用 Beehive 内存分配器。实际上，这种情况非常罕见，我认为可以去掉这个检查。

小问题 6.58：到底什么情况下才会出现 find_beehive 函数找不到合适的通用 Beehive 内存分配器？

第 13 行调用 beehive_alloc，从通用 Beehive 内存分配器中分配内存并返回给用户。

6.5.5.6 通用内存释放

通用内存释放函数是由 kfree 实现的，如下所示：

```
 1 void kfree(const void *addr)
 2 {
 3     struct page_frame *page;
 4
 5     if (unlikely(!addr))
 6         return;
 7
 8     page = linear_virt_beehive(addr);
 9     if (unlikely(!pgflag_beehive(page))) {
10         loosen_page(page);
11         return;
12     }
13
14     beehive_free(page->beehive, (void *)addr);
15 }
```

在第 5 行进行合法性检查，如果用户传入的地址不合法，那么在第 6 行退出本函数。

第 8 行调用 linear_virt_beehive，该函数查找虚拟地址对应的物理页面，如果该页面属于 Beehive 对象，则进一步找到 Beehive 对象的领头页面。

第 9 行判断 linear_virt_beehive 函数找到页面是否真的属于 Beehive 对象。如果不是，则说明该内存是直接从伙伴系统中分配的，因此在第 10 行调用 loosen_page 递减页面的引用计数。一旦该页面的引用计数递减为 0，就会将其释放到伙伴系统中。

如果第 9 行的判断表明虚拟地址所属的页面确实是 Beehive 内存分配器所管理，则在第 14 行调用 beehive_free 函数，将其释放到 Beehive 内存分配器中。

6.5.6 Beehive 内存分配器的初始化

Beehive 内存分配器的初始化主要包括 init_beehive_early、init_beehive_allotter 函数。其中 init_beehive_early 是本模块的早期初始化函数，主要是建立通用内存分配所需要的 Beehive 内存分配器。

init_beehive_allotter 则在本模块初始化完毕后调用，它设置模块初始化状态为 UP。

接下来我们重点分析 init_beehive_early 函数的实现。其代码实现流程如下：

```
 1 static void __init init_kmalloc(unsigned long flags)
 2 {
 3     int i;
 4
 5     for (i = 0; i < ARRAY_SIZE(kmalloc_beehives); i++) {
```

```
 6         kmalloc_beehives[i].beehive = create_kmalloc_beehive(
 7                 kmalloc_beehives[i].name, kmalloc_beehives[i].size, flags);
 8
 9         kmalloc_beehives[i].beehive_dma = create_kmalloc_beehive(
10                 kmalloc_beehives[i].name_dma, kmalloc_beehives[i].size,
11                 BEEHIVE_CACHE_DMA | flags);
12     }
13 }
14
15 void __init init_beehive_early(void)
16 {
17     beehive_init_state = EARLY;
18
19     init_kmalloc(0);
20 }
```

init_beehive_early 函数首先在第 17 行将当前状态设置为 EARLY，这对后续的流程至关重要。这会导致 init_kmalloc 函数在创建通用 Beehive 内存分配器的时候，调用 BOOT 内存分配器的 API 来分配相关数据结构。

第 19 行调用 init_kmalloc 函数来初始化创建通用 Beehive 内存分配器。

它在第 5 行遍历全局 kmalloc_beehives 数组，分别通过 Beehive 内存分配器创建针对 KERNEL 内存区和 DMA 内存区的分配器。

create_kmalloc_beehive 函数的实现类似于 beehive_create，但也有所不同，相对更为简单。其实现流程如下：

```
 1 static struct beehive_allotter *__init
 2 create_kmalloc_beehive(const char *name, size_t size, unsigned long flags)
 3 {
 4     struct beehive_allotter *beehive;
 5     size_t align;
 6     int err;
 7
 8     beehive = alloc_boot_mem_permanent(sizeof(struct beehive_allotter),
 9                     cache_line_size());
10
11     if (!beehive)
12         panic("Out of memory when creating beehive %s\n", name);
13
14     align = calculate_alignment(flags, ARCH_KMALLOC_MINALIGN, size);
15
16     err = init_beehive(beehive, PAF_KERNEL, name, size, align, flags, NULL);
17     if (err)
18         panic("failure to init beehive %s\n", name);
19
20     list_insert_front(&beehive->list, &all_beehives);
21
22     return beehive;
23 }
```

第 8 行直接调用 alloc_boot_mem_permanent 为通用 Beehive 内存分配器分配内存。

第 11 行判断 BOOT 内存分配器是否成功返回所需要的内存。如果分配内存失败，则直接在第 12 行调用 panic 使系统宕机。

第 14 行调用 calculate_alignment 计算默认的对齐要求。其实这里也可以强制指定对齐参数。

第 16 行调用 init_beehive 来初始化通用 Beehive 内存分配器数据结构，其所需的缓存池、NUMA 节点数据结构内存均会通过 BOOT 内存分配器来分配。

如果第 16 行初始化失败，一般是由于 BOOT 内存分配无法分配到足够的内存。如果这样，则调用 panic 使系统宕机。

第 20 行调用 list_insert_front 将新创建的通用 Beehive 内存分配器插入到全局链表中。

小问题 6.59：init_beehive 函数会由于内存分配失败而返回失败，并导致后续代码需要判断其返回值并进行异常处理，这使得代码复杂化。能不能在 Beehive 内存分配器数据结构中，直接包含一个大的数组，这样就不需要在 init_beehive 函数中再次分配了？

小问题 6.60：第 20 行前后为什么没有使用 beehive_lock 锁来保护一下？

6.6 I/O 内存映射

在 6.1.4 节，我们曾经提到 early_mapping 函数，用于将设备寄存器映射到系统虚拟地址空间。它会临时从 BOOT 内存中分配页表所需要的内存，用于地址映射。

但是，在页面分配器初始化完成以后，我们不能再调用 BOOT 内存分配器的 API。此时，需要提供一套全新的 API 来满足类似的要求。

为此，DIM-SUM 提供了两个 API，其中：

1．ioremap 用于将设备寄存器映射到系统虚拟地址空间。

2．iounmap 用于解除相应的映射。

目前，DIM-SUM 并没有实现 iounmap，因此我们简单介绍一下 ioremap 的实现。

```
1 void __iomem *__ioremap(phys_addr_t phys_addr, size_t size, page_attr_t prot)
2 {
3     ......
4     phys_addr &= PAGE_MASK;
5     size = PAGE_ALIGN(size + offset);
6 
7     last_addr = phys_addr + size - 1;
8     if (!size || last_addr < phys_addr || (last_addr & ~PHYS_MASK))
9         return NULL;
10
11    if (pgnum_is_valid(__phys_to_pgnum(phys_addr))) {
12        BUG();
13        return NULL;
14    }
15
16    area = get_virt_space(VIRT_SPACE_IOREMAP, size, 1, VM_IOREMAP);
17    if (!area)
18        return NULL;
19    addr = (unsigned long)area->addr;
20    area->phys_addr = phys_addr;
21
```

```
22     err = ioremap_page_range(addr, addr + size, phys_addr, prot);
23     if (err) {
24         vunmap((void *)addr);
25         return NULL;
26     }
27
28     return (void __iomem *)(offset + addr);
29 }
30
31 #define ioremap(addr, size)     __ioremap((addr), (size), page_attr
   (PROT_DEVICE_nGnRE))
```

如上代码第 31 行所示，ioremap 调用__ioremap 进行地址映射。需要注意传入的页面属性是 PROT_DEVICE_nGnRE，这对于访问物理设备寄存器来说，是至关重要的。

__ioremap 完成设备寄存器的映射，它的实现流程如下：

第 4 行计算要映射的设备物理地址所在页面的物理地址。由于虚拟地址映射的基本单位是一个页面，因此这里先计算页面起始地址。

第 5 行计算要映射的长度，该长度是相对于页面起始地址来说的。

第 7 行计算结束地址。

第 8 行进行参数有效性判断，如果判断失败，则在第 9 行返回 NULL，表示映射失败。要判断的条件包括：

1. 映射的长度不能为 0。
2. 结束地址不能小于起始地址，这里实际上是检查整型溢出，这是防止安全攻击的需要。
3. 结束地址必须位于页面边界处。

第 11 行判断用户传入的物理页面编号是否位于正常的物理内存空间。如果是，则说明用户想要将内核物理地址空间作为设备寄存器空间进行映射，这会导致同一个物理地址并映射到两个不同的虚拟地址，并且映射属性不同，硬件规范禁止这样的行为。

如果发现用户错误地传入内核物理地址空间到本函数，就在第 12 行调用 BUG，强制触发内核宕机。

实际上，程序不可能运行到第 13 行，该行的作用是防止编译器警告，但是考虑到编程习惯，在这里仍然向调用者返回空指针。

第 16 行调用 get_virt_space，获得 IOREMAP 对应的虚拟地址空间中的虚拟地址资源。实际上，get_virt_space 的实现过于简单，必然面对被重构的命运，因此这里不准备详细描述。

如果第 16 行没有成功获得虚拟地址空间用于设备映射，就在第 18 行向用户返回错误。

第 19 行获得本次映射的虚拟地址。

第 20 行保存本次映射的物理地址。

第 22 行调用 ioremap_page_range 建立虚拟地址与设备寄存器地址之间的映射。本函数的实现类似于__linear_mapping 的实现，为虚拟地址和物理地址之间建立四级页表映射，有如下两个差异：

1. 页表项的属性不一样。
2. 为各级页面分配页表空间的函数不一样。由于此时我们已经可以使用页面分配器 API，因此调用 alloc_zeroed_page_memory 来分配页表，而__linear_mapping 则调用 BOOT 内存分配器 API 来分配页表。

如果创建页表失败，则在第 24 行调用 vunmap 解析地址映射，并在第 25 行返回失败。

运行到 28 行，说明地址映射完全成功，向用户返回映射的地址。需要注意的是，addr 临时变量保存是页面第一个字节的虚拟地址，而用户期望得到的是设备寄存器的虚拟地址，设备寄存器地址可能位于页面地址的中间，因此这里需要加上 offset，向用户返回设备寄存器的虚拟地址。

第 7 章

块设备

从本章开始，我们将进入文件系统的分析。

文件系统是操作系统中的重点、难点模块。业界不少人认为实现操作系统最难之处在于调度、中断。实际上，操作系统内核工程师更能体会到：要实现一个实用的操作系统，特别是要实现包含文件系统日志功能，其难点在于文件系统。稳定可靠、性能优异的文件系统的工作量是调度模块的数倍。

Linus 曾经在专访中谈到，实现 Linux 的文件系统是他发布 Linux 之前最难的事情，差一点让他放弃 Linux。

在开启文件系统之旅前，我们需要分析块设备模块，这是实现文件系统的基础。

块设备是一个虚拟的设备，它可能表现为以下几种形态：

1．一个真实的物理磁盘设备。

2．一个真实物理磁盘设备中的磁盘分区。

3．多个物理块设备组合而形成的虚拟块设备。

4．使用内存模拟的块设备，块设备数据均保存在内存中。

5．类似于 FLASH、NVME 的物理块设备。

不论是什么样的块设备，对于系统来说，均是可以按照块大小来保存数据的逻辑设备。这些块的大小一般是 512B 的整数倍，例如 512B、1024B、2048B、4096B。

常见的文件系统，如 Linux Ext3、Ext4 文件系统、DIM-SUM LEXT3 文件系统，其底层存储设备均为块设备。但是也有部分特殊的文件系统，如 Linux Proc 文件系统，并不依赖于块设备系统。

逻辑块设备可能是一个磁盘分区，而多个磁盘分区可能位于同一个物理设备之中。因此，块设备驱动需要处理如下两个事务：

1．物理磁盘的 I/O 请求及设备初始化。

2．逻辑块设备的识别及注册。

不同的磁盘设备由不同的主设备号来表示，同一磁盘设备中的分区由次设备号来区分。关于主设备号、次设备号的概念，请读者自行参阅 Linux 相关书籍。

DIM-SUM 目前仅仅支持 virtio-blk 块设备。

本章接下来的章节将描述物理磁盘的初始化，磁盘分区的识别及注册，以及块设备响应文件系统下发的 I/O 请求流程。

7.1 磁盘及其分区

7.1.1 磁盘及其分区的数据结构

当系统发现新的磁盘设备时，会注册该磁盘设备。磁盘设备是由数据结构 disk_device 来表示的。其定义如下：

```
 1 struct disk_device {
 2     struct device device;
 3     char name[DISK_NAME_LEN];
 4     char sysobj_name[SYSOBJ_NAME_LEN];
 5     int flags;
 6     int logic_devices;
 7     int max_partition_count;
 8     int dev_major;
 9     int read_only;
10     int device_sequence;
11     sector_t capacity;
12     struct blk_request_queue *queue;
13     int request_count;
14     const struct block_device_operations *fops;
15     void *private_data;
16     int partition_count;
17     struct partition_desc part[0];
18 };
```

其中，名为 device 的数据结构用于通用设备框架，包含设备所属的总线、设备编号等信息。

名为 name 的字段表示磁盘设备的名称，如 vda。

名为 sysobj_name 的字段表示磁盘在系统中注册的对象名称，用于 PROC 系统文件系统。此字段目前未被使用。

名为 flags 的字段用来描述磁盘驱动器状态的标志，该字段很少被使用。

名为 logic_devices 的字段表示磁盘设备包含的逻辑设备数，如果为 1，则表示该磁盘设备不支持分区，即将整个磁盘视为一个逻辑设备，由文件系统使用。

名为 max_partition_count 的字段表示磁盘设备所包含的最大的分区数。

名为 dev_major 的字段表示磁盘设备的主设备号。

一个磁盘设备至少使用一个次设备号。如果驱动器可被分区，则为每个可能的分区都分配一个次设备号。

名为 read_only 的字段表示磁盘设备是否为只读设备。

名为 device_sequence 的字段表示磁盘设备在 CD、硬盘设备表中的序号，用于在 PROC 文件系中生成设备文件名。

名为 capacity 的字段表示磁盘设备包含的扇区数量。该字段可能是 64 位长度，并且驱动程序不能直接设置该字段，而应当通过本模块提供的 set_capacity API 来设置。

名为 queue 的字段表示用于管理磁盘 I/O 请求的队列，我们将在随后的章节中详细描述该字段。

名为 request_count 的字段与 queue 的字段相关联，表示正在等待执行的 I/O 请求数量。

名为 fops 的字段包含一组块设备的回调方法，我们将在 7.2.1 节中详细描述该字段。

名为 private_data 的字段是预留给驱动程序所使用的，内核并不直接访问该字段。

名为 partition_count 的字段表示磁盘设备中包含的分区数量，即随后所述 part 数组的数据元素个数。

名为 part 的字段是一个动态分配的数组，该数组的每一个数组元素表示磁盘包含的某个分区。

小问题 7.1： part 数组有什么特殊的地方？

在数据结构 disk_device 中，flags 的字段可以使用的标志包括：

名　　称	含　　义
DISK_FLAG_CD	磁盘对象是 CD 磁盘设备，因此不能被写入
DISK_FLAG_REGISTERED	磁盘对象已经被注册到系统中

磁盘设备中包含的分区用 partition_desc 数据结构来描述，其定义如下：

```
1 struct partition_desc {
2     struct device device;
3     unsigned long state;
4     long start_sector;
5     long sector_count;
6     int read_only;
7     unsigned read_times, read_sectors, write_times, write_sectors;
8     char sysobj_name[SYSOBJ_NAME_LEN];
9 };
```

其中，名为 device 的数据结构用于通用设备框架，包含设备所属的总线、设备编号等信息。

名为 state 的字段表示分区状态标志，目前仅仅可以使用一个状态标志：PART_STATE_UNUSED，该标志表示分区当前没有被使用。

名为 start_sector 的字段表示分区在磁盘设备中起始扇区编号。

名为 sector_count 的字段表示分区所包含的扇区数量。

名为 read_only 的字段表示分区是否只读，对于 CD 设备来说，该字段应当为 1。

名为 read_times、read_sectors、write_times、write_sectors 的字段是一组统计字段，分别表示在该分区中执行的读操作次数、读取的扇区数、写操作次数和写入的扇区数。

名为 sysobj_name 的字段表示分区在系统中注册的对象名称，用于 PROC 系统文件系统。此字段目前未被使用。

系统也使用一个名为 device_partitions 的数据结构，来保存扫描分区的结果：

```
1 struct device_partitions {
2     unsigned int partition_count;
3     struct partition_info {
4         sector_t start_sector;
5         sector_t sector_count;
6     } parts[MAX_PART];
7 };
```

其中，名为 partition_count 的字段表示真实扫描到的分区数。

名为 parts 的数组保存所有可能的分区信息。MAX_PART 是系统支持的最大分区数量。

系统也定义了一些与磁盘及分区相关的宏：

名　　称	含　　义
DISK_MAX_PARTS	磁盘设备所支持的最大分区数量，目前定义为 256
DISK_NAME_LEN	磁盘设备名称长度
SYSOBJ_NAME_LEN	磁盘设备在 PROC 文件系统中的名称长度

7.1.2　磁盘及其分区的全局变量

全局变量 scan_func 定义了系统中支持的所有磁盘分区类型。

```
1 static scan_partition_f scan_func[] = {
2     scan_msdos_partitions,
3 };
```

scan_func 是一个数组，其每一个数据元素是一个函数指针，该函数指针指向一个用于识别每个磁盘设备中的磁盘分区的函数。

目前，系统仅仅支持 msdos 类型的磁盘分区。

7.1.3　磁盘及其分区的 API

磁盘及分区模块提供了如下一些主要 API：

名　　称	含　　义
alloc_disk	为磁盘设备分配描述符，需要指定其分区数量
add_disk	注册并激活磁盘设备
delete_disk	卸载磁盘设备
hold_disk	递增磁盘设备的引用计数
loosen_disk	递减磁盘设备的引用计数
blkdev_container_lookup	根据设备号，返回磁盘及其分区序号。如果返回的分区序号为 0，就表示返回结果并非分区设备，而是磁盘设备
rescan_partitions	扫描磁盘分区，探测磁盘设备中的分区数量及其类型
add_partition	将探测到的磁盘分区添加到系统中
delete_partition	从系统中移除分区
set_disk_readonly	设置磁盘设备的只读标记
set_capacity	设置磁盘设备的扇区数量
get_disk_sectors	获得磁盘的扇区数量
format_disk_name	杂项函数，格式化磁盘设备的名称，用于打印

随后的章节将详细描述这些函数的实现。

7.1.4　磁盘及其分区的实现

DIM-SUM 目前仅支持在 QEMU 中运行，并且仅支持 ARM 64 架构，因此只支持 virtio-blk 驱动。

针对 virtio-blk 驱动，磁盘设备的识别及初始化主要由以下三个步骤组成：

1．磁盘设备识别及初始化，类似于 Linux 中 DTS 的探测过程。

2．加载 virtio-blk 驱动并向系统添加磁盘设备。

3．扫描磁盘设备中的分区，并向系统添加分区设备。

接下来我们详细分析这三个步骤的代码。

7.1.4.1　磁盘设备的识别及初始化

首先看看第一个步骤，即磁盘设备的识别及初始化过程。

在总线初始化过程中，不同的总线设备会用各自的方式探测系统中的设备，找到它的厂商 ID、设备类型，并将设备信息保存在内存中。

在 Linux x86 架构中，通过读取 PCI 配置寄存器来探测其上的设备，这个过程复杂而冗长，有兴趣的读者可以自行阅读相关源代码。

在 Linux Arm 64 架构中，通过解析 DTS 配置文件来探测设备。

在不支持 DTS 配置文件之前，DIM-SUM 是通过硬编码的方式来指定所支持的磁盘设备。

我们首先来看看系统是在何时探测设备的。由于在探测设备时，系统会调用 device_add 将设备添加到总线的设备链表中，那么我们就在 device_add 函数添加调试代码，下面是其调用链：

```
[<ffffffc0000b2cac>] dump_backtrace+0x0/0x154
[<ffffffc0000b2e1c>] dump_task_stack+0x1c/0x30
[<ffffffc0000fa534>] __dump_stack+0x14/0x1c
[<ffffffc0000fa548>] dump_stack+0xc/0x14
[<ffffffc000110120>] device_add+0x18/0x78
[<ffffffc00011019c>] device_register+0x1c/0x24
[<ffffffc00010b1a8>] register_virtio_device+0xc0/0xe8
[<ffffffc00011005c>] virtio_mmio_setup+0x2d0/0x2d8
[<ffffffc00017aa70>] virtio_mmio_init+0x64/0x90
[<ffffffc000110654>] probe_devices+0x14/0x28
[<ffffffc0000a0148>] init_in_process+0x20/0x90
[<ffffffc0000a76a8>] task_entry+0xcc/0xd8
```

实际上，在 virtio_mmio_init 函数中有如下调用：

```
1 int __init virtio_mmio_init(void)
2 {
3     ......
4     virtio_mmio_setup(79, base + 0x3e00, base  + 0x3e00 + 0x1ff);
5     ......
6 }
```

这里调用 virtio_mmio_setup，通知总线注册一个新设备。该调用是 virtio 驱动识别到的块设备。后续将由 virtio-blk 块设备驱动对该设备进行进一步的初始化。

向 virtio_mmio_setup 传递的三个参数，分别表示磁盘设备的中断号、硬件设备基地址和结束地址。

virtio_mmio_setup 的实现比较冗长，主要是读取设备寄存器状态，确认硬件设备真实有效后注册到系统中。

当系统探测到磁盘设备后，会将其保存到总线子系统的设备链表中。系统随后将在 virtio-blk 初始化过程中，注册 virtio-blk 驱动并在 virtio-blk 驱动中对磁盘设备进行详细的初始化。

我们在 add_disk 函数中添加 dump_stack 调试语句，看看 virtio-blk 驱动是如何初始化并注册磁盘设备的。dump_stack 调试语句捕获到的调用链如下：

```
[<ffffffc0000b2cac>] dump_backtrace+0x0/0x154
[<ffffffc0000b2e1c>] dump_task_stack+0x1c/0x30
[<ffffffc0000fa534>] __dump_stack+0x14/0x1c
[<ffffffc0000fa548>] dump_stack+0xc/0x14
[<ffffffc00010287c>] alloc_disk+0x38/0x7c
[<ffffffc000112b60>] virtblk_probe+0x3b4/0x1014
[<ffffffc00010af6c>] virtio_dev_probe+0x1b8/0x210
[<ffffffc0001102cc>] driver_probe_device+0x80/0xe8
[<ffffffc000110530>] driver_attach+0x6c/0x94
[<ffffffc00011059c>] bus_add_driver+0x44/0x64
[<ffffffc00011090c>] driver_register+0x90/0x98
[<ffffffc00010b0c4>] register_virtio_driver+0x94/0x9c
[<ffffffc00017afd0>] virtio_blk_init+0x14/0x24
[<ffffffc000110654>] probe_devices+0x18/0x28
[<ffffffc0000a0148>] init_in_process+0x20/0x90
[<ffffffc0000a76a8>] task_entry+0xcc/0xd8
```

virtblk_probe 函数主要是进行一些烦琐的硬件初始化工作，并且初始化磁盘设备的队列。最后调用 alloc_disk 分配磁盘设备描述符，并调用 add_disk 将磁盘设备添加到系统中，供文件系统使用。

随后的章节将描述 alloc_disk、add_disk 函数的实现。

virtblk_probe 函数在调用 add_disk 函数时，会判断磁盘设备是否初次打开。如果是初次打开，就会调用 rescan_partitions 扫描磁盘分区。同样的，在 rescan_partitions 函数中添加 dump_stack 调试语句，捕获到的调用链如下：

```
[<ffffffc0000b2cac>] dump_backtrace+0x0/0x154
[<ffffffc0000b2e1c>] dump_task_stack+0x1c/0x30
[<ffffffc0000fa534>] __dump_stack+0x14/0x1c
[<ffffffc0000fa548>] dump_stack+0xc/0x14
[<ffffffc0001078c8>] rescan_partitions+0x14/0x124
[<ffffffc0000c8b64>] open_block_device+0x14c/0x18c
[<ffffffc000102a78>] add_disk+0xb4/0xd8
[<ffffffc000113714>] virtblk_probe+0xf68/0x1014
[<ffffffc00010af6c>] virtio_dev_probe+0x1b8/0x210
[<ffffffc0001102cc>] driver_probe_device+0x80/0xe8
[<ffffffc000110530>] driver_attach+0x6c/0x94
[<ffffffc00011059c>] bus_add_driver+0x44/0x64
[<ffffffc00011090c>] driver_register+0x90/0x98
[<ffffffc00010b0c4>] register_virtio_driver+0x94/0x9c
[<ffffffc00017afd0>] virtio_blk_init+0x14/0x24
[<ffffffc000110654>] probe_devices+0x18/0x28
[<ffffffc0000a0148>] init_in_process+0x20/0x90
[<ffffffc0000a76a8>] task_entry+0xcc/0xd8
```

接下来是 alloc_disk 函数、add_disk 函数和 rescan_partitions 函数的实现。

7.1.4.2 alloc_disk 函数和 add_disk 函数的实现

alloc_disk 函数分配并初始化一个新的磁盘设备数据结构。该函数的实现比较简单：

```
 1 struct disk_device *alloc_disk(int max_partition_count)
 2 {
 3     struct disk_device *disk;
 4     int size = max_partition_count * sizeof(struct partition_desc)
 5        + sizeof(struct disk_device);
 6
 7     disk = kmalloc(size, PAF_KERNEL | __PAF_ZERO);
 8     if (disk) {
 9        disk->max_partition_count = max_partition_count;
10        disk->logic_devices = max_partition_count + 1;
11     }
12
13     return disk;
14 }
```

该函数的第4行计算磁盘设备数据结构的大小。该数据结构包含两部分内容：

1．disk_device数据结构本身的大小。

2．磁盘分区动态分配的空间大小。

其中，磁盘分区的数量由调用者确定，并且磁盘分区数据结构由part数组指针所指向，因此part字段必须位于disk_device数据结构的尾部。

第7行调用kmalloc为磁盘设备数据结构分配内存，并将分配的数据结构清零。

如果分配内存成功，则在第9行设置磁盘设备的max_partition_count属性，该属性表明part数组的大小。

第10行设置磁盘设备的逻辑设备数量。需要注意的是，逻辑设备数量比分区数量多1，因为整个磁盘设备也是一个逻辑设备，用户可能直接读/写该设备，以修改设备分区信息。

第13行简单返回分配到磁盘设备数据结构。

分配到磁盘设备数据结构后，我们所做的最重要的事情，就是调用add_disk函数，该函数注册并激活磁盘，其实现流程如下：

```
 1 void add_disk(struct disk_device *disk)
 2 {
 3     ......
 4     disk->flags |= DISK_FLAG_REGISTERED;
 5     disk->dev_major = alloc_dev_major();
 6     disk->device.dev_num = MKDEV(disk->dev_major, 0);
 7     putin_device_container(&blk_container, &disk->device, disk);
 8     devfs_add_disk(disk);
 9     bdev = find_hold_block_device(disk->dev_major, 0);
10     if (!bdev)
11        return;
12     bdev->partition_uptodate = 0;
13     if (open_block_device(bdev, FMODE_READ, 0)) {
14        loosen_block_device(bdev);
15        return;
16     }
17     close_block_device(bdev);
18 }
```

第4行设置磁盘设备的DISK_FLAG_REGISTERED标志，表示磁盘设备已经注册到系统中，文件系统将能够使用该设备。

第 5 行为设备分配主设备号。

第 6 行设置设备的设备号，其中主设备号由第 5 行分配，次设备号为 0。对所有磁盘设备来说，磁盘设备的次设备号均为 0。磁盘设备中所包含的分区，占用的次设备号从 1 开始。

第 7 行调用 putin_device_container 函数将设备添加到通用设备散列表中，这样用户就能通过 PROC 文件系统访问磁盘设备。

第 8 行调用 devfs_add_disk 函数将磁盘设备注册到设备文件系统中，这样用户就能从/dev 目录中访问到磁盘设备了。

第 9 行调用 find_hold_block_device 函数，该函数将磁盘设备添加到块设备散列表中，并持有其引用计数，防止从块设备散列表中被意外删除。从此以后，文件系统就可以通过设备号从块设备子系统中引用磁盘设备了。

如果不能将磁盘设备添加到块设备散列表中，就在第 11 行返回。

第 12 行将 partition_uptodate 函数设置为 0，表示还没有扫描磁盘分区。

第 13 行调用 open_block_device 函数打开块设备，随后我们将详细描述该函数。最重要的是，由于第 12 行将 partition_uptodate 函数设置为 0，因此会导致 open_block_device 函数扫描磁盘分区。

如果第 13 行调用 open_block_device 函数失败，则在第 14 行释放对块设备的引用并返回。

否则在第 17 行调用 close_block_device 函数关闭块设备。实际上，第 9 行递增了块设备的引用计数，因此第 17 行的关闭操作仅仅是递减块设备的引用计数，而不会真正关闭它。

7.1.4.3 扫描磁盘分区

扫描分区的过程是由 rescan_partitions 函数完成的，其实现如下：

```
1 int rescan_partitions(struct disk_device *disk, struct block_device *bdev)
2 {
3     ......
4     if (bdev->open_partitions)
5         return -EBUSY;
6     res = invalidate_partition_sync(disk, 0);
7     if (res)
8         return res;
9     for (p = 0; p < disk->partition_count; p++)
10        delete_partition(disk, p);
11    scan_result = scan_partitions(disk, bdev);
12    if (!scan_result)
13        return 0;
14    for (p = 0; p < scan_result->partition_count; p++) {
15        struct partition_info *partition = &scan_result->parts[p];
16        add_partition(disk, p, partition->start_sector,
17                partition->sector_count);
18    }
19    kfree(scan_result);
20    bdev->partition_uptodate = 1;
21    return 0;
22 }
```

第 4 行判断分区打开次数，如果大于 0，就说明有分区正在被文件系统使用。很显然，我们不能在此时修改内存中的分区数据结构，因此在第 5 行返回错误。

第 6 行调用 invalidate_partition_sync 函数，该函数将所有磁盘块写入磁盘中，并使内存中的文件节点失效。

小问题 7.2：为什么要在第 6 行将所有磁盘块写入磁盘中？

关于文件节点的相关知识，请读者参考后续章节有关文件系统的部分。

如果第 6 行调用 invalidate_partition_sync 函数失败，那么我们不能继续后续的流程，因此在第 8 行退出本函数。

第 9 行遍历当前已有的分区，并在第 10 行依次调用 delete_partition 函数将其从磁盘设备数据结构中删除。

第 11 行调用 scan_partitions 函数从磁盘设备中读取分区信息。随后我们将详细描述 scan_partitions 函数。

第 14 行遍历扫描到的分区，并在第 16 行调用 add_partition 将这些分区添加到磁盘设备的数据结构中。

随后我们将详细描述 add_partition 函数及 delete_partition 函数。

第 19 行释放第 16 行调用 scan_partitions 函数而分配的内存。

第 20 行设置 partition_uptodate，表示目前已经扫描所有的磁盘分区。这样当再次调用 rescan_partitions 函数时，就不必重复执行扫描过程。

scan_partitions 函数从磁盘设备中扫描分区表信息，并将扫描结果返回给调用者。其实现流程如下：

```
 1 static struct device_partitions *
 2 scan_partitions(struct disk_device *disk, struct block_device *bdev)
 3 {
 4    scan_result = kmalloc(sizeof(struct device_partitions),
 5                    PAF_KERNEL | __PAF_ZERO);
 6    if (!scan_result)
 7       return NULL;
 8    res = 0;
 9    for (i = 0; i < ARRAY_SIZE(scan_func); i++) {
10       res = scan_func[i](scan_result, bdev);
11       if (res)
12          break;
13    }
14    if (res > 0)
15       return scan_result;
16    WARN_ON(!res, " unknown partition table\n");
17    kfree(scan_result);
18    return NULL;
19 }
```

第 4 行分配 device_partitions 数据结构，该数据结构用于保存扫描分区的结果。

如果分配 device_partitions 数据结构失败，则在第 7 行返回 NULL 以表示错误。

如果分配 device_partitions 数据结构成功，则在第 9 行遍历 scan_func 数组，试图识别磁盘中的分区信息。

一旦识别到某种类型的分区，就在第 12 行退出循环，结束扫描过程，并在第 15 行向调用者返回扫描到的分区。

如果扫描失败，则在第 16 行打印警告信息，并在第 17 行释放临时分配的 device_partitions 数据结构。

scan_msdos_partitions 函数扫描 msdos 类型的分区。对这个函数的分析，就留给读者作为练习。

7.2 块设备维护

在成功识别到块设备后，需要将设备组织到内存数据结构中，以便文件系统打开块设备，并向块设备提交 I/O 请求。

在读取磁盘分区的过程中，也有直接访问磁盘块的要求。因此块设备模块也提供相应的 API，直接读取磁盘块数据到内存中。

块设备维护相关的代码位于 fs/block_dev.c、include/dim-sum/blk_dev.h、drivers/base/container.c、include/dim-sum/dev_container.h 中。

7.2.1 块设备的数据结构

一个逻辑块设备由 block_device 数据结构来描述，它表示一个可以记录文件系统数据的设备，既可以是一个磁盘，也可以是一个磁盘分区，甚至可以是一块用于保存文件系统数据的内存。

逻辑块设备保存数据的单元一般是 512B 的整数倍。

block_device 数据结构的定义如下：

```
 1 struct block_device {
 2     devno_t devno;
 3     struct double_list  list;
 4     struct double_list  inodes;
 5     struct file_node *fnode;
 6     void *holder;
 7     int hold_count;
 8     int         open_count;
 9     int open_partitions;
10     struct block_device *container;
11     struct disk_device *disk;
12     struct partition_desc *partition;
13     int partition_uptodate;
14     unsigned        partition_count;
15     struct blkdev_infrast *blkdev_infrast;
16     struct semaphore    mount_sem;
17     unsigned        bd_block_size;
18     struct semaphore    sem;
19 };
```

其中，名为 devno 的字段表示块设备的主设备号和次设备号。关于设备号的概念，请读者自行参阅 Linux 相关的书籍。

名为 list 的字段表示一个链表节点，此字段将块设备加入全局块设备链表中。

名为 inodes 的字段表示一个链表头，该链表包含所有已经打开当前块设备的文件节点。简单地说，inodes 表示一个用于操纵文件的逻辑对象。每个块设备可以被作为文件对象，由用户打开，因此需要文件节点来描述它。并且用户可以通过不同的途径打开同一个块设备，因此可能需要多个文件节点对象来描述，这些文件节点对象保存在 inodes 链表中。

名为 fnode 的字段是一个文件节点指针，该指针指向 dev 文件系统中块设备对应的文件节点。在 dev 伪文件系统中，会为每个块设备建立一个文件，用户通过/dev 路径可以访问这些块设备文件。一旦用户通过 dev 伪文件系统读/写块设备中的数据，就会为其建立一个文件节点，该字段指向这个文件节点。

小问题 7.3：用户访问块设备，均需要通过 dev 伪文件系统，那么我们只需要 fnode 字段就行了，为什么还需要 inodes 字段？

名为 holder 的字段表示块设备描述符的当前所有者。当调用者需要独占访问块设备时，就会设置此字段，那么其他需要独占访问块设备的调用者必须等待。

实际上，该字段的实现比较奇怪。相应的代码实现复用了 Linux 的代码，我希望在不久的将来能重构相关代码。

名为 hold_count 的字段是一个计数器，表示调用者递归设置了多少次独占访问。也就是说，调用者在设置了对块设备的独占访问标志后，可能会再次调用相关 API 设置独占访问标志，这里对其调用次数进行计数。

名为 open_partitions 的字段也是一个计数器，表示在该设备中，打开了多少个分区。只有该字段为 0 时，才允许用户向块设备中写入数据。

名为 container 的字段指向包含本设备的块设备。如果块设备是一个分区，则该字段指向整个磁盘的块设备描述符。否则，指向该块设备描述符本身。

名为 disk 的字段指向块设备所属的磁盘设备描述符。

名为 partition 的字段是一个指针。如果块设备是磁盘分区，则指向磁盘分区描述符，否则本字段为空指针。

名为 partition_uptodate 的字段表示分区信息是否最新。换句话说，是否需要从磁盘扫描分区信息。

名为 blkdev_infrast 的字段是文件系统访问块设备的接口。对于文件系统来说，块设备是向其提供数据的基础构件，因此将此字段命名为 blkdev_infrast。

后续将描述 blkdev_infrast 数据结构的具体字段。

名为 mount_sem 的字段是一个信号量，用于保护并发的 mount 操作。防止块设备被多次加载到不同的文件系统中。

名为 bd_block_size 的字段表示块设备中每个磁盘块的大小，单位是字节。

名为 sem 的字段是一个信号量，用于保护块设备的打开和关闭，防止并发地打开、关闭操作，破坏相应的数据结构。

接下来，我们简单介绍 blkdev_infrast 数据结构。该数据结构是块设备提供给文件系统的接口。其定义如下：

```
1 struct blkdev_infrast {
2     unsigned long state;
3     unsigned long max_ra_pages;
4     int mem_device;
5     void (*push_io)(struct blkdev_infrast *, struct page_frame *);
```

```
6     void *push_io_data;
7 };
```

名为 state 的字段表示块设备的状态。可能的状态标志有：

名　　称	含　　义
BLK_WRITE_CONGESTED	写拥塞
BLK_READ_CONGESTED	读拥塞

名为 max_ra_pages 的字段表示最大的预读页面。过多的预读页面可能会浪费文件页面缓存空间。

名为 mem_device 的字段是一个布尔变更。如果为 1，则表示块设备内存设备，不用回写到磁盘。

名为 push_io 的字段是一个函数回调指针，文件系统调用此回调函数向块设备发送 I/O 请求。

名为 push_io_data 的字段是一个保留字段，由文件系统随意使用。

小问题 7.4：为什么不将 blkdev_infrast 数据结构的字段直接放到 block_device 数据结构中？

块设备模块也定义了一个名为 block_device_operations 的数据结构，用于 dev 文件系统控制块设备。其定义如下：

```
1 struct block_device_operations {
2     int (*open) (struct block_device *, mode_t mode);
3     int (*release) (struct file_node *, struct file *);
4     int (*ioctl) (struct block_device *, fmode_t, unsigned, unsigned long);
5 };
```

名为 open 的字段是一个回调函数指针，当用户打开块设备文件时，回调此函数。

名为 release 的字段是一个回调函数指针，当用户关闭对块设备文件的最后一个引用时，回调此函数。

名为 ioctl 的字段是一个回调函数指针，当用户调用 ioctl 系统调用控制块设备时，回调此函数。

为了维护设备号与设备之间的关系，设备子系统定义了一个名为 device_container 的数据结构。其定义如下：

```
1 struct device_container {
2     struct rw_semaphore sem;
3     struct hash_list_bucket *__hash;
4     unsigned int __hash_order;
5     unsigned int __hash_mask;
6 };
```

名为 sem 的字段是一个信号量，用于保护 device_container 数据结构。

名为__hash 的字段指向散列表中的散列桶。

名为__hash_order 和__hash_mask 的字段用于描述散列表的大小及散列表运算。

7.2.2　块设备的全局变量

全局变量 blk_container 定义了一个散列表，该散列表包含了所有块设备。调用者可以通过设备号从该散列表中查找块设备。该字段定义如下：

```
1 static struct device_container blk_container;
```

device_container 数据结构是设备层提供的通用数据结构，维护设备号与设备之间的关系。

全局变量 all_bdevs 定义了一个双向链表，该链表保存了所有的块设备描述符。在块设备描述符中，名为 list 的字段将块设备链接到该链表。该字段定义如下：

```
1 static struct double_list all_bdevs = LIST_HEAD_INITIALIZER(all_bdevs);
```

全局变量 blkdev_lock 定义了一个自旋锁，该锁用于保护 all_bdevs 链表。该字段定义如下：

```
1 static struct smp_lock blkdev_lock = SMP_LOCK_UNLOCKED(blkdev_lock);
```

系统也定义了一些与块设备相关的宏：

名　　称	含　　义
BLK_MAX_READAHEAD	块设备层最大的预读量，默认为 128KB
BLK_MIN_READAHEAD	块设备层最小的预读量，默认为 16KB

7.2.3　块设备的 API

块设备模块提供了如下一些主要 API：

名　　称	含　　义
find_hold_block_device	根据设备号，查找块设备描述符，并获得块设备的引用计数
putin_blkdev_container	将块设备放到全局散列表中
takeout_blkdev_container	将块设备从全局散列表中移除
open_block_device	打开块设备
close_block_device	关闭块设备
blkdev_open_exclude	以独占方式打开块设备，这是块设备模块提供给文件系统的重要接口
blkdev_close_exclude	关闭独占打开的块设备
blkdev_read_sector	从块设备中读取扇区内容
SECTOR_TO_PAGE	将磁盘扇区编号转换为页缓存序号
SECOFF_IN_PAGE	计算磁盘扇区在页缓存中的偏移

7.2.4　块设备的实现

7.2.4.1　与设备子系统的交互

在扫描磁盘分区的时候，将探测到磁盘设备及其上的分区，并将磁盘及其分区注册到设备系统中。

系统按照设备号将设备组织到散列表中，并且按照不同的设备类型将这些设备组织到不同的散列表中。其中，blk_container 散列表用于保存所有的块设备。

将块设备添加到块设备散列表的函数是 putin_blkdev_container，其实现流程如下：

```
1 int putin_device_container(struct device_container *domain,
```

```
2     struct device *device, void *owner)
3 {
4     unsigned long bucket;
5
6     device->owner = owner;
7     hash_list_init_node(&device->container);
8
9     bucket = hash_long(device->dev_num, domain->__hash_order);
10    down_write(&domain->sem);
11    hlist_add_head(&device->container, domain->__hash + bucket);
12    up_write(&domain->sem);
13
14    return 0;
15 }
16
17 int putin_blkdev_container(struct device *device, void *owner)
18 {
19    return putin_device_container(&blk_container, device, owner);
20 }
```

在第 19 行调用 putin_device_container 函数，放块设备放到 blk_container 散列表中。

putin_device_container 是通用的设备层管理函数，它将某个设备添加到设备散列表中。

在第 6 行设置设备的 owner 字段，通常该字段表示设备驱动所在的模块。由于目前 DIM-SUM 还不支持动态加载、卸载模块，因此该字段为 NULL。

第 7 行初始化设备的 container 字段，利用该字段将设备添加到散列表中。

第 9 行根据设备号及散列表的大小，计算设备应当位于哪一个散列桶中。

第 10 行获得散列表的信号量。

小问题 7.5：第 10 行为什么使用信号量而不是互斥锁？毕竟，使用信号量来保护对数据结构的互斥访问，在系统中是少见的。

第 11 行将设备添加到散列桶中去。

第 12 行释放信号量。

takeout_blkdev_container 的实现与 putin_device_container 正好相反，它将设备从散列表中移除。详细的分析过程留给读者作为练习。

7.2.4.2 与文件系统的交互

块设备层提供 find_hold_block_device 接口，文件系统调用此接口获得块设备描述符，并通过向块设备描述符发送 I/O 请求来读/写块设备。其实现如下：

```
1 struct block_device *__find_hold_block_device(devno_t dev_num)
2 {
3     ......
4     fnode = fnode_find_alloc_special(blkfs_mount->super_block,
5         hash(dev_num), bdev_test, bdev_set, &dev_num);
6     if (!fnode)
7         return NULL;
8
9     blkdev = &fnode_to_blknode(fnode)->blkdev;
10
11    if (fnode->state & FNODE_NEW) {
```

```
12          ......
13          fnode->cache_data.blkdev_infrast = &default_blkdev_infrast;
14          smp_lock(&blkdev_lock);
15          list_insert_front(&blkdev->list, &all_bdevs);
16          smp_unlock(&blkdev_lock);
17          fnode->state &= ~(FNODE_TRANSFERRING|FNODE_NEW);
18          wake_up_filenode(fnode);
19      }
20
21      return blkdev;
22  }
23
24  static inline struct block_device *
25  find_hold_block_device(unsigned int dev_major, unsigned int dev_minor)
26  {
27      return __find_hold_block_device(MKDEV(dev_major, dev_minor));
28  }
```

顾名思义，__find_hold_block_device 函数根据设备号查找块设备，并持有该设备的引用计数。它在第 27 行调用__find_hold_block_device 函数来实现这个目的。

__find_hold_block_device 函数并不从设备散列表中查找块设备，这是出人意料之处。

小问题 7.6：为什么不直接从 blk_container 散列表中获得块设备，并返回给文件系统使用？

相反，__find_hold_block_device 函数从块设备伪文件系统中搜索该文件系统的超级块，并利用特定的搜索方法查找块设备的文件节点。

在第 4 行，调用 fnode_find_alloc_special 函数从设备文件系统超级块搜索块设备的文件节点。该函数的详细实现分析，已经超出了本章的范围。建议读者在阅读完第 9 章后再分析此函数的实现。

如果在块设备伪文件系统中没有找到块设备的文件节点，那么说明相应的块设备并不存在，因此在第 7 行返回。

第 9 行从文件节点中获得块设备描述符。

第 11 行判断文件节点的 FNODE_NEW 标志。如果该标志存在，说明是新文件节点，因此需要做一些必要的初始化工作，这是由第 12~18 行的代码块完成的。

第 12~13 行设置文件节点的初始字段。

第 14 行获得全局 blkdev_lock 自旋锁。

第 15 行将块设备添加到全局链表中。

第 16 行释放全局 blkdev_lock 自旋锁。

第 17 行去掉 FNODE_NEW 标志，表示我们已经成功地对块设备进行了初始设置。同时去掉 FNODE_TRANSFERRING 标志。FNODE_TRANSFERRING 标志本来表示正在传送文件节点的数据，但是这里用于线程之间基于文件节点的同步操作。

第 18 行调用 wake_up_filenode 唤醒正在等待文件节点传送数据的线程，由于现在已经将文件节点初始化完毕，因此唤醒那些等待的线程。

文件系统向块设备提交 I/O 请求的流程，将在后续的章节中描述。

7.2.4.3 打开块设备

打开块设备的主函数是 open_block_device，其实现如下：

```
1 int open_block_device(struct block_device *blkdev, mode_t mode, unsigned flags)
2 {
3     ......
4     disk = blkdev_container_lookup(blkdev->devno, &part_num);
5     if (!disk)
6         return -ENXIO;
7 
8     down(&blkdev->sem);
9     if (!blkdev->open_count) {
10        if (real_open_device(blkdev, mode, flags, disk, part_num))
11            goto out;
12    } else {
13        loosen_disk(disk);
14        if (blkdev->container == blkdev) {
15            if (blkdev->disk->fops->open) {
16                ret = blkdev->disk->fops->open(blkdev, mode);
17                if (ret)
18                    goto out;
19            }
20        }
21    }
22 
23    if (blkdev->container != blkdev) {
24        down(&blkdev->container->sem);
25        blkdev->container->open_partitions++;
26        up(&blkdev->container->sem);
27    } else {
28        if (!blkdev->partition_uptodate)
29            rescan_partitions(blkdev->disk, blkdev);
30    }
31 
32    blkdev->open_count++;
33    up(&blkdev->sem);
34 
35    return 0;
36 out:
37    ......
38 }
```

第 4 行调用 blkdev_container_lookup，在块设备散列表中查找设备是否存在，并获得设备的分区号。

在第 5 行中，如果发现块设备散列表中并不存在相应的块设备，则说明调用者传入的参数不正确，因此在第 6 行返回错误码 ENXIO。

后续的操作需要更新块设备的字段，因此在第 8 行获得块设备的信号量。

第 9 行判断块设备的打开次数，如果是第一次打开设备，则运行 10~11 行的代码块：

1. 第 10 行调用 real_open_device 执行真正的打开操作。随后将描述 real_open_device 的实现。

2. 如果第 10 行的打开操作失败，则在第 11 行跳转到 out 标号处，返回失败。

如果第 9 行的判断表明不是第一次打开块设备，则运行第 13~20 行的代码块：

1. 第 13 行调用 loosen_disk 释放对块设备所在磁盘的引用计数，该引用计数是在第 4 行获得的。

2．第 14 行判断块设备所在的主设备，如果主设备就是当前块设备，就说明当前打开的是磁盘设备而不是分区，于是在 15~18 行执行磁盘设备驱动的 open 回调函数。

运行到第 23 行，说明已经正确执行硬件设备的打开操作，因此更新块设备中的内存数据结构中的计数。

第 23 行判断块设备是一个分区，因此执行第 24~26 行的代码块：

1．第 24 行获得分区所在磁盘的信号量。

2．第 25 行递增磁盘中打开的分区数量。

3．第 26 行释放分区所在磁盘的信号量。

如果第 23 行的判断表明打开的块设备是一个磁盘，则执行第 28～29 行的代码块：

1．第 28 行判断磁盘的分区信息是否最新。

2．如果不是最新的，则在第 29 行调用 rescan_partitions 扫描磁盘分区信息。

第 32 行递增块设备的打开计数。

第 33 行释放块设备的信号量。

在第一次打开设备时，需要调用驱动程序的初始化过程，并对块设备描述符进行初始化工作。这是由 real_open_device 函数完成的，其实现如下：

```
1 static int
2 real_open_device(struct block_device *blkdev, mode_t mode, unsigned flags,
3     struct disk_device *disk, int part_num)
4 {
5     int ret;
6 
7     blkdev->disk = disk;
8     if (!part_num) {
9         ......
10        blkdev->container = blkdev;
11        if (disk->fops->open) {
12            ret = disk->fops->open(blkdev, mode);
13            if (ret)
14                goto out;
15        }
16 
17        if (!blkdev->open_count) {
18            blkdev_set_size(blkdev, (loff_t)get_disk_sectors(disk) << 9);
19 
20            infrast = blk_get_infrastructure(blkdev);
21            if (infrast == NULL)
22                infrast = &default_blkdev_infrast;
23            blkdev->fnode->cache_data.blkdev_infrast = infrast;
24        }
25    } else {
26        ......
27        whole = find_hold_block_device(disk->dev_major, 0);
28        if (!whole) {
29            ret = -ENOMEM;
30            goto out;
31        }
```

```
32
33          ret = open_block_device(whole, mode, flags);
34          if (ret) {
35              loosen_block_device(whole);
36              goto out;
37          }
38
39          blkdev->container = whole;
40          down(&whole->sem);
41          partion = &disk->part[part_num - 1];
42          blkdev->fnode->cache_data.blkdev_infrast =
43              whole->fnode->cache_data.blkdev_infrast;
44
45          if (!(disk->flags & DISK_FLAG_REGISTERED) || !partion
46              || !partion->sector_count) {
47              up(&whole->sem);
48              ret = -ENXIO;
49              goto out;
50          }
51
52          blkdev->partition = partion;
53          blkdev_set_size(blkdev, (loff_t)partion->sector_count << 9);
54          up(&whole->sem);
55      }
56
57      return 0;
58  out:
59      ......
60  }
```

第 7 行设置块设备所在的磁盘。

第 8 行判断设备是否为分区编号，如果为 0，则表示是一个磁盘块设备，因此执行第 9~24 行的代码，对磁盘进行打开操作：

1．第 10 行设置块设备的 container 为自身。

2．第 11 判断磁盘对象是否有 open 初始化方法，如果有，则在第 12 行调用驱动的 open 回调函数，对硬件进行初始化。如果硬件驱动初始化失败，则在第 14 行跳转到 out 处进行错误处理。

3．第 17 行判断磁盘设备的打开次数，如果是第一次打开，则执行初始化设置。

4．在第 18 行设置块设备的大小。

5．第 20 行获得块设备向文件系统提供的接口对象，如果当前没有设置该接口，则将在第 22 行将其设置为默认对象 default_blkdev_infrast。

6．第 23 行设置块设备在设备文件系统中的文件节点对象属性。

如果第 8 行的判断表明块设备是一个分区而不是磁盘，那么执行第 26~54 行的代码块：

1．第 27 行调用 find_hold_block_device，找到分区所在的磁盘对象。

2．如果没有找到磁盘对象，则说明在块设备文件系统对磁盘设备进行初始化的过程中，发生了内存不足的错误，因此在第 29 行设置错误码后，在第 30 行跳转到 out 标号处，向调用者返回错误。

3．第 33 行递归调用 open_block_device，执行打开磁盘设备的操作。

4. 如果第33行打开磁盘设备失败，则在第35行调用loosen_block_device，释放对磁盘设备的引用计数。相应的引用计数是在第27行获得的。然后在第36行跳转到out标号处，向调用者返回错误。

5. 运行到第39行，说明打开分区块设备已经成功,因此设置分区所在的设备为磁盘对象。

6. 第40行获得磁盘对象的信息量。

7. 第41行从磁盘描述符中获得当前分区的描述符。

8. 第42行设置分区设备的文件节点对象属性，使其文件系统接口指向磁盘的接口。

9. 第45行判断异常情况，以下三种情况均属性错误：

- 磁盘没有被注册到系统中。
- 分区描述符为NULL，说明磁盘并不存在相应的分区。
- 分区的扇区数量为0，根本不适合作为块设备。

如果存在以上情况，则在第47行释放磁盘设备的信号量，并在第48行设置错误码，在第49行跳转到out标号，向调用者返回错误。

10. 第52行设置块设备的分区描述符。

11. 第53行根据分区描述符的扇区数量，设置块设备的大小。

12. 第54行释放磁盘对象的信号量。

7.2.4.4 独占打开块设备

实际上，当文件系统层在访问块设备时，并不会直接调用open_block_device打开块设备，而会调用blkdev_open_exclude，指定块设备在设备文件系统中的路径来打开设备。该函数的实现如下：

```
1 struct block_device *blkdev_open_exclude(const char *path, int flags, void *holder)
2 {
3     blkdev = blkdev_load_desc(path);
4     if (IS_ERR(blkdev))
5         return blkdev;
6
7     if (!(flags & MFLAG_RDONLY))
8         mode |= FMODE_WRITE;
9     error = open_block_device(blkdev, mode, 0);
10    if (error) {
11        loosen_block_device(blkdev);
12        return ERR_PTR(error);
13    }
14
15    error = -EACCES;
16    if (!(flags & MFLAG_RDONLY) && blkdev_read_only(blkdev))
17        goto close;
18    error = blkdev_exclude(blkdev, holder);
19    if (error)
20        goto close;
21
22    return blkdev;
23    ......
24 }
```

在第3行调用blkdev_load_desc获得文件路径对应的块设备，随后将对该函数进行详细描述。

第 4 行判断 blkdev_load_desc 的返回值，如果没有找到适当的块设备对象，则说明调用者传入的路径不正确，因此在第 5 行返回错误。

第 7 行判断传入的打开标志，如果没有指定只读打开标志，则允许写访问。

第 9 行调用 open_block_device 打开块设备。

第 10 判断 open_block_device 的返回值，如果出现错误，则在第 11 行调用 loosen_block_device 释放对块设备对象的引用，该引用是由第 3 行的 blkdev_load_desc 函数调用获得的。并在第 12 行返回错误值。

第 16 行判断打开设备标志，如果没有指定只读打开标志，并且块设备是只读设备，那么显然无法满足要求，因此在第 17 行跳转到 close 标号处，向调用者返回错误。

第 18 行调用 blkdev_exclude 获得设备的独占访问权限。如果失败，则在第 20 行跳转到 close 标号处，向调用者返回错误。

blkdev_load_desc 获得文件路径对应的块设备，该函数的实现比较复杂，值得读者认真阅读。当然，该函数与文件系统的实现紧密相关。因此需要读者在理解文件系统的实现后，再阅读本节内容。

该函数的实现如下：

```
 1 struct block_device *blkdev_load_desc(const char *path)
 2 {
 3     ......
 4     if (!path || !*path)
 5         return ERR_PTR(-EINVAL);
 6     error = load_filenode_cache((char *)path, FNODE_LOOKUP_READLINK, &look);
 7     if (error)
 8         return ERR_PTR(error);
 9     fnode = look.filenode_cache->file_node;
10     error = -ENOTBLK;
11     if (!S_ISBLK(fnode->mode))
12         goto fail;
13     error = -EACCES;
14     if (look.mnt->flags & MNT_NODEV)
15         goto fail;
16     error = -ENOMEM;
17     blkdev = blkdev_get_desc(fnode);
18     if (!blkdev)
19         goto fail;
20 out:
21     loosen_fnode_look(&look);
22     return blkdev;
23     ......
24 }
```

第 4～5 行判断传入的 path 参数合法性。

第 6 行调用 load_filenode_cache 函数，根据文件名从文件节点缓存中搜索文件节点。如果节点缓存中不存在相应的节点，还会为其创建缓存对象。

小问题 7.7：到底什么是文件节点？是不是像/dev/sda 这样的块设备文件名？

实际上，load_filenode_cache 函数非常复杂，以至于需要读者深入分析虚拟文件系统、块设备文件系统后才能真正明白这个函数的实现，因此建议读者在此暂时略过此函数。

如果 load_filenode_cache 函数执行失败，则在第 8 行向调用者返回错误。

第 9 行获得查找到的文件节点。

第 11 行根据文件节点的属性，判断文件节点是否为块设备节点。如果不是，则在第 12 行跳转到 fail 处，向调用者返回错误。

第 14 行判断文件节点挂载点的属性，如果不允许访问其中的块设备，则在第 15 行跳转到 fail 处，向调用者返回错误。

第 17 行调用 blkdev_get_desc，从文件节点中获得块设备描述符。如果失败，则在第 19 行跳转到 fail 处，向调用者返回错误。

小问题 7.8：第 11 行的判断已经表明文件节点是块设备的文件节点了，为什么第 18 行还可能出现块设备描述符为空指针的情况？换句话说，是否可以去掉第 18 行的判断？

第 21 行调用 loosen_fnode_look 释放路径查找过程中的资源。

接下来，有必要描述一下 blkdev_get_desc 函数的实现。该函数从文件节点中获得块设备描述符的地址，其实现如下：

```
 1 static struct block_device *blkdev_get_desc(struct file_node *fnode)
 2 {
 3     smp_lock(&blkdev_lock);
 4     blkdev = fnode->blkdev;
 5     if (blkdev && hold_file_node(blkdev->fnode)) {
 6         smp_unlock(&blkdev_lock);
 7         return blkdev;
 8     }
 9     smp_unlock(&blkdev_lock);
10     blkdev = __find_hold_block_device(fnode->devno);
11     if (blkdev) {
12         smp_lock(&blkdev_lock);
13         if (fnode->blkdev && (fnode->blkdev != blkdev)) {
14             loosen_block_device(blkdev);
15             blkdev = fnode->blkdev;
16             hold_file_node(blkdev->fnode);
17         } else {
18             fnode->cache_space = blkdev->fnode->cache_space;
19             list_insert_front(&fnode->device, &blkdev->inodes);
20         }
21         smp_unlock(&blkdev_lock);
22     }
23     return blkdev;
24 }
```

随着文件系统的挂载、卸载操作反复执行，文件节点的属性也会随之变化。因此绑定在文件节点中的块设备属性也会变化。

为了保护对文件节点的块设备属性的并发访问，使用 blkdev_lock 自旋锁。

在该函数的第 3 行，获得 blkdev_lock 自旋锁，以准备开始访问文件节点的块设备属性。

小问题 7.9：有必要对 blkdev_lock 全局自旋锁进行优化吗？

第 4 行获得文件节点的块设备属性。

第 5 行判断文件节点的块设备属性是否有效。如果有效，则调用 hold_file_node 获得块设备的引用。

小问题 7.10：第 5 行为什么要判断 hold_file_node 的返回，难道它会失败？

如果在第 5 行成功获得块设备的引用，则在第 6 行释放 blkdev_lock 自旋锁，并在第 7 行向调用者返回成功。

如果第 5 行的判断表明文件节点的块设备属性无效，那么我们就需要执行一些额外的初始化操作，于是在第 9 行释放 blkdev_lock 自旋锁。

第 10 行调用__find_hold_block_device，根据设备号在块设备文件系统中查找块设备描述符。

如果在块设备文件系统中成功查找到块设备描述符，则执行第 12~21 行的代码块：

1．在第 12 行重新获得 blkdev_lock 自旋锁。

2．第 13 行判断文件节点中的块设备属性是否发生了变化，如果有变化，则在第 14 行释放块设备描述符的引用，并在第 16 行获得文件节点中块设备的引用。

3．如果文件节点的块设备属性还没有生效，或者没有产生变化，就在第 18 行设置文件节点的地址空间属性，并在第 19 行将文件节点添加到块设备的文件节点链表中。

小问题 7.11：为什么文件节点的块设备属性会发生变化？

4．第 21 行释放 blkdev_lock 自旋锁。

第 23 行向调用者返回文件节点的块设备属性。如果返回 NULL，则表示文件节点并不是一个块设备。

blkdev_exclude 函数获得块设备的独占权限。这个函数相当有意思，建议读者仔细阅读该函数的代码。

7.2.4.5 关闭块设备

关闭块设备是由函数 blkdev_close_exclude 完成的，其实现如下：

```
 1 int close_block_device(struct block_device *blkdev)
 2 {
 3     down(&blkdev->sem);
 4     blkdev->open_count--;
 5     if (!blkdev->open_count) {
 6         blkdev_sync(blkdev);
 7         blkdev_invalidate_pgcache(blkdev);
 8         truncate_inode_pages(blkdev->fnode->cache_space, 0);
 9     }
10     if (blkdev->container == blkdev) {
11         if (disk->fops->release)
12             ret = disk->fops->release(fnode, NULL);
13     } else {
14         down(&blkdev->container->sem);
15         blkdev->container->open_partitions--;
16         up(&blkdev->container->sem);
17     }
18     if (!blkdev->open_count) {
19         loosen_disk(disk);
20         if (blkdev->container != blkdev)
21             blkdev->partition = NULL;
22         blkdev->disk = NULL;
23         blkdev->fnode->cache_data.blkdev_infrast = &default_blkdev_infrast;
24         if (blkdev != blkdev->container)
25             close_block_device(blkdev->container);
```

```
26          blkdev->container = NULL;
27      }
28      up(&blkdev->sem);
29      loosen_block_device(blkdev);
30      return ret;
31  }
32
33  void blkdev_close_exclude(struct block_device *blkdev)
34  {
35      blkdev_exclude_invalidate(blkdev);
36      close_block_device(blkdev);
37  }
```

在 blkdev_close_exclude 函数的第 35 行调用 blkdev_exclude_invalidate 函数，该函数使块设备的独占设置失效。

第 36 行调用 close_block_device 函数关闭块设备，该函数与 open_block_device 相对应。

close_block_device 函数是 blkdev_close_exclude 函数的具体实现函数。在 close_block_device 函数的第 3 行，首先获得块设备的信号量。

第 4 行递减设备的打开次数。

如果第 4 行将设备的打开次数递减为 0，则说明没有任何人打开了块设备，此时执行第 6~8 行的代码：

1. 第 6 行调用 blkdev_sync，将块设备的文件节点缓存中的数据全部回写到磁盘中。该函数在文件节点缓存空间中提交回写请求，并等待回写完成。

2. 第 7 行调用 blkdev_invalidate_pgcache，使块设备的文件节点缓存空间失效。

3. 第 8 调用调用 truncate_inode_pages 将块设备的文件节点缓存空间截断，释放相应的缓存空间资源。

小问题 7.12：什么是文件节点的缓存空间？第 7 行和第 8 行的操作缺失会带来什么样的后果？

第 10 行判断块设备所在的容器是否就是自身。如果是，则表明块设备是磁盘而不是分区，因此在第 11~12 行调用磁盘设备驱动的 release 回调函数，驱动程序可以在此回调函数中执行资源，释放相关的操作。

如果块设备是分区设备，那么执行第 14~16 行的代码块：

1. 第 14 行获得块设备所在磁盘的信号量。
2. 第 15 行递减磁盘设备的打开分区计数。
3. 第 16 行释放所在磁盘的信号量。

第 18 行再次判断是否彻底关闭块设备。如果是，则执行第 19~26 行的代码块：

1. 第 19 行调用 loosen_disk，释放对所在磁盘的引用。
2. 第 20 行判断块设备属性，如果是分区，则在第 21 行设置块设备的分区属性为空指针。
3. 在第 22 行设置块设备的磁盘对象为空指针。
4. 第 23 行设置块设备的文件缓存空间的回写方法为 default_blkdev_infrast。如果文件系统层继续向块设备发送 I/O 请求，则会被丢弃。
5. 如果被关闭的块设备是分区，那么同时在第 25 行，针对其所在的磁盘设备执行一次 close_block_device 函数调用。

6．第 26 行清除块设备的 container 字段。

第 28 行释放块设备的信号量。

第 29 行调用 loosen_block_device 释放块设备描述符的引用。

7.2.4.6 读取扇区内容

在扫描磁盘分区的时候，需要读取特定扇区的内容，这是通过向磁盘设备发送 I/O 请求来实现的。这些 I/O 请求与文件系统提交的 I/O 请求有所不同，并且这样的 I/O 请求服务于块设备管理。

blkdev_read_sector 函数读取特定扇区内容的功能，其实现如下：

```
 1 unsigned char *blkdev_read_sector(struct block_device *blk_dev,
 2        sector_t sector, struct page_frame **ret)
 3 {
 4    ......
 5    page = read_cache_page(cache_space, SECTOR_TO_PAGE(sector), NULL);
 6    if (!IS_ERR(page) ) {
 7       if (!pgflag_uptodate(page) || pgflag_error(page)) {
 8          loosen_page_cache(page);
 9          goto fail;
10       }
11       *ret = page;
12       offset = SECOFF_IN_PAGE(sector);
13       return (unsigned char *)page_address(page) + offset;
14    }
15    ......
16 }
```

在第 5 行调用 read_cache_page 函数，将扇区所在的页面读入到缓存中。后续章节有对该函数的详细分析。

第 6 行判断 read_cache_page 的结果，如果没有发生错误，则执行第 7~13 行的代码块：

1．第 7 行进行如下判断，如果以下条件满足，则说明发生了错误：

- 页面内容不是新的，这通常表示读取扇区内容时发生了 I/O 错误。
- 页面存在错误标志。

2．一旦存在错误，则在第 8 行调用 loosen_page_cache 释放对页面缓存的引用，并在第 9 行跳转到 fail 标号处，向调用者返回错误。

3．第 11 行向调用者返回读取到的页面。

4．第 12 行计算扇区在页面内的偏移。

5．第 13 行转换页面缓存的内存地址，加上扇区在页面内的偏移，得到扇区数据的内存访问地址。

7.3 I/O 请求

文件系统要将元数据或者文件数据保存到磁盘，需要向磁盘提交 I/O 请求。当然，从分层软件设计的角度来说，文件系统不应当直接调用驱动层的 API 来控制磁盘设备。和 Linux 类似，DIM-SUM 也在块设备层提供了磁盘 I/O 队列的概念。驱动层在创建设备的时候，会为设备创建一个 I/O 队列，文件系统调用 I/O 队列的 API，向 I/O 队列中提交 I/O 请求。当 I/O 队列满或者超时以后，将 I/O 队列中的请求下发给驱动层，由驱动层控制磁盘设备，开始执行 I/O 请求。当硬件执行完 I/O 请求后，再调用块设备层的 API，通知上层获取 I/O 请求的结果。

与 I/O 请求相关的最重要的 API 是 blk_submit_request 和 blkI/O_finished。其中，blk_submit_request 的作用是将 I/O 请求提交到 I/O 队列中，blkio_finished 的作用是通知文件系统层 I/O 请求已经完成。

I/O 请求被提交到 I/O 队列中以后，并不会立即由磁盘设备执行，而会在 I/O 队列中等待一段时间。如果后续的 I/O 请求与队列中现有的 I/O 请求是相邻的，那么可以将多个 I/O 请求合并为一个大的 I/O 请求，这样可以提高磁盘设备的运行效率。

当然，为了保证及时完成 I/O 请求，系统不能无限期地等待文件系统层提交 I/O 请求。当达到超时时间后，例如 200 毫秒，系统会强制将 I/O 队列中的 I/O 请求发送到磁盘设备。

合并 I/O 请求的工作由 I/O 调度模块来完成，有不同的合并策略。在 Linux 中，常见的合并策略有 noop、deadline 和 cfq。

DIM-SUM 目前仅仅支持 virtio-blk 块设备，对这样的块设备来说，不需要复杂的 I/O 调度策略。因此将文件系统提交的 I/O 请求经过简单的合并策略处理，然后转交给块设备。类似于 Linux 的 noop 策略。

与 I/O 请求相关的源代码主要位于 include/dim-sum/blkio.h、block/core.c、include/dim-sum/blk_dev.h 中。

7.3.1　I/O 请求的数据结构

7.3.1.1　文件系统 I/O 请求

文件系统总是会以扇区大小的整数倍来向磁盘设备提交请求，这些请求会被存放到页面之中。在通常情况下，文件系统会以整页的方式向磁盘提交请求。但是，文件系统也有一些元数据需要保存到磁盘，这些元数据是以文件系统块大小进行组织的，其块大小常常是扇区大小的整数倍，但是小于一个页面大小，例如 512B、1024B、2048B、4096B。因此，文件系统也会向磁盘提交小于一个页面大小的 I/O 请求。

小问题 7.13：文件系统元数据的作用是什么？为什么不组织成页面大小？

系统使用 block_io_item 数据结构来描述一个完整页面大小或者数个扇区大小的 I/O 请求，我们称其为 I/O 请求项。其定义如下：

```
1 struct block_io_item {
2    struct page_frame   *bv_page;
3    unsigned int    length;
4    unsigned int    bv_offset;
5 };
```

其中，名为 bv_page 的字段表示一个请求项所在的页面。

名为 length 的字段表示请求项的长度。

名为 bv_offset 的字段表示所请求的数据在页面中的偏移位置。

一个或者多个 I/O 请求项被组织到一个 I/O 请求描述符中。I/O 请求描述符由 block_io_desc 数据结构来表示，它是与 I/O 请求相关的最重要的数据结构。其定义如下：

```
 1 struct block_io_desc {
 2     struct accurate_counter     ref_count;
 3     unsigned int            max_item_count;
 4     unsigned short      item_count;
 5     sector_t        start_sector;
 6     struct block_io_desc        *bi_next;
 7     struct block_device *bi_bdev;
 8     unsigned long       bi_flags;
 9     unsigned int        remain_size;
10     bio_destructor_t    free;
11     unsigned short      hw_segments;
12     bio_end_io_t        finish;
13     void            *bi_private;
14     unsigned short      bi_idx;
15     struct block_io_item        items[0];
16 };
```

名为 ref_count 的字段表示 I/O 请求描述符的引用计数。

名为 max_item_count 的字段表示 I/O 请求描述符中能够容纳的 block_io_item 数据结构的数量。调用者在创建 I/O 请求描述符时，会指定最大的 I/O 请求项数量，并为这些请求项分配内存空间。

名为 item_count 的字段表示 I/O 请求描述符中已经使用的 I/O 请求项空间数量。它也代表了向磁盘应当提交的实际请求项数量。

名为 start_sector 的字段表示 I/O 读/写请求的起始扇区。

名为 bi_next 的字段是一个指针，指向下一个 I/O 请求描述符。通过此字段，可以形成一个单向链表。

名为 bi_bdev 的字段表示应当向哪个块设备提交 I/O 请求。

小问题 7.14：系统中会存在一些逻辑块设备，这些块设备并不是真正的硬件。文件系统层到底是向逻辑设备还是物理设备提交 I/O 请求？如果向逻辑设备提交请求，这些请求又如何流转到物理设备中？

名为 bi_flags 的字段是 I/O 请求描述符的标志。可能的标志包括：

名　　称	含　　义
BIOFLAG_UPTODATE	由于 I/O 操作已经成功完成，因此内存中的数据是最新的
BIOFLAG_RECOUNT	需要重新统计计数，目前未用
BIOFLAG_WRITE	请求描述符中的 I/O 请求是一次写请求
BIOFLAG_READAHEAD	请求描述符中的 I/O 请求是预读请求，如果失败，就忽略
BIOFLAG_BARRIER	请求描述符中的 I/O 请求是一次 I/O 屏障请求
BIOFLAG_SYNC	请求描述符中的 I/O 请求是一次同步请求
BIOFLAG_NORETRY	不重要的请求，失败后不用重试
BIOFLAG_EOF	请求结果标志，表示超过设备扇区范围的请求
BIOFLAG_EOPNOTSUPP	请求结果标志，表示不被支持的操作

名为 remain_size 的字段表示剩余需要提交给设备的请求数量。如果为 0，则表示本次 I/O 请求已经全部结束，可以开始单向链表中下一个请求的传输。

名为 free 的字段表示释放 I/O 请求描述符时调用的析构方法。

名为 hw_segments 的字段表示 I/O 合并之后硬件段的数目，目前未用。

名为 finish 的字段是一个回调函数，当 I/O 请求完成之后被调用。当然，如果请求失败，也会调用此回调函数。

名为 bi_private 的字段保留给驱动使用。通用块设备层和文件系统层不会修改此字段。

名为 bi_idx 的字段表示当前还没有提交给磁盘设备的请求项索引号。

名为 items 的数组是一个动态申请的数组，它必须是本数据结构的最后一个字段，并且在分配本数据结构时为其分配空间。

小问题 7.15：从 I/O 请求描述符的定义可以看到，一次 I/O 请求代表了向磁盘一段连续扇区的读/写请求，这些请求的数据可能位于不同的页面。这使得数据结构显得较为复杂。为什么不直接向 I/O 队列提交 I/O 请求项？

7.3.1.2　I/O 请求队列

I/O 请求会被提交到 I/O 请求队列中保存起来，I/O 请求队列由 blk_request_queue 数据结构表示。其定义如下：

```
 1 struct blk_request_queue
 2 {
 3     struct object object;
 4     struct smp_lock     *queue_lock;
 5     struct smp_lock     default_lock;
 6     unsigned long       state;
 7     unsigned long       max_pgnum;
 8     int         alloc_flags;
 9     unsigned long flush_flags;
10     unsigned long       max_requests;
11     struct blk_request      *preferred_merge;
12     struct double_list  requests;
13     struct ioscheduler      *scheduler;
14     unsigned int        running_count;
15     struct double_list  delayed_list;
16     int         busy_thresh;
17     blkdev_engorge_queue_f      engorge_queue;
18     struct {
19         unsigned long request_count;
20         struct wait_queue wait;
21     } request_pools[2];
22     struct wait_queue wait_drain;
23     merge_bio_f merge_bio_tail;
24     merge_bio_f merge_bio_head;
25     int (*merge_requests) (struct blk_request_queue *, struct blk_request *,
26                 struct blk_request *);
27     int (*sumit_request) (struct blk_request_queue *queue, struct block_io_desc *bio);
28     struct {
29         unsigned long       addr_boundary;
30         unsigned int        max_size;
31         unsigned short      max_hw_segment_count;
32         unsigned short      max_sectors;
33         unsigned short      max_hw_sectors;
34         unsigned short      sector_size;
```

```
35          unsigned int        dma_alignment;
36      } request_settings;
37      void (*push_queue)(struct blk_request_queue *);
38      unsigned long       push_delay;
39      struct timer    push_timer;
40      struct work_struct  push_work;
41      struct blkdev_infrast   blkdev_infrast;
42      void            *queuedata;
43  };
```

其中，名为 object 的字段用于描述一个通用对象，这些对象会被组织到系统 sys 文件系统中。这样用户就可以通过/sys 路径访问这些通用对象，并向通用对象发送控制命令。例如，设置磁盘队列的 I/O 调度算法。

此字段目前尚未正式启用。

名为 queue_lock 的字段是一个自旋锁指针，用于保护对 I/O 请求队列锁的访问。这个锁指针可能是块设备的锁，也可能是队列默认的锁。

小问题 7.16：为什么不统一在 I/O 请求队列中定义一个自旋锁，而去定义一个锁指针？

名为 default_lock 的字段是一个自旋锁，如果块设备没有设置 I/O 请求队列的锁，则使用此默认锁。换句话说，queue_lock 指针可能指向 default_lock，也可能指向块设备自定义的锁。

名为 state 的字段表示 I/O 请求队列的状态。可能的标志包括：

名　　称	含　　义
BLKQUEUE_STOPPED	驱动将 I/O 请求队列暂停，不再接受文件系统提交的新请求，通常由驱动调用 blkdev_stop_request 设置此标志
BLKQUEUE_REQUESTING	正在请求驱动执行 I/O 请求队列中的请求，避免重入
BLKQUEUE_COMBINED	I/O 请求队列支持对多个请求进行合并操作
BLKQUEUE_DRAINING	正在将 I/O 请求队列中的请求清空
BLKQUEUE_ATTACHED	I/O 请求队列已经与块设备关联起来了，因此块设备可以接收 I/O 请求，I/O 请求队列可以将请求推送给设备
BLKQUEUE_WRITE	这实际上是一个 I/O 请求标志，表示目前的请求是一个写请求

名为 max_pgnum 的字段表示 I/O 请求队列支持的最大页面编号。当 I/O 请求中的页面编号大于该页面号时，将使用回弹缓冲区。

小问题 7.17：什么是回弹缓冲区？

名为 alloc_flags 的字段是 I/O 请求队列分配内存时的标志。

小问题 7.18：为什么需要 alloc_flags 字段？将其统一设置为 PAF_ATOMIC 可以吗？

名为 flush_flags 的字段表示设备的缓存能力，主要用于处理文件系统层提交的 I/O 屏障命令。

小问题 7.19：什么是 I/O 屏障？flush_flags 字段也包含设备缓存标志，I/O 屏障和设备缓存有什么关系？它对文件系统一致性有什么影响？

名为 max_requests 的字段表示 I/O 请求队列中允许的最大请求数量。一旦超过此数量，就需要强制将 I/O 请求队列中的请求提交到设备中。

名为 preferred_merge 的字段表示 I/O 请求队列中优先参与 I/O 请求合并的请求，一般是上一个提交到 I/O 请求队列中的请求。因为文件系统层常常会提交一系列连续的块读/写请求，换句话说，后续的请求最容易与前一个请求进行合并。

小问题 7.20：请列举请求合并的例子？对于 NVME 这样的高速块设备，它并没有传统磁盘的寻道操作，请求合并还有意义吗？

名为 requests 的字段是一个双向链表头，在该链表中包含了队列中的所有 I/O 请求。

名为 scheduler 的字段指向 I/O 调度器对象，由 I/O 调度算法使用。下一节我们将描述 I/O 调度。

名为 running_count 的字段表示已经交给驱动，但是还没有完成的读/写请求数量，即硬件设备还在执行的 I/O 请求数量。

名为 delayed_list 的字段是一个双向链表头，该链表保存了临时延迟的 I/O 请求。当切换 I/O 调度器时，所有的请求都会被存放到该链表中，在新的 I/O 调度器生效后再执行。

名为 busy_thresh 的字段是一个阈值，如果积压的 I/O 请求超过此数，则表明 I/O 请求队列忙，应当暂缓接收新的 I/O 请求。

名为 engorge_queue 的字段是一个回调函数，由块设备驱动调用此回调函数，来获取请求队列中的 I/O 请求，通常它会遍历所有 I/O 请求并发送给块设备。

名为 request_pools 的字段是一个数组，分别记录该请求队列中的读/写请求数量。当过多的读/写请求到达时，会阻塞新的请求到达。

该数组中的两个数据元素分别代表读请求和写请求的状态。

其中，名为 request_count 字段表示读/写请求的当前数量。

名为 wait 的字段是一个等待队列，等待提交读/写请求的线程在此队列上等待。

名为 wait_drain 的字段是一个等待队列，等待请求队列被清空的线程在此队列上等待。

名为 merge_bio_tail 的字段是一个回调函数，用于检查是否可以将 I/O 请求合并到某个 I/O 请求后面。

名为 merge_bio_head 的字段是一个回调函数，用于检查是否可以将 I/O 请求合并到某个 I/O 请求前面。

名为 merge_requests 的字段是一个回调函数，用于合并请求队列中两个相邻请求。如果返回 0，则表示不能合并两个相邻请求。

名为 sumit_request 的字段是一个回调函数，用于将新请求插入请求队列，默认是 blk_generic_sumit_request。当驱动不希望使用默认方法进行 I/O 请求提交时，可以提供一个替代函数，甚至可以避免使用 I/O 请求队列进行 I/O 请求提交。

名为 request_settings 的字段是一个内嵌数据结构，它表示与单个 I/O 请求相关的参数，包含如下参数值：

1. 名为 addr_boundary 的参数表示请求内存地址边界，跨越此边界的两个请求不能合并。
2. 名为 max_size 的参数表示单个 I/O 请求的最大长度，受硬件的限制。
3. 名为 max_hw_segment_count 的参数表示单个请求所能处理的最大段数，受硬件的限制。
4. 名为 max_sectors 的参数表示单个 I/O 请求能处理的最大扇区数，可由软件配置。
5. 名为 max_hw_sectors 的参数表示单个 I/O 请求能处理的最大扇区数，受硬件的限制。
6. 名为 sector_size 的参数表示扇区中以字节为单位的大小。
7. 名为 dma_alignment 的参数表示 DMA 缓冲区的起始地址和长度的对齐掩码，默认是 511。

名为 push_queue 的字段是一个回调函数，用于将 I/O 请求提交给块设备。

名为 push_delay 的字段是一个阈值，表示延迟向设备推送 I/O 请求的时间，默认是 3ms。当超过此限制时，会强制将 I/O 请求队列中的 I/O 请求提交到块设备驱动中。

名为 push_timer 的字段是一个定时器，该定时器一旦到期，会强制将 I/O 请求队列中的 I/O 请求提交到块设备驱动中。

名为 push_work 的字段是一个工作任务，它由 push_timer 定时器触发，并在工作队列上下文中，将 I/O 请求队列中的 I/O 请求提交到块设备中。

小问题 7.21：为什么使用 push_timer 定时器和 push_work 工作队列来共同完成延迟提交 I/O 请求的工作？

名为 blkdev_infrast 的字段是抽象给文件系统层的描述符。我们将在分析相关代码时详细描述该字段。

名为 queuedata 的字段保留给驱动程序使用。

7.3.1.3 块设备请求

当文件系统向块设备提交 I/O 请求以后，多个 I/O 请求可能会被合并提交到物理设备。同时，文件系统提交的 I/O 请求是针对逻辑块设备的，而执行 I/O 请求的设备是物理设备。因此，物理块设备接收到的 I/O 请求与文件系统提交的 I/O 请求并不完全等同。

DIM-SUM 为物理块设备的 I/O 请求定义一个新的数据结构，名为 blk_request。其定义如下：

```
 1 struct blk_request {
 2     int ref_count;
 3     struct double_list list;
 4     unsigned long flags;
 5     sector_t start_sector;
 6     unsigned long sector_count;
 7     unsigned short segcount_hw;
 8     sector_t remain_sector_start;
 9     unsigned long remain_sector_count;
10     unsigned int sectors_seg_drv;
11     unsigned int sectors_seg;
12     char *buffer;
13     struct semaphore *waiting;
14     void *special;
15     struct block_io_desc *bio_head;
16     struct block_io_desc *bio_tail;
17     void *sched_data;
18     int rq_status;
19     struct disk_device *disk;
20     int errors;
21     unsigned long start_time;
22     struct blk_request_queue *queue;
23     unsigned int dev_cmd_len;
24     unsigned char dev_cmd_buf[BLK_MAX_CDB];
25     unsigned int data_len;
26     void *data;
27     unsigned int sense_len;
28     void *sense;
29 };
```

其中，名为 ref_count 的字段是块设备请求的引用计数。

小问题 7.22：为什么在块设备请求描述符中没有锁，引用计数也不是原子计数？这不会导致引用计数不正确吗？

名为 list 的字段是一个双向链表节点，用于把块设备请求链接到 I/O 请求队列中。

名为 flags 的字段是块设备请求的标志。可能的标志包括：

名　　称	含　　义
BLKREQ_NOCACHE	I/O 屏障请求，要求刷新队列
BLKREQ_FLUSH	强制绕过物理设备的内部缓存
BLKREQ_BARRIER	I/O 屏障请求，软件和硬件都不能使其乱序
BLKREQ_DATA	标准的数据读/写请求
BLKREQ_STARTED	正在处理的请求，已经提交给物理设备
BLKREQ_VERBOSE	打印 I/O 请求执行过程中的详细信息
BLKREQ_NOMERGE	由于扇区数过多等原因，不宜将此请求与其他 BIO 合并
BLKREQ_NORETRY	不重要的请求，底层遇到错误时不用重试，例如预读请求

名为 start_sector 的字段表示该请求的开始扇区号。

名为 sector_count 的字段表示本次块设备请求要读/写的扇区数。

名为 segcount_hw 的字段表示本次块设备请求包含的硬件段数量。

小问题 7.23：硬件段是什么意思？

名为 remain_sector_start 的字段表示下一次准备提交到物理设备的扇区号。同一个块设备请求可能被拆分为多次提交到物理设备，这里记录下一次应当提交的扇区号。

名为 remain_sector_count 的字段表示还未完成读/写请求的扇区数。

名为 sectors_seg_drv 的字段表示当前 I/O 请求的当前段中要传送的扇区数，由驱动更新。

名为 sectors_seg 的字段表示当前 I/O 请求的当前段中要传送的扇区数，由通用块层更新。

名为 buffer 的字段是一段缓冲区，表示要传输或者要接收数据的缓冲区指针。该指针在内核虚拟地址中，如果有需要，驱动程序可以直接使用。

名为 waiting 的字段是等待数据传送终止的信号量。等待数据传输完毕的线程在该信号量上等待。

名为 special 的字段表示一段缓冲区，由那些对硬件发出特殊命令的 I/O 请求所使用。这些特殊命令如刷新物理设备内部缓冲区。

名为 bio_head 的字段是一个 I/O 请求指针，通过此指针形成一个单向链表。该链表包含属于块设备请求的 I/O 请求。

名为 bio_tail 的字段是一个 I/O 请求指针，表示 I/O 请求链表中末尾的 I/O 请求。

名为 sched_data 的字段保留给 I/O 调度模块使用。

名为 rq_status 的字段表示块设备请求的状态，可能的状态包含活动状态或者未活动状态。

名为 disk 的字段指向磁盘设备对象，表示块设备请求所用的磁盘描述符。

名为 errors 的字段是错误计数器，表示当前传输中发生的 I/O 失败次数。

名为 start_time 的字段表示请求的开始时间。

名为 queue 的字段指向块设备请求所在请求队列描述符。

名为 dev_cmd_buf、dev_cmd_len 的字段由驱动程序使用，用于构建发送给物理设备的 SCSI 控制命令。这两个字段分别表示 SCSI 命令缓冲区指针及其长度。

名为 data、data_len 的字段也由驱动程序使用，用于跟踪所传送的数据，分别表示数据缓冲区指针及其长度。

名为 sense、sense_len 的字段也由驱动程序使用，用于构建发送给物理设备的 sense 命令，分别表示 sense 命令缓冲区指针及其长度。

7.3.2 I/O 请求的全局变量

I/O 请求模块定义两个全局 Beehive 内存分配器 request_allotter、queue_allotter，分别用于分配块设备请求描述符、I/O 请求队列描述符。

全局变量 block_workqueue 定义了用于 I/O 请求相关的工作队列。实际上，除 I/O 请求相关的工作外，该工作队列也为块设备层其他模块服务。

DIM-SUM 也定义了一些与 I/O 请求相关宏：

名　称	含　义
BLK_MAX_READAHEAD	块设备层最大的预读量，默认为 128KB
BLK_MIN_READAHEAD	块设备层最小的预读量，默认为 16KB

7.3.3 I/O 请求的 API

I/O 请求模块提供了如下一些主要 API：

名　称	含　义
blk_submit_request	文件系统层向通用块层提交 I/O 请求的接口函数
blkio_finished	一般在块设备中断里调用该函数，用来告诉文件系统层 I/O 传输完毕
blk_update_request	一般在块设备中断里调用该函数，当设备完成一个 I/O 请求的部分或者全部扇区时，调用此函数通知块设备子系统
blk_end_request	当驱动完成当前请求时调用此函数，通知上层块设备请求已经完成
blkdev_dequeue_request	从 I/O 请求队列中移除一个块设备请求
iosched_get_first_request	返回 I/O 请求队列中下一个要处理的块设备请求。它依然将 I/O 请求保存在 I/O 请求队列中，但是为其做了活动标记，以防止 I/O 调度器将其与其他请求合并
blkdev_start_quest	驱动调用此函数，以重新允许 I/O 请求队列接受 I/O 请求。
__blk_generic_push_queue	将 I/O 请求队列中的 I/O 请求推送到驱动设备
merge_bio_head	将 I/O 请求插入到块设备请求头部
merge_bio_tail	将 I/O 请求插入到块设备请求尾部
merge_requests	默认判断相邻块设备请求能否合并的函数
try_merge_requests	默认合并 I/O 请求函数
blk_create_queue	创建 I/O 请求队列
rq_for_each_bio	一般在块设备驱动中调用，遍历一个块设备请求中的所有 I/O 请求
bd_get_sectors	计算块设备的最大扇区数量
blkdev_get_queue	获得块设备的 I/O 请求队列

7.3.4 I/O 请求的实现

7.3.4.1 提交 I/O 请求

块设备层向文件系统层提供的最重要的接口是 blk_submit_request 函数，文件系统层调用此函数向块设备层提交 I/O 请求。其实现如下：

```
1 void blk_submit_request(bool write, struct block_io_desc *bio)
2 {
3     ......
4     int ret, req_sectors = bio_sectors(bio);
5     ASSERT(bio->remain_size > 0);
6     might_sleep();
7     bd_sectors = bd_get_sectors(bio->bi_bdev);
8     if (bd_sectors) {
9         sector_t sector = bio->start_sector;
10        if (bd_sectors < req_sectors || bd_sectors - req_sectors < sector) {
11            ......
12            bio->bi_flags |= BIOFLAG_EOF;
13            goto err;
14        }
15    }
16    if (write)
17        bio->bi_flags |= BIOFLAG_WRITE;
18    if (write)
19        update_page_statistics(bio_write, req_sectors);
20    else
21        update_page_statistics(bio_read, req_sectors);
22    do {
23        queue = blkdev_get_queue(bio->bi_bdev);
24        if (!queue) {
25            ......
26            goto err;
27        }
28        if (unlikely(bio_sectors(bio) > queue->request_settings.max_hw_secto  rs)) {
29            ......
30            goto err;
31        }
32        blk_remap_request(bio);
33        ret = queue->sumit_request(queue, bio);
34    } while (ret);
35
36    return;
37 err:
38    blkio_finished(bio, bio->remain_size, -EIO);
39 }
```

调用者指定了读/写数据的开始扇区及扇区数量，以及数个页面及页面内的偏移位置作为数据传送缓冲区，要求块设备在内存及物理设备之间传输相应的数据。

小问题 7.24：传输数据的缓冲区对象是由 block_io_item 数据结构指定的，这个数据结构提供了页面描述符及页面偏移地址。有没有一个缓冲区对象跨越多个页面的情况？

在第 4 行，调用 bio_sectors 确定本次请求的扇区数量，通过 I/O 请求长度除以扇区大小计算得到结果。

第 5 行检查请求长度。很显然，如果 I/O 请求长度小于等于 0，则表示本次 I/O 请求非法，因此会触发系统警告并产生宕机。

第 6 行的 might_sleep 是一个运行时检查，确保调用者没有在原子上下文中调用此函数。认真阅读过本书的读者应当已经熟悉 might_sleep 函数了。

第 7 行调用 bd_get_sectors 计算块设备的最大扇区数量。

第 8 行判断设备的扇区数量，如果有效，则在第 9~15 行进行进一步的合法性检查：

1．第 9 行获得请求起始扇区。

2．第 10 行判断扇区位置的合法性，满足以下两个条件之一，即表示请求非法：

- 请求的扇区数量大于块设备的扇区数量。
- 请求的起始扇区加上请求扇区数量超过块设备的最大扇区数量。

小问题 7.25：第一个条件是否可以去掉，因为第二个条件看起来可以覆盖第一个条件？

小问题 7.26：第二个条件看起来有点奇怪，能不能写得更易于理解一点？

3．如果第 10 行的判断表明调用者传入的扇区不合法，则在第 11 行打印警告信息，并在第 12 设置 BIOFLAG_EOF 标志，表示请求的扇区范围超过块设备所支持的范围。然后在第 13 行跳转到 err 标号处，向调用者返回错误。

第 16 行判断调用者传入的参数，如果是写请求，就在第 17 行设置 I/O 请求描述符的 BIOFLAG_WRITE 标志，以表示本次请求是一次写请求的事实。

第 18~21 行的代码用于调测目的，统计系统中所有读/写请求的数量。

第 22~34 行的循环是本函数的主体部分。它最终找到执行 I/O 请求的块设备，并将 I/O 请求提交到块设备的 I/O 请求队列中。具体包含以下步骤：

第 23 行调用 blkdev_get_queue 获得块设备的 I/O 请求队列。如果块设备是分区，则 blkdev_get_queue 函数获得其所在磁盘的队列。

第 24 行判断磁盘的 I/O 请求队列是否为空指针，如果是，则说明磁盘并没有正确地初始化。此时应当是遇到了逻辑错误，因此在第 25 行打印警告信息，并在第 26 行跳转到 err 标号，向调用者返回错误。

第 28 行判断请求的扇区数量是否超过磁盘设备单次请求的最大扇区数。如果超过，则在第 29 行打印警告信息，并在第 30 行跳转到 err 标号，向调用者返回错误。

小问题 7.27：第 4 行已经计算过 I/O 请求的扇区数量，并将其值保存到 req_sectors 临时变量中。为什么第 28 行的判断没有使用这个临时变量？熟悉编译器和计算机体系结构的黑客有很多理由来指出目前做法的不妥之处。

第 32 行调用 blk_remap_request 函数。如果当前块设备是分区，那么该函数会将分区的扇区位置转换成磁盘设备的扇区位置，并对分区进行一些计数。

第 33 行调用 I/O 请求队列的 sumit_request 回调函数，用于将 I/O 请求插入到块设备的 I/O 请求队列中。实际上，一般会将 I/O 请求传递给 I/O 调度层。

如果块设备驱动没有特殊指定该回调函数，那么此回调函数通常是 blk_generic_sumit_request。

第 34 行判断 sumit_request 回调函数的返回值。如果返回值不为 0，则表示块设备驱动已经修改了 I/O 请求描述符，需要将 I/O 请求提交给其他的物理设备。这里主要处理虚拟块设备的情况，不过目前 DIM-SUM 的实现还不会遇到这种复杂的虚拟块设备。

第 37 行的 err 标号定义了本函数的错误处理块，它在第 38 行调用 blkio_finished，通知上层调用者，I/O 请求处理过程中发生了错误，需要在文件系统层进行进一步的错误处理。

blk_submit_request 函数在第 32 行调用了辅助函数 blk_remap_request，该函数将分区块设备的扇区转换为磁盘扇区。其实现如下：

```
1 static void blk_remap_request(struct block_io_desc *bio)
2 {
3     ......
4     if (bdev != bdev->container) {
5         ......
6         if (bio->bi_flags & BIOFLAG_WRITE) {
7             p->write_sectors += bio_sectors(bio);
8             p->write_times++;
9         } else {
10            p->read_sectors += bio_sectors(bio);
11            p->read_times++;
12        }
13        bio->start_sector += p->start_sector;
14        bio->bi_bdev = bdev->container;
15    }
16 }
```

第 4 行检查 I/O 请求所在的块设备是否属于一个磁盘分区。如果是一个分区，则在第 5~14 行的代码块中进行转换过程。

第 5 行获得块设备的分区描述符，并保存到临时变量 p 中。

第 6~12 行的代码块，是针对 I/O 请求的类型，分别对分区的读/写扇区数量进行计数。

第 13 行将分区内的扇区编号转换为磁盘内的扇区编号。

第 14 行修改 I/O 请求的目标块设备，将其指向磁盘而不是分区描述符。

7.3.4.2　I/O 请求入队

blk_generic_sumit_request 函数完成 I/O 请求入队的操作，其实现如下：

```
1 static int blk_generic_sumit_request(struct blk_request_queue *queue,
2     struct block_io_desc *bio)
3 {
4     ......
5     if (barrier) {
6         new_req = grab_request(queue, write, wait);
7         if (!new_req)
8             goto finished;
9         else {
10            req->flags |= (BLKREQ_BARRIER | BLKREQ_NOMERGE);
11            goto new;
12        }
13    }
14 try:
15    smp_lock_irq(queue->queue_lock);
16    blk_wait_queue_ready(queue);
17    if (iosched_is_empty(queue)) {
18        blk_attach_device(queue);
19        goto no_merge;
```

```
20     }
21     merge_pos = iosched_get_merge_pos(queue, &req, bio);
22     switch (merge_pos) {
23     case IOSCHED_BACK_MERGE:
24        ASSERT(rq_mergeable(req));
25        if (!queue->merge_bio_tail(queue, req, bio))
26           goto no_merge;
27        goto out;
28     case IOSCHED_FRONT_MERGE:
29        ASSERT(rq_mergeable(req));
30        if (!queue->merge_bio_head(queue, req, bio))
31           goto no_merge;
32        goto out;
33     case IOSCHED_NO_MERGE:
34        goto no_merge;
35     default:
36        printk("io-scheduler returned failure (%d)\n", merge_pos);
37        BUG();
38     }
39  no_merge:
40     if (!new_req) {
41        smp_unlock_irq(queue->queue_lock);
42        new_req = grab_request(queue, write, wait);
43        if (!new_req)
44           goto finished;
45        else
46           goto try;
47     }
48  new:
49     req = new_req;
50     new_req = NULL;
51     req->flags |= BLKREQ_DATA;
52     if (bio_rw_ahead(bio) || bio_noretry(bio))
53        req->flags |= BLKREQ_NORETRY;
54     ......
55     iosched_add_request(queue, req, IOSCHED_INSERT_ORDERED);
56  out:
57     if (new_req) {
58        blk_loosen_request(queue, new_req);
59        new_req = NULL;
60     }
61     if (bio_sync(bio))
62        __blk_generic_push_queue(queue);
63     smp_unlock_irq(queue->queue_lock);
64     return 0;
65  finished:
66     blkio_finished(bio, req_sectors << 9, err);
67     return 0;
68  }
```

在第 4 行，获得一些 I/O 请求相关的属性，后续会根据这些属性做一些针对性的处理。这些属性包括：

1．将 I/O 请求的起始扇区号存放到临时变量 start_sector 中。

2．将 I/O 请求的扇区数量存放到临时变量 req_sectors 中。

3．将是否写请求存放到临时变量 write 中。

4．将是否 I/O 屏障请求存放到临时变量 barrier 中。

5．将当前 I/O 请求项中的扇区数量存放到临时变量 fire_sectors 中。

6．将是否必须等待内存分配的标志存放到临时变量 wait 中。正常的 I/O 请求都必须要求内存分配成功，但是预读请求允许失败，因此在内存紧张的时候可以忽略内存分配请求。

第 5~13 行针对 I/O 屏障请求进行特殊处理：

1．第 6 行分配块设备请求描述符。

2．如果第 6 行分配块设备请求描述符失败，那么就在第 8 行跳转到 finished 标号，向调用者返回失败。

3. 如果分配成功，则在第 10 行设置 I/O 请求的 BLKREQ_BARRIER 和 BLKREQ_NOMERGE 标志，表示该请求为 I/O 屏障请求，并且不允许与其他请求进行合并。

4. 第 11 行跳转到 new 标号处执行，该标号表示需要将一个新的 I/O 请求插入到 I/O 队列中。

小问题 7.28：为什么要针对 I/O 屏障请求进行特殊处理？

运行到第 15 行，说明是普通的 I/O 请求，需要与 I/O 调度模块交互，尽量与已有的 I/O 请求合并，将磁盘 I/O 性能发挥到最优。

第 15 行获得 I/O 请求队列的锁。

第 16 行调用 blk_wait_queue_ready，等待 I/O 调度策略就绪。

小问题 7.29：为什么要在第 16 行等待 I/O 调度策略就绪？

小问题 7.30：可以将第 15 行获取的自旋锁代码放到 blk_wait_queue_ready 函数中吗？

第 17 行调用 iosched_is_empty 函数，检查请求队列中是否存在待处理请求。如果没有请求，说明 I/O 请求队列很空闲，那么执行第 18~19 行的代码块：

1．第 18 行调用 blk_attach_device 函数，将队列与其设备绑定。简单地说，blk_attach_device 函数设置 BLKQUEUE_ATTACHED 标志并重新启动 push_timer 定时器，以便在定时器超时的时候，将 I/O 队列中的请求提交到磁盘设备。

2．第 19 行跳转到 no_merge 处执行。由于 I/O 请求队列目前没有任何 I/O 请求，也就不可能和当前 I/O 请求进行合并，直接插入新 I/O 请求到 I/O 请求队列中即可。

第 21~38 行与 I/O 调度模块交互，判断是否能与 I/O 队列中现有 I/O 请求进行合并。

第 21 行调用 iosched_get_merge_pos，该函数在 I/O 请求队列中查找，找到请求的合并位置。

第 22 行根据 iosched_get_merge_pos 函数的返回结果，进行针对性的处理。

如果返回值是 IOSCHED_BACK_MERGE，则表示可以将当前 I/O 请求添加到当前块设备请求的末尾，因此在第 24 行再次确认当前块设备请求可以与其他 I/O 请求合并。

第 25 行调用 I/O 请求队列的 merge_bio_tail 回调，将当前 I/O 请求合并到现有块设备请求中。如果不能合并，就跳转到 no_merge 标号，插入一个新的块设备请求到队列中。

否则，新的 I/O 请求已经合并到现有块设备请求中，因此在第 27 行跳转到 out 标号，进行一些收尾工作。

小问题 7.31：能不能将第 21 行的工作与第 30 行的工作合并起来，以减化 blk_generic_sumit_request 函数的实现？实际上，如果将二者合并，代码逻辑层次感就会更强。

第 28~32 行的处理逻辑与第 23~27 行类似，此处不再详述。

如果 iosched_get_merge_pos 函数的返回值是 IOSCHED_NO_MERGE，则说明当前 I/O 请求不能与其他 I/O 请求相合并，因此直接跳转到 no_merge 标号，插入一个新的块设备请求到队列中。

其他返回值均不符合预期，要么是代码逻辑，要么是运行环境遇到严重的意外，因此在第 36 行打印警告信息，并在第 37 行调用 BUG()触发系统宕机。

运行到第 39 行的 no_merge 标号，说明当前的 I/O 请求无法与 I/O 队列中其他请求相合并，那么需要分配新的块设备请求描述符，并将其插入到 I/O 请求队列中。

分配块设备请求描述符的内存，这项工作是由第 40~47 行的代码块完成的。

第 40 行判断 new_req 临时变量是否为空指针，如果是空指针，则表示还没有为新 I/O 请求分配块设备请求描述符，因此准备开始分配内存。

由于分配内存的工作可能会阻塞，而当前代码处于自旋锁保护之中，也就是处于原子操作上下文，不能阻塞，因此在第 41 行调用 smp_unlock_irq 释放 I/O 请求队列的自旋锁。

第 42 行调用 grab_request 分配一个块设备请求描述符。

第 43 行判断内存分配是否成功。如果不成功，则说明是不重要的 I/O 请求，或者内存处于极端紧张的状态。于是在第 44 行跳转到 finished 处，结束本次 I/O 请求的处理并向调用者返回失败的消息。

如果内存分配成功，则在第 46 行跳转到 try 标号，再一次重复本函数的执行逻辑。

小问题 7.32：第 46 行必须跳转到 try 标号吗？为什么不重新获取 I/O 请求队列的自旋锁并继续向后运行？

小问题 7.33：第 40~47 行有复杂的自旋锁、内存、goto 循环语句，这样的代码好吗？

如果当前 I/O 请求不能与 I/O 请求队列中现有的请求合并，并且块设备请求描述符已经分配成功，那么就会运行到 new 标号，并在第 49~55 行将 I/O 请求插入到队列中。

要理解第 49~50 行的代码，需要明确 req、new_req 的含义。new_req 是新分配未使用的块设备请求描述符，req 是被使用的块设备请求描述符。由于需要将新的 I/O 请求插入到队列中，因此需要在第 50 行将 new_req 临时变量设置为 NULL，这样才不会在第 58 行被意外释放。

第 51 行设置请求的 BLKREQ_DATA 标志，以表示新的请求服务于磁盘读/写。即使是 I/O 屏障请求，本质上也服务于磁盘读/写请求。因此，从第 11 行跳转到这里也没有问题。

第 52 行判断当前 I/O 请求是否为预读请求，或者调用者显式地设置了 BIOFLAG_NORETRY 标志，两种情况都说明当前 I/O 请求可以容忍硬件错误。因此在第 53 行设置 BLKREQ_NORETRY 标志。这样，即使在执行 I/O 请求的过程中遇到了未知的硬件错误，也不会多次重试硬件读/写操作。

第 54 行设置块设备请求的初始属性。

第 55 行调用 iosched_add_request 将新的块设备请求插入到 I/O 请求队列中。

第 56 行开始的 out 标号，进行一些收尾工作。

第 57 判断是否已经分配但是没有使用的块设备请求描述符。如果有，就在第 58 行调用 blk_loosen_request 释放其资源，并在第 59 行将其设置为空指针。

小问题 7.34：既然在第 49~55 行已经消耗掉那些分配出来的块设备请求描述符，那么有必要执行第 57~60 行的代码逻辑吗？或者说，什么样的极端情况会造成 new_rq 临时变量不为空指针？

第 61 行判断 I/O 请求是否为同步 I/O。如果是，则在第 62 行调用__blk_generic_push_queue，将 I/O 请求队列中的 I/O 请求推送到驱动设备。

第 63 行释放 I/O 请求队列的自旋锁。

第 65 行的 finished 标号是本函数的错误处理流程。一旦无法完成调用者提交的 I/O 请求，就会运行到此标号，因此在第 66 行调用 blkio_finished 通知调用者，相应的 I/O 请求执行错误。

本函数调用了部分 I/O 调度相关的 API，这些 API 的实现比较复杂，因此在随后的章节中单独描述。

7.3.4.3 合并 I/O 请求

有以下三类合并 I/O 请求的操作：

1. 将 I/O 请求合并到现有请求的头部。
2. 将 I/O 请求合并到现有请求的尾部。
3. 将现有两个相邻的块设备请求合并。

这三类合并操作分别是由 merge_bio_head、merge_bio_tail、try_merge_requests 三个函数完成的。

merge_bio_head 函数将 I/O 请求与合并到现有请求的头部，其实现如下：

```
 1 static int merge_bio_head(struct blk_request_queue *queue,
 2    struct blk_request *req, struct block_io_desc *bio)
 3 {
 4    ......
 5    if ((req->segcount_hw + nr_hw_segs > queue->request_settings.max_hw_
      segm    ent_count)
 6        || (req->sector_count + bio_sectors(bio) > queue->request_settings.
          m    ax_sectors)) {
 7        req->flags |= BLKREQ_NOMERGE;
 8        if (req == queue->preferred_merge)
 9           queue->preferred_merge = NULL;
10
11        return 0;
12    }
13    bio->bi_next = req->bio_head;
14    req->bio_head = bio;
15    ......
16    if (prev && try_merge_requests(queue, prev, req))
17        iosched_merge_post(queue, req);
18    return 1;
19 }
```

在第 4 行从 I/O 请求中获得相关属性到临时变量中。

第 5 行判断如下条件，其中任何一个条件满足，都不能进行 I/O 请求合并：

1. 如果块设备请求中的硬件段数量与当前 I/O 请求中的硬件段数量超过限制，则不能进行合并，这往往是由硬件属性决定的。

2. 如果块设备请求中的扇区数量与当前 I/O 请求中的扇区数量超过限制，则不能进行合并，这样就在第 7 行设置块设备请求的 BLKREQ_NOMERGE 标志，禁止后续请求与之合并。

小问题 7.35：第 7 行设置块设备请求的 BLKREQ_NOMERGE 标志，禁止后续请求与之合并，但是如果后续有小的 I/O 请求到达，并且能够与之合并，就会失去合并的机会。这会不会是一个代码 BUG？

由于当前块设备请求已经不再与后续 I/O 合并，因此在第 8 行判断它是否为缓存的合并对象，如果是，就在第 9 行将 I/O 请求队列的缓存对象清除掉，并在第 10 行简单的返回 0，表示不能进行合并。

第 13 行将 I/O 请求的下一个对象指向块设备请求的第一个 I/O 请求，并在第 14 行将块设备请求的第一个 I/O 请求对象设置为当前 I/O 请求。

这实际上是将当前 I/O 请求插入到块设备请求的头部。

第 15 行更新块设备请求描述符的属性，以反映新的 I/O 请求添加到其中的事实。

由于新的 I/O 请求插入到块设备请求的头部，因此可能填充了块设备请求与前一个块设备请求之间的空隙，这可能导致两个块设备请求之间的合并，因此第 16 行调用 try_merge_requests 函数，尝试进行这样的合并。

如果第 16 行的合并成功，则可能涉及多余块设备请求的资源释放工作。因此在第 17 行调用 iosched_merge_post 来完成可能的资源释放工作。

第 18 行返回 1，以表示成功将 I/O 请求合并到现有的块设备请求中。

merge_bio_tail 函数的实现与 merge_bio_head 函数类似，此处不再详述。

try_merge_requests 函数尝试将两个块设备请求进行合并。其实现如下：

```
 1 static int try_merge_requests(struct blk_request_queue *queue,
 2     struct blk_request *req, struct blk_request *next)
 3 {
 4     if (!rq_mergeable(req) || !rq_mergeable(next))
 5         return 0;
 6     if (req->start_sector + req->sector_count != next->start_sector)
 7         return 0;
 8     if (blk_request_is_write(req) != blk_request_is_write(next)
 9         || req->disk != next->disk
10         || next->waiting || next->special)
11         return 0;
12     if (!queue->merge_requests(queue, req, next))
13         return 0;
14     if (time_after(req->start_time, next->start_time))
15         req->start_time = next->start_time;
16     req->bio_tail->bi_next = next->bio_head;
17     req->bio_tail = next->bio_tail;
18     req->sector_count = req->remain_sector_count += next->remain_sector
   _coun    t;
19     iosched_merge_requests(queue, req, next);
20     if (req->disk)
21         req->disk->request_count--;
22     blk_loosen_request(queue, next);
23     return 1;
24 }
```

第 4 行判断相邻的两个请求是否允许合并。只要其中一个请求不可合并，就在第 5 行退出本函数。

第 6 行判断前一个块设备请求的最后一个扇区是否与后一个块设备请求的第一个扇区相邻，如果不相邻，显然不能将两个块设备请求合并。因此在第 7 行退出本函数。

第 8 行判断如下几个条件，只要其中一个条件满足，就不能进行合并：

1. 前一个请求的读/写属性与后一个请求的读/写属性不同。

2. 前一个请求的磁盘对象与后一个请求的磁盘对象不同。

3．最后两个判断目前未用，实际上可以去掉。

第 12 行调用 I/O 请求队列 merge_requests 回调函数，这样驱动处理函数有机会控制请求之间的合并。默认的 merge_requests 回调函数实现是 merge_requests，它会判断硬件段和扇区数量限制，并据此决定是否能进行块设备请求之间的合并。

运行到第 14 行，说明两个块设备请求可以合并，因此在第 14~15 行设置请求的起始时间。

第 16~17 行将后一个块设备请求中的 I/O 请求链接到第一个块设备请求的尾部。

第 18 行更新块设备请求的扇区数量，将后一个请求的扇区数量加上去。

第 19 行调用 I/O 调度模块的 iosched_merge_requests，进行 I/O 调度层的合并工作。

由于已经将两个块设备请求合并为一个，因此在第 20~21 行递减磁盘设备的请求计数。

第 22 行释放后一个块设备请求的引用计数，释放其资源。

第 23 行返回 1，以表示两个请求被合并的事实。调用者可能会据此进行一些资源回收工作。

7.3.4.4 将 I/O 请求推送到设备

以下三个条件，都可能触发系统将 I/O 请求推送到磁盘设备：

1．I/O 请求已经在请求队列中等待足够长时间，例如超过 3ms。

2．调用者提交了一个包含 BIOFLAG_SYNC 标志的 I/O 请求。

3．I/O 请求队列中已经积压了足够多的请求。

无论何种情况，都会调用 blk_generic_push_queue 函数或者__blk_generic_push_queue 函数来完成此项工作。这两个函数的实现如下：

```
 1 int blk_disable_attach(struct blk_request_queue *queue)
 2 {
 3     if (!atomic_test_and_clear_bit(__BLKQUEUE_ATTACHED, &queue->state))
 4         return 0;
 5     timer_remove(&queue->push_timer);
 6     return 1;
 7 }
 8
 9 void __blk_generic_push_queue(struct blk_request_queue *queue)
10 {
11     if (test_bit(__BLKQUEUE_STOPPED, &queue->state))
12         return;
13     if (!blk_disable_attach(queue))
14         return;
15     if (iosched_get_first_request(queue))
16         queue->engorge_queue(queue);
17 }
18
19 void blk_generic_push_queue(struct blk_request_queue *queue)
20 {
21     smp_lock_irq(queue->queue_lock);
22     __blk_generic_push_queue(queue);
23     smp_unlock_irq(queue->queue_lock);
24 }
```

可以看到，blk_generic_push_queue 函数仅仅是__blk_generic_push_queue 的简单封装。它在队列锁的保护下调用__blk_generic_push_queue 函数。

第 9 行开始的__blk_generic_push_queue 函数执行真正的推送操作。

__blk_generic_push_queue 函数首先在第 11 行判断队列是否已经被停止。如果磁盘设备已经被拔除，就会设置 BLKQUEUE_STOPPED 标志。显然，此时并不能向设备推送任何 I/O 请求，因此在第 12 行退出。

第 13 行调用 blk_disable_attach 函数将 I/O 请求队列拔出，这样文件系统层将暂停向磁盘设备发送 I/O 请求。直到将当前队列中的所有请求推送到物理设备中，才重新接受文件系统层的请求。

可能会有多个并发路径调用 blk_disable_attach 函数，那么只有第一个调用者才会真正执行成功。失败的调用者将会在第 14 行退出。

第 15 行判断 I/O 请求队列中是否存在块设备请求。如果存在，则在第 16 行调用 I/O 请求队列的 engorge_queue 回调函数。这实际上是由驱动程序设置的，该函数会遍历 I/O 请求队列中的所有块设备请求，并将这些请求发送到磁盘设备中。

最后，我们了解一下 blk_disable_attach 函数的实现。

blk_disable_attach 函数禁止文件系统继续向 I/O 请求队列发送 I/O 请求。因此它在第 3 行原子地清除 I/O 请求队列的 BLKQUEUE_ATTACHED 标志。

如果多个调用者并发调用 blk_disable_attach 函数，那么只有第一个调用者会成功清除 BLKQUEUE_ATTACHED 标志，随后的调用者将在第 4 行退出。

成功的调用者会运行到第 5 行，调用 timer_remove 移除掉 push_timer 定时器，并在第 6 行返回 1，这样调用者将会执行驱动程序的回调函数，将块设备请求推送到磁盘设备。

7.3.4.5 驱动的工作

块设备驱动一般包含以下两部分的工作：

1．接收块设备层推送的请求，并发送到物理设备中执行。

2．物理设备执行完毕后，将执行结果传送给块设备层。

virtio-blk 块设备驱动在其初始化函数 virtblk_probe 中，会创建 I/O 请求队列，其实现如下：

```
q = vblk->disk->queue = blk_create_queue(virtblk_request, NULL);
```

传入的函数 virtblk_request 会被赋予 I/O 请求队列的 engorge_queue。这样，I/O 请求队列在向 virtio_blk 块设备推送 I/O 请求时，会回调此函数。

我们看看 virtblk_request 的大致流程：

```
 1 static void virtblk_request(struct blk_request_queue *q)
 2 {
 3     ......
 4     while ((req = iosched_get_first_request(q)) != NULL) {
 5         BUG_ON(req->segcount_hw + 2 > vblk->sg_elems);
 6
 7         if (!do_req(q, vblk, req)) {
 8             blk_end_request(req, 0);
 9         } else {
10             issued++;
11         }
12         blkdev_dequeue_request(req);
13     }
14     if (issued)
15         virtqueue_kick(vblk->vq);
```

```
16 }
```

和大多数块设备驱动一样，virtblk_request 函数会启动一个循环，如第 4~13 行一样。

其中第 4 行取出 I/O 请求队列中的第一个块设备请求，只要还有块设备请求，就会循环执行第 5~12 行的循环：

1．第 5 行确保块设备请求中的硬件段数量不超过设备的限制，否则触发系统宕机。

2．第 7 行调用驱动函数，向硬件设备提交 I/O 请求。

3．如果硬件设备不能响应该请求，就在第 8 行调用 blk_end_request 通知上层，块设备请求失败。

4．如果硬件设备正常响应该请求，就在第 10 行记录正常处理的块设备请求数量。

5．第 12 行将块设备请求从 I/O 请求队列中移除。

如果向硬件设备发送了请求命令，就在第 15 行调用 virtqueue_kick 函数触发命令的执行。

在 virtio-blk 块设备完成 I/O 请求后，会触发 I/O 请求完成中断，在该中断处理函数中调用 virtblk_done 函数以通知上层：相应的 I/O 请求已经完成。其实现如下：

```
 1 static inline void virtblk_request_done(struct virtblk_req *vbr)
 2 {
 3     struct virtio_blk *vblk = vbr->vblk;
 4     struct blk_request *req = vbr->req;
 5     int error = virtblk_result(vbr);
 6 
 7     blkdev_finish_request(req, error);
 8     beehive_free(vblk->mem_cache, vbr);
 9 }
10 
11 static void virtblk_done(struct virtqueue *vq)
12 {
13     ......
14     do {
15         virtqueue_disable_cb(vq);
16         while ((vbr = virtqueue_get_buf(vblk->vq, &len)) != NULL) {
17             virtblk_request_done(vbr);
18             req_done = true;
19         }
20     } while (!virtqueue_enable_cb(vq));
21     if (req_done)
22         blkdev_start_quest(vblk->disk->queue);
23 }
```

virtblk_done 函数会在第 16 行循环遍历请求队列中的所有请求，并在第 17 行调用 virtblk_request_done 函数，向块设备层报告请求执行结果。

在第 21 行判断是否完成了 I/O 请求。如果有 I/O 请求被处理，就说明块设备层向驱动提交过请求，并且禁止了文件系统提交 I/O 请求。因此在第 22 行调用 blkdev_start_quest 函数以允许文件系统层继续向块设备提交 I/O 请求。

virtblk_request_done 函数的实现很简单，它在第 7 行调用 blkdev_finish_request 函数，向块设备层报告 I/O 请求的执行结果，并在第 8 行调用 beehive_free 释放 I/O 请求过程中使用的临时内存对象。

下一节详细描述 blkdev_finish_request 函数的实现。

7.3.4.6 完成 I/O 请求

一旦物理设备执行完成块设备请求，就在驱动中调用块设备层 API blkdev_finish_request。块设备层会在此 API 中更新块设备请求的状态，释放相应的资源。其实现如下：

```
 1 void blk_finish_request(struct blk_request *req)
 2 {
 3     ......
 4     if (disk && (req->flags & BLKREQ_DATA))
 5         disk->request_count--;
 6     blk_loosen_request(req->queue, req);
 7     if (waiting)
 8         up(waiting);
 9 }
10
11 void blkdev_finish_request(struct blk_request *rq, int error)
12 {
13     int uptodate = 1;
14     if (error < 0)
15         uptodate = error;
16     if (blk_update_request(rq, uptodate, rq->remain_sector_count))
17         BUG();
18     blk_finish_request(rq);
19 }
```

第 13~15 行修正块驱动层的错误码，将其转换为块设备层的形式。

第 16 行调用 blk_update_request 函数更新 I/O 请求的状态。在此函数中，会调用文件系统层的回调函数，以通知文件系统 I/O 请求的执行结果。

下一节将详细介绍 blk_update_request 函数。

第 18 行调用 blk_finish_request 函数，这个块设备层函数用于释放块设备层相关资源。

在第 4 行判断 I/O 请求是否为磁盘设备的数据请求。如果是，则在第 5 行递减正在执行的块设备请求数量。系统可以根据该值判断磁盘设备的拥塞状态。

第 6 行调用 blk_loosen_request 释放块设备请求的引用计数，以释放相应的内存资源。

第 7 行判断是否有线程在等待块设备请求完成，如果有，则在第 8 行唤醒等待的线程。

7.3.4.7 向文件系统层报告请求结果

blk_update_request 函数完成向文件系统报告请求结果的任务。在驱动完成块设备请求后，将会调用此函数。其实现如下：

```
 1 int blk_update_request(struct blk_request *req, int uptodate, int sector
_  cou    nt)
 2 {
 3     ......
 4     if (end_io_error(uptodate))
 5         error = !uptodate ? -EIO : uptodate;
 6     ......
 7     while ((bio = req->bio_head) && (remain_bytes >= bio->remain_size)) {
 8         req->bio_head = bio->bi_next;
```

```
 9         slice_bytes = bio->remain_size;
10         blkio_finished(bio, slice_bytes, error);
11         total_bytes += slice_bytes;
12         remain_bytes -= slice_bytes;
13      }
14      bio = req->bio_head;
15      if (!bio)
16         return 0;
17      if (remain_bytes == 0) {
18         blk_recalc_request(req, total_bytes >> 9);
19         return 1;
20      }
21      ASSERT(remain_bytes <= bio->remain_size);
22      while (remain_bytes > 0) {
23         int idx = bio->bi_idx + next_idx;
24         ASSERT(idx < bio->item_count);
25         slice_bytes = bio_iovec_idx(bio, idx)->length;
26         if (unlikely(slice_bytes > remain_bytes)) {
27            bytes_bio += remain_bytes;
28            total_bytes += remain_bytes;
29            break;
30         }
31         next_idx++;
32         bytes_bio += slice_bytes;
33         total_bytes += slice_bytes;
34         remain_bytes -= slice_bytes;
35         if (next_idx >= bio->item_count - 1)
36            break;
37      };
38      blkio_finished(bio, bytes_bio, error);
39      bio->bi_idx += next_idx;
40      bio_iovec(bio)->bv_offset += remain_bytes;
41      bio_iovec(bio)->length -= remain_bytes;
42      blk_recalc_request(req, total_bytes >> 9);
43      return 1;
44  }
```

第 4~5 行整理驱动层传递的错误码，将其转换为块设备层和文件系统层的形式。

第 7 行遍历块设备请求中的所有 I/O 请求，只要调用者传入的字节数跨越了这些 I/O 请求，就针对块设备请求中的每一个 I/O 请求，执行第 8~12 行的代码块。

在第 8 行，将块设备请求的 I/O 请求头指针指向下一个请求。换句话说，就是将当前 I/O 请求从块设备请求链表中移除。

第 9 行获得 I/O 请求的长度。

第 10 行调用 blkio_finished 函数，在该函数中会调用文件系统层的回调函数。这样，文件系统将会得到通知，感知到 I/O 请求已经完成的事实。

第 11~12 行更新局部变量，记录下已经处理的字节数，以及还没有处理的字节数。

第 14~15 行获得块设备请求中的第一个 I/O 请求，如果所有请求都已经处理完毕，则在第 16 行返回 0。

运行到第 17 行，说明块设备请求中还有未完成的 I/O 请求。

第 17 行判断是否处理完所有字节，如果已经处理完所有字节，但是还有未完成的 I/O 请求，那么当前块设备请求还需要继续由驱动程序处理。因此在第 18 行调用 blk_recalc_request 函数重新计算块设备的属性，并在第 19 行返回 1，以表示块设备请求还未全部完成的事实。

blk_recalc_request 函数主要更新块设备请求的起始扇区、硬件段数量等属性。

运行到第 21 行，说明调用者传入的字节数正好位于某个 I/O 请求的中间，因此需要修正 I/O 请求和块设备请求的属性，这是由第 21~42 行的代码块完成的。

第 21 行的确保剩余的字节数小于 I/O 请求的大小。

小问题 7.36：第 21 行的 ASSERT 语句实际上是判断剩余字节数小于并等于 I/O 请求的大小。这应该是为了确保后面的代码不会造成内存访问方面的问题。但是其中的等于条件真的有必要吗？

第 22 行开始第 23~36 行的循环，处理所有剩余的字节。

第 23 行计算当前循环要处理的 I/O 请求项索引，依次从未完成的请求项开始，向后顺序遍历所有 I/O 请求项。每个请求项由要读/写的数据所在页面及其在页面中的偏移表示。

第 25 行得到当前请求项的长度。

第 26 行处理一种特殊情况，即剩余字节数位于某个请求项的中间。因此在第 27~29 行更新 bytes_bio、total_bytes 临时变量并退出循环。

其中，bytes_bio 表示在 I/O 请求中已经处理的字节数。total_bytes 表示在块设备请求中已经处理的字节数。

如果剩余字节数跨越了一个完整的 I/O 请求项，则在第 31 行递增索引号，准备处理下一个请求项。

第 32~35 行更新局部变量，准备处理下一个请求项。

第 35 行进行安全性检查，如果请求项索引号超过 I/O 请求的最大索引号，则强制退出循环。

小问题 7.37：第 35 行的检查真的有必要吗？出现这种情况，一定是系统遇到了某种意外。可能有哪些意外导致出现这种情况？

第 38 行调用 blkio_finished，通知文件系统层，在相应的 I/O 请求中，部分读/写任务已经完成。

第 39~41 行更新 I/O 请求的请求项索引，请求项页内位置及长度。

第 42 行调用 blk_recalc_request 函数更新块设备请求的属性。

第 43 行返回 1，以表示块设备请求没有被全部处理完成。

7.3.4.8 创建 I/O 请求队列

如果前所述，virtio-blk 块设备驱动在其初始化函数 virtblk_probe 中，会创建 I/O 请求队列，具体如下：

```
q = vblk->disk->queue = blk_create_queue(virtblk_request, NULL);
```

blk_create_queue 函数主要完成如下一些工作：

1. 分配 I/O 请求队列描述符的内存。
2. 根据驱动传入的参数，决定 I/O 请求队列是否与驱动共用自旋锁。
3. 设置 I/O 请求队列的 engorge_queue 回调，这是驱动与块设备之间重要的交互接口。
4. 设置 I/O 请求队列的 I/O 请求合并回调函数，这些函数已经在前面章节中有过详细描述。
5. 设置 I/O 请求队列的 blkdev_infrast 参数，这是文件系统与 I/O 请求队列之间交互接口。
6. 设置 I/O 请求队列的默认参数。
7. 初始化 I/O 请求队列的定时器和工作队列，用于延迟推送请求到块设备。

8．初始化 I/O 调度策略。

对该函数的详细分析，就留给读者作为练习。

7.4　I/O 调度

I/O 调度模块为块设备层提供 I/O 请求合并的策略，采用何种策略受到磁盘类型和系统设计目标的影响。

对 I/O 调度策略感兴趣的读者，可以延伸阅读 Linux 的 I/O 调度器相关文章，理解 NOOP、CFQ、DEADLINE 等 I/O 调度算法的特点及其适用场景。

由于 DIM-SUM 目前仅仅支持 virtio-blk 块设备，该设备的特点决定了它并不需要复杂的 I/O 调度算法。因此目前 DIM-SUM 仅仅实现了最简单的 I/O 调度策略：noop-iosched 调度策略。

但是，随着 DIM-SUM 的进一步发展，必然会支持其他更复杂的 I/O 调度策略。同时也期望读者能够参与实现新的 I/O 调度策略，并提交到 DIM-SUM 代码库中来。

与 I/O 调度模块相关的代码位于 include/dim-sum/iosched.h、block/iosched.c、block/iosched_noop.c 中。

7.4.1　I/O 调度的数据结构

与 I/O 调度策略相关的最重要数据结构是 ioscheduler_ops，它表示某种 I/O 调度策略的实现。其定义如下：

```
1 struct ioscheduler_ops
2 {
3     int (*get_merge_pos) (struct blk_request_queue *,
4             struct blk_request **, struct block_io_desc *);
5     void (*merge) (struct blk_request_queue *,
6             struct blk_request *, struct blk_request *);
7     void (*merge_post) (struct blk_request_queue *, struct blk_request *);
8     struct blk_request * (*get_first_request) (struct blk_request_queue *);
9     void (*add_request) (struct blk_request_queue *,
10            struct blk_request *, int);
11    void (*remove_request) (struct blk_request_queue *,
12            struct blk_request *);
13    int (*is_empty) (struct blk_request_queue *);
14    void (*release_request) (struct blk_request_queue *,
15            struct blk_request *);
16    struct blk_request * (*get_front_request) (struct blk_request_queue *,
17            struct blk_request *);
18    struct blk_request * (*get_behind_request) (struct blk_request_queue *,
19            struct blk_request *);
20    int (*init_request) (struct blk_request_queue *,
21            struct blk_request *, int);
22    void (*uninit_request) (struct blk_request_queue *,
23            struct blk_request *);
24    int (*init) (struct blk_request_queue *, struct ioscheduler *);
```

```
25     void (*uninit) (struct ioscheduler *);
26     int (*may_queue) (struct blk_request_queue *, bool);
27 };
```

该数据结构全部由不同形式的回调函数组成。

其中，名为 get_merge_pos 的回调函数用于查找可以和 I/O 请求进行合并的块设备请求，其可能的返回值如下：

名　称	含　义
IOSCHED_NO_MERGE	I/O 请求队列中所有的块设备请求都不能与传入的 I/O 请求参数进行合并
IOSCHED_FRONT_MERGE	可以将传入的 I/O 请求合并到某个块设备请求的头部
IOSCHED_BACK_MERGE	可以将传入的 I/O 请求合并到某个块设备请求的尾部

小问题 7.38：如果一个 I/O 请求与块设备请求合并了以后，可能导致两个块设备请求被合并，应当怎么办？

名为 merge 的回调函数将 I/O 请求队列中两个块设备请求进行合并。

名为 merge_post 的回调函数在块设备请求被合并后调用，可以做一些善后工作。例如释放被合并块设备请求的资源。

名为 get_first_request 的回调函数获得 I/O 请求队列中第一个块设备请求。

名为 add_request 的回调函数用于将块设备请求添加到 I/O 调度器中。

名为 remove_request 的回调函数用于将块设备请求从 I/O 调度器中移除。

名为 is_empty 的回调函数用于判断 I/O 请求队列是否为空。

名为 release_request 的回调函数在释放块设备请求时被调用，用于清理 I/O 调度策略中的资源。

名为 get_front_request 的回调函数用于查找前一个块设备请求。

名为 get_behind_request 的回调函数用于查找后一个块设备请求。

名为 init_request 的回调函数用于初始化一个块设备请求，为 I/O 调度策略分配额外的资源。

名为 uninit_request 的回调函数用于清理块设备请求的资源。

名为 init 的回调函数是 I/O 调度策略的初始化函数，可能在此回调函数中为算法分配特定的内存。

名为 uninit 的回调函数是 I/O 调度策略的清理函数，可能在此回调函数中为算法清理特定的资源。

名为 may_queue 的回调函数用于判断新请求是否可以入队。

ioscheduler_type 数据结构表示某种类型的 I/O 调度策略。其定义如下：

```
1 struct ioscheduler_type
2 {
3     char name[IOSCHED_MAX_NAME];
4     struct double_list list;
5     struct ioscheduler_ops ops;
6 };
```

其中，名为 name 的字段表示 I/O 调度策略的算法名称。

名为 list 的字段是双向链表节点，通过此字段将 I/O 调度策略添加到全局链表中。

名为 ops 的字段用于保存 I/O 调度策略的回调函数。

iosheduler 数据结构表示某个 I/O 请求队列正在使用的 I/O 调度策略。其定义如下：

```
1 struct ioscheduler
2 {
3     struct ioscheduler_ops *ops;
4     void *elevator_data;
5     struct ioscheduler_type *type;
6 };
```

其中，名为 ops 字段指向当前的调度策略回调函数。

名为 elevator_data 的字段表示调度策略的私有数据，由调度策略算法自由使用。

名为 type 的字段指向当前使用的 I/O 调度类型。

7.4.2　I/O 调度的全局变量

I/O 调度模块定义了如下几个全局变量：

```
1 static struct smp_lock ioscheduler_list_lock =
2     SMP_LOCK_UNLOCKED(ioscheduler_list_lock);
3 static struct double_list ioscheduler_list =
4     LIST_HEAD_INITIALIZER(ioscheduler_list);
5 static struct ioscheduler_type iosched_noop;
```

其中，变量 ioscheduler_list 是一个双向链表头节点，该链表中保存了系统支持的所有 I/O 调度策略。

变量 ioscheduler_list_lock 是一个自旋锁，用于保护对变量 ioscheduler_list 的并发访问。

变量 iosched_noop 定义了系统支持的唯一调度策略：NOOP I/O 调度策略。

7.4.3　I/O 调度的 API

I/O 调度模块提供了如下一些主要 API：

名　　称	含　　义
iosched_get_merge_pos	在 I/O 请求队列中查找，找到 I/O 请求的合并位置
iosched_request_release	当一个块设备请求完成时调用
iosched_uninit_request	对一个块设备请求描述符进行反初始化
iosched_add_request	向 I/O 请求队列中添加一个块设备请求
iosched_remove_request	从 I/O 请求队列中移除一个块设备请求
iosched_is_empty	检查 I/O 请求队列中是否存在待处理请求
iosched_merge_requests	将两个块设备请求合并为一个块设备请求
iosched_merge_post	将两个块设备请求合并后，做一些收尾工作
iosched_get_front_request	获得 I/O 请求队列中前一个块设备请求
iosched_get_behind_request	获得 I/O 请求队列中后一个块设备请求

续表

名　　称	含　　义
iosched_may_queue	判断是否可以合并请求
iosched_init_request	初始化一个块设备请求
iosched_get_first_request	获得I/O请求队列中第一个块设备请求
iosched_can_merge	判断一个I/O请求是否可以与某个块设备请求合并
iosched_try_merge	试图将一个I/O请求与块设备请求合并
iosched_try_last_merge	将一个I/O请求与最近一次的块设备请求合并
register_ioscheduler	注册一个I/O调度策略
unregister_ioscheduler	取消注册一个I/O调度策略

7.4.4　I/O调度的实现

7.4.4.1　I/O调度策略接口实现

iosched_get_merge_pos、iosched_request_release、iosched_uninit_request、iosched_is_empty、iosched_merge_requests、iosched_merge_post、iosched_get_front_request、iosched_get_behind_request、iosched_init_request、iosched_get_first_request、iosched_can_merge、iosched_try_merge、iosched_try_last_merge的实现要么非常简单，要么是直接调用I/O调度策略的回调处理函数，请读者自行阅读相应的源代码。

iosched_add_request、iosched_remove_request的实现略显复杂，这里略加描述。

iosched_add_request将一个块设备请求添加到I/O请求队列中。其实现如下：

```
 1 void iosched_add_request(struct blk_request_queue *queue,
 2             struct blk_request *request, int where)
 3 {
 4    ......
 5    if (queue->state & BLKQUEUE_DRAINING) {
 6       list_insert_behind(&request->list, &queue->delayed_list);
 7       return;
 8    }
 9    if ((request->flags & BLKREQ_BARRIER) && (where == IOSCHED_INSERT_ORDERE   D))
10       where = IOSCHED_INSERT_TAIL;
11    queue->scheduler->ops->add_request(queue, request, where);
12    if (queue->state & BLKQUEUE_ATTACHED) {
13       int nrq = queue->request_pools[READ].request_count
14            + queue->request_pools[WRITE].request_count
15            - queue->running_count;
16       if (nrq >= queue->busy_thresh)
17          __blk_generic_push_queue(queue);
18    }
19 }
```

第5行判断I/O请求队列的当前状态，如果正在切换I/O调度策略，就会设置BLKQUEUE_DRAINING标志，以尽快将当前I/O请求队列中的请求推送到物理设备。

在这种情况下，在第 6 行将块设备请求添加到延迟访问链表，然后立即退出。

小问题 7.39：为什么要在第 6 行将块设备请求放到延迟访问链表，而不是放到正常的请求链表中？

第 9 行判断请求是否为 I/O 屏障请求。

第 10 将设置 where 临时变量为 IOSCHED_INSERT_TAIL，表示将块设备请求放到 I/O 请求队列的末尾。

第 11 行直接调用 I/O 调度策略的 add_request 回调函数，将块设备请求添加到 I/O 请求队列适当的位置。

第 12 行判断 I/O 请求队列是否与设备绑定了，也就是说，它是否在正常地接收文件系统的 I/O 请求。如果处于接收状态，就执行第 13~17 行的代码块。

第 13 行计算总的读/写请求数量，并减去已经提交给物理设备的请求数量。其结果表示积压在 I/O 请求队列中的未提交请求数量。

第 16 行判断积压的请求数量是否超过阈值，如果超过，就表示设备繁忙。因此在第 17 行调用__blk_generic_push_queue 将积压的请求推送到物理设备。在此期间，文件系统提交的 I/O 请求将会等待。

iosched_remove_request 函数将一个块设备请求从 I/O 请求队列中移除，其目的是将其提交给驱动程序。其实现如下：

```
 1 void iosched_remove_request(struct blk_request_queue *queue,
 2     struct blk_request *request)
 3 {
 4     BUG_ON(list_is_empty(&request->list));
 5     list_del_init(&request->list);
 6     if (request->queue) {
 7         struct ioscheduler *sched = queue->scheduler;
 8         if ((request->flags & BLKREQ_DATA) && (request->flags & BLKREQ_STARTED))
 9             queue->running_count++;
10         if (request == queue->preferred_merge)
11             queue->preferred_merge = NULL;
12         if (sched->ops->remove_request)
13             sched->ops->remove_request(queue, request);
14     }
15 }
```

第 4 行确保块设备请求确实处于 I/O 请求队列中。

第 5 行将块设备请求从 I/O 请求队列的链表中删除。

如果第 6 行的判断表明 I/O 调度策略希望自行管理 I/O 请求的内存池，就执行第 7~13 行的代码块。

第 8 行判断请求是否为数据请求，并且已经被驱动所接收。如果是这样的话，就在第 9 行增加计数，该计数表示正在执行的块设备请求数量。

第 10 行判断被移除的块设备请求是否为合并用到的缓存请求，如果是的话，那么显然不应当继续作为缓存合并对象。因此在第 11 行将缓存的请求指针清空。

第 12~13 行调用 I/O 调度器的 remove_request 回调函数，将块设备请求从 I/O 调度策略的数据结构中移除。

7.4.4.2 NOOP 调度策略的实现

NOOP 调度策略没有自己的内存数据结构，它直接使用 I/O 请求队列中的链表来保存所有块设备请求，其实现比较简单。其中最重要的回调函数是 get_merge_pos，用于查找队列中合适的合并位置。

该回调函数由 noop_get_merge_pos 函数实现。其实现代码如下：

```
 1 static int noop_get_merge_pos(struct blk_request_queue *queue,
 2     struct blk_request **req, struct block_io_desc *bio)
 3 {
 4     ......
 5     if ((ret = iosched_try_last_merge(queue, bio)) != IOSCHED_NO_MERGE) {
 6         *req = queue->preferred_merge;
 7         return ret;
 8     }
 9     list_for_each_prev(entry, &queue->requests) {
10         request = TO_BLK_REQUEST(entry);
11         if (request->flags & (BLKREQ_BARRIER | BLKREQ_STARTED))
12             break;
13         if (!(request->flags & BLKREQ_DATA))
14             continue;
15         if ((ret = iosched_try_merge(request, bio))) {
16             *req = request;
17             queue->preferred_merge = request;
18             return ret;
19         }
20     }
21     return IOSCHED_NO_MERGE;
22 }
```

第 5 行调用 iosched_try_last_merge 函数，尝试将当前 I/O 请求与队列中缓存的块设备请求相合并。如果正好能与缓存的请求合并，那么在第 6 行直接返回缓存的请求，并在第 7 行返回合并位置。

如果不能与缓存的请求合并，那么就需要进入慢速处理流程。这是由第 9~21 行的代码完成的。

第 9 行开启循环，从后面向前遍历 I/O 请求队列中的所有块设备请求，试图找到能够合并当前 I/O 请求的对象。

第 10 行获得请求队列中的请求对象。

第 11 行判断请求对象的属性，如果请求对象包含 I/O 屏障属性，或者该请求对象已经提交到设备中，则退出循环，结束 I/O 合并处理。

小问题 7.40：为什么请求对象包含 I/O 屏障属性或者在启动 I/O 请求时，就结束合并过程？这里为什么要退出循环，而不是继续忽略当前 I/O 请求对象？

第 13 行判断当前请求对象是数据请求对象还是命令对象，如果不是数据请求对象，显然不需要进行合并处理，因此在第 14 行跳转到下一个请求对象。

第 15 行调用 iosched_try_merge 函数，将当前请求对象与队列中的对象进行合并。如果合并成功，则在第 17 行记录下缓存的请求对象，以加快下一次合并处理速度。

如果遍历完请求对象，也不能进行任何合并操作，则在第 21 行返回 IOSCHED_NO_MERGE，表明没有进行任何合并的事实。

第8章

虚拟文件系统

与 Linux 类似，DIM-SUM 也支持不同种类的文件系统。例如 LEXT3 文件系统、设备文件系统、内存文件系统等。

同样的，DIM-SUM 也通过虚拟文件系统来当作应用程序与这些文件系统之间的接口。也就是说，虚拟文件系统是 DIM-SUM 操作系统文件系统对外的接口。任何要使用文件系统的程序都必须经由这层接口来使用它。

我们也可以认为，虚拟文件系统是一个异构文件系统之上的软件黏合层。该软件黏合层可以为访问文件系统的系统调用提供一个统一的抽象接口。这样，应用程序能通过统一的虚拟文件系统接口访问不同文件系统中的文件，以屏蔽不同文件系统的差异。

虚拟文件系统最早由 Sun 公司提出，为的是实现网络文件系统。现在，Linux、FreeBSD、Solaris 这些类 Unix 操作系统都采用了虚拟文件系统。

虚拟文件系统的作用是为应用程序提供标准的 POSIX 系统调用，使得应用程序可以读/写位于不同物理介质上的不同文件系统。这些系统调用包括 mount()、umount()、open()、read()、write()等。无论系统中存在一个还是多个文件系统，也无论这些文件系统是何种文件系统，用户都可用统一系统调用、操作这些文件系统。系统调用不用关心底层的存储介质和文件系统类型就可以工作。

如果用 C++面向对象编程思想来考虑虚拟文件系统，就可以简单认为虚拟文件系统定义了一层父类中的虚方法，不同的文件系统继承并实现了这些虚方法。在 DIM-SUM 的实现中，也借鉴并实现了这样的面向对象编程方法。

应用程序在读/写文件内容之前，应当由系统管理员通过 mount 命令或者 mount 系统调用将文件系统挂载到虚拟文件系统中。因此，我们首先从 mount 系统调用的实现开始描述。

8.1 挂载、卸载文件系统

挂载文件系统是由 mount 系统调用完成的，卸载文件系统则是由 umount 系统调用完成的。

每一个文件系统都有一个挂载点。在初始化阶段，系统会将根文件系统挂载到根目录。随后的文件系统会挂载到根目录系统的子目录中。

在 Linux 中，你可以使用如下命令将 sda 设备上的文件系统挂载到/home/baoyou.xie/ext4 目录：

```
mount -t ext4 /dev/sda /home/baoyou.xie/ext4
```

其中，/home/baoyou.xie/ext4 目录就是本次挂载操作的挂载点。

要卸载一个文件系统，可以使用如下命令：

```
umount /home/baoyou.xie/ext4
```

在 DIM-SUM 目前的版本中，系统通过硬编码的方式，在实验系统的初始化代码中调用 mount 系统执行挂载操作，因此不需要手动执行挂载操作。实际上，在 DIM-SUM 中还未真正实现 busybox 这样的用户态命令行环境，因此也不可能通过 mount 命令来挂载文件系统。

DIM-SUM 挂载初始文件系统的代码如下所示：

```
static void __init mount_block_root(int flags)
{
    ......
    mnt = do_internal_mount("lext3", flags, "/dev/vda/part1", NULL);
    if (!IS_ERR(mnt))
        goto out;
    ......
}
```

8.1.1 挂载、卸载文件系统的数据结构

与文件系统挂载、卸载相关的数据结构主要有以下三个：

1. 文件系统挂载点描述符
2. 文件系统超级块描述符
3. 文件系统类型描述符

下面分别描述这三个描述符。

8.1.1.1 文件系统挂载点描述符

mount_desc 数据结构是文件系统挂载点描述符，其定义如下：

```
 1 struct mount_desc
 2 {
 3     struct object object;
 4     int flags;
 5     char *dev_name;
 6     struct hash_list_node hash_node;
 7     struct mount_desc *parent;
 8     struct filenode_cache *mountpoint;
 9     struct filenode_cache *sticker;
10     struct double_list children;
11     struct double_list child;
12     struct super_block *super_block;
13 };
```

这些字段的含义如下：

名为 object 的字段用于管理描述符的生命周期。这类似于 Java 中单根继承体系中根类的作用。

名为 flags 的字段是挂载、卸载的标志。随后将描述符所有可用的标志。

名为 dev_name 的字段表示要挂载的设备文件名。例如/dev/vda/part1。

小问题 8.1：/dev/vda/part1 这个设备文件名看起来也位于某个挂载点中，这个挂载点又是如何挂载到系统中的？

名为 hash_node 的字段用于将描述符添加到全局挂载点散列表中。

名为 parent 的字段指向父文件系统，这个文件系统挂载在其上。通过这个字段，可以形成一棵全局挂载点树，管理系统中的所有挂载点。

名为 mountpoint 的字段是一个文件节点缓存对象。例如，我们将/dev/sda 设备挂载到/home/baoyou.xie/ext4 目录时，mountpoint 字段指向/home/baoyou.xie/ext4 目录的文件节点缓存对象。

名为 sticker 的字段表示一个被挂载对象的根目录文件节点缓存对象。例如，我们将/dev/sda 设备挂载到/home/baoyou.xie/ext4 目录时，sticker 字段表示/dev/sda 设备中的根目录对象。

名为 children 的字段是一个双向链表。该链表保存了所有挂载到当前文件系统中的子文件系统。

名为 child 的字段是一个双向链表节点。通过此字段将其加入父文件系统的 children 字段的链表中。

名为 super_block 的字段指向该文件系统的超级块对象。下一节将描述文件系统的超级块描述符。

其中，挂载点描述符可用的标志如下：

名　称	含　义
MNT_NOSUID	在已经安装文件系统中禁止 setuid 和 setgid 标志
MNT_NODEV	在已经安装文件系统中禁止访问设备文件
MNT_NOEXEC	在已经安装文件系统中不允许程序执行

8.1.1.2　文件系统的超级块描述符

super_block 数据结构是文件系统的超级块描述符。其定义如下：

```
 1 struct super_block {
 2     struct semaphore    sem;
 3     int         ref_count;
 4     struct accurate_counter     active_count;
 5     struct rw_semaphore mount_sem;
 6     devno_t         dev_num;
 7     unsigned long long  max_file_size;
 8     unsigned long       block_size;
 9     unsigned char       block_size_order;
10     u32         gran_ns;
11     unsigned long       block_size_device;
12     struct block_device *blkdev;
13     unsigned char       dirty;
14     struct double_list  list;
15     struct double_list  cognate;
16     struct double_list  file_nodes;
17     struct double_list  dirty_nodes;
18     struct double_list  sync_nodes;
```

```
19      struct file_system_type *fs_type;
20      struct super_block_ops  *ops;
21      unsigned long       mount_flags;
22      unsigned long       magic;
23      struct filenode_cache       *root_fnode_cache;
24      struct double_list  files;
25      char blkdev_name[BDEVNAME_SIZE];
26      int          s_syncing;
27      int          need_sync_fs;
28      void             *fs_info;
29 };
```

这些字段的含义如下：

名为 sem 的字段是保护超级块使用的信号量。

名为 ref_count 的字段是描述符的引用计数，用于数据结构的存在性保证。

名为 active_count 的字段也一个引用计数，表示文件系统被激活次数，用于决定是否需要完全卸载文件系统。

名为 mount_sem 的字段是一个信号量，用于保护对该文件系统的并发挂载和卸载操作。

名为 dev_num 的字段是设备号，表示该文件系统超级块位于哪一个设备中。

名为 max_file_size 的字段表示该文件系统中文件的最大长度。

名为 block_size 的字段表示文件系统块大小，以字节为单位。其大小为 512 的倍数，并且倍数值为 2 的幂，不大于系统所支持的页面大小。

小问题 8.2：文件系统块大小为什么有这些奇怪的约束：其大小为 512 的倍数，倍数值为 2 的幂，并且不大于系统所支持的页面大小？

名为 block_size_order 的字段表示 block_size 字段的对数值。

小问题 8.3：block_size_order 和 block_size 两个字段实际上相互冗余，这带来了一致性的问题。内核开发者难道不明白数据库范式的道理？或者看看《重构》一书，把代码精减一下。

名为 gran_ns 的字段表示时间精度，系统在更新文件日期元数据时，只有超过该时间精度的值才会真正写到文件系统中。

名为 block_size_device 的字段表示文件系统所在块设备的物理块大小。

名为 blkdev 的字段是指向块设备描述符的指针。

名为 dirty 的字段表示超级块是为脏。

名为 list 的字段是一个双向链表节点对象。通过此字段将超级块链接到全局链表中。

名为 cognate 的字段也是一个双向链表节点对象。通过此字段将超级块链接到相同类型的文件系统链表中。

名为 file_nodes 的字段是一个双向链表头节点。该链表保存了该文件系统中所有文件节点对象。

名为 dirty_nodes 的字段也是一个双向链表头节点。该链表保存了该文件系统中所有处于脏状态的文件节点对象。

名为 sync_nodes 的字段也是一个双向链表头节点。该链表保存了所有等待同步到磁盘的文件节点对象。

名为 fs_type 的字段指向超级块所属的文件系统类型描述符。

名为 ops 的字段指向该文件系统超级块的回调函数集合对象。随后将详细描述该对象。

名为 mount_flags 的字段表示文件系统的挂载标志。随后将详细描述这些标志。

小问题 8.4：mount_flags 标志字段和挂载点描述符的 flags 标志字段有何区别？

名为 magic 的字段是文件系统的魔法数。一旦此值与特定文件系统的魔法数不一样，就说明文件系统物理设备上的数据被破坏，或者内存中的数据被破坏。

名为 root_fnode_cache 的字段指向该文件系统中根目录文件节点缓存。

名为 files 的字段是一个双向链表头节点。该链表保存了该文件系统中所有打开的文件对象。

名为 blkdev_name 的字段保存超级块所在的块设备名称。

名为 s_syncing 的字段表示当前是否正在对该超级块所在的文件系统进行同步操作。主要是避免并发地对同一个文件系统进行 sync 操作。

名为 need_sync_fs 的字段表示是否需要对相应的文件系统进行同步操作。

名为 fs_info 的字段是一个保留字段。指向特定文件系统的超级块信息。由各文件系统自定义其用法。

小问题 8.5：文件系统超级块仅仅抽象了所有文件系统的公共属性。但是，不同文件系统有其独特的属性，这些属性保存在什么地方？

其中，超级块描述符中可用的挂载标志有：

名　称	含　义
MFLAG_INTERNAL	内部伪文件系统，不能被挂载到用户空间
MFLAG_RDONLY	只读挂载
MS_NOSUID	禁止 setuid 和 setgid 标志
MS_NODEV	禁止访问设备文件
MS_NOEXEC	不允许文件执行
MS_SYNCHRONOUS	文件和目录上的写操作是即时的。这是由于在挂载时指定了 sync 参数
MS_REMOUNT	重新挂载文件系统
MS_MANDLOCK	允许强制文件锁，目前不支持此标志
MS_DIRSYNC	目录上的写操作是即时的
MS_NOATIME	不更新文件访问时间
MS_NODIRATIME	不更新目录访问时间
MS_BIND	创建一个“绑定挂载”。这样一个文件或目录在系统的另外一个点上可以被看见。目前不支持此标志
MS_MOVE	把一个已挂载文件系统移动到另外一个挂载点
MS_REC	为目录子树递归地创建“绑定挂载”
MS_VERBOSE	出错时产生详细的内核消息
MS_POSIXACL	支持 POSIX ACL
MS_ACTIVE	内部使用

文件系统超级块回调函数集合由 super_block_ops 数据结构表示，其定义如下：

```
1 struct super_block_ops {
2     struct file_node *(*alloc)(struct super_block *sb);
3     void (*free)(struct file_node *);
4     void (*release) (struct file_node *);
```

```
 5    void (*loosen) (struct file_node *);
 6    void (*read_fnode) (struct file_node *);
 7    void (*dirty_fnode) (struct file_node *);
 8    int (*write_fnode) (struct file_node *, int);
 9    void (*delete_fnode) (struct file_node *);
10    void (*loosen_super) (struct super_block *);
11    void (*write_super) (struct super_block *);
12    int (*sync_fs)(struct super_block *sb, int wait);
13    void (*lock_fs) (struct super_block *);
14    void (*unlock_fs) (struct super_block *);
15    int (*statfs) (struct super_block *, struct kstatfs *);
16    int (*remount) (struct super_block *, int *, char *);
17    void (*clean_fnode) (struct file_node *);
18    void (*umount_begin) (struct super_block *);
19    ssize_t (*quota_read)(struct super_block *, int, char *, size_t, loff_t);
20    ssize_t (*quota_write)(struct super_block *, int, const char *, size_t, loff_t);
21 };
```

这些字段的含义如下：

名为 alloc 的回调函数为文件节点对象分配空间。不同文件系统所需要保存的文件节点对象数据不一样，因此由文件系统实现者提供此回调函数来为其分配所需要的空间。

名为 free 的回调函数释放文件节点对象。

名为 release 的回调函数在最后一个用户释放文件节点时调用。文件系统在此回调函数中针对文件节点进行一些收尾工作。

名为 loosen 的回调函数用于释放文件节点的引用计数值。

名为 read_fnode 的回调函数用于从磁盘上读取数据填充文件节点对象。

名为 dirty_fnode 的回调函数在文件节点标记为脏时调用。日志文件系统用来更新磁盘上的文件系统日志。

名为 write_fnode 的回调函数用于更新文件节点对象的内容。

名为 delete_fnode 的回调函数删除内存中的文件节点、磁盘上的文件数据和元数据。

名为 loosen_super 的回调函数释放对超级块的引用，这一般是由于文件系统被卸载而引起的。

名为 write_super 的回调函数更新文件系统超级块。

名为 sync_fs 的回调函数同步回写文件系统以更新磁盘上文件系统数据结构。

名为 lock_fs 的回调函数阻止对文件系统的修改。当文件系统被冻结时调用，例如 LVM 会调用它。

名为 unlock_fs 的回调函数解除 lock_fs 的操作，以重新允许对文件系统的修改。

名为 statfs 的回调函数返回文件系统的统计信息。

名为 remount 的回调函数用新的选项重新挂载文件系统。

名为 clean_fnode 的回调函数清除磁盘上的文件节点数据。

名为 umount_begin 的回调函数在开始卸载文件系统时调用。

名为 quota_read 的回调函数读取限额设置，目前未使用。

名为 quota_write 的回调函数修改限额设置，目前未使用。

8.1.1.3 文件系统类型描述符

文件系统类型描述符由 file_system_type 数据结构表示，其定义如下：

```
1 struct file_system_type {
2     const char *name;
3     struct double_list list;
4     int flags;
5     struct super_block *(*load_filesystem) (struct file_system_type *, int,
6                         const char *, void *);
7     void (*unload_filesystem) (struct super_block *);
8     struct double_list superblocks;
9 };
```

这些字段的含义如下：

名为 name 的字段表示文件系统类型的名称，如 lext3。

名为 list 的字段表示一个双向链表节点。通过此字段将文件系统类型描述符链接到全局链表中。

名为 flags 的字段表示文件系统类型的属性。

名为 load_filesystem 的字段是一个回调函数指针，当挂载此类型的文件系统时，由虚拟文件系统调用此回调函数。该回调函数从设备上读入文件系统的超级块内容到内存中。

名为 unload_filesystem 的字段是一个回调函数指针，当卸载此类型的文件系统时，就由虚拟文件系统调用此回调函数删除超级块。

名为 superblocks 的字段是一个双向链表。该链表包含该文件系统类型的所有超级块对象。

其中，flags 字段可能的标志属性如下：

名　　称	含　　义
FS_REQUIRES_DEV	这种类型的文件系统必须位于物理磁盘上

8.1.2 挂载、卸载文件系统的全局变量

挂载、卸载文件系统涉及的全局变量定义如下：

```
1 aligned_cacheline_in_smp
2 struct smp_lock mount_lock = SMP_LOCK_UNLOCKED(mount_lock);
3 static struct rw_semaphore mount_sem = RWSEM_INITIALIZER(mount_sem);
4 static struct beehive_allotter *mount_allotter;
5 static struct hash_list_bucket *__hash;
6 static int __hash_order;
7 static int __hash_mask;
8
9 static struct smp_rwlock fs_lock =
10         SMP_RWLOCK_UNLOCKED(fs_lock);
11 static struct double_list all_fs = LIST_HEAD_INITIALIZER(all_fs);
```

这些全局变量的含义如下：

名为__hash 的全局变量表示文件系统挂载点描述符散列表。这里使用散列表保存所有文件系统挂载点的目的，是为了加快目录搜索的速度。

名为__hash_order、__hash_mask 的全局变量用于计算散列表的散列值。

名为 mount_allotter 的全局变量指向文件系统挂载点描述符的内存分配器。

名为 mount_sem 的全局变量是一个信号量。用于保护全局的挂载、卸载操作，防止其并发操作破坏内存数据结构。

名为 mount_lock 的全局变量是一个自旋锁。保护对文件系统挂载点描述符散列表及挂载点描述符的互斥访问。

名为 all_fs 的全局变量是一个双向链表。该链表包含所有支持的文件系统类型。

名为 fs_lock 的全局变量是一个读/写自旋锁，用于保护对 all_fs 全局变量的互斥访问。

8.1.3 挂载、卸载文件系统的 API

挂载、卸载文件系统涉及如下 API：

名　称	含　义
register_filesystem	注册文件系统，将相应的文件系统类型描述符加入全局链表中
lookup_file_system	查找指定类型的文件系统
lookup_mount	在文件系统挂载点描述符散列表中查找某个目录是否被挂载到某个文件系统中。如果已经挂载到文件系统，就返回所挂载文件系统的挂载点描述符
do_internal_mount	内部调用，只加载文件系统，但是不暴露到目录树中。这样用户将看不到此文件系统中的数据
do_mount	挂载文件系统，可被内核模块调用
sys_mount	mount 系统调用的实现函数
sys_umount	umount 系统调用的实现函数

8.1.4 挂载、卸载文件系统的实现

8.1.4.1 注册、查找文件系统类型

任何一个文件系统，在被用户挂载到系统中之前，都需要注册其文件系统驱动模块到系统中。这是由 register_filesystem 函数实现的。

register_filesystem 函数的本质是建立文件系统类型名称与其实现驱动之间的映射关系。这样，用户就可以通过文件系统类型名称来挂载文件系统了。

已经注册的文件系统类型保存在全局链表 all_fs 中。

register_filesystem 函数的实现比较简单，如下所示：

```
 1 int register_filesystem(struct file_system_type * fs)
 2 {
 3     ......
 4     if (!fs)
 5         return -EINVAL;
 6     list_init(&fs->superblocks);
 7     list_init(&fs->list);
 8     smp_write_lock(&fs_lock);
 9     p = __find_filesystem(fs->name);
10     if (p)
11         ret = -EBUSY;
```

```
12     else
13         list_insert_front(&fs->list, &all_fs);
14     smp_write_unlock(&fs_lock);
15     return ret;
16 }
```

在函数的第 4~5 行判断传入参数是否合法，如果不合法，则在第 5 行返回错误码。

第 6 行调用 list_init 初始化文件系统类型描述符 superblocks 字段。该字段是一个链表，保存了该文件系统类型的所有文件系统实例。很显然，在最初注册文件系统的时候，这个链表必然为空，当然也需要进行初始化。

第 7 行调用 list_init 初始化文件系统类型描述符 list 字段。该字段用于将文件系统类型描述符链接到全局链表 all_fs 中。这里强制进行初始化操作，主要是为了防止粗心的调用者忘记初始化链表节点对象，造成全局链表 all_fs 被破坏，并引起系统宕机。

第 8 行调用 smp_write_lock 获得保护全局链表 all_fs 的读/写锁。随后的代码就可以放心地访问 all_fs 链表了。

第 9 行调用__find_filesystem 函数，在获得锁的情况下遍历全局链表，查找是否已经注册了相应的文件系统类型。

如果第 9 行调用__find_filesystem 函数查找到文件系统已经被注册，就说明有调用者已经注册了相同名称的文件系统，因此在第 11 行设置错误码。

否则在第 13 行将文件系统类型描述符插入到全局链表的前面。

小问题 8.6：第 6~7 行的初始化过程是否应当放到第 13 行之前？

第 14 行释放全局 fs_lock 锁，并在第 15 行返回结果。

lookup_file_system 函数根据文件系统类型名称查找特定类型的文件系统类型描述符。该函数简单地遍历全局链表 all_fs，并返回对应的文件系统类型描述符。读者可以试着自己对该函数进行分析。

8.1.4.2 mount 系统调用

在注册文件系统以后，可以通过 mount 系统调用或者 do_internal_mount 函数将外部设备中的文件系统挂载到系统目录中，并允许应用程序读/写文件系统中的文件。

其中，do_internal_mount 函数是系统内部接口，被系统初始化模块直接调用，以实现将根文件系统加载到系统中的目的。

本节主要讲述用户接口，即 mount 系统调用的实现。这是虚拟文件系统提供给用户的挂载接口，其实现也比较复杂，因此需要读者仔细分析。

mount 系统调用的入口是 sys_mount 函数，该函数仅简单地调用 do_mount 完成其功能。接下来我们分析 do_mount 函数的实现。

```
1 long do_mount(char *dev_name, char *mount_dir, char *type_page,
2         unsigned long flags, void *data_page)
3 {
4     if (!mount_dir || !*mount_dir)
5         return -EINVAL;
6     if (flags & MS_NOSUID)
7         mnt_flags |= MNT_NOSUID;
8     if (flags & MS_NODEV)
9         mnt_flags |= MNT_NODEV;
```

```
10     if (flags & MS_NOEXEC)
11        mnt_flags |= MNT_NOEXEC;
12     flags &= ~(MS_NOSUID | MS_NOEXEC | MS_NODEV | MS_ACTIVE);
13     ret = load_filenode_cache(mount_dir, FNODE_LOOKUP_READLINK, &look);
14     if (ret)
15        return ret;
16     ret = do_new_mount(&look, type_page, flags, mnt_flags,
17                  dev_name, data_page);
18     loosen_fnode_look(&look);
19     return ret;
20 }
```

do_mount 函数的第 4~5 行简单地检查传递的参数是否合法，如果不合法，则在第 5 行返回错误码。

第 6~11 行根据调用者传入的参数值，将其转换为内部标志，并保存到 mnt_flags 变量中。

小问题 8.7：第 6~11 行的参数转换过程看起来比较别扭，为什么不直接传递 flags 参数到第 16 行的 do_new_mount 函数？

第 13 行调用 load_filenode_cache 函数，将挂载目录的信息读入到内存。注意：这里传入了 FNODE_LOOKUP_READLINK 标志。后面将讲解 load_filenode_cache 函数及 FNODE_LOOKUP_READLINK 标志的含义。

如果第 13 行读取挂载目录信息失败，则在第 15 行返回错误。

第 16 行调用 do_new_mount 执行挂载操作。

第 18 行调用 loosen_fnode_look 释放对文件节点缓存的引用。在第 13 行的 load_filenode_cache 函数查找文件节点缓存信息时，会持有其引用，这里将其释放。

接下来我们看看 do_new_mount 函数的实现：

```
 1 static int do_new_mount(struct filenode_lookup_s *look, char *type, int flag    s,
 2          int mnt_flags, char *name, void *data)
 3 {
 4     if (!type)
 5        return -EINVAL;
 6     mnt = do_internal_mount(type, flags, name, data);
 7     if (IS_ERR(mnt))
 8        return PTR_ERR(mnt);
 9     if (mnt->super_block->mount_flags & MFLAG_INTERNAL) {
10        loosen_mount(mnt);
11        return -EINVAL;
12     }
13     ret = add_mount(mnt, look, flags);
14     if (ret)
15        loosen_mount(mnt);
16     return ret;
17 }
```

do_new_mount 函数的第 4 行判断文件系统类型参数，如果该参数是非法值，则在第 5 行返回错误码。

第 6 行调用 do_internal_mount 函数，该函数从设备中读取文件系统信息，并将其加载到内存中。

第 7 行判断 do_internal_mount 的返回值，如果装载文件系统失败，则在第 8 行返回错误码。

第 9 行判断一种特殊情况。当调用者传入 MFLAG_INTERNAL 标志时，表示并不希望相应的文件系统被用户看见，调用者应当直接调用 do_internal_mount 而不是调用 do_new_mount。对于这种异常情况，在第 10 行释放了对挂载点描述符的引用，并在第 11 行返回错误码。

小问题 8.8：为什么要抽象出 do_internal_mount 函数，可以直接将其实现放到 do_new_mount 函数中吗？

小问题 8.9：MFLAG_INTERNAL 标志表示并不希望相应的文件系统被用户看见，有这样的场景吗？挂载文件系统的目的难道不是为了用户使用？

第 13 行调用 add_mount，将内存中的文件系统挂载到目录上，这样用户将能够访问到文件系统中的数据。

第 14~15 行处理异常情况，如果 add_mount 调用失败，就释放内存中的挂载点描述符。

do_internal_mount 函数将文件系统加载到内存中，但是暂时并不挂载到系统目录。其实现如下：

```
 1 struct mount_desc *
 2 do_internal_mount(const char *fstype, int flags, const char *name, void *dat    a)
 3 {
 4     ......
 5     if (!fs)
 6         return ERR_PTR(-ENODEV);
 7     ret = alloc_mount(name);
 8     if (!ret)
 9         goto out;
10     sb = fs->load_filesystem(fs, flags, name, data);
11     if (IS_ERR(sb)) {
12         free_mount(ret);
13         ret = (struct mount_desc *)sb;
14         goto out;
15     }
16     ret->super_block = sb;
17     ret->sticker = hold_dirnode_cache(sb->root_fnode_cache);
18     ret->mountpoint = sb->root_fnode_cache;
19     ret->parent = ret;
20     up_write(&sb->mount_sem);
21 out:
22     loosen_file_system(fs);
23     return (struct mount_desc *)ret;
24 }
```

第 5 行判断调用者传入的文件系统驱动是否存在，如果不存在，就在第 6 行返回错误。

第 7 行调用 alloc_mount 分配挂载点描述符，同时对该描述符做一些简单的初始化。

第 8 行判断 alloc_mount 函数的返回值，如果由于内存不足等原因导致无法分配挂载点描述符，就在第 9 行跳转到 out 标号处，进行一些收尾工作后返回。

第 10 行调用文件系统的 load_filesystem 回调函数，从设备中读取文件系统超级块数据到内存中。在后续的章节中，将详细描述各个文件系统的 load_filesystem 回调函数实现。

第 11 行判断 load_filesystem 回调函数的结果，如果失败，就在第 12 行释放挂载点描述符，并设置错误返回值后，跳转到 out 标号处，进行一些收尾工作后返回。

第 16~19 行对挂载点描述符进行一些初始化工作。需要特别注意第 19 行的初始化，它将父文件系统指向自身，这是有特殊意义的。

第 20 行释放挂载点描述符的信号量。

小问题 8.10：第 20 行释放挂载点描述符的信号量，但是为何没有看到获取这个信号量的地方？

第 22 行释放文件系统描述符，这是与函数起始处对 lookup_file_system 函数的调用相对应的。

do_new_mount 函数在调用 do_internal_mount 函数，将文件系统超级块加载到内存中以后，还会将 add_mount 函数挂载到系统目录中。add_mount 函数的实现如下：

```
 1 static int add_mount(struct mount_desc *newmnt,
 2     struct filenode_lookup_s *look, int mnt_flags)
 3 {
 4     ......
 5     down_write(&mount_sem);
 6     ret = -EBUSY;
 7     if (look->mnt->super_block == newmnt->super_block &&
 8        look->mnt->sticker == look->filenode_cache)
 9        goto unlock;
10     ret = -EINVAL;
11     if (S_ISLNK(newmnt->sticker->file_node->mode))
12        goto unlock;
13     newmnt->flags = mnt_flags;
14     ret = bind_mount(newmnt, look);
15 unlock:
16     up_write(&mount_sem);
17     loosen_mount(newmnt);
18     return ret;
19 }
```

add_mount 函数的第 5 行调用 down_write 获得全局信号量 mount_sem 的写锁。这是为了防止多个挂载操作并发的修改内存数据结构。

第 6 行设置默认的返回值。

第 7 行判断挂载目录是否已经挂载了相同的文件系统，如果是，则在第 9 行跳转到 unlock 标号，进行一些收尾工作后退出。

第 10 行设置默认返回值为 EINVAL。

第 11 行判断被挂载的文件系统根目录是否为链接文件，如果是链接文件，就显然是不合法的。因此在第 12 行跳转到 unlock 标号，进行一些收尾工作后退出。

第 13 行设置挂载标志。

第 14 行调用 bind_mount 将挂载描述符与挂载目录绑定起来，这样用户将能够真正看到被挂载的文件系统。后续将详细分析 bind_mount 函数的实现。

第 16 行释放全局 mount_sem 信号量。

第 17 行调用 loosen_mount 释放对挂载描述符的引用。这是与 do_internal_mount 函数中对挂载描述符的引用相对应的。

接下来分析第 14 行涉及的 bind_mount 函数，该函数实现如下：

```
1 static int bind_mount(struct mount_desc *desc, struct filenode_lookup_s *loo    k)
2 {
3     ......
```

```
4     if (!S_ISDIR(look->filenode_cache->file_node->mode)
5        || !S_ISDIR(desc->sticker->file_node->mode))
6        return -ENOTDIR;
7     down(&look->filenode_cache->file_node->sem);
8     if (IS_DEADDIR(look->filenode_cache->file_node)) {
9        up(&look->filenode_cache->file_node->sem);
10       return -ENOENT;
11    }
12    in_cache = (look->filenode_cache->flags & FNODECACHE_INHASH);
13    if (!IS_ROOT(look->filenode_cache) && !in_cache) {
14       up(&look->filenode_cache->file_node->sem);
15       return -ENOENT;
16    }
17    smp_lock(&mount_lock);
18    parent = hold_mount(look->mnt);
19    hold_mount(desc);
20    desc->parent = parent;
21    desc->mountpoint = hold_dirnode_cache(look->filenode_cache);
22    bucket = __hash + hash(look->mnt, look->filenode_cache);
23    hlist_add_head(&desc->hash_node, bucket);
24    list_insert_behind(&desc->child, &parent->children);
25    look->filenode_cache->mount_count++;
26    smp_unlock(&mount_lock);
27    up(&look->filenode_cache->file_node->sem);
28    return 0;
29 }
```

第 4 行判断如下两个条件：

1. 挂载点所在的文件节点对象是目录对象。

2. 要挂载的文件系统根目录文件节点对象是目录对象。

一旦这两个条件不满足，说明挂载参数不正确，则在第 6 行返回错误码。

第 7 行获得挂载点文件节点对象的信号量。后续会对其属性进行访问。

第 8 行判断挂载点目录文件是否已经被删除。如果已经被删除，就不能被新的文件系统所挂载，因此在第 9 行释放信号量并在第 10 行返回错误码。

小问题 8.11：如果一个目录已经被删除，那么能够查找到这个目录的文件节点对象吗？第 8 行的判断是否多余？

第 12 行判断挂载点标志，确定相应的挂载点是否在目录对象散列表中缓存。没有在散列表中的对象属于即将被释放的对象。

第 13 行的判断逻辑是：

1. 如果挂载点是系统根目录，那么该目录总是可以被挂载的。

2. 如果挂载点不是系统根目录，则必须在目录对象散列表缓存中才是有效的挂载点。

如果不符合这两个条件，则在第 14 行释放信号量，并在第 15 行返回错误码。

经过数据有效性判断后，第 17~26 行将文件系统与系统目录绑定起来。

第 17 行获得全局的 mount_lock 自旋锁。

第 18 行获得挂载点所在的文件系统根目录，及其所在的挂载点描述符，并持有该挂载点描述符的引用。新的描述符对象将会加入该挂载点描述符的散列表中。

第 19 行调用 hold_mount 获得挂载点描述符的引用。

第 20 行设置挂载点之间的父子关系。

第 21 行调用 hold_dirnode_cache 获得挂载点所在文件节点的引用，并设置挂载点所在的文件节点信息。

第 22 行计算挂载点在父挂载点散列表中的散列桶位置。

第 23 行将挂载点描述符添加到父挂载点散列表中。这里需要注意的是，应当将其添加到散列表的开始处，而不是结尾处。

小问题 8.12：为什么第 23 行要将挂载点描述符添加到父挂载点散列表的前面？

第 25 行将挂载点描述符的挂载计数加 1。

第 26 行释放全局 mount_lock 自旋锁。

第 27 行释放挂载点所在文件节点的信号量。

8.1.4.3　umount 系统调用

umount 系统调用的实现是由 sys_umount 函数完成的。该函数实现如下：

```
 1 asmlinkage int sys_umount(const char *name, int flags)
 2 {
 3     ......
 4     ret = -EPERM;
 5     if (!capable(CAP_SYS_ADMIN))
 6         goto out;
 7     ret = load_filenode_user((char *)name, FNODE_LOOKUP_READLINK, &look);
 8     if (ret)
 9         goto out;
10     ret = -EINVAL;
11     if (look.filenode_cache != look.mnt->sticker)
12         goto loosen;
13     ret = do_umount(look.mnt, flags);
14 loosen:
15     loosen_fnode_look(&look);
16 out:
17     return ret;
18 }
```

第 4~6 行检查调用者是否有权限执行 umount 系统调用。如果没有，则在第 6 行跳转到 out 标号并返回错误码。

当然，DIM-SUM 现在还不支持用户态应用程序，因此这些权限检查还未生效。

第 7 行调用 load_filenode_user 获得挂载点所在目录的文件节点对象，并将结果保存在 look 局部变量中。

load_filenode_user 函数获得应用程序传入的挂载目录，并调用 load_filenode_cache 将目录所在的文件节点读取到内存中。

如果第 7 行未能查找到挂载点目录节点，就在第 9 行转到 out 标号并返回错误码。

第 11 行判断目录节点的文件节点是否为挂载点描述符的根目录。如果不是，就说明相应的目录并没有挂载文件系统，因此在第 12 行跳转到 loosen 标号，释放文件节点引用并退出。

如果挂载点有效，则在第 13 行调用 do_umount 执行真正的卸载操作。

第 15 行调用 loosen_fnode_look 释放对文件节点的引用。

do_umount 执行真正的卸载操作，其实现流程如下：

```
1 static int do_umount(struct mount_desc *mnt, int flags)
2 {
3     ......
4     if( (flags&MNT_FORCE) && sb->ops->umount_begin)
5         sb->ops->umount_begin(sb);
6     if (mnt == current->fs_context->root_mount && !(flags & MNT_DETACH)) {
7         down_write(&sb->mount_sem);
8         if (!(sb->mount_flags & MFLAG_RDONLY))
9             retval = remount_filesystem(sb, MFLAG_RDONLY, NULL, 0);
10        up_write(&sb->mount_sem);
11        return retval;
12    }
13    down_write(&mount_sem);
14    smp_lock(&mount_lock);
15    retval = -EBUSY;
16    if (get_object_count(&mnt->object) == 2) {
17        unbind_mount(mnt);
18        retval = 0;
19    }
20    smp_unlock(&mount_lock);
21    up_write(&mount_sem);
22    return retval;
23 }
```

do_umount 函数的第 4 行处理一种特殊的情况，即用户强制卸载文件系统。这种情形目前还不会遇到，因此这里可以忽略。

第 6~12 行处理重新挂载根目录的特殊情况。这块代码将会重构，因此这里也可以忽略。

第 13 行获得全局 mount_sem 信号量，防止多个并发的挂载、卸载操作破坏内存数据结构。

第 14 行获得全局 mount_lock 自旋锁。

第 16 行判断挂载点描述符的引用计数是否为 2，如果为 2，就表示彻底卸载文件系统。因此在第 17 行调用 unbind_mount 解除文件系统的挂载点，这样用户将不能在系统目录中看到文件系统的内容。

第 20 行释放全局 mount_lock 自旋锁，第 21 行释放全局 mount_sem 信号量。

unbind_mount 函数的实现比较简单，读者可以将相应的代码分析作为练习。

实际上，文件系统的卸载流程还不完善，相应的代码将会重构，因此读者不用过于关注这块代码的实现。

8.2　文件节点缓存

文件节点代表一个磁盘文件对象。应用程序可能通过不同的文件名，对同一个磁盘文件进行操作。因此，DIM-SUM 维护了文件名称与文件节点之间的对应关系。

通过文件名称查找文件节点的过程是复杂的。在查找过程中，也会使用到临时的数据结构，以保存搜索过程的轨迹和临时结果，该数据结构名为 filenode_lookup_s。

为了加快文件查找的速度，DIM-SUM 也会通过散列表组织文件节点缓存数据。

当文件节点不再被使用时，被缓存的文件节点对象可能不再被需要。因此，在系统内存紧张的时候，应该将这些缓存数据结构归还给操作系统。

与文件节点缓存管理相关的文件包括：

include/dim-sum/fnode.h：该文件定义了虚拟文件系统层查找文件节点用到的数据结构和API声明。

include/dim-sum/fnode_cache.h：该文件定义了文件节点缓存实现所用到的数据结构和 API声明。

fs/node_bond.c：虚拟文件系统与文件节点管理层之间的黏合剂。

fs/node_cache.c：文件节点缓存管理，通过散列表维护每个文件系统中的文件节点。

fs/node.c：通用的文件节点操作，例如查找文件节点、链接文件节点、解除文件节点链接等。

8.2.1 文件节点缓存的数据结构

8.2.1.1 文件节点查找描述符

文件节点查找描述符用于保存文件节点查找过程中用到的临时结果。它是本模块最重要的数据结构，用 struct filenode_lookup_s 来表示。其定义如下：

```
 1 struct filenode_lookup_s {
 2     unsigned int   flags;
 3     struct filenode_cache   *filenode_cache;
 4     struct mount_desc *mnt;
 5     int     path_type;
 6     struct file_name cur;
 7     struct file_name   last;
 8     unsigned    nested_count;
 9     char *symlink_names[MAX_NESTED_LINKS + 1];
10 };
```

这些字段的含义如下：

名为flags的字段表示查找标志，随后将会描述可用的查找标志。

名为filenode_cache的字段表示查找到的文件节点对象，随后会详细描述这个数据结构。

名为mnt的字段表示当前查找过程中用到的文件系统挂载点对象。

名为path_type的字段表示要查找的文件对象名中，最后一个被查找到的对象类型。随后将描述可能的对象类型。

名为cur的字段是查找过程中用到的临时变量，代表当前将要查找的文件名称。

名为last的字段表示文件名中最后一个文件名称。当指定 FNODE_LOOKUP_NOLAST 查找标志时有效。

名为nested_count的字段表示符号链接查找的嵌套深度。

名为symlink_names的字段是一个字符串数组，用于保存符号链接查找过程中的符号链接名称。

小问题 8.13：nested_count和symlink_names字段主要解决什么问题？

其中，可用的查找标志如下表所示：

名　　称	含　　义
FNODE_LOOKUP_READLINK	如果最后一个文件是符号链接，则解释它
FNODE_LOOKUP_DIRECTORY	路径中最后一个文件必须是目录
FNODE_LOOKUP_NOLAST	不解析最后一个文件

小问题 8.14：这些查找标志主要用于什么场景？

path_type 字段可能的文件查找结果类型如下表所示：

名　　称	含　　义
PATHTYPE_NOTHING	还没有开始解析
PATHTYPE_ROOT	最后一个文件解析结果是“/”
PATHTYPE_NORMAL	最后一个文件解析结果是普通文件名
PATHTYPE_DOT	最后一个文件解析结果是“.”
PATHTYPE_DOTDOT	最后一个文件解析结果是“..”

8.2.1.2 文件节点缓存描述符

文件节点代表磁盘中的文件对象，而文件节点缓存对象则表示通过文件名查找到的文件对象，这些文件对象保存在内存缓存中。

文件节点缓存描述符用数据结构 struct filenode_cache 表示，其定义如下：

```
 1 struct filenode_cache {
 2     struct smp_lock lock;
 3     struct accurate_counter ref_count;
 4     unsigned int flags;
 5     struct fnode_cache_ops *ops;
 6     struct hash_list_node hash_node;
 7     struct file_node *file_node;
 8     struct file_name file_name;
 9     struct filenode_cache *parent;
10     struct double_list children;
11     struct double_list child;
12     int mount_count;
13     unsigned char embed_name[FNAME_INCACHE_LEN + 1];    /* small names */
14 };
```

名为 lock 的字段是一个自旋锁，用于保护文件节点缓存描述符。

名为 ref_count 的字段是一个引用计数，用于表示保证数据结构不被意外释放。

名为 flags 的字段表示文件节点缓存对象的标志。随后将描述可用的标志。

名为 ops 的字段保存了操作缓存描述符的回调函数。随后将描述这些回调函数。

名为 hash_node 的字段是散列表节点对象，通过此节点，将描述符链接到散列表中。

名为 file_node 的字段表示与文件名关联的文件节点对象。

名为 file_name 的字段表示文件节点缓存对象中的文件名称。

名为 parent 的字段表示父目录的文件节点缓存对象。

名为 children 的字段是一个双向链表，该链表保存了所有下级文件节点缓存对象。

名为 child 的字段是一个链表节点，通过此字段，将节点链接到父目录的 children 链表中。

名为 mount_count 的字段仅仅对目录有效，用于记录挂载在该目录中的文件系统数量。

名 embed_name 的字段用于存放短文件名。

小问题 8.15：embed_name 字段有什么用？

其中，可用的文件节点缓存标志如下表所示：

名　　称	含　　义
FNODECACHE_INHASH	文件节点缓存描述符位于散列表中
FNODECACHE_DYNAME	文件节点缓存描述符中的文件名是动态分配的，因此需要在适当的时候释放

最后，我们简单描述一下文件节点缓存对象的回调函数。这些函数组织在数据结构 struct fnode_cache_ops 中。其定义如下：

```
1 struct fnode_cache_ops {
2     int (*d_hash) (struct filenode_cache *, struct file_name *);
3     int (*d_compare) (struct filenode_cache *, struct file_name *, struct
      fi    le_name *);
4     int (*may_delete)(struct filenode_cache *);
5     void (*loosen_file_node)(struct filenode_cache *, struct file_node *);
6 };
```

名为 d_hash 的回调函数为文件节点缓存对象生成文件名散列值。默认为 NULL，这将会调用默认的散列值生成方法。

名为 d_compare 的回调函数比较两个文件名是否相同。默认为 NULL，这将会调用默认的字符串比较方法，该方法进行大小写敏感的字符串比较。

名为 may_delete 的回调函数用于判断是否可以从缓存散列表中移除缓存对象，可以在此函数中进行一些资源清理工作。默认什么都不做。

名为 d_release 的回调函数用于释放一个文件节点缓存对象。

名为 loosen_file_node 的回调函数释放描述符，文件系统可能在此回调函数中进行一些额外的资源清理工作。

8.2.2　文件节点缓存的全局变量

在 fs/node_cache.c 中，定义了如下全局变量：

```
aligned_cacheline_in_smp struct smp_lock filenode_cache_lock =
SMP_LOCK_UNLOCKED(filenode_cache_lock);
aligned_cacheline_in_smp static struct smp_seq_lock rename_lock =
SMP_SEQ_LOCK_UNLOCKED(rename_lock);
static struct beehive_allotter *fnode_cache_allotter;
static struct hash_list_bucket *__hash;
static unsigned int __hash_order;
static unsigned int __hash_mask;
```

名为 filenode_cache_lock 的自旋锁用于保护本模块的全局数据结构。

名为 rename_lock 的顺序锁用于保护文件重命名操作。为了防止大量的文件节点读操作针对重命名操作产生饥饿现象，这里使用了顺序锁。

名为 fnode_cache_allotter 的内存分配器用于为文件节点缓存对象分配内存。

名为__hash、__hash_order、__hash_mask 的全局变量用于文件节点缓存对象的散列表管理。这里的散列表包含所有文件系统中的文件节点缓存，但是文件节点的父目录会参与到散列值计算中。

在 fs/node_bond.c 中，定义了如下全局变量：

```
static struct semaphore del_sem =
SEMAPHORE_INITIALIZER(del_sem, 1);
static unsigned int __hash_mask;
static unsigned int __hash_order;
static struct hash_list_bucket *__hash;
struct double_list filenode_used =
        LIST_HEAD_INITIALIZER(filenode_used);
struct double_list filenode_unused =
        LIST_HEAD_INITIALIZER(filenode_unused);
struct smp_lock filenode_lock =
        SMP_LOCK_UNLOCKED(filenode_lock);
static struct beehive_allotter * fnode_allotter;
struct filenode_stat fnode_stat;
```

名为 del_sem 的字段是用于保护文件删除操作的信号量，避免多个调用者同时删除某一个文件对象。

名为__hash_mask、__hash_order、__hash 的全局变量用于文件节点缓存对象的散列表管理。这里的散列表包含所有文件系统中的文件节点缓存，但是文件节点的超级块描述符会参与到散列值计算中。

名为 filenode_used 的全局变量是一个双向链表，该链表中保存了所有正在使用的文件节点缓存对象。

名为 filenode_unused 的全局变量是一个双向链表，该链表中保存了所有未使用的文件节点缓存对象。

名为 filenode_lock 的自旋锁用于保护上述散列表及双向链表。

名为 fnode_allotter 的全局变量是一个内存分配器，用于分配文件节点对象。

名为 fnode_stat 的全局变量用于保存本模块的统计信息。

8.2.3　文件节点缓存的 API

文件节点缓存涉及的主要 API 如下表所示：

名　　称	含　　义
load_filenode_user	根据用户传入的文件名，将文件节点缓存描述符加载到内存中
load_filenode_cache	将文件节点缓存描述符加载到内存中
loosen_fnode_look	释放文件节点查找描述符
fnode_cache_stick	将文件节点缓存对象与文件节点对象绑定
hold_dirnode_cache	递增目录节点缓存对象的引用计数

续表

名　　称	含　　义
hold_filenode_cache	递增文件节点缓存对象的引用计数
putin_fnode_cache	将文件节点缓存对象添加到散列表中
takeout_fnode_cache	将文件节点缓存对象从散列表中移除
fnode_cache_alloc	分配文件节点缓存描述符
fnode_cache_alloc_root	为根目录分配文件节点缓存描述符
shrink_fnode_cache	在内存资源紧张时，调用此方法回收文件节点缓存描述符以释放内存资源。目前未实现
rename_fnode_cache	当重命名文件时，同时修改文件节点缓存中的数据
remove_fnode_cache	当删除物理文件时，释放文件节点缓存描述符的引用，并将其从散列表中删除
genocide_fnode_cache	在卸载文件系统时，删除所有的文件节点缓存

8.2.4　文件节点缓存的实现

8.2.4.1　加载文件节点缓存

load_filenode_user 函数根据用户传入的文件名，将文件节点缓存描述符加载到内存中。它是 load_filenode_cache 函数的简单封装，其实现如下：

```
 1 int fastcall load_filenode_user(char __user *dir_name, unsigned flags,
 2         struct filenode_lookup_s *look)
 3 {
 4     char *tmp;
 5     int err = 0;
 6 
 7     clone_user_string(dir_name, &tmp);
 8     if (!IS_ERR(tmp)) {
 9         err = load_filenode_cache(tmp, flags, look);
10         discard_user_string(tmp);
11     }
12 
13     return err;
14 }
```

需要注意的是：该函数的 dir_name 是从用户应用程序传入的，因此我们需要从用户地址空间复制文件名到内核中。

从用户地址空间复制文件名到内核中是由第 7 行的 clone_user_string 函数实现的。clone_user_string 函数会申请内存，并将应用程序传递过来的文件名参数复制到内核地址空间中。

第 8 行判断 clone_user_string 函数是否成功地获取了应用程序传递的参数，如果没有错误，就执行第 9~10 行的代码块，其中：

第 9 行调用 load_filenode_cache 执行真正的加载过程。

第 10 行调用 discard_user_string 释放 clone_user_string 分配的内存。

小问题 8.16：在什么情况下，第 8 行的判断可能失败？

下面，我们重点分析 load_filenode_cache 的实现过程。这个函数非常复杂，以至于我们不得不分段进行描述。其主函数代码实现如下：

```
1 int fastcall load_filenode_cache(char *dir_name, unsigned int flags,
2     struct filenode_lookup_s *look)
3 {
4     ......
5     look->path_type = PATHTYPE_NOTHING;
6     look->flags = flags;
7     look->nested_count = 0;
8     current->fs_search.link_count = 0;
9     current->fs_search.nested_count = 0;
10
11     set_beginning(dir_name, look);
12     ret = __generic_load_filenode(dir_name, look);
13     return ret;
14 }
```

第 5~6 行初始化查找描述符的字段。

第 7 行设置嵌套查找计数值为 0。在随后的查找过程中，一旦遇到符号链接文件，并且链接文件的搜索嵌套层次过多，就应当及时退出，以避免搜索过程将进程的堆栈空间占满，引起系统宕机。

这是为了防止攻击者故意创建循环链接文件，并在这些链接文件上进行文件打开操作，以攻击系统。

第 8~9 行初始化当前进程的搜索计数，这是为了防止另一种攻击，避免系统 CPU 陷入死循环。

第 7~9 行的代码含义，需要读者结合后续的代码分析过程仔细理解。

第 11 行调用 set_beginning 设置文件查找的起始点。set_beginning 函数执行如下代码逻辑：

如果调用者指定从根目录开始查找，即文件名第一个字符为“/”，就从进程环境的根目录开始查找，并且获得根目录所在文件系统和根目录的引用计数。以防止文件系统被意外卸载。

如果调用者指定从当前目录开始查找，就获得当前目录所在文件系统和当前目录的引用计数。

获得起始目录的引用计数后，设置查找描述符的起始位置，以开始查找过程。

第 12 行调用__generic_load_filenode 函数，以开始真正的文件查找过程。

__generic_load_filenode 函数可能在多个调用点调用，并且可能形成嵌套调用，因此需要小心处理。

__generic_load_filenode 函数分三个部分：

1．第一部分处理一些特殊边界情况。

2．第二部分处理文件路径中的每一个父路径。

3．第三部分处理文件路径中最后一个文件名或者路径名。

首先我们看看__generic_load_filenode 函数的第一部分代码实现：

```
1     if (look->nested_count)
2         lookup_flags = FNODE_LOOKUP_READLINK;
3     while (*dir_name == '/')
4         dir_name++;
5     if (!*dir_name){
```

```
6          look->path_type = PATHTYPE_ROOT;
7          return 0;
8      }
9      file_node = look->filenode_cache->file_node;
```

第 1 行判断当前是否在读取链接文件，如果是的话，则在第 2 行设置查找标志，以表示当前正在读取链接文件的事实。

第 3～4 行处理连续多个‘/’的特殊情况。换句话说，不论文件名的开始处和文件路径的中间包括多少个连续的'/'字符，都将被视作一个‘/’字符。有兴趣的读者可以在实验环境下看看是不是这样的效果。

当处理完所有‘/’字符后，第 5 行判断是否已经到达文件名的最后。如果是，则说明调用者传入的文件名以‘/’字符结尾。这样的话，就在第 6 行设置查找结果类型为 PATHTYPE_ROOT，并在第 7 行返回 0，以表示查找过程正确地完成。

小问题 8.17：第 7 行返回 0 以表示查找过程正确地完成，这真的表示调用者得到了期望的结果吗？正确的结果在什么地方？

如果需要继续查找下一个文件路径，就在第 9 行获得当前路径的文件节点以开始搜索过程。这是由第二部分的代码实现的，其代码实现如下：

```
1      while (1) {
2          ch = *dir_name;
3          look->cur.name = dir_name;
4          look->cur.hash = 0;
5          do {
6              hash_append(ch, &look->cur.hash);
7              dir_name++;
8              ch = *dir_name;
9          } while (ch && (ch != '/'));
10         look->cur.len = dir_name - (const char *)look->cur.name;
11         if (look->filenode_cache->ops && look->filenode_cache->ops->d_hash) {
12             err = look->filenode_cache->ops->d_hash(look->filenode_cache,
               &look->cur);
13             if (err < 0)
14                 goto loosen_look;
15         }
16         if (!ch)
17             goto normal;
18         do {
19             dir_name++;
20         } while (*dir_name == '/');
21         if (!*dir_name)
22             goto end_with_slashes;
23         if ((look->cur.name[0] == '.') && (look->cur.len <= 2)) {
24             if (look->cur.len == 1)
25                 continue;
26             if (look->cur.name[1] == '.') {
27                 recede_parent(&look->mnt, &look->filenode_cache);
28                 file_node = look->filenode_cache->file_node;
29                 continue;
30             }
```

```
31          }
32          err = find_file_indir(look, &look->cur, &next_mnt, &next_node);
33          if (err)
34             goto loosen_look;
35          advance_mount_point(&next_mnt, &next_node);
36          err = -ENOENT;
37          file_node = next_node->file_node;
38          if (!file_node)
39             goto loosen_next;
40          err = -ENOTDIR;
41          if (!file_node->node_ops)
42             goto loosen_next;
43          if (file_node->node_ops->follow_link) {
44             err = advance_symlink(next_node, look);
45             loosen_filenode_cache(next_node);
46             if (err)
47                return err;
48             err = -ENOENT;
49             file_node = look->filenode_cache->file_node;
50             if (!file_node)
51                goto loosen_look;
52             err = -ENOTDIR;
53             if (!file_node->node_ops || !file_node->node_ops->lookup)
54                goto loosen_look;
55          } else if (file_node->node_ops->lookup) {
56             loosen_filenode_cache(look->filenode_cache);
57             look->mnt = next_mnt;
58             look->filenode_cache = next_node;
59          } else {
60             err = -ENOTDIR;
61             goto loosen_look;
62          }
63      }
```

第二部分代码循环处理文件路径中每一个路径，但是不处理文件名中的最后一部分，最后这部分可能是文件名，也可能是目录名。

第 2 行获得路径中的当前字符。

第 3~4 行设置查找描述符中当前路径名的起始位置指针及路径散列值的初始值。

第 5~9 行循环处理文件名中的当前路径分量。其结束条件是第 9 行的判断条件，当遇到文件名中最后一个字符或者遇到下一个路径分量的起始字符‘/’时，就结束对当前路径分量的扫描。

对当前路径分量中的每一个字符，执行第 6 行的 hash_append，根据当前字符修正查找描述符中的散列值。

第 7 行递增扫描指针位置。

第 8 行获得文件名中下一个要处理的字符。

运行到第 10 行，说明已经遇到文件名结尾或者下一个路径名。在这里计算当前路径分量的长度。

第 11 行判断当前路径所在的文件系统是否设置了 d_hash 回调函数。如果设置了，说明当前文件系统有自己的计算散列值的方法。因此在第 12 行调用文件系统特定的 d_hash 回调函数，重新计算路径分量的散列值。

第 13 行判断第 12 行的计算过程是否有误，如果有误，则在第 14 行跳转到 loosen_look 以结束处理过程。

第 16 行判断最后处理的字符是否为空，如果是，说明已经扫描完整个文件名，并且文件名不是以‘/’结尾。换句话说，文件名的最后一部分看起来是正常的文件名，因此在第 17 行跳转到 normal 标号处进行最后的处理过程。

小问题 8.18：不管是在 DIM-SUM 还是 Linux 中，如果想要针对一个路径名进行操作，最后一个字符是否以‘/’结尾，会有什么区别？

运行到第 18 行，说明当前路径后面跟随着‘/’字符。同样的，系统会将多个连续的‘/’字符视为一个‘/’字符。因此第 18~20 行循环读取文件名中剩余的字符，直到遇到非‘/’字符。

第 21 行判断文件名是否以‘/’结尾，如果是，说明当前路径是文件名中最后一部分，则在第 22 行跳转到 end_with_slashes 标号处理最后部分。

运行到第 23 行，说明当前路径不是文件中最后一部分，因此需要在循环中处理当前路径名。

第 23~31 行处理两个特殊的路径名，即“.”和“..”。如果当前路径名不是以“.”开始，或者路径名大于 2，都不是特殊路径名，就不用特殊处理。

第 24 行判断路径名长度是否为 1，如果为 1 则表示当前路径名为“.”，此时不需要切换查找结果，因此在第 25 行跳转到下一轮循环。

如果第 26 行的判断表明当前路径是“..”，则执行第 27~29 行的代码，将当前查找结果回退到上一级目录。其中：

第 27 行调用 recede_parent，将查找描述符的当前位置回退到上一级目录。8.2.4.3 节将介绍 recede_parent 函数。

第 28 行设置临时变量 file_node，这个变量指向下一次要查找的起始位置。

小问题 8.19：file_node 一定会指向当前目录的父目录吗？

第 32 行调用 find_file_indir 函数，在当前目录中查找指定文件名，并将其加载到文件节点缓存中。8.2.4.2 节将详细描述这个函数的实现。

如果第 32 行调用 find_file_indir 函数失败，就说明遇到意外的情况，例如磁盘异常，内存严重不足等。因此将在第 34 行跳转到 loosen_look 以结束处理。

如果成功地查找到当前路径的文件节点缓存，就在第 35 行调用 advance_mount_point 以处理当前路径上加载的文件系统。

advance_mount_point 会判断当前路径是否挂载了文件系统。如果是，则将查找起始位置移动到所加载文件系统的根目录。

第 36~39 行判断文件节点缓存中是否存在有效的文件节点对象，如果没有，说明路径名并不存在，因此在第 39 行跳转到 loosen_next 以结束处理过程。

小问题 8.20：既然路径所在的文件节点缓存对象已经查找到，为什么还不存在相应的文件节点？

第 40~42 行判断文件节点是否为目录对象或者链接文件对象，如果不是，则在第 42 行跳转到 loosen_next 以结束处理过程。

第 43~62 行处理以下三种情况：

1．文件节点是链接文件对象。

2．文件节点是目录对象。

3．文件节点是其他对象。

第 44~54 行处理第一种情况。其中：

第 44 行调用 advance_symlink 函数。该函数读取链接文件的内容，将查找描述符的起始位置移动到链接目标处。

第 45 行调用 loosen_filenode_cache 函数递减文件节点缓存的引用计数。因为查找起始点已经移动到链接目标，因此不需要继续持有当前文件节点缓存的引用。

如果 advance_symlink 函数返回失败，则说明在查找链接目标时遇到其他异常。因此在第 47 行返回 err 错误码以结束处理过程。

第 48~51 行对链接目标对象进行判断，如果链接目标并不存在，则在第 51 行跳转到 loosen_look 处以结束处理过程。

第 52~54 行对链接目标对象进行判断，如果链接目标并不是一个目录对象，则在第 54 行跳转到 loosen_look 处以结束处理过程。

第 56~58 行处理第二种情况。其中：

第 56 行调用 loosen_filenode_cache 以释放当前路径所在目录的引用。因为后续我们会将当前路径作为查找起始位置，因此不再需要引用父目录的文件节点缓存对象。

第 57~58 行将当前查找起始位置移动到当前路径。

第 60~61 行处理第三种情况，即当前路径并不是真正的目录，而是一个文件。

__generic_load_filenode 函数的第三部分代码处理文件名中最后一部分，这部分可能代表一个文件名，也可能代表一个目录。可能以‘/’结束，也可能以 0 字符结束。其代码实现如下：

```
 1 end_with_slashes:
 2     lookup_flags |= FNODE_LOOKUP_READLINK | FNODE_LOOKUP_DIRECTORY;
 3 normal:
 4     if (lookup_flags & FNODE_LOOKUP_NOLAST) {
 5         look->last = look->cur;
 6         look->path_type = PATHTYPE_NORMAL;
 7         if (look->cur.name[0] != '.')
 8             return 0;
 9         if (look->last.len == 1)
10             look->path_type = PATHTYPE_DOT;
11         else if (look->last.len == 2 && look->last.name[1] == '.')
12             look->path_type = PATHTYPE_DOTDOT;
13         return 0;
14     }
15     if ((look->cur.name[0] == '.') && (look->cur.len <= 2)) {
16         if (look->cur.len == 1)
17             return 0;
18         if (look->cur.name[1] == '.') {
19             recede_parent(&look->mnt, &look->filenode_cache);
20             file_node = look->filenode_cache->file_node;
21             return 0;
22         }
23     }
24     err = find_file_indir(look, &look->cur, &next_mnt, &next_node);
25     if (err)
26         goto loosen_look;
27     advance_mount_point(&next_mnt, &next_node);
28     file_node = next_node->file_node;
```

```
29    if ((lookup_flags & FNODE_LOOKUP_READLINK)
30       && file_node && file_node->node_ops && file_node->node_ops->follow_l  ink) {
31       err = advance_symlink(next_node, look);
32       loosen_filenode_cache(next_node);
33       if (err)
34          return err;
35       file_node = look->filenode_cache->file_node;
36    } else {
37       loosen_filenode_cache(look->filenode_cache);
38       look->mnt = next_mnt;
39       look->filenode_cache = next_node;
40    }
41    err = -ENOENT;
42    if (!file_node)
43       goto loosen_look;
44    if (lookup_flags & FNODE_LOOKUP_DIRECTORY) {
45       err = -ENOTDIR;
46       if (!file_node->node_ops || !file_node->node_ops->lookup)
47          goto loosen_look;
48    }
49    return 0;
```

第 1 行以标号 end_with_slashes 开始，运行到这里，说明文件名最后一个字符以‘/’结束，这要求文件名必须代表一个目录。

因此，在第 2 行强制将 FNODE_LOOKUP_READLINK | FNODE_LOOKUP_DIRECTORY 标志位添加到查找标志中。

需要注意的是，这里的 FNODE_LOOKUP_DIRECTORY 标志位是显而易见的，但是 FNODE_LOOKUP_READLINK 标志位需要读者仔细思考。

第 3 行的 normal 标号正式开始对最后的文件名进行处理。

第 4 行判断调用者的意图，如果调用者不希望对最后的文件名进行处理，则运行第 5~13 行的代码。

第 5 行将最后的文件名结果保存在 last 字段中，供调用者使用。

第 7 行判断文件名第一个字符是否为‘.’，如果不是，说明文件名是普通的文件。因此 在第 8 行直接返回。请注意，此时我们已经正确设置了查找结果中的文件类型字段。

第 9 行判断最后一个文件名是否为‘.’，如果是，则在第 10 行设置查找结果中的文件类型字段为 PATHTYPE_DOT。

第 11 行判断最后一个文件名是否为‘..’，如果是，则在第 12 行设置查找结果中的文件类型字段为 PATHTYPE_DOTDOT。

小问题 8.21：调用者在什么时候会 FNODE_LOOKUP_NOLAST 标志？

第 15~23 行处理两种特殊情况，即最后的文件名为‘.’或者‘..’。

第 16 行判断文件名是否为‘.’，如果是，则不需要修改查找结果中的返回结果，因此在第 17 行直接返回 0 以表示查找正常结束。

第 18 行判断文件名是否为‘..’，如果是，则在第 19 行调用 recede_parent，将查找结果回退到上一级目录。

第 24~49 行处理最后一个文件名，加载该文件名对应的文件节点对象到内存中。

首先在第 24 行调用 find_file_indir，在目录中查找对应的文件名。如果查找失败，则在第 26 行跳转到 loosen_look 以结束处理流程。

第 27 行调用 advance_mount_point 函数以调整查找结果。在__generic_load_filenode 函数的第二部分中，我们已经见到过这个函数的调用。

第 29 行判断如下条件：

1. 调用者希望解析链接文件的内容。
2. 调用者所指定的文件确实属于链接文件。

如果以上条件满足，就执行第 31~35 行的代码，其中：

第 31 行调用 advance_symlink，获取链接文件的内容，并保存到查找结果中。

第 32 行调用 loosen_filenode_cache 释放对当前文件节点缓存的引用。

第 33~34 行处理 advance_symlink 失败的情况。

如果调用者不希望解析链接文件的内容，或者查找到的文件不是链接文件，就执行第 37~39 行的代码，其中：

第 37 行调用 loosen_filenode_cache 释放当前文件所在目录的文件节点缓存对象。

第 38~39 行设置查找结果为当前文件所在的挂载点和文件节点缓存。

第 42 行判断最终查找到的文件节点是否真的存在，如果不存在，则在第 43 行跳转到 loosen_look 标号以结束处理过程。

第 44 行判断调用者是否希望查找目录，而不是查找文件。如果仅仅想查找目录，则在第 46 行判断文件节点是否真的是目录。如果不是目录，则在第 47 行跳转到 loosen_look 标号以结束处理过程。

8.2.4.2 在目录中查找文件节点缓存

find_file_indir 函数根据文件名在特定目录中进行文件节点缓存的查找。如果相应的文件节点缓存不存在，就创建一个文件节点缓存对象。

小问题 8.22：如果调用者反复调用 find_file_indir 函数，并且这些文件名并不真的存在。这会不会导致太多的文件节点缓存对象占用系统内存，并引起内存资源不足？

find_file_indir 函数的实现逻辑看起来比较简单，其实现如下：

```
 1 static int find_file_indir(struct filenode_lookup_s *look, struct file_name    *name,
 2             struct mount_desc **ret_mnt, struct filenode_cache **ret_node)
 3 {
 4     struct mount_desc *mnt = look->mnt;
 5     struct filenode_cache *fnode_cache =
__find_in_cache(look->filenode_cach    e, name);
 6     if (!fnode_cache) {
 7         struct file_node *dir = look->filenode_cache->file_node;
 8         down(&dir->sem);
 9         fnode_cache = __find_file_indir_alloc(name, look->filenode_cache, lo    ok);
10         up(&dir->sem);
11         if (IS_ERR(fnode_cache))
12             return PTR_ERR(fnode_cache);
13     }
14     *ret_mnt = mnt;
15     *ret_node = fnode_cache;
16     return 0;
17 }
```

第 5 行调用__find_in_cache 函数在缓存中查找文件是否存在。一般情况下，如果调用者反复搜索同一个文件，就必然会在缓存中找到文件节点缓存描述符。随后将描述__find_in_cache 函数的实现。

第 6 行判断__find_in_cache 函数的返回结果。如果在散列表缓存中没有找到文件，则进入第 7~12 行的慢速流程，其中：

第 8 行获得目录的信号量，因为随后可能会从磁盘上读取目录中的文件信息，因此这里需要获得目录的信号量。

第 9 行调用__find_file_indir_alloc 函数，该函数会在缓存中搜索文件信息，如果缓存中不存在文件信息，则会调用文件系统的接口从磁盘中读取文件信息。

第 10 行释放目录的信号量。

第 11 行判断__find_file_indir_alloc 函数的结果，如果读取文件信息的过程中出现严重错误，则在第 12 行返回错误。随后将描述__find_file_indir_alloc 函数的实现。

第 14~15 行向调用者返回查找结果。

__find_in_cache 函数在散列表中查找目录下特定文件是否存在，其实现如下：

```
 1 static struct filenode_cache *
 2 __find_in_cache(struct filenode_cache *parent, struct file_name *name)
 3 {
 4     ......
 5     bucket = hash(parent, name_hash);
 6     lock_hash_bucket(bucket);
 7     hlist_for_each(node, bucket) {
 8         ......
 9         fnode_cache = hlist_entry(node, struct filenode_cache, hash_node);
10         if (fnode_cache->file_name.hash != name_hash)
11             continue;
12         if (fnode_cache->parent != parent)
13             continue;
14         smp_lock(&fnode_cache->lock);
15         if (fnode_cache->parent != parent)
16             goto conti;
17         file_name = &fnode_cache->file_name;
18         if (parent->ops && parent->ops->d_compare) {
19             if (parent->ops->d_compare(parent, file_name, name))
20                 goto conti;
21         } else {
22             if (file_name->len != name_len)
23                 goto conti;
24             if (memcmp(file_name->name, str, name_len))
25                 goto conti;
26         }
27         if (fnode_cache->flags & FNODECACHE_INHASH) {
28             accurate_inc(&fnode_cache->ref_count);
29             ret = fnode_cache;
30         }
31         smp_unlock(&fnode_cache->lock);
32         break;
33 conti:
```

```
34         smp_unlock(&fnode_cache->lock);
35     }
36     unlock_hash_bucket(bucket);
37     return ret;
38 }
```

第 5 行根据父目录对象地址，以及要查找的文件名称，计算可能的散列桶。

第 6 行获得散列桶的锁。实际上，DIM-SUM 在实现过程中，忽略了散列桶的锁。以后的版本会逐渐完善。

第 7 行开始第 8~34 行的循环，该循环对散列桶中所有文件节点缓存对象进行遍历。

小问题 8.23：如果散列表中存在上亿条缓存数据，并且散列桶的数量不多，或者产生了严重的散列冲突，那么这里的循环会不会很耗时？从另一个角度来说，系统中是否可能存在这么多缓存数据？

小问题 8.24：如果这里的循环真的耗时，需要怎么优化？

第 10 行判断散列桶中文件节点缓存对象的散列值，如果与要查找的节点散列值不相等，则不可能是同一个文件，因此在第 13 行跳转到下一个缓存对象。

第 12 行判断散列桶中文件节点缓存对象的所在目录，如果与要查找的节点所在目录不相同，则不可能是同一个文件，因此在第 13 行跳转到下一个缓存对象。

第 14 行获得文件节点缓存描述符的自旋锁，这样可以避免文件节点缓存描述符中的字段发生变化。

第 15 行再次判断散列桶中文件节点缓存对象的所在目录，如果与要查找的节点所在目录不相同，则不可能是同一个文件，因此在第 16 行跳转到下一个缓存对象。

运行到第 17 行，说明基本的检查已经通过，缓存中的文件节点与要查找的文件有很大可能性是匹配的，接下来需要进行字符串比较。因此在第 17 行先获得散列桶中缓存对象的文件名。

第 18～26 行进行文件名匹配过程。这里分以下两种情况：

1．如果第 18 行的判断结果为真，则表示文件系统有自己的文件名比较方法。因此在第 19 行调用文件系统的 d_compare 回调函数，比较两个文件名是否相等。如果不相等，则在第 20 行跳转到下一个缓存对象。

2．如果第 18 行的判断结果为假，则表示文件系统没有自己的文件名比较方法。因此在第 22 行判断两个文件名的长度是否相等，如果不相等，则在第 23 行跳转到下一个缓存对象。

如果两个文件名长度相等，则在第 24 行调用 memcpy 比较两个文件名是否相等。如果不相等，则在第 25 行跳转到下一个缓存对象。

第 27 行判断文件节点缓存对象是否在散列表中，如果是，则递增文件节点缓存对象的引用计数，并设置返回值。

第 31 行释放文件节点缓存对象的自旋锁。

由于已经在散列桶中找到匹配的缓存对象，因此在第 32 行退出循环。

第 36 行释放散列桶的锁以结束本函数。

__find_file_indir_alloc 函数调用文件系统的接口，从磁盘中读取文件节点信息。其实现如下：

```
1 struct filenode_cache *
2 __find_file_indir_alloc(struct file_name *name, struct filenode_cache * base    ,
3     struct filenode_lookup_s *look)
4 {
```

```
 5     ......
 6     if (base->ops && base->ops->d_hash) {
 7        err = base->ops->d_hash(base, name);
 8        ret = ERR_PTR(err);
 9        if (err < 0)
10           goto out;
11     }
12     ret = find_in_cache(base, name);
13     if (!ret) {
14        struct filenode_cache *new = fnode_cache_alloc(base, name);
15        ret = ERR_PTR(-ENOMEM);
16        if (!new)
17           goto out;
18        ret = file_node->node_ops->lookup(file_node, new, look);
19        if (!ret)
20           ret = new;
21        else
22           loosen_filenode_cache(new);
23     }
24 out:
25     return ret;
26 }
```

第 6~11 行重新计算文件的散列值。

第 6 行判断文件系统是否指定了 d_hash 回调函数。如果指定了该回调函数，则在第 7 行回调该函数。如果该回调函数失败，则说明相应的文件名不合法，因此在第 10 行跳转到 out 标号处，以结束处理流程。

需要注意的是：文件名的散列值是保存在 name 参数中的。

第 12 行调用 find_in_cache 函数，再次在散列表中搜索文件节点缓存对象是否存在。

第 13 行判断散列表中是否仍然不存在缓存对象。如果不存在，则进入第 14~22 行的慢速流程。其中：

第 14 行调用 fnode_cache_alloc 为文件节点缓存对象分配内存描述符。

如果内存分配失败，则在第 17 行跳转到 out 标号处，以结束处理流程。

第 18 行调用文件系统的 lookup 回调函数，该回调函数会从磁盘中读取文件信息，并保存到文件节点缓存散列表中。

如果第 19 行的判断表明 lookup 回调函数正确查找到文件节点，则在第 20 行将其赋值给临时变量。

否则在第 22 行调用 loosen_filenode_cache 释放临时文件节点缓存对象的引用计数。

8.2.4.3 加载文件节点缓存辅助函数

recede_parent 函数的主要作用是将查找描述符的当前位置回退到上一级目录。当 __generic_load_filenode 函数发现当前解析的目录名称是“..”时，就会调用此函数。其实现如下：

```
1 static void recede_parent(struct mount_desc **mnt, struct filenode_cache
  **f    node_cache)
2 {
3    while(1) {
4       ......
```

```
 5        smp_read_lock(&current->fs_context->lock);
 6        if (*fnode_cache == current->fs_context->root_fnode_cache &&
 7           *mnt == current->fs_context->root_mount) {
 8           smp_read_unlock(&current->fs_context->lock);
 9           break;
10        }
11        smp_read_unlock(&current->fs_context->lock);
12        smp_lock(&filenode_cache_lock);
13        if (*fnode_cache != (*mnt)->sticker) {
14           *fnode_cache = hold_dirnode_cache((*fnode_cache)->parent);
15           smp_unlock(&filenode_cache_lock);
16           loosen_filenode_cache(prev);
17           break;
18        }
19        smp_unlock(&filenode_cache_lock);
20        smp_lock(&mount_lock);
21        parent = (*mnt)->parent;
22        if (parent == *mnt) {
23           smp_unlock(&mount_lock);
24           break;
25        }
26        hold_mount(parent);
27        *fnode_cache = hold_dirnode_cache((*mnt)->mountpoint);
28        smp_unlock(&mount_lock);
29        loosen_filenode_cache(prev);
30        loosen_mount(*mnt);
31        *mnt = parent;
32     }
33     advance_mount_point(mnt, fnode_cache);
34  }
```

要找到一个目录的上一级目录，实际上并不是一件容易的事情。因为上一级目录可能有多个挂载点。要越过这些挂载点，找到目录的真实位置，需要一个复杂的循环过程。因此，recede_parent 函数在第 3 行以一个死循环开始。

第 5 行获得当前进程文件系统上下文的锁。这是为了避免在进程中其他线程并发修改当前进程的根目录。

小问题 8.25：如果第 5 行没有获得相应的锁，并且进程的根目录被修改了，那么可能出现什么后果？

第 6 行判断当前路径是否是进程根目录，如果是根目录，那么显然不能再向上级目录回退，因此在第 8 行释放进程文件系统上下文锁后退出循环。

第 11 行释放进程文件系统上下文锁。

第 12 行获得全局 filenode_cache_lock 自旋锁。这是为了避免当前文件节点缓存对象被修改。

第 13 行判断当前文件节点缓存对象是否为所在文件系统的根目录。如果不是，就执行第 14~17 行的代码逻辑。其中：

第 14 行获得当前目录的上一级目录缓存项，并将上级目录缓存项保存到返回结果中。

第 15 行释放全局 filenode_cache_lock 自旋锁。

第 16 行调用 loosen_filenode_cache 释放当前文件节点缓存的引用计数。

小问题 8.26：第 15 行与第 16 行可以交换位置吗？

由于已经找到前一级目录的文件节点缓存对象，因此在第 17 行放心地退出循环。

运行到第 19 行，说明当前目录是某个挂载点的根目录，因此需要进行复杂的回退工作。

第 19 行释放全局 filenode_cache_lock 自旋锁。

第 20 行获得全局的 mount_lock 锁，这是为了防止并发的挂卸、卸载文件系统操作影响当前函数的搜索过程。

第 21 行获得当前挂载点的上一级挂载描述符。

第 22 行判断当前挂载点是否为根挂载点，如果是，则没有办法向上回退目录，因此在第 23 行释放全局的 mount_lock 锁后退出循环。

第 26 行获得上一级挂载描述符的引用，并且在第 27 行获得当前目录在上一级挂载点中的挂载点。这样，我们成功转向上一级挂载点的目录中，继续进行目录向上回退工作。

第 28 行释放全局的 mount_lock 锁。

第 29~31 行进行一些收尾工作，为下一次循环做准备。

当完成第 3~32 行的循环时，我们已经成功回退到上一级目录，但是需要处理一种特殊情况，即：上一级目录正好也存在挂载点。因此我们在第 33 行调用 advance_mount_point 函数，找到上级目录中的挂载点。

接下来，我们继续分析 advance_mount_point 函数。这个函数找到某个目录上的挂载点，并将搜索起始位置设置为挂载点的根目录。其实现如下：

```
 1 void advance_mount_point(struct mount_desc **mnt,
 2     struct filenode_cache **fnode_cache)
 3 {
 4     while ((*fnode_cache)->mount_count) {
 5         struct mount_desc *child = lookup_mount(*mnt, *fnode_cache);
 6         if (!child)
 7             break;
 8         loosen_mount(*mnt);
 9         loosen_filenode_cache(*fnode_cache);
10         *mnt = child;
11         *fnode_cache = hold_dirnode_cache(child->sticker);
12     }
13 }
```

由于可以在同一个目录上多次挂载文件系统，因此需要通过循环来遍历到最后一次的挂载点。这是第 4 行的循环存在的原因。

第 5 行调用 lookup_mount 函数，在全局散列表中搜索挂载点的目录上是否存在下一级挂载点。

如果不存在这样的挂载点，说明当前文件节点缓存对象是最后一层缓存对象，因此在第 7 行退出循环。

第 8 行释放上一级挂载点描述符的引用。

第 9 行调用 loosen_filenode_cache 函数释放对上一级挂载点缓存对象的引用。

第 10~11 行移动挂载点描述符和挂载点缓存对象到下一级，并进入下一轮循环。

8.2.4.4 处理链接文件

__generic_load_filenode 函数调用的第三个辅助函数是 advance_symlink 函数。这个函数比较复杂，因此我们使用独立的一节来介绍。

advance_symlink 函数处理目录查找过程中遇到的链接文件，需要处理复杂的嵌套情况。其实现如下：

```
1 static int advance_symlink(struct filenode_cache *fnode_cache, struct
  fileno    de_lookup_s *look)
2 {
3     int err = -ELOOP;
4     if (current->fs_search.nested_count >= MAX_NESTED_LINKS)
5        goto loosen;
6     if (current->fs_search.link_count >= MAX_LINK_COUNT)
7        goto loosen;
8     current->fs_search.nested_count++;
9     current->fs_search.link_count++;
10    look->nested_count++;
11    err = __advance_symlink(fnode_cache, look);
12    current->fs_search.nested_count--;
13    look->nested_count--;
14    return err;
15    ......
16 }
```

如果出现了循环链接文件，就需要在目录查找的过程中避免形成 CPU 死循环，造成不可接受的严重后果。

因此第 3 行将返回码设置为-ELOOP，一旦出现过深的嵌套层次，就向调用者返回此错误码。

第 4 行判断当前进程执行 advance_symlink 函数的嵌套层次，一旦层次过多，就在第 5 行跳转到 loosen 标号以结束处理。

第 6 行判断当前进程已经执行了多少次符号链接查找，一旦次数过多，就在第 7 行跳转到 loosen 标号以结束处理。

读者需要注意下面这几个变量递增、递减的地方，以及赋初值的地方。

第 8 行递增当前线程执行链接文件嵌套查找的次数。

第 9 行递增当前线程执行链接文件查找的次数。

第 10 行递增当前查找过程的嵌套次数。

第 11 行调用__advance_symlink 函数，对链接文件进行解析。随后将详细分析这个函数的实现。

第 12 行递减线程的嵌套查找次数。

第 13 行递减当前查找过程的嵌套执行次数。

细心的读者应当总结一下第 8~10 行所涉及的三个变量作用。它们分别用于：

1. 防止线程的内核堆栈被击破。
2. 防止循环链接文件导致 CPU 死循环，形成安全攻击。
3. 在一次目录查找过程中正确地处理多次文件链接。

接下来详细分析__advance_symlink 函数的实现。其实现如下：

```
1 int __advance_symlink(struct filenode_cache *fnode_cache, struct filenode_lo
     okup_s *look)
2 {
3     fnode_update_atime(fnode_cache->file_node);
4     look->symlink_names[look->nested_count] = NULL;
5     err = fnode_cache->file_node->node_ops->follow_link(fnode_cache, look);
```

```
 6     if (!err) {
 7         char *symlink = look->symlink_names[look->nested_count];
 8         if (!IS_ERR(symlink)) {
 9             if (*symlink == '/') {
10                 loosen_fnode_look(look);
11                 set_beginning(symlink, look);
12             }
13             err = __generic_load_filenode(symlink, look);
14         } else {
15             err = PTR_ERR(symlink);
16             loosen_fnode_look(look);
17         }
18         if (fnode_cache->file_node->node_ops->loosen_link)
19             fnode_cache->file_node->node_ops->loosen_link(fnode_cache, look)    ;
20     }
21     return err;
22 }
```

由于__advance_symlink 函数需要读取链接文件的内容，因此在第 3 行调用 fnode_update_atime 修改文件的访问时间。

第 4 行设置查找描述符的符号链接数组指针，使其指向为 NULL。当正确地读取到链接文件内容后，将其指向读取到的文件内容。

第 5 行调用文件系统的 follow_link 回调函数，将文件内容读取到查找描述符中。

第 6 行判断 follow_link 回调函数的结果，如果没有异常，则解析链接文件的内容。

第 7 行获得文件系统返回的链接符号内容指针。

第 8 行判断文件系统返回的链接符号内容是否合法，如果合法，则在第 9~13 行继续进行链接符号内容的解析。

第 9 行判断链接符号内容是否以‘/’开始的，如果是以‘/’开始的，就在第 11 行调用 set_beginning 函数将查找起始位置设置为进程根目录。

第 11 行简单地递归调用__generic_load_filenode 函数解析符号链接内容，并将结果保存到 look 查找描述符中。

如果第 8 行判断文件系统返回的链接符号内容非法，就说明读取链接符号内容时出现错误，因此在第 15~16 行设置错误码并释放相关引用计数。

第 18~19 行进行一些收尾工作。如果文件系统定义了自己的 loosen_link 回调函数，就执行该回调函数，释放由 follow_link 方法分配的临时数据结构。

8.3 打开、关闭文件

几乎可以武断地声称：任何一位熟悉软件编程的读者，都明白打开、关闭文件的含义。但是存在多种不同的文件打开标志，要正确地处理这些文件打开标志，操作系统内核中的实现显得过于复杂。

简单地说，打开一个文件，就是调用者向操作系统传递一个文件名，操作系统从磁盘中读取到该文件的信息并保存在内存中，然后向调用者返回一个编号。调用者通过编号来对这个文件进行读/写操作。

被打开文件的编号用术语文件句柄来表示。

关闭一个文件则是执行相反的工作。

虽然每个进程都有自己的文件句柄，但是目前 DIM-SUM 还不支持用户态进程，也就是说，所有进程都运行在内核空间，因此这些进程共享全局的文件句柄表。

8.3.1 打开、关闭文件的数据结构

8.3.1.1 文件句柄表描述符

每个进程都有一个已经打开的文件句柄表。DIM-SUM 使用 task_file_handles 数据结构来表示文件句柄表。其定义如下：

```
1 struct task_file_handles {
2     struct accurate_counter count;
3     struct smp_lock file_lock;
4     int max_handle;
5     int first_free;
6     fd_set open_fds;
7     struct file * fd_array[__FD_SETSIZE];
8 };
```

其中，名为 count 的字段是一个计数器，表示共享该表的线程数目。

小问题 8.27：既然 task_file_handles 数据结构要么是属于进程的，要么是全局共享的，为什么还需要 count 字段来作为计数器？

名为 file_lock 的字段是一个自旋锁，用于保护文件句柄表描述符。

名为 max_handle 的字段表示文件句柄表中最大的文件句柄编号。实际上，在创建进程的时候，可以指定该进程允许打开多少个文件句柄，甚至在运行过程中，也可以动态修改打开文件句柄数量的限制值。这个字段表示的是当前的限制值，而不是表示已经打开的文件数量。

名为 first_free 的字段表示当前可用的最小空闲句柄值。

小问题 8.28：如果进程打开了编号为 0~3 的文件句柄，然后释放其中编号为 2 的句柄。那么，first_free 到底应该是 2 还是 4？

名为 open_fds 的字段实质上是一个位图，用于表示哪些文件句柄被打开了。

名为 fd_array 的字段是打开的文件描述符数组。当 open_fds 位图的某一位为 1 时，表示对应的文件句柄被打开，同时在 fd_array 数组中就会存在一个有效的文件描述符。

小问题 8.29：看起来可以去掉 open_fds 字段，因为这个字段可以由 fd_array 字段推导而来。换句话说，这个数据结构中存在冗余字段，为什么需要这样的冗余字段？

8.3.1.2 文件描述符

每一个打开的文件用数据结构 file 来描述符。其定义如下：

```
1 struct file {
2     struct double_list  super;
3     struct filenode_cache       *fnode_cache;
4     struct mount_desc         *mount;
5     struct file_ops *file_ops;
6     struct accurate_counter     f_count;
```

```
 7     unsigned int        flags;
 8     mode_t          f_mode;
 9     loff_t          pos;
10     unsigned int        f_uid, f_gid;
11     struct file_ra_state    readahead;
12     size_t          max_bytes;
13     unsigned long       version;
14     void            *f_security;
15     void            *private_data;
16     struct file_cache_space *cache_space;
17 };
```

其中，名为 super 的字段是一个双向链表节点。通过此字段，将文件链接到文件系统超级块的文件链表中。

名为 fnode_cache 的字段是文件节点缓存。

名为 mount 的字段是一个文件系统挂载点描述符。通过此字段可以访问该文件的文件系统信息。

名为 file_ops 的字段是一个回调函数表，该表中包含与文件相关的操作回调函数。在打开文件时，根据文件的类型设置相应的回调函数。

名为 f_count 的字段表示文件对象的引用计数。一般而言，它表示引用文件对象的进程数。但是内核也可能在某些特定的流程中增加此计数。

名为 flags 的字段表示打开文件的文件标志。如 O_RONLY、O_NONBLOCK 和 O_SYNC。但是这些标志目前还不被支持，这表示 DIM-SUM 对文件系统的支持还不完善。

名为 f_mode 的字段表示文件模式。其中 FMODE_READ 和 FMODE_WRITE 分别表示读/写权限。但是此字段目前未用。

名为 pos 的字段表示当前的读/写位置。它是一个 64 位数。如果驱动程序需要知道文件中的当前位置，可以读取这个值，但是不要去修改它。

这个字段应当由 read、write 等调用来修改。

名为 f_uid、f_gid 的字段分别表示该文件所属的用户 ID 和组 ID。目前未用。

名为 readahead 的字段表示文件的预读状态。随后的章节将会描述这个数据结构。

名为 max_bytes 的字段表示一次操作能读/写的最大字节数。当前设置为 $2^{31}-1$。

名为 version 的字段表示文件版本号，每次使用后递增。本字段的实际用处不大。

名为 f_security 的字段用于安全控制，目前未用。

名为 private_data 的字段是一个指针，可以由文件系统或者驱动自由使用。

名为 cache_space 的字段指向文件地址空间的对象。8.4.1.1 节将描述文件地址空间描述符。

8.3.1.3 文件回调函数表

文件系统或者驱动提供每一类文件的文件回调函数表。虚拟文件系统层通过这些回调函数与文件系统或者驱动交互。

文件回调函数表由 file_ops 数据结构实现。其定义如下：

```
1 struct file_ops {
2     loff_t (*llseek) (struct file *, loff_t, int);
3     ssize_t (*read) (struct file *, char __user *, size_t, loff_t *);
4     ssize_t (*aio_read) (struct async_io_desc *, char __user *, size_t, loff_t);
```

```
 5     ssize_t (*write) (struct file *, const char __user *, size_t, loff_t *);
 6     ssize_t (*aio_write) (struct async_io_desc *, const char __user *, size_t, loff_t);
 7     int (*readdir) (struct file *, void *, filldir_t);
 8     int (*ioctl) (struct file_node *, struct file *, unsigned int, unsigned long);
 9     int (*mmap) (struct file *, struct vm_area_struct *);
10     int (*open) (struct file_node *, struct file *);
11     int (*flush) (struct file *);
12     int (*release) (struct file_node *, struct file *);
13     int (*fsync) (struct file *, struct filenode_cache *, int datasync);
14     int (*aio_fsync) (struct async_io_desc *, int datasync);
15     int (*fasync) (int, struct file *, int);
16     int (*lock) (struct file *, int, struct file_lock *);
17     ssize_t (*readv) (struct file *, const struct io_segment *, unsigned
       long, loff_t *);
18     ssize_t (*writev) (struct file *, const struct io_segment *, unsigned
       long, loff_t *);
19     int (*check_flags)(int);
20     int (*dir_notify)(struct file *filp, unsigned long arg);
21 };
```

DIM-SUM 并没有使用所有回调函数，但是在不久的将来会使用这些回调函数，并且可能会扩充这个数据结构。

在该数据结构中，名为 llseek 的字段被 llseek 系统调用所使用，用来修改文件的当前读/写位置，并将新位置作为返回值返回。

参数 loff_t 是一个长偏移量，即使在 32 位平台上也至少占用 64 位的数据宽度。

该回调函数在出错时返回一个负的返回值。如果这个函数指针是 NULL，对 llseek 的调用将会以某种不可预期的方式修改 file 结构中的位置计数。

名为 read 的回调函数用于从设备中读取数据。该函数指针被赋为 NULL 时，将导致 read 系统调用出错并返回-EINVAL。函数返回非负值表示成功读取的字节数。

名为 aio_read 的回调函数用于初始化一个异步的读取操作，即在函数返回之前可能不会完成该读取操作。如果该方法为 NULL，则所有的操作都通过 read 回调函数同步完成。

名为 write 的回调函数用于向设备写入数据。如果没有这个函数，则 write 系统调用会向程序返回一个-EINVAL。如果返回值非负，则表示成功写入的字节数。

名为 aio_write 的回调函数用于向设备进行异步写入操作。

名为 readdir 的回调函数仅用于读取目录，只对文件系统有用。对于设备文件来说，这个字段应该为 NULL。

名为 ioctl 的回调函数提供了一种执行设备特殊命令的方法（如格式化软盘的某个磁道，这既不是读也不是写操作）。

名为 mmap 的回调函数请求将设备内存映射到进程地址空间。如果设备没有实现这个方法，那么 mmap 系统调用将返回-ENODEV。

DIM-SUM 目前未使用此字段。

名为 open 的回调函数在文件被打开时调用，一般用于设备文件。尽管这始终是对设备文件执行的第一个操作，但是并不要求驱动程序一定要声明一个相应的方法。

如果这个回调函数为 NULL，则设备的打开操作总是成功。

名为 flush 的回调函数用于在进程关闭设备文件描述符的时候，回写并等待设备上尚未完成的操作。

请注意它与用户程序使用的 fsync 操作之间的区别。

名为 release 的回调函数在当文件描述符被释放时使用。在一般情况下，这个字段为 NULL。

名为 fsync 的回调函数是 fsync 系统调用的后端实现，用户调用它来刷新待处理的数据。

如果文件系统或者驱动程序没有实现这一方法，那么 fsync 系统调用将返回-EINVAL。

名为 aio_fsync 的回调函数是 fsync 的异步版本。

名为 fasync 的回调函数目前未用。

名为 lock 的回调函数目前未用。

名为 readv 和 writev 的回调函数用来实现分散/聚集型的读/写操作。应用程序有时需要进行涉及多个内存区域的单次读或写操作，利用这两个系统调用可完成这类工作，而不必强加额外的数据复制操作。如果被设置为 NULL，就会调用 read 和 write 方法完成相应的读/写操作。

名为 check_flags 的回调函数目前未用。

名为 dir_notify 的回调函数目前未用。

8.3.1.4 进程文件上下文

每个进程都应当有自己的当前目录等文件系统相关信息。这些信息保存在 task_fs_context 数据结构中。其定义如下：

```
1 struct task_fs_context {
2     struct accurate_counter count;
3     struct smp_rwlock lock;
4     int umask;
5     struct filenode_cache *root_fnode_cache, *curr_dir_fnode_cache;
6     struct mount_desc * root_mount, *curr_dir_mount;
7 };
```

其中，名为 count 的字段表示该数据结构的计数器，其含义是共享该结构的进程个数。

名为 lock 的读/写锁用于保护进程文件上下文数据结构。

名为 umask 表示打开文件设置文件权限时使用的位掩码。

名为 root_fnode_cache 的字段用于表示进程根目录的文件节点。

名为 curr_dir_fnode_cache 的字段用于表示进程当前工作目录的文件节点。

名为 root_mount 的字段用于表示进程根目录所安装的文件系统对象。

名为 curr_dir_mount 的字段用于表示进程当前工作目录所安装的文件系统对象。

8.3.2 打开、关闭文件的全局变量

打开、关闭文件模块定义了一些重要的全局变量。这些全局变量的定义如下：

```
1 struct task_file_handles globle_files_struct;
2 struct task_fs_context globle_fs_struct;
3 aligned_cacheline_in_smp struct smp_lock files_lock =
4             SMP_LOCK_UNLOCKED(files_lock);
5 struct files_stat_struct files_stat = {
6     .max_files = NR_FILE,
7 };
```

名为 globle_files_struct 的全局变量表示全局的文件句柄表。

名为 globle_fs_struct 的全局变量表示全局的进程文件上下文。

globle_files_struct、globle_fs_struct 这两个全局变量是 DIM-SUM 在目前阶段的权宜之计。当以后支持用户态应用程序的时候，将会删除这两个全局变量。

名为 files_lock 的全局变量是一个自旋锁，用于保护对文件系统超级块中保存的打开文件链表的访问。

名为 files_stat 的全局变量用于保存一些全局设置信息。例如可分配的文件对象的最大数目。

8.3.3　打开、关闭文件的 API

打开、关闭文件模块涉及的 API 如下表所示：

名　　称	含　　义
open	提供给应用程序调用的打开文件接口。该接口与 POSIX 规范兼容
sys_open	open 系统调用
close	提供给应用程序调用的关闭文件接口。该接口与 POSIX 规范兼容
sys_close	close 系统调用

8.3.4　打开、关闭文件的实现

8.3.4.1　open 系统调用

open 系统调用是由 sys_open 函数实现的。这个函数完成三个部分的工作：

1．为进程分配文件句柄。

2．从磁盘设备中读取文件的信息到内存中。

3．将文件句柄与文件内存描述符绑定起来。

该函数的实现如下：

```
 1 asmlinkage int sys_open(const char *filename,int flags,int mode)
 2 {
 3     ......
 4     flags |= O_LARGEFILE;
 5     ret = clone_user_string(filename, &tmp);
 6     if (IS_ERR(tmp))
 7         return PTR_ERR(tmp);
 8     ret = file_alloc_handle();
 9     if (ret >= 0) {
10         struct file *file = file_open(tmp, flags, mode);
11         if (IS_ERR(file)) {
12             file_free_handle(ret);
13             ret = PTR_ERR(file);
14         } else
15             file_attach_handle(ret, file);
16     }
17     discard_user_string(tmp);
```

```
18    return ret;
19 }
```

该函数包含以下三个参数：

1．filename 参数表示要打开的文件名。

2．flags 参数表示访问模式，如 O_RONLY、O_NONBLOCK 和 O_SYNC。

3．mode 参数表示创建文件读/写许可权限。

读者需要注意 flags 参数和 mode 参数的区别。

函数第 4 行默认设置 O_LARGEFILE 标志，以允许应用读/写超过 4G 大小的文件。实际上，这个标志完全是历史原因存在于 glibc 中，应当被废弃。

第 5 行调用 clone_user_string 从进程用户态地址空间中复制文件名到内核中。该函数可能在内核中分配地址空间以保存用户态传入的文件名。

由于 DIM-SUM 目前并不支持用户态应用程序，因此这个函数不需要做任何事情。

第 6 行判断第 5 行是否正确地获取到用户态的文件名。如果没有正确地获取到文件名，就只能在第 7 行向调用者返回错误码。

小问题 8.30：有哪些情况可能导致第 6 行的失败？

第 8 行调用 file_alloc_handle 为当前进程分配一个文件句柄。8.3.4.2 节将分析 file_alloc_handle 函数的实现。

第 9 行判断第 8 行是否正确地分配到文件句柄。如果正确地分配到文件句柄，就执行第 10~15 行的代码逻辑，进一步完成打开文件的操作。其中：

第 10 行调用 file_open 打开文件，并为打开的文件分配文件描述符。8.3.4.3 节将分析 file_open 函数的实现。

如果第 10 行不能成功打开文件，就在第 12 行调用 file_free_handle 释放已经分配的文件句柄，并在第 13 行设置错误返回码。

否则在第 15 行调用 file_attach_handle 函数，将文件描述符与文件句柄绑定。这样用户将能够通过文件句柄操作文件。

第 17 行调用 discard_user_string 函数，将第 5 行分配的临时内存空间释放掉。

file_attach_handle 函数将文件描述符与文件句柄绑定，这里简单描述一下其实现：

```
1 void fastcall file_attach_handle(unsigned int fd, struct file * file)
2 {
3     struct task_file_handles *files = current->files;
4 
5     smp_lock(&files->file_lock);
6     BUG_ON(unlikely(files->fd_array[fd] != NULL));
7     files->fd_array[fd] = file;
8     smp_unlock(&files->file_lock);
9 }
```

第 3 行获得当前进程的文件句柄表对象。

第 5 行获得文件句柄表的自旋锁。

第 6 行判断文件句柄是否已经与某个文件描述符进行绑定，如果是，就触发系统宕机。

第 7 行设置文件句柄对应的文件描述符，read、write 系统调用将能通过文件句柄对象查找到文件描述符，并进一步通过文件描述符访问文件系统。

第 8 行释放文件句柄表的自旋锁。

8.3.4.2　分配、释放文件句柄

sys_open 函数首先需要获得进程的可用文件句柄，这是由 file_alloc_handle 函数实现的。该函数的实现如下：

```
 1 int file_alloc_handle(void)
 2 {
 3     ......
 4     ret = -EMFILE;
 5     smp_lock(&files->file_lock);
 6     fd = find_next_zero_bit(files->open_fds.fds_bits,
 7                 files->max_handle,
 8                 files->first_free);
 9     if (fd >= files->max_handle)
10         goto out;
11     FD_SET(fd, &files->open_fds);
12     files->first_free = fd + 1;
13     if (WARN_ON(files->fd_array[fd] != NULL,
14         "file_alloc_handle: slot %d not NULL!\n", fd))
15         files->fd_array[fd] = NULL;
16     ret = fd;
17     ......
18 }
```

如果应用程序打开了太多的文件句柄，以至于没有可用的文件句柄供分配，就应当向调用者返回-EMFILE 错误码。因此该函数在第 4 行将默认的返回值设置为-EMFILE。

小问题 8.31：即使应用程序本身打开的文件很少，但是系统可能也会加上其他限制条件导致文件打开失败，这里是否应该输出更详细的日志以提示应用程序错误的原因？

第 5 行获得文件句柄表的自旋锁。

第 6 行调用 find_next_zero_bit 从文件句柄表的句柄位图中查找可用的位。

小问题 8.32：这个函数有 BUG 吗？如果从 first_free 开始向后查找，并且正好没有可用的文件句柄，是否应当从 0 开始重新查找？

第 9 行判断是否没有可用的文件句柄。如果没有可用的文件句柄，则在第 10 行跳转到 out 标号处，以结束本函数并返回失败。

第 11 行将文件句柄表的句柄位图中相应的位设置为 1，以表示相应的文件句柄被分配的事实。

第 12 行设置下一次查找的起始位置。

第 13 行检查相应的文件句柄是否与打开的文件相对应。根据预期，与该文件句柄对应的文件描述符不应当存在。

如果存在相应的文件描述符，则在第 15 行强制将其设置为 NULL。这样的处理方式显得很不友好，并且可能导致意想不到的后果，因此后续的版本将会调整其实现。

第 16 行设置成功分配到的文件句柄到 ret 局部变量中，以作为返回值返回给调用者。

释放文件句柄的操作是由 file_free_handle 函数完成的。其实现如下：

```
1 static inline void __file_free_handle(struct task_file_handles *files,
  unsigned int fd)
2 {
```

```
 3     FD_CLR(fd, &files->open_fds);
 4     if (fd < files->first_free)
 5         files->first_free = fd;
 6 }
 7
 8 void fastcall file_free_handle(unsigned int fd)
 9 {
10     struct task_file_handles *files = current->files;
11
12     smp_lock(&files->file_lock);
13     __file_free_handle(files, fd);
14     smp_unlock(&files->file_lock);
15 }
```

file_free_handle 函数的实现很简单。它在第 10 行获得进程的文件句柄表，并在第 12 行获得文件句柄表描述符的锁，然后在第 13 行调用__file_free_handle 来释放文件句柄。

__file_free_handle 函数在第 3 行调用 FD_CLR 清除文件句柄位图中相应的位，并在第 4 行判断当前释放的文件句柄是否小于 first_free，如果是的话，则将 first_free 字段设置为最小的值。

因此，first_free 字段总是可用文件句柄中最小的编号值。

8.3.4.3 打开文件

打开文件的主要工作是由 file_open 函数完成的。该函数主要完成两部分的工作：

1. 查找文件并加载其文件节点数据。
2. 分配文件描述符并将其与文件节点进行绑定。

该函数的实现如下：

```
 1 struct file *file_open(const char * filename, int flags, int mode)
 2 {
 3     ......
 4     node_flags = flags;
 5     if ((node_flags+1) & O_ACCMODE)
 6         node_flags++;
 7     if (node_flags & O_TRUNC)
 8         node_flags |= O_RDWR;
 9     err = open_fnode_cache(filename, node_flags, mode, &look);
10     if (!err)
11         return real_open_file(&look, flags);
12     return ERR_PTR(err);
13 }
```

第 4~8 行的代码对调用者传入的参数进行整理，转换为内部的标志。这借鉴了 Linux 的一段非常奇怪的代码，将在后续的版本中被废弃。

第 9 行调用 open_fnode_cache 函数，完成查找文件并加载其文件节点数据的工作。

第 10 行判断 open_fnode_cache 函数的返回结果，如果成功，则在第 11 行调用 real_open_file 函数，完成分配文件描述符并将其与文件节点进行绑定的工作。

8.3.4.4 加载文件节点

接下来分析 open_fnode_cache 函数的实现，该函数较为烦琐，一共实现以下几个部分的工作：

1. 处理最简单的情况，即只打开而不创建文件的情况。

2. 查找文件所在的父目录。

3. 在父目录中创建文件。

4. 在父目录中打开现有文件。

5. 打开文件节点，并处理链接文件这种特殊情况。

下面逐步分析该函数的实现。

open_fnode_cache 函数的第 1 步实现如下：

```
1 int open_fnode_cache(const char *pathname, int flag, int mode,
2     struct filenode_lookup_s *look)
3 {
4     ......
5     if (!(flag & O_CREAT)) {
6         ret = load_filenode_cache((char *)pathname,
7             get_look_flags(flag), look);
8         if (ret)
9             return ret;
10
11        ret = may_open(look->mnt, look->filenode_cache, flag);
12        if (ret) {
13            loosen_fnode_look(look);
14            return ret;
15        }
16
17        return 0;
18    }
19    ......
20 }
```

第 5 行判断调用者传入的打开标志，如果不含 O_CREAT，就执行第 6~18 行的代码逻辑。没有 O_CREAT 标志，表示调用者希望打开现有文件而不必创建新文件。这是最简单的情况。其中：

第 6 行调用 load_filenode_cache 函数，从磁盘设备中加载文件节点到内存。

第 8 行判断 load_filenode_cache 函数的返回值，如果不能成功加载文件节点，则在第 9 行返回错误。

第 11 行判断文件节点的属性是否与调用者传入的打开标志冲突。如果冲突，则在第 13 行调用 loosen_fnode_look 释放相关资源，并在第 14 行返回错误码。

如果成功加载文件节点，并且文件属性与打开标志不冲突，就在第 17 行返回 0 以表示成功。

如果调用者传入 O_CREAT 标志，则表示调用者希望打开文件，并且在文件不存在时，创建相应的文件。在这种情况下，会执行到 open_fnode_cache 函数的第 2 步，其实现如下：

```
1     ret = load_filenode_cache((char *)pathname, FNODE_LOOKUP_NOLAST, look);
2     if (ret)
3         return ret;
4     ret = -EISDIR;
5     if (look->path_type != PATHTYPE_NORMAL || look->last.name[look->last.len])
6         goto loosen_look;
7     dir_cache = look->filenode_cache;
8     dir_node = dir_cache->file_node;
9     look->flags &= ~FNODE_LOOKUP_NOLAST;
```

第 1 行调用 load_filenode_cache 函数获得父目录的文件节点缓存。需要注意的是：此时传递的查找标志是 FNODE_LOOKUP_NOLAST，表示只希望查找父目录节点缓存，而不解析 pathname 参数中最后的文件名。

第 2 行判断第 1 行的查找结果，如果不能正确地解析目录，则在第 3 行向调用者返回错误码。

第 4 行设置默认的返回值，如果后面的检测发现父目录并不是目录，则会返回-EISDIR。

第 5 行检查 pathname 参数中的父目录是否有效，有下面两个判断条件：

1．查找结果是否表示父目录路径为普通的目录路径。

2．如果父目录确实是目录，则进一步判断 pathname 参数中最后一个字符是否为‘/’。

如果以上两个判断条件中任何一个条件都不成立，显然表明调用者传入了错误的参数，因此在第 6 行跳转到 loosen_look 标号以结束处理流程。

第 7~8 行将查找到的父目录文件节点信息记录到临时变量中。

第 8 行修改查找标志，去掉 FNODE_LOOKUP_NOLAST 标志，这样后续的查找过程将会查找最终的文件是否存在。

open_fnode_cache 函数的第 3 步会对最后的文件名分量进行处理，其实现如下：

```
1      down(&dir_node->sem);
2      fnode_cache = __find_file_indir_alloc(&look->last, look->filenode_cache, look);
3  recognize_last:
4      ret = PTR_ERR(fnode_cache);
5      if (IS_ERR(fnode_cache)) {
6          up(&dir_cache->file_node->sem);
7          goto loosen_look;
8      }
9      if (!fnode_cache->file_node) {
10         if (!IS_POSIXACL(dir_cache->file_node))
11             mode &= ~current->fs_context->umask;
12         if (!dir_node->node_ops || !dir_node->node_ops->create)
13             ret = -EACCES;
14         else {
15             mode &= S_IALLUGO;
16             mode |= S_IFREG;
17             ret = dir_node->node_ops->create(dir_node, fnode_cache, mode, look);
18         }
19         up(&dir_node->sem);
20         loosen_filenode_cache(look->filenode_cache);
21         look->filenode_cache = fnode_cache;
22         if (ret)
23             goto loosen_look;
24         flag &= ~O_TRUNC;
25         ret = may_open(look->mnt, look->filenode_cache, flag);
26         if (ret)
27             goto loosen_look;
28         return 0;
29     }
30     up(&dir_cache->file_node->sem);
```

第 1 行获得父目录所在文件节点的信号量，以防止在查找文件节点的时候，目录中的文件被意外修改。

第 2 行调用__find_file_indir_alloc 在目录中搜索文件。

第 4 行判断查找文件的结果，如果查找失败，则在第 6 行释放目录节点的信号量，并在第 7 行跳转到 loosen_look 标号以结束处理流程。

如果运行到第 9 行，说明查找文件成功。在第 9 行继续判断要查找的文件是否真的存在，如果文件不存在，则进入第 10~28 行的处理逻辑，进行文件创建操作。其中：

第 10~11 行处理文件节点的访问权限，目前 DIM-SUM 还不支持。

如果第 12 行判断表明所在目录并不支持文件创建，则在第 13 行设置错误码为-EACCES。

否则在第 17 行调用文件系统的回调函数，创建文件。

第 19 行释放目录节点的信号量。

第 20 行调用 loosen_filenode_cache 释放查找结果中原有的文件节点缓存对象。因为现在已经创建了新文件，原来的结果不再需要。

第 21 行替换查找结果中的文件节点对象，使用新创建的文件节点代替原来的结果。

第 22 行判断文件是否创建成功，如果不成功，则在第 23 行跳转 loosen_look 标号以结束处理流程。

第 24~27 行处理用户访问权限，如果用户没有权限打开新创建的文件，则在第 27 行跳转 loosen_look 标号以结束处理流程。否则在第 28 行返回 0 以表示打开文件成功。

如果运行到第 30 行，就说明要打开的文件已经存在，在第 30 行释放目录节点的信号量。

小问题 8.33：第 30 行释放了目录节点的信号量，如果此时其他流程获得目录节点的信号量并删除刚创建的文件节点，会存在问题吗？

接下来进入 open_fnode_cache 函数的第 4 步，开始处理文件已经存在，因此并不需要创建新文件。这里需要处理一些边界情况，因此过程略显复杂。其实现如下：

```
1     if (flag & O_EXCL)
2         goto loosen_child;
3     if (fnode_cache->mount_count) {
4         ret = -ELOOP;
5         if (flag & O_NOFOLLOW)
6             goto loosen_child;
7         advance_mount_point(&look->mnt,&fnode_cache);
8         ret = -ENOENT;
9         if (!fnode_cache->file_node)
10            goto loosen_child;
11    }
12    if (fnode_cache->file_node->node_ops
13       && fnode_cache->file_node->node_ops->follow_link)
14        goto advance_symlink;
15    ret = -EISDIR;
16    if (fnode_cache->file_node && S_ISDIR(fnode_cache->file_node->mode))
17        goto loosen_child;
18    ret = may_open(look->mnt, fnode_cache, flag);
19    loosen_filenode_cache(look->filenode_cache);
20    look->filenode_cache = fnode_cache;
21    if (ret)
22        goto loosen_look;
```

第 1~2 行处理 O_EXCL 标志，当这个标志与 O_CREAT 共同存在时，表示仅仅允许创建文件而不能打开已有文件，此时显然应该向调用者返回错误。因此在第 2 行跳转到 loosen_child 标号，释放相应的资源后结束处理流程。

第 3 行判断 pathname 最后一个分量是否被挂载了文件系统，如果挂载了文件系统，则执行第 4~10 行的逻辑。其中：

第 4~6 行处理 O_NOFOLLOW 打开标志，如果调用者指定了这个标志，则向调用者返回 -ELOOP 错误码。

如果调用者没有指定 O_NOFOLLOW 标志，则说明需要查找文件路径上的挂载点。因此在第 7 行调用 advance_mount_point 找到最终的挂载点。

第 8~10 行处理挂载点被意外销毁的情况。这实际上不应当出现，一旦出现挂载点被销毁，则说明系统出现了严重的逻辑错误。

第 12~14 行处理目标文件是链接文件的情况。随后我们将详细描述其处理流程。

第 15~17 行处理目标文件为目录的情况。显然，如果目标文件是目录，则不能调用 open 系统调用来打开，因此在第 15 行设置错误码为-EISDIR，并在第 17 行跳转到 loosen_child 标号以结束处理流程。

第 18 行调用 may_open 函数，以判断调用者是否有权限打开该文件。

第 19~20 行进行资源释放相关的工作。

第 21~22 行判断调用者是否有权限打开该文件，如果没有相应的权限，则在第 22 行跳转到 loosen_look 以结束处理流程。

open_fnode_cache 函数的第 5 步是处理链接文件，其实现如下：

```
 1 advance_symlink:
 2     ret = -ELOOP;
 3     if (flag & O_NOFOLLOW)
 4         goto loosen_child;
 5     look->flags |= FNODE_LOOKUP_NOLAST;
 6     ret = __advance_symlink(fnode_cache, look);
 7     loosen_filenode_cache(fnode_cache);
 8     if (ret)
 9         return ret;
10     look->flags &= ~FNODE_LOOKUP_NOLAST;
11     ret = -EISDIR;
12     if (look->path_type != PATHTYPE_NORMAL)
13         goto loosen_look;
14     if (look->last.name[look->last.len])
15         goto loosen_look;
16     ret = -ELOOP;
17     count++;
18     if (count >= MAX_LINK_COUNT)
19         goto loosen_look;
20     dir_cache = look->filenode_cache;
21     down(&dir_cache->file_node->sem);
22     fnode_cache = __find_file_indir_alloc(&look->last, look->filenode_cache, look);
23     goto recognize_last;
```

第 2~4 行处理 O_NOFOLLOW 标志，如果有这个标志，表示调用者不希望重定向链接文件，因此在第 2 行设置错误码为-ELOOP，并在第 4 行跳转到 loosen_child 标号以结束处理流程。

第 5 行添加 FNODE_LOOKUP_NOLAST 标志，这样在后续的文件查找过程中，将不会查找最后一个分量。

第 6 行调用__advance_symlink 函数解析链接文件的内容，并查找链接文件所指向的目标文件。

第 7 行调用 loosen_filenode_cache 释放链接文件的引用计数。

第 8 行判断__advance_symlink 函数是否正确解析了链接文件的内容。如果出现错误，则在第 9 行直接返回失败。

第 10 行去掉 FNODE_LOOKUP_NOLAST 查找标志。这是因为后续会跳转到 recognize_last 以处理最后一个文件分量。

第 12~15 行判断链接文件所指向的目标文件，其父目录是否真的是目录，如果不是，则跳转到 loosen_look 标号以结束处理流程。

第 17~19 行判断是否处理了过多的链接文件，以避免形成死循环。

第 20~22 行在链接文件的目标路径中进行查找，在最后一个父目录中查找最终的目标文件。

最后，在第 23 行跳转到 recognize_last 标号，开始处理最终的目标文件。

8.3.4.5　绑定文件描述符和文件节点

当成功加载文件节点后，还需要将文件节点与文件描述符关联起来。这是由 real_open_file 函数实现的。该函数实现流程如下：

```
 1 struct file *real_open_file(struct filenode_lookup_s *look, int flags)
 2 {
 3     ...
 4     err = -ENFILE;
 5     file = file_alloc();
 6     if (!file)
 7        goto loosen_look;
 8     file->flags = flags;
 9     file->f_mode = ((flags+1) & O_ACCMODE) |
10         (FMODE_LSEEK | FMODE_PREAD | FMODE_PWRITE);
11     fnode = fnode_cache->file_node;
12     if (file->f_mode & FMODE_WRITE) {
13        err = get_write_access(fnode);
14        if (err)
15           goto loosen_file;
16     }
17     file->cache_space = fnode->cache_space;
18     file->fnode_cache = fnode_cache;
19     file->mount = mnt;
20     file->pos = 0;
21     file->file_ops = fnode->file_ops;
22     file_move_to_list(file, &fnode->super->files);
23     if (file->file_ops && file->file_ops->open) {
24        err = file->file_ops->open(fnode,file);
25        if (err)
26           goto cleanup;
27     }
28     file->flags &= ~(O_CREAT | O_EXCL | O_NOCTTY | O_TRUNC);
29     file_ra_state_init(&file->readahead,
30        file->cache_space->fnode->cache_space);
```

```
31     if (file->flags & O_DIRECT) {
32        if (!file->cache_space->ops || !file->cache_space->ops->direct_IO) {
33           loosen_file(file);
34           return ERR_PTR(-EINVAL);
35        }
36     }
37     return file;
38     ...
39 }
```

第 4~7 行分配文件描述符。如果由于内存不足或者文件句柄数量超过系统限制的原因不能分配文件描述符，则在第 7 行跳转到 loosen_look 标号释放资源并返回-ENFILE 错误码。

第 8~10 行根据调用者传递的参数设置文件描述符的标志。

第 11 行将文件节点对象赋值到临时变量 fnode 中。

第 12 行判断文件的打开方式，如果是以写模式打开的，就执行第 13~15 行的检查。

第 13 行调用 get_write_access 函数获得文件节点的写权限。如果文件已经被其他进程映射到进程空间，就会产生冲突导致打开失败。在这种情况下，会在第 15 行跳转到 loosen_file 标号释放资源并返回错误码。

第 17~21 行设置文件描述符的初始值。

第 22 行调用 file_move_to_list 将文件描述符添加到文件系统超级块的链表中。

第 23~27 行执行文件系统的 open 回调函数。一般而言，设备文件系统会为设备注册 open 回调，这样就有机会在此对设备进行必要的初始化工作。

如果执行 open 回调函数失败，就在第 26 行跳转到 cleanup 标号释放资源并返回错误码。

第 28 行对文件描述符中的标志字段进行一些必要的处理。

第 29 行调用 file_ra_state_init 对文件预读进行初始化。关于文件预读的处理，会在后续的章节中进行描述。

第 31 行判断调用者是否传入了 O_DIRECT 标志，如果有这个标志，则要求文件系统必须实现了 direct_IO，否则会返回失败。

最后，在第 37 行向调用者返回正确打开的文件描述符。

8.3.4.6 close 系统调用

close 系统调用是由 sys_close 函数完成的，其实现如下：

```
1 asmlinkage long sys_close(unsigned int fd)
2 {
3     ......
4     smp_lock(&files->file_lock);
5     if (fd >= files->max_handle)
6        goto err;
7     file = files->fd_array[fd];
8     if (!file)
9        goto err;
10    files->fd_array[fd] = NULL;
11    __file_free_handle(files, fd);
12    smp_unlock(&files->file_lock);
13    return file_close(file);
14    ......
15 }
```

第 4 行获得进程文件句柄表的锁。

第 5 行判断调用者传入的句柄是否超过最大值。如果是，则在第 6 行跳转到 err 标号以结束处理流程。

如果调用者传入的句柄编号有效，则在第 7 行获得句柄对应的文件描述符。

第 8 行判断文件描述符是否真实存在，如果不存在，则说明相应的文件并没有被打开过，因此在第 9 行跳转到 err 标号以结束处理流程。

第 10 行设置文件句柄对应的文件描述符为 NULL。

第 11 行调用__file_free_handle 释放文件句柄。该函数进行的主要操作如下：

1．清除文件句柄位图中相应的位。

2．如果要释放的文件句柄编号比当前空闲句柄更小，则修改当前最小空闲句柄。

第 12 行释放进程文件句柄表的锁。

第 13 行调用 file_close 函数进行真正的关闭文件操作。

8.3.4.7　关闭文件

file_close 函数实现关闭文件的操作，该函数相对简单。其实现如下：

```
 1 int file_close(struct file *file)
 2 {
 3     ......
 4     if (!file_refcount(file)) {
 5         WARN("VFS: Close: file refcount is 0\n");
 6         return ret;
 7     }
 8     if (file->file_ops && file->file_ops->flush)
 9         ret = file->file_ops->flush(file);
10     loosen_file(file);
11     return ret;
12 }
```

第 4 行判断文件的引用计数值，如果引用计数为 0，则说明遇到了明显的逻辑错误。因此在第 5 行打印警告信息，并在第 6 行返回错误码。

第 8 行判断文件系统是否设置了 flush 回调方法。如果有，则在第 9 行调用文件的 flush 回调方法，只有少数驱动才会为设备文件设置这个方法。

第 10 行调用 loosen_file 函数释放文件的引用计数。如果引用计数变为 0，则会调用 release_file 函数彻底释放文件描述符相关的资源。

release_file 函数的实现比较烦琐，本质上是针对 open 操作进行资源清理工作，相应的分析工作就留给读者自行练习。

8.4　读/写文件

DIM-SUM 目前实现了通过文件页缓存的文件读/写操作，暂时不支持文件直写功能。

在读/写文件的时候，通过文件地址空间来描述文件的页面缓存。每个文件都存在一个文件地址空间。

文件地址空间通过基数来维护文件的页面缓存。这个数据结构的特点是可以按照页面进行索引，并且可以支持 2^{64} 大小的文件。由于基数的精妙设计，它的内存占用空间不大，并且索引效率高，适合于高效的管理文件页面缓存。

简而言之，文件页面缓存有以下两个作用：

1．当用户第一次读取文件内容的时候，从磁盘文件系统中读取文件并缓存到页面缓存中。这样当用户再次读取相同位置的文件内容时，就直接从内存中读取，避免由于慢速磁盘引起系统性能降低。

2．当用户写入文件的时候，并不直接将内容写入磁盘中，而是临时保存到页面缓存中。系统守护线程会定期将页面缓存中的脏数据回写到磁盘中。

小问题 8.34：文件页面缓存是如何带来性能提升的好处的？它有什么不好的地方？

8.4.1 读/写文件的数据结构

8.4.1.1 文件地址空间

DIM-SUM 使用文件地址空间描述符来描述一个已经打开文件的页面缓存信息。文件地址空间描述符是虚拟文件系统中十分重要的数据结构。其定义如下：

```
 1 struct file_cache_space {
 2     unsigned long alloc_flags;
 3     struct file_node        *fnode;
 4     struct radix_tree_root  page_tree;
 5     struct smp_lock     tree_lock;
 6     unsigned int        i_mmap_writable;
 7     struct double_list  i_mmap_nonlinear;
 8     struct smp_lock     i_mmap_lock;
 9     unsigned int        truncate_count;
10     unsigned long       page_count;
11     pgoff_t         writeback_index;
12     struct cache_space_ops *ops;
13     unsigned long       flags;
14     struct blkdev_infrast *blkdev_infrast;
15     struct smp_lock     block_lock;
16 } __attribute__((aligned(sizeof(long))));
```

其中，名为 alloc_flags 的字段是内存分配标志，当分配缓存页面的时候，会传递这个标志到内存子系统中。

名为 fnode 的字段是一个文件节点描述符，表示拥有此文件空间描述符的文件节点。

名为 page_tree 的字段是一棵基树，这个字段是文件地址空间描述符的核心字段，它维护了文件所拥有的所有缓存页面。

不熟悉基树概念的读者，请自行参考相关书籍。

名为 tree_lock 的字段是一个自旋锁，用于保护 page_tree 字段，防止对基树的并发访问。

名为 i_mmap_writable 的字段是一个计数器，表示引用文件地址空间描述符的共享内存计数。由于 DIM-SUM 目前还不支持多进程共享映射文件功能，因此本字段目前未用。

同样的，i_mmap_nonlinear 和 i_mmap_lock 字段也未使用。

名为 truncate_count 的字段是一个计数器，表示截断文件时使用的顺序计数。该字段用于文件截断操作。

名为 page_countt 的字段是一个计数器，表示文件的总页数。

名为 writeback_index 的字段表示最后一次回写操作所作用的页面编号。

名为 ops 的字段是一组作用于文件地址空间描述符的回调函数表，随后的章节将描述这个回调函数表。

名为 flags 的字段表示文件地址空间描述符的标志，主要是错误标志。

名为 blkdev_infrast 的字段用于描述保存文件物理数据的块设备。

名为 block_lock 的字段是一个自旋锁，由文件系统自行使用。

8.4.1.2　文件地址空间回调函数表

在文件地址空间描述符中，定义了一组回调函数。这些回调函数用于操作文件地址空间。其定义如下：

```
 1 struct cache_space_ops {
 2     int (*writepage)(struct page_frame *page, struct writeback_control *wbc);
 3     int (*readpage)(struct file *, struct page_frame *);
 4     int (*sync_page)(struct page_frame *);
 5     int (*writepages)(struct file_cache_space *, struct writeback_control *);
 6     int (*set_page_dirty)(struct page_frame *page);
 7     int (*readpages)(struct file *filp, struct file_cache_space *space,
 8             struct double_list *pages, unsigned nr_pages);
 9     int (*prepare_write)(struct file *, struct page_frame *, unsigned, unsigned);
10     int (*commit_write)(struct file *, struct page_frame *, unsigned, unsigned);
11     sector_t (*map_block)(struct file_cache_space *, sector_t);
12     int (*invalidatepage) (struct page_frame *, unsigned long);
13     int (*releasepage) (struct page_frame *, int);
14     ssize_t (*direct_IO)(int, struct async_io_desc *, const struct io_segment *iov,
15             loff_t offset, unsigned long nr_segs);
16 };
```

其中，名为 writepage 的回调函数用于写操作，该函数负责将页面写到物理磁盘设备中。

名为 readpage 的回调函数用于读操作，该函数负责从物理磁盘设备读取数据到页面缓存中。

名为 sync_page 的回调函数用于回写页面到磁盘中。当有等待者在等待页面时，强制将相应的页面同步回写。

名为 writepages 的回调函数用于批量写操作，该函数负责将一定数量的脏页写到物理磁盘设备中。

名为 readpages 的回调函数用于批量读操作，该函数负责从物理磁盘设备中读取一定数量的页面到内存中。

名为 set_page_dirty 的回调函数用于把页面设置为脏页。一旦页面被设置为脏页，系统守护线程就会定期将其回写到磁盘。

名为 prepare_write 的回调函数用于特定的文件系统，例如某些日志文件系统。以便在开始写文件之前做一些准备工作。

名为 commit_write 的回调函数用于特定的文件系统，例如某些日志文件系统。以便在写文件操作完成之后做一些收尾工作。

名为 map_block 的回调函数用于查找文件逻辑块对应的物理磁盘块。

名为 invalidatepage 的回调函数使文件地址空间中的页面无效。当截断文件时会调用此函数。

名为 releasepage 的回调函数由日志文件系统使用，以准备释放页面。

名为 direct_IO 的回调函数用于直接写页面到磁盘设备中。由于目前还不支持文件直写功能，因此本字段暂时未用。

8.4.1.3 异步 I/O 描述符

虚拟文件系统在文件系统提交读/写请求时，会使用异步 I/O 描述符。该描述符用 async_io_desc 数据结构来表示。

这个描述符也用于用户态应用程序提交异步请求，以提高应用程序的并发度，避免由于 I/O 操作使应用程序阻塞。有关异步 I/O 的背景知识，请读者自行查找相关资料。其定义如下：

```
 1 struct async_io_desc {
 2     int          users;
 3     unsigned         key;
 4     struct file     *file;
 5     union {
 6         void __user     *user;
 7         struct task_desc    *tsk;
 8     } obj;
 9     __u64          user_data;
10     loff_t         pos;
11     struct wait_task_desc       wait;
12     void           *private;
13 };
```

其中，名为 users 的字段是一个计数器，表示异步 I/O 描述符的引用计数器。

名为 key 的字段是 I/O 请求的标识。如果 I/O 请求是特殊的同步 I/O 请求，那么该字段的值为 0xffffffff。

名为 file 的字段是一个文件描述符，表示调用者是通过哪个文件描述符向虚拟文件系统提交的 I/O 请求。

名为 obj 的字段是一个联合体。对于同步 I/O 请求来说，该字段指向发出该操作的进程描述符的指针。对于异步 I/O 请求来说，该字段指向用户态 I/O 请求数据结构。

名为 user_data 的字段表示给用户态进程返回的值。目前未用此字段。

名为 pos 的字段表示正在进行 I/O 操作的当前文件位置。

名为 wait 的字段是一个等待描述符，那些等待异步 I/O 操作完成的进程，将在此等待队列上等待。

名为 private 的字段是虚拟文件系统层的保留字段，由文件系统层自由使用。

8.4.1.4 I/O 段描述符

应用程序向虚拟文件系统提交 I/O 请求时，会使用 I/O 段描述符来描述请求的数据。这个描述符用 io_segment 数据结构来表示。其定义如下：

```
1 struct io_segment
2 {
3     void __user *base;
4     __kernel_size_t len;
5 };
```

其中，base 字段表示读/写操作所作用的应用程序起始地址。

len 字段表示读/写操作的长度。

8.4.1.5　读缓冲区状态描述符

应用程序一次性可能读取大量的文件内容，相应的读请求将会是分步完成的。DIM-SUM 使用读缓冲区状态描述符来描述其完成状态。其定义如下：

```
1 typedef struct {
2     size_t written;
3     size_t remain_count;
4     union {
5         char __user * buf;
6         void *data;
7     } arg;
8     int error;
9 } read_descriptor_t;
```

其中，名为 written 的字段用于表示已经复制到应用程序缓冲区的字节数。

名为 remain_count 的字段用于表示待传送的字节数，即还未完成的字节数。

名为 arg 的字段表示在应用程序缓冲区中的当前位置。

名为 error 的字段表示读操作的错误码。0 表示无错误。

8.4.2　读/写文件的全局变量

读/写文件模块涉及的全局变量，已经在 8.3 节进行了介绍。

8.4.3　读/写文件的 API

读/写文件模块涉及的主要 API 如下表所示：

名　　称	含　　义
read	提供给应用程序调用的读文件接口，该接口与 posix 规范兼容
sys_read	read 系统调用
write	提供给应用程序调用的写文件接口，该接口与 posix 规范兼容
sys_write	write 系统调用

8.4.4　读/写文件的实现

8.4.4.1　read 系统调用

read 系统调用由函数 sys_read 完成，其实现如下：

```
1 ssize_t file_sync_read(struct file *file, char __user *buf, size_t len, loff_t *pos)
2 {
3     ......
```

```
 4     init_async_io(&aio, file);
 5     aio.pos = *pos;
 6     ret = file->file_ops->aio_read(&aio, buf, len, aio.pos);
 7     if (-EIOCBQUEUED == ret)
 8        ret = wait_on_async_io(&aio);
 9     *pos = aio.pos;
10     return ret;
11 }
12 ssize_t vfs_read(struct file *file, char __user *buf, size_t count, loff_t *pos)
13 {
14     ......
15     if (!(file->f_mode & FMODE_READ))
16        return -EBADF;
17     if (!file->file_ops)
18        return -EINVAL;
19     if (!file->file_ops->read && !file->file_ops->aio_read)
20        return -EINVAL;
21     if (file->file_ops->read)
22        ret = file->file_ops->read(file, buf, count, pos);
23     else
24        ret = file_sync_read(file, buf, count, pos);
25     return ret;
26 }
27 asmlinkage ssize_t sys_read(unsigned int fd, char __user * buf, size_t count)
28 {
29     ......
30     file = file_find(fd);
31     if (file) {
32        loff_t pos = file->pos;
33        ret = vfs_read(file, buf, count, &pos);
34        file->pos = pos;
35        loosen_file(file);
36     }
37     return ret;
38 }
```

sys_read 函数首先会在第 30 行调用 file_find 函数来查找文件句柄所对应的文件描述符。file_find 函数的实现比较简单，有了前面章节的基础，读者可以轻松理解其实现。

如果第 30 行成功地查找到文件描述符，也就是说，调用者传入的文件句柄合法有效，就执行第 32~35 行的代码逻辑。其中：

第 32 行从文件描述符中读取到文件当前读/写位置。

第 33 行调用 vfs_read 函数从文件系统中读取文件内容。

第 34 行修改文件描述符当前文件读/写位置。

第 35 行调用 loosen_file 函数释放文件描述符的引用计数。相应的引用计数是在 file_find 函数中递增的。

vfs_read 函数是对文件系统层读操作的简单封装。其实现逻辑如下：

第 15 行判断文件的打开模式，如果不允许对文件进行读操作，则在第 16 行返回-EBADF 向调用者表明错误原因。

第 17 行判断文件的回调函数表，如果文件系统层没有指定该文件的回调函数表，则表示系统遇到不可知的错误，因此在第 18 行返回-EINVAL 错误码。

第 19 行判断文件系统是否设置了 read、aio_read 回调函数，如果这两个回调函数都没有实现，那么说明文件系统不支持对该文件的读操作，因此在第 20 行返回-EINVAL 错误码。

第 21 行判断文件系统是否设置了 read 回调函数。如果设置了该回调函数，则在第 22 行调用 read 回调函数以完成读操作。

否则，在第 24 行调用 file_sync_read 函数完成读操作。实际上，file_sync_read 函数会调用文件系统的 aio_read 回调函数来实现读操作。

DIM-SUM 中的 LEXT3 文件系统实现了 read 回调函数，但是最终也是通过调用 file_sync_read 函数完成读操作。

接下来看看 file_sync_read 函数的实现。

file_sync_read 函数实际上是通过调用文件系统的异步 I/O 回调函数来实现读操作的。其实现流程如下：

第 4 行调用 init_async_io 函数初始化异步 I/O 描述符。

第 5 行设置异步 I/O 描述符的读/写起始位置。

第 6 行调用文件系统的 aio_read 回调函数，该回调函数完成实际的读操作。

第 7 行判断文件系统的 aio_read 回调函数执行结果，如果其返回值为-EIOCBQUEUED，表示已经正常提交了请求，因此在第 8 行调用 wait_on_async_io 函数，以等待异步 I/O 操作被成功完成。

第 9 行向调用者返回文件当前读/写位置。

大多数文件系统不会真正实现自己的 aio_read 回调函数，而是将该回调函数设置为 generic_file_aio_read 函数。

下一节将详细描述 generic_file_aio_read 函数的实现。

8.4.4.2 generic_file_aio_read 函数

generic_file_aio_read 函数是对__generic_file_aio_read 函数的简单封装。

接下来详细描述 generic_file_aio_read 函数的实现流程。

```
 1 static ssize_t __generic_file_aio_read(struct async_io_desc *aio,
 2     const struct io_segment *io_seg, unsigned long seg_count, loff_t *ppos)
 3 {
 4     ......
 5     count = 0;
 6     for (seg = 0; seg < seg_count; seg++) {
 7         count += io_seg[seg].len;
 8         if ((count < 0 || io_seg[seg].len < 0))
 9             return -EINVAL;
10         if (access_ok(VERIFY_WRITE, io_seg[seg].base, io_seg[seg].len))
11             continue;
12         return -EFAULT;
13     }
14     if (count == 0)
15         return 0;
16     for (seg = 0; seg < seg_count; seg++) {
17         read_descriptor_t desc;
18         if (io_seg[seg].len == 0)
```

```
19            continue;
20        desc.written = 0;
21        desc.arg.buf = io_seg[seg].base;
22        desc.remain_count = io_seg[seg].len;
23        desc.error = 0;
24        do_read(file->cache_space,
25            &file->readahead,
26            file,
27            ppos,
28            &desc,
29            read_fill_user);
30        ret += desc.written;
31        if (!ret) {
32            ret = desc.error;
33            break;
34        }
35    }
36    return ret;
37 }
```

__generic_file_aio_read 函数被不同的代码流程所调用。因此需要对该函数的参数进行描述：

1. aio 参数主要描述从文件的什么地方开始读/写操作，以及读/写的状态。
2. seg 参数是 I/O 段描述符数组，描述结果数据将存放在应用程序什么地方。
3. seg_count 参数表示 seg 数组的大小。
4. ppos 参数用于接收读/写操作完成后，文件的当前读/写位置。

对于 read 系统调用来说，seg_count 参数值总是为 1。

__generic_file_aio_read 函数的实现分为两部分，第一部分对参数进行校验，第二部分依次读取每个 I/O 段的内容并传递给应用程序。

__generic_file_aio_read 函数在第 5 行设置临时变量 count 的值为 0，该临时变量表示调用者期望读取的字节数。

第 6 行启动一个循环，针对调用者传入的 I/O 段数量，依次对每一个 I/O 段进行遍历，对其有效性进行判断。其中：

第 7 行递增 count 临时变量，统计调用者期望读取的字节数。

第 8 行判断两个条件，以确认参数的合法性：

1. 第一个条件判断字节数是否产生了整型溢出。
2. 第二个条件判断当前 I/O 段长度是否小于 0。

以上两种情况均表明调用者传入的参数不合法，因此在第 9 行返回错误码-EINVAL。

第 10 行判断调用者传入的应用程序地址和长度在应用程序地址空间是否有效，如果无效，则在第 12 行返回错误码-EFAULT，否则在第 11 行跳转到下一个循环。

第 14 行简单判断调用者期望读取的字节数是否为 0，如果为 0，则在第 15 行返回 0 以结束本函数。

第 16 行开启第 17~34 行的循环，依次读取每一个 I/O 段的文件数据到应用程序内存中。对于 read 系统调用来说，这里的循环只会运行一次。其中：

第 18 行判断当前 I/O 段长度是否为 0，如果为 0，则忽略当前段，并在第 19 行跳转到下一个循环。

第 20~23 行初始化读描述符，该描述符用于文件系统层向虚拟文件系统层传递读操作的结果。

第 24 行调用 do_read 函数从文件页面缓存或者磁盘中读取文件内容。

第 30 行递增正确读取到的文件字节数量。

第 31~34 行判断 do_read 函数的结果，如果读取文件内容失败，就退出循环并向调用者返回错误码。

第 24 行的 do_read 函数调用传递了回调函数 read_fill_user 作为参数。该函数的主要作用是将文件系统读取到的文件内容复制到应用程序地址空间。

read_fill_user 函数的代码分析工作，留给读者作为练习。

8.4.4.3 读文件内容

do_read 函数从文件页面缓存或者文件系统中读取文件内容并传递给调用者。其实现如下：

```
 1 static void do_read(......)
 2 {
 3     ......
 4     index = *ppos >> PAGE_CACHE_SHIFT;
 5     offset = *ppos & ~PAGE_CACHE_MASK;
 6     file_size = fnode_size(fnode);
 7     if (!file_size)
 8        goto out;
 9     end_index = (file_size - 1) >> PAGE_CACHE_SHIFT;
10     do {
11        struct page_frame *page;
12        if (index > end_index)
13           goto out;
14        bytes = PAGE_CACHE_SIZE;
15        if (index == end_index) {
16           bytes = ((file_size - 1) & PAGE_OFFSET_MASK) + 1;
17           if (bytes <= offset) {
18              goto out;
19           }
20        }
21        bytes = bytes - offset;
22        page = read_cache_page(space, index, file);
23        if (IS_ERR(page)) {
24           desc->error = PTR_ERR(page);
25           goto out;
26        }
27        ret = actor(desc, page, offset, bytes);
28        offset += ret;
29        index += offset >> PAGE_CACHE_SHIFT;
30        offset &= ~PAGE_CACHE_MASK;
31        loosen_page_cache(page);
32     }while (ret == bytes && desc->remain_count);
33 out:
34     *_ra = ra;
35     *ppos = ((loff_t) index << PAGE_CACHE_SHIFT) + offset;
36     if (file)
37        file_accessed(file);
38 }
```

do_read 函数的主体流程是一个循环，处理 I/O 段中的每一个页面。

其中，第 4 行获得第一个要读取的页面编号，并存放到局部变量 index 中。

第 5 行获得起始位置在页面中的偏移，并存放到局部变量 offset 中。

第 6 行获得文件的大小，并存放到局部变量 file_size 中。

第 7 行判断文件大小是否为 0，如果为 0，则不需要做任何事情，因此在第 8 行跳转到 out 标号处，以结束处理流程 。

第 9 行计算文件最后一页的页面编号，并存放到局部变量 end_index 中。

第 10 行开启第 11~32 行的循环，该循环处理每一个需要读取的文件页面。结束条件位于第 32 行，其含义如下：

1. 读取第一个页面的时候，没有发生错误。
2. 有剩余数据需要读取。

第 12 行判断当前要读取的页面编号是否已经超出文件最后一页，如果超过文件大小，那么很显然不必继续处理。因此在第 13 行跳转到 out 标号处，以结束处理流程。

第 14 行开始计算需要在当前页面读取多少字节的数据。在默认情况下需要读取完整的页面。

第 15 行针对文件最后一页进行处理，如果是最后一页，有可能文件大小并没有对齐到页面边界，因此需要在第 16~19 行进行特殊处理。其中：

第 16 行计算最后一页中有效数据的长度。

第 17 行判断最后一页中的有效长度是否超过了调用者期望的起始位置。如果超过了，则没有数据可以提供给调用者，因此在第 18 行跳转到 out 标号处，以结束处理流程。

第 21 行计算需要在当前页面读取的字节数量，其值应该等于当前页面的大小减去页面偏移。

第 22 行调用 read_cache_page 函数从页面缓存或者文件系统中读取当前页面的数据到内存页面中。

第 23 行判断第 22 行调用 read_cache_page 函数的结果。如果发生了错误，则在第 24 行设置异步 I/O 描述符的错误值，并在第 25 行跳转到 out 标号处，以结束处理流程。

第 27 行调用 actor 回调函数，将页面数据传递给应用程序。对于 read 系统调用来说，这个回调函数是 read_fill_user，它会向应用程序地址空间写入页面数据。

第 28~30 行移动局部变量的值，使其指向下一个页面的正确位置。

小问题 8.35：第 28~30 行的代码可以优化一下吗？如何优化？

第 31 行调用 loosen_page_cache 函数释放对页面缓存的引用，相应的引用是在 read_cache_page 函数中递增的。

第 34 行更新调用者传递的文件预读信息。

小问题 8.36：文件预读的作用是什么？它有什么好处，有什么坏处？

第 35 行向调用者返回当前读/写位置，调用者据此更新文件描述符的读/写位置。

第 36~37 行更新文件访问日期。

8.4.4.4 读文件页面

read_cache_page 从页面缓存或者文件系统中读取单个页面。其实现如下：

```
1 static struct page_frame *__read_cache_page(......)
2 {
3     ......
4     page = pgcache_find_alloc_lock(space, index,
```

```
 5         cache_space_get_allocflags(space) | __PAF_COLD);
 6     if (IS_ERR(page))
 7         return ERR_PTR(-ENOMEM);
 8     err = space->ops->readpage(data, page);
 9     if (err < 0) {
10         loosen_page_cache(page);
11         page = ERR_PTR(err);
12     }
13     else
14         page = wait_on_page_read(page);
15     return page;
16 }
17 struct page_frame *read_cache_page(......)
18 {
19     ......
20 retry:
21     page = __read_cache_page(space, index, data);
22     if (IS_ERR(page))
23         goto out;
24     if (fnode_mapped_writeble(space))
25         flush_dcache_page(page);
26     mark_page_accessed(page);
27     if (pgflag_uptodate(page))
28         goto out;
29     lock_page(page);
30     if (!page->cache_space) {
31         unlock_page(page);
32         loosen_page_cache(page);
33         goto retry;
34     }
35     if (pgflag_uptodate(page)) {
36         unlock_page(page);
37         goto out;
38     }
39     err = space->ops->readpage(data, page);
40     if (err < 0) {
41         loosen_page_cache(page);
42         page = ERR_PTR(err);
43     }
44 out:
45     return page;
46 }
```

第 20 行开始一个循环，这个循环主要是处理一种特殊情况：即 read 系统调用与 truncate 系统调用冲突，此时需要在锁住页面的情况下重试整个过程。

第 21 行调用__read_cache_page 函数从页面缓存或者文件系统中读取页面数据。随后将详细描述该函数的实现。

第 22 行判断第 21 行调用__read_cache_page 函数的结果。如果发生了错误，就在第 23 行跳转到 out 标号，以结束处理流程。

第 24 行判断一种特殊的情况，即用户将文件映射到应用程序地址空间，并且是可写的。在这种情况下，应用程序可能通过直接写应用程序地址空间的方式修改文件内容。为了确保用户已经写入的内容被 read 系统调用所看见，需要在第 25 行调用 flush_dcache_page 函数将页面强制刷新一下。

小问题 8.37：如果在调用 flush_dcache_page 函数刷新页面以后，读页面内容之前，应用程序反复写入该页面内容，会出现什么情况？

小问题 8.38：刷新页面到底是什么概念？

第 26 行调用 mark_page_accessed 函数，将页面标记为已经访问状态。这些页面状态用于维护页面缓存的可见性及替换策略。

第 27 行调用 pgflag_uptodate 函数判断页面内容是否为有效的。如果有效，就在第 28 行跳转到 out 标号，以结束处理流程。

如果页面内容无效，就说明是新分配的页面缓存，其内容还未正确填充。因此在第 29 行调用 lock_page 函数锁住页面，以便后续操作页面。

第 30 行判断页面是否仍然属于文件缓存空间，如果不属于，则说明页面不再与文件相关联，这很有可能是用户将文件截断，相应的页面缓存不再有效。因此需要在第 33 行跳转到 retry 标号，重新从页面缓存中刷新其状态。

在跳转到 retry 标号之前，第 31 行调用 unlock_page 释放页面的锁，并在第 32 行调用 loosen_page_cache 释放页面缓存的引用计数。

第 35 行再次调用 pgflag_uptodate 判断页面状态。如果页面状态有效，则在第 36 行调用 unlock_page 函数以释放页面锁，并在第 37 行跳转到 out 标号，以结束处理流程。

小问题 8.39：第 27 行已经判断页面状态是无效的，为什么还要在第 35 行再次判断？也就是说，第 35 行的判断可能是多余的。

第 39 行调用文件地址空间描述符的 readpage 回调函数，从文件系统中读取单个页面内容到内存中。

第 40~43 行处理 readpage 回调函数的返回值，如果发生了错误，则向调用者返回相应的错误码。

read_cache_page 函数会调用__read_cache_page 函数从页面缓存或者文件系统中读取页面内容。其逻辑比较简单，简述如下：

在__read_cache_page 函数的第 4 行调用 pgcache_find_alloc_lock 函数，在页面缓存中查找页面。如果相应的页面不存在，则会分配一个新的缓存页面。

pgcache_find_alloc_lock 函数还会锁住相应的缓存页面。

第 6 行判断 pgcache_find_alloc_lock 函数的返回结果，如果返回的页面对象为空，则表明页面缓存中不存在相应的页面，并且没有空闲内存用于页面缓存。因此在第 7 行向调用者返回错误。

第 8 行调用文件系统的 readpage 回调函数，从文件系统中读取页面到缓存中。

第 9 行判断 readpage 回调函数的结果，如果文件系统返回错误，则在第 10 行调用 loosen_page_cache 函数释放缓存页面的引用计数，并在第 11 行设置相应的错误码。

如果 readpage 回调函数返回成功，则在第 14 行调用 wait_on_page_read 等待读操作完全结束。

8.4.4.5 页面缓存管理

pgcache_find_alloc_lock 函数是页面缓存的主要接口。该函数会在页面缓存中查找并分配页面。如果成功查找并分配页面，则会锁住相应的缓存页面。

pgcache_find_alloc_lock 函数的实现如下：

```
 1 static struct page_frame *pgcache_find_lock_page(......)
 2 {
 3     ......
 4     smp_lock_irq(&space->tree_lock);
 5 repeat:
 6     page = radix_tree_lookup(&space->page_tree, offset);
 7     if (page) {
 8         page_cache_hold(page);
 9         if (pgflag_test_and_set_locked(page)) {
10             smp_unlock_irq(&space->tree_lock);
11             lock_page(page);
12             smp_lock_irq(&space->tree_lock);
13             if (page->cache_space != space || page->index != offset) {
14                 unlock_page(page);
15                 loosen_page_cache(page);
16                 goto repeat;
17             }
18         }
19     }
20     smp_unlock_irq(&space->tree_lock);
21     return page;
22 }
23 struct page_frame *pgcache_find_alloc_lock(......)
24 {
25     ......
26 repeat:
27     page = pgcache_find_lock_page(space, index);
28     if (!page) {
29         if (!cached_page) {
30             cached_page = alloc_page_frame(gfp_mask);
31             if (!cached_page)
32                 return ERR_PTR(-ENOMEM);
33         }
34         err = add_to_page_cache(cached_page, space,
35                     index, gfp_mask);
36         if (!err) {
37             page = cached_page;
38             cached_page = NULL;
39         } else if (err == -EEXIST)
40             goto repeat;
41         else
42             page = ERR_PTR(err);
43     }
44     if (cached_page)
45         loosen_page_cache(cached_page);
46     return page;
47 }
```

第 26 行开启的循环主要是处理多个并发路径同时向页面缓存中添加页面的情况。这种情况很罕见，但是操作系统内核必须处理这种特殊情况，否则可能成为安全漏洞。

第 27 行调用 pgcache_find_lock_page 函数在文件的页面缓存中查找页面，如果成功查找到相应的页面，则锁住该页面。

第 28 行判断 pgcache_find_lock_page 函数是否在页面缓存中查找到页面。如果没有找到页面，则在第 29~42 行分配新页面并添加到页面缓存中。其中：

第 29 行判断是否有临时分配的页面，如果还不存在，则在第 30 行调用 alloc_page_frame 函数分配一个临时页面。

如果无法分配临时页面，则在第 32 行返回-ENOMEM 错误码。

第 34 行调用 add_to_page_cache 函数将临时分配的页面添加到文件的页面缓存基树中。

如果 add_to_page_cache 函数成功将临时页面添加到基树中，则在第 37 行设置 page 临时变量，在函数返回时会向调用者返回此临时变量。同时在第 38 行清空 cached_page 变量，以表示临时页面已经被消耗的事实。

如果 add_to_page_cache 函数返回-EEXIST，则表示已经有其他并发路径将缓存页面添加到基树中，因此跳转到 repeat 标号重新开始查找过程。

如果 add_to_page_cache 函数返回其他错误，则可能出现了意料之外的问题，直接向调用者返回。

在 pgcache_find_alloc_lock 函数的第 44 行，判断是否有遗留的临时页面。如果有，则在第 45 行调用 loosen_page_cache 释放页面引用计数。

小问题 8.40：在什么情况下会出现第 44 行的判断条件被满足的情况？

接下来分析 pgcache_find_lock_page 函数的实现。该函数将分配的页面插入到基树中，并试图锁住页面。

在 pgcache_find_lock_page 函数的第 4 行，调用 smp_lock_irq 函数获得基树的自旋锁，并关闭中断。

小问题 8.41：为什么第 4 行要关闭中断？为什么没有调用 smp_lock_irqsave？

第 6 行调用 radix_tree_lookup 在基树中搜索页面是否存在。

如果基树中存在相应的页面，则进入第 8~18 行的处理流程。其中：

第 8 行调用 page_cache_hold 获得页面的引用计数。

第 9 行调用 pgflag_test_and_set_locked 试图锁住页面。如果页面已经被其他并发路径锁住，则进入第 10~17 行的慢速流程。其中：

第 10 行调用 smp_unlock_irq 释放基树的自旋锁并打开中断。

第 11 行调用 lock_page 锁住页面。

第 12 行调用 smp_lock_irq 函数重新获得基树的自旋锁，并关闭中断。

第 13 行判断页面是否仍然属于文件地址空间，并且在文件地址空间中的位置没有发生变化。如果发生了变化，则需要重新进入查找过程。因此在第 14 行调用 unlock_page 释放页面的锁。并在第 15 行调用 loosen_page_cache 释放页面引用计数。最后在第 16 行跳转到 repeat 标号，重新开始整个查找过程。

运行到第 20 行，说明已经成功在基树中查找到页面，或者相应的页面并不存在。因此调用 smp_unlock_irq 释放基树的自旋锁并打开中断，然后在第 21 行向调用者返回结果。

8.4.4.6 write 系统调用

write 系统调由 sys_write 函数实现。

该函数与 sys_read 函数的实现几乎完全一致，在此不再详述。有兴趣的读者请自行阅读相关源代码。

在 sys_write 函数的实现中，一般会调用文件系统的 aio_write 回调函数来完成写文件的操作。该回调函数常常由 generic_file_aio_write 函数实现。

接下来将详细描述 generic_file_aio_write 函数的实现。

8.4.4.7 generic_file_aio_write

generic_file_aio_write 函数是对 common_file_write 函数的简单封装。首先看看 common_file_write 函数的实现：

```
1 static ssize_t __aio_write(......)
2 {
3     ......
4     file = aio->file;
5     space = file->cache_space;
6     fnode = space->fnode;
7     count = 0;
8     for (seg = 0; seg < seg_count; seg++) {
9         count += io_seg[seg].len;
10        if ((count < 0) || (io_seg[seg].len < 0))
11            return -EINVAL;
12    }
13    pos = *ppos;
14    written = 0;
15    err = check_write(file, &pos, &count, S_ISBLK(fnode->mode));
16    if (err)
17        goto out;
18    if (count == 0)
19        goto out;
20    fnode_update_time(fnode, 1);
21    written = cached_write(aio, io_seg, seg_count,
22            pos, ppos, count, written);
23 out:
24    return written ? written : err;
25 }
26 static ssize_t common_file_write(......)
27 {
28    ......
29    init_async_io(&aio, file);
30    if (lock)
31        down(&fnode->sem);
32    ret = __aio_write(&aio, io_seg, seg_count, ppos);
33    if (wait && (ret == -EIOCBQUEUED))
34        ret = wait_on_async_io(&aio);
35    if (lock)
36        up(&fnode->sem);
37    if (ret > 0 && file_is_sync(file)) {
38        int err;
39        err = sync_page_data(fnode, space, pos, ret, 0);
40        if (err < 0)
```

```
41             ret = err;
42     }
43     return ret;
44 }
```

common_file_write 函数首先在第 29 行初始化异步 I/O 描述符。

第 29~30 行根据调用者传递的 lock 参数，决定是否获取文件节点的信号量。

第 32 行调用__aio_write 将数据写入文件页面缓存或者文件系统中。

第 33 行判断是否需要等待写入操作执行完毕。其判断条件如下：

1. 调用者传入 wait 标志，表示期望等待写操作完成。

2. __aio_write 函数返回-EIOCBQUEUED，表示写请求已经入队但是还未完成。

如果满足这两个判断条件，就在第 34 行调用 wait_on_async_io 函数等待 I/O 完成。

第 35~36 行根据调用者传递的 lock 参数，决定是否释放文件节点的信号量。

第 37 行判断如下两个条件，以决定是否需要将文件数据同步写入磁盘：

1. __aio_write 函数成功地向页面缓存或者文件系统写入了数据。

2. 打开文件时，指定了同步写入标志。

如果满足以上两个条件，则在第 38~41 行进入文件同步写入处理。这主要是通过调用 sync_page_data 函数来实现的。

对 sync_page_data 函数的分析，就留给读者自行练习。

__aio_write 函数是 common_file_write 函数的辅助函数，它负责将数据写入缓存页面或者文件系统中。

__aio_write 函数的第 4~6 行获得文件节点和文件地址空间相关属性到临时变量中。

第 7 行初始化 count 临时变量为 0，该变量用于统计调用者期望写入的字节数量。

第 8 行开始的循环，主要是对调用者传入的每一个 I/O 段进行遍历。其中：

第 9 行计算 I/O 段长度，将其统计到临时变量 count 中。

第 10 行判断临时变量 count 是否发生了整型溢出，同时判断当前 I/O 段是否合法。如果其中某个条件表明调用者传入的参数不合法，就在第 11 行返回错误码。

第 13 行获得开始写文件的位置。

第 15~17 行进行一些常规检查，如果检查不通过，则在第 17 行跳转到 out 标号处，以结束处理流程。

check_write 函数进行的常规检查比较烦琐而无趣，对这个函数的分析，就留给读者自行练习。

第 18 行判断调用者期望写入的字节数量，如果其值为 0，则可以在第 19 行放心跳转到 out 标号处，以结束处理流程。

第 20 行调用 fnode_update_time 函数更新文件节点的访问时间，并将相应的文件节点标记为脏，以待系统守护任务将其回写到磁盘中。

第 21 行调用 cached_write 函数将数据写入页面缓存或者文件系统中。

8.4.4.8 写文件内容

将文件内容写入页面缓存或者文件系统中，这项工作是由 cached_write 函数完成的。其实现如下：

```
1 static ssize_t cached_write(......)
2 {
```

```
3       ......
4       space = file->cache_space;
5       ops = space->ops;
6       fnode = space->fnode;
7       cur_iov = io_seg;
8       advance_segment(&cur_iov, &base, written);
9       buf = io_seg->base + base;
10      do {
11          ......
12          offset = (pos & (PAGE_CACHE_SIZE -1));
13          index = pos >> PAGE_CACHE_SHIFT;
14          bytes = PAGE_CACHE_SIZE - offset;
15          if (bytes > count)
16              bytes = count;
17          page = pgcache_find_alloc_lock(space, index,
18              cache_space_get_allocflags(space));
19          if (IS_ERR(page)) {
20              status = PTR_ERR(page);
21              break;
22          }
23          status = ops->prepare_write(file, page, offset, offset + bytes);
24          if (unlikely(status)) {
25              loff_t fsize = fnode_size(fnode);
26              unlock_page(page);
27              loosen_page_cache(page);
28              if (pos + bytes > fsize)
29                  vmtruncate(fnode, fsize);
30              break;
31          }
32          if (likely(seg_count == 1))
33              copied = copy_user_buf(page, offset, buf, bytes);
34          else
35              copied = copy_user_bulk(page, offset, cur_iov, base, bytes);
36          flush_dcache_page(page);
37          status = ops->commit_write(file, page, offset, offset+bytes);
38          if (likely(copied > 0)) {
39              if (!status)
40                  status = copied;
41              if (status >= 0) {
42                  written += status;
43                  count -= status;
44                  pos += status;
45                  buf += status;
46                  advance_segment(&cur_iov, &base, status);
47              }
48          }
49          if (unlikely(copied != bytes))
50              if (status >= 0)
51                  status = -EFAULT;
52          unlock_page(page);
53          mark_page_accessed(page);
54          loosen_page_cache(page);
```

```
55        if (status < 0)
56           break;
57        balance_dirty_pages_ratelimited(space);
58     } while (count);
59     *ppos = pos;
60     if (likely(status >= 0)) {
61        if (file_is_sync(file)) {
62           if (!ops->writepage || !is_sync_kiocb(aio))
63              status = sync_file_node(fnode, space,
64                    OSYNC_METADATA | OSYNC_DATA);
65        }
66     }
67     if (unlikely(file->flags & O_DIRECT) && written)
68        status = writeback_submit_wait_data(space);
69     return written ? written : status;
70  }
```

cached_write 函数的实现有点冗长，在后续的版本中，应当将该函数重构，切分为更多的层次。

第 4~7 行从文件地址空间中获取回调函数表及文件节点对象。

第 8 行调用 advance_segment 函数移动 I/O 段描述符的位置。实际上，这里的 written 参数一般为 0，不会真的移动 I/O 段描述符的位置。

第 9 行获得要写入的数据缓冲区起始位置。

第 10 行开始循环依次处理每一个缓存页面。其中：

第 12 行获得当前要处理的位置在页面中的偏移。

第 13 行获得页面缓存的页面编号。

第 14 行获得在当前页面中要处理的字节数。

第 15 行判断当前页面中的字节数是否超过在处理的字节数，如果超过，则在第 16 行设置正确的 bytes 临时变量。这样，bytes 临时变量将表示在当前页面中需要写入的字节数。

第 17 行调用 pgcache_find_alloc_lock 函数，从文件的页面缓存中找到要处理的缓存页。如果页面不存在，则会分配新页面并锁住页面。

第 19 行判断 pgcache_find_alloc_lock 函数的返回值，如果无法成功分配到内存，则在第 20 行设置返回值，并在第 21 行退出循环，随后将向调用者返回错误码。

第 23 行调用文件系统提供的 prepare_write 回调函数，为写文件做好准备。对于日志文件系统来说，可以在此回调函数中申请日志空间。

第 24 行判断 prepare_write 回调函数的返回值，如果文件系统返回错误值，则在第 25~30 行进行错误处理。其中：

第 25 行获得文件节点的长度。

第 26 行解除对页面的锁定。

第 27 行释放页面引用计数。

第 28~29 行判断当前写入位置是否超过了文件大小。如果是，则调用 vmtruncate 函数强制将文件截断，也就是将刚写入的部分内容作废。

第 30 行退出循环，向调用者返回相应的错误码。

第 32~35 行从应用程序地址空间复制要写入的内容到页面中。

如果应用程序只传递了一个 I/O 段，就在第 33 行调用 copy_user_buf 函数，从应用程序复制线性缓冲区的内容到内存中。

如果应用程序传递了多个 I/O 段，就在第 35 行调用 copy_user_bulk 函数，从应用程序的多个线性缓冲区中复制内容到内存中。

第 36 行调用 flush_dcache_page 将页面内容从 CPU 缓存刷新到内存中。

第 37 行调用 commit_write 回调函数，将内容写入到文件系统中。

小问题 8.42：第 37 行调用 commit_write 回调函数后，页面内容写入磁盘了吗？

第 38 行判断是否从应用程序中成功写入数据到内存中，如果是，则进入到第 38~47 行的代码逻辑。其中：

第 39 行判断 commit_write 回调函数的返回值，如果 commit_write 返回成功，则将返回值修正为已经成功复制的字节数。

如果成功复制了数据并且 commit_write 函数也执行成功，则修正临时变量，并调用 advance_segment 函数移动 I/O 段描述符的位置。

第 49 行判断成功复制的字节数是否与期望复制的字节数相等，如果不相等，则可能是应用程序传递了非法的内存地址，因此在第 51 行修正返回值为-EFAULT。

第 52 行解除对页面的锁定。

第 53 行将页面标记为已经访问过的状态，表示该页面是活跃页面，因此不要轻易将其从页面缓存中移除。

第 54 行调用 loosen_page_cache 递减页面引用计数。

第 55 行判断当前页面写入过程中是否发生错误，如果存在错误，则在第 56 行退出循环，以结束处理流程。

第 57 行调用 balance_dirty_pages_ratelimited 函数，该函数会判断系统中脏页数量是否过多，如果过多，则会将过多的脏页回写到磁盘，并降低当前进程的写入速度。

运行到第 59 行，说明处理完所有页面，或者在处理过程中遇到错误。因此在第 59 行向调用者返回当前写入的文件位置。

第 60 行判断写入是否成功，如果成功，则在第 61~65 行处理同步写的情况。其中：

第 61 行判断文件是否以同步写的方式打开，如果是，则调用 sync_file_node 函数将文件元数据和数据回写到磁盘中。

第 67~68 行处理文件直写的情况。如果文件打开标志包含 O_DIRECT 并且确定写入了文件，则在第 68 行调用 writeback_submit_wait_data 提交数据写请求，并等待数据被写入磁盘。

最后，在第 69 行向调用者返回成功写入的字节数量。

8.5 其他功能

实际上，DIM-SUM 的虚拟文件系统层还提供了其他一些系统调用，例如 rename、chdir、unlink、link、stat、sync 等。

限于篇幅的原因，本书并不对这些系统调用进行详细的分析。有兴趣的读者请自行阅读源代码。相信有了本章的基础知识，再结合 Linux 相关书籍，阅读这些源代码并不会特别困难。

第 9 章

杂项文件系统

在系统启动阶段，会挂载以下几个特定的文件系统：

1．内存文件系统。

2．设备文件系统。

3．LEXT3 文件系统。

其中，LEXT3 文件系统是一个兼容 Linux Ext3 的文件系统，第 10 章将对这个文件系统进行详细的阐述。因此，本章重点讲解内存文件系统和设备文件系统。

简而言之，内存文件系统是利用文件页面缓存来保存文件数据的文件系统。一旦系统重启，内存文件系统中保存的数据将不再存在。

设备文件系统是在管理系统中发现的所有字符设备和块设备。

9.1 文件系统的挂载

DIM-SUM 的根文件系统是一个名为 LEXT3 的磁盘文件系统，这个文件系统位于块设备 /dev/vda/part1 中。/dev/vda/part1 设备需要首先挂载设备文件系统，这就形成了一对依赖关系。

为了解决这个问题，DIM-SUM 系统进行两次根文件系统的加载。

9.1.1 第一次加载根文件系统

为了正确地识别块设备，系统将内存文件系统作为根文件系统，这样就不用依赖于任何其他文件系统，也不用依赖于外部硬件设备就可以支持文件系统。

在加载完内存文件系统后，系统再将设备文件系统挂载到根文件系统中，这样就可以为加载块设备中的 LEXT3 文件系统做好准备。

相关的代码实现如下：

```
1 static void __init init_mount_tree(void)
2 {
3     ......
```

```
 4     mnt = do_internal_mount("rootfs", 0, "rootfs", NULL);
 5     if (IS_ERR(mnt))
 6        panic("Can't create rootfs");
 7     set_fs_pwd(current->fs_context, mnt, mnt->sticker);
 8     set_fs_root(current->fs_context, mnt, mnt->sticker);
 9 }
10
11 void __init mnt_init(void)
12 {
13     ......
14     init_rootfs();
15     init_mount_tree();
16 }
```

其中，第 14 行调用 init_rootfs 函数初始化根文件系统，init_rootfs 函数实际上会注册内存文件系统，以便 init_mount_tree 函数将内存文件系统挂载到根目录中。

第 15 行调用 init_mount_tree 函数进行真实的挂载操作。

在 init_mount_tree 函数的第 4 行，调用 do_internal_mount 函数将内存文件系统加载到内存中，但是不挂载到任何目录，因为此时还没有根文件系统，找到不可以挂载的点。

第 7 行调用 set_fs_pwd 函数，强制将进程当前目录设置为内存文件系统根目录。

第 8 行调用 set_fs_root 函数，强制将进程根目录设置为内存文件系统根目录。

在执行完 mnt_init 初始化函数后，系统会在启动阶段接着执行 mount_file_systems 挂载真实的文件系统。其实现如下：

```
 1 void __init mount_devfs_fs(void)
 2 {
 3     ......
 4     sys_mkdir("/dev", 0);
 5     err = do_mount("none", "/dev", "devfs", 0, NULL);
 6     if (err == 0)
 7        printk("Mounted devfs on /dev\n");
 8     else
 9        printk("Unable to mount devfs, err: %d\n", err);
10 }
11 void __init mount_file_systems(void)
12 {
13     mount_devfs_fs();
14     mount_block_root(0);
15 }
```

在第 13 行首先执行 mount_devfs_fs 函数挂载设备文件系统。

mount_devfs_fs 函数在第 4 行调用 sys_mkdir 系统调用创建/dev 目录。

第 5 行调用 do_mount 将设备文件系统挂载到/dev 目录。

第 6~9 行打印提示信息，以通知用户是否成功挂载设备文件系统。

在挂载完成设备文件系统后，mount_file_systems 函数会在第 14 行调用 mount_block_root 函数挂载最终的根文件系统。

9.1.2 第二次加载根文件系统

第二次加载根文件系统的操作是由 mount_block_root 函数完成的。其实现如下：

```
 1 static void __init mount_block_root(int flags)
 2 {
 3     ......
 4     mnt = do_internal_mount("lext3", flags, "/dev/vda/part1", NULL);
 5     if (!IS_ERR(mnt))
 6         goto out;
 7     panic("VFS: Unable to mount root fs.\n");
 8 out:
 9     set_fs_root(current->fs_context, mnt, mnt->sticker);
10     set_fs_pwd(current->fs_context, mnt, mnt->sticker);
11     mount_devfs_fs();
12     sys_mkdir("/tmp", 0);
13     do_mount(NULL, "/tmp", "rootfs", 0, NULL);
14 }
```

mount_block_root 函数首先在第 4 行调用 do_internal_mount 函数，从/dev/vda/part1 设备中加载文件系统，这里强制指定其文件系统类型为 LEXT3。

再次请读者注意，do_internal_mount 函数仅仅加载文件系统到内存中，而不会将其挂载到任何目录上。

第 5 行判断第 4 行加载文件系统是否成功，如果成功，则跳转到 out 标号以继续进行其他文件系统的加载工作，否则运行到第 7 行触发系统宕机。

第 8 行调用 set_fs_root 函数，强制将第 4 行加载的 LEXT3 文件系统作为系统根目录。

第 9 行调用 set_fs_pwd 函数，强制将第 4 行加载的 LEXT3 文件系统作为进程当前目录。

第 11 行再次调用 mount_devfs_fs 函数，在新的根文件系统中创建/dev 目录，并将设备文件系统挂载到/dev 目录。

第 12 行调用 sys_mkdir 函数创建/tmp 目录。

第 13 行调用 do_mount 将内存文件系统挂载到/tmp 目录。

9.2 内存文件系统

内存文件系统的实现位于 fs/ramfs/ramfs.c、fs/simple.c、fs/super.c 中。

9.2.1 内存文件系统的数据结构

内存文件系统模块并没有定义私有的数据结构。它所使用的数据结构均可以在前面的章节中找到。

9.2.2 内存文件系统的全局变量

内存文件系统模块定义了如下全局变量：

名　　称	含　　义
rootfs_fs_type	内存文件系统的定义，指定了内存文件系统的加载方法、卸载方法。实际上，这个变量应该被称为 ramtfs_fs_type
ramfs_super_ops	内存文件系统的超级块描述符
ramfs_cachespace_ops	内存文件系统的文件地址空间回调函数表
ramfs_infrast	内存文件系统向虚拟文件系统层提供用于描述块设备信息的描述符，主要告诉文件系统，底层设备是内存设备，不需要文件预读
ramfs_file_ops	内存文件系统的文件回调函数表
ramfs_file_fnode_ops	内存文件系统的文件节点回调函数表
ramfs_dir_fnode_ops	内存文件系统的目录回调函数表
ramfs_dir_fnode_ops	内存文件系统的目录节点回调函数表

9.2.3　内存文件系统的 API

内存文件系统模块提供的 API 如下表所示：

名　　称	含　　义
rootfs_load_filesystem	加载内存文件系统
rootfs_unload_filesystem	卸载内存文件系统

9.2.4　内存文件系统的实现

9.2.4.1　加载内存文件系统

在加载内存文件系统时，虚拟文件系统层会调用内存文件系统的 load_filesystem 回调函数。这个函数的名称是 rootfs_load_filesystem。其实现流程如下：

```
 1 struct super_block *load_ram_filesystem(......)
 2 {
 3     ......
 4     super = super_find_alloc(fs_type, NULL, init_isolate_superblock, NULL);
 5     if (IS_ERR(super))
 6         return super;
 7     super->mount_flags = flags;
 8     err = fill_super(super, data, flags & MS_VERBOSE ? 1 : 0);
 9     if (err) {
10         up_write(&super->mount_sem);
11         deactivate_super(super);
12         return ERR_PTR(err);
13     }
14     super->mount_flags |= MS_ACTIVE;
15     return super;
16 }
17 
18 static struct super_block *rootfs_load_filesystem(......)
```

```
19 {
20     return load_ram_filesystem(fs_type, flags,
21         data, ramfs_fill_super);
22 }
```

rootfs_load_filesystem 函数仅仅调用 load_ram_filesystem 函数来完成其功能。需要注意的是，它传入了 ramfs_fill_super 参数来实现自己根文件节点的处理方法。

load_ram_filesystem 函数的实现比较简单。它在第 4 行调用 super_find_alloc 函数查找文件系统是否已经被加载，如果还没有加载，就分配一个新的文件超级块描述符，并做一些简单的初始化。

小问题 9.1：super_find_alloc 函数会检查相应的块设备是否已经加载，如果已经加载，就返回旧的超级块描述符。这是否意味着只能将内存文件系统加载一次？

对 super_find_alloc 函数的分析，就留给读者自行练习。

第 5 行判断 super_find_alloc 函数的结果。如果发生了错误，就在第 6 行返回错误值。

第 7 行设置超级块的加载标志。

第 8 行调用 fill_super 回调函数初始化内存文件系统的超级块。随后将描述该函数的实现。

第 9 行判断 fill_super 回调函数的返回值，如果失败，就在第 10~12 行进行一些错误处理工作。其中：

第 10 行调用 up_write 函数释放超级块的信号量。

小问题 9.2：但是并没有看到获取超级块的信号量的地方，第 10 行的代码是否有误？

第 11 行调用 deactivate_super 函数释放超级块的引用计数。如果有必要，则卸载相应的文件系统。

第 12 行返回错误值。

如果 super_find_alloc 函数返回成功，则在第 14 行设置超级块的加载标志 MS_ACTIVE，表示相应的超级块已经就绪的事实。

小问题 9.3：为什么 load_ram_filesystem 没有释放超级块信号量的地方？

实际上，在加载内存文件系统时，ramfs_fill_super 函数完成了有效的工作。它分配并初始化根文件节点，是理解内存文件系统的真正起点。其实现如下：

```
 1 struct file_node *ramfs_fnode_alloc(......)
 2 {
 3     struct file_node * fnode = fnode_alloc(super);
 4     if (fnode) {
 5         fnode->mode = mode;
 6         ......
 7         fnode->cache_space->ops = &ramfs_cachespace_ops;
 8         fnode->cache_space->blkdev_infrast = &ramfs_infrast;
 9         fnode->access_time = fnode->data_modify_time = fnode->meta_modify_time
           = CURRENT_TIME;
10         switch (mode & S_IFMT) {
11         default:
12             init_special_filenode(fnode, mode, dev);
13             break;
14         case S_IFREG:
15             fnode->node_ops = &ramfs_file_fnode_ops;
16             fnode->file_ops = &ramfs_file_ops;
```

```
17            break;
18        case S_IFDIR:
19            fnode->node_ops = &ramfs_dir_fnode_ops;
20            fnode->file_ops = &simple_dir_ops;
21            fnode->link_count++;
22            break;
23        case S_IFLNK:
24            fnode->node_ops = &generic_symlink_fnode_ops;
25            break;
26        }
27    }
28    return fnode;
29 }
30
31 static int ramfs_fill_super(......)
32 {
33    ......
34    super->max_file_size = MAX_LFS_FILESIZE;
35    ......
36    fnode = ramfs_fnode_alloc(super, S_IFDIR | 0755, 0);
37    if (!fnode)
38       return -ENOMEM;
39    root = fnode_cache_alloc_root(fnode);
40    if (!root) {
41       loosen_file_node(fnode);
42       return -ENOMEM;
43    }
44    super->root_fnode_cache = root;
45    return 0;
46 }
```

ramfs_fill_super 函数的第 34~35 行对超级块描述符的字段进行了初始化操作。这些字段的含义，请读者参照源代码注释。

第 36 行调用 ramfs_fnode_alloc 函数分配根文件节点描述符，并对其进行必要的初始化。随后将描述该函数的实现。

如果第 36 行调用 ramfs_fnode_alloc 函数返回失败，就在第 38 行返回-ENOMEM 错误码。

第 39 行调用 fnode_cache_alloc_root 函数分配文件节点缓存描述符，并将根文件节点与该文件节点描述符绑定。

第 40 行判断 fnode_cache_alloc_root 函数的返回值，如果无法成功分配文件节点缓存描述符，就在第 41 行调用 loosen_file_node 函数释放文件节点的引用计数，并在第 42 行向调用者返回-ENOMEM 错误码。

运行到第 44 行，说明已经成功分配根文件节点相关的描述符，因此设置超级块的根文件节点对象指针，并在第 45 行返回 0 以表示初始化超级块成功。

ramfs_fnode_alloc 函数分配内存文件系统的根文件节点描述符。在该函数的第 3 行调用 fnode_alloc 函数分配文件节点描述符。

第 4 行判断 fnode_alloc 函数是否成功分配了描述符。如果分配成功，则在第 5~26 行的代码块中对其进行进一步的初始化。其中：

第 5~6 行设置文件节点对象的基本属性。这些属性的具体含义请读者参照源代码注释。

第 7 行设置根文件节点的文件空间回调函数表。

第 8 行设置根文件节点的文件空间的块设备信息，以表示相应的块设备属于内存设备，因此并不需要进行文件预读操作。

第 9 行设置根文件节点的访问时间为当前时间。

第 10 行判断调用者希望创建哪种类型的文件节点。对于根目录节点来说，传入的参数必然与目录相关。

但是，ramfs_fnode_alloc 函数也用于动态创建文件的情形，因此调用者可能希望创建文件、目录、链接文件、设备文件。这里根据不同的文件类型，对文件节点描述符进行初始化。

第 11~13 行处理创建设备文件的情况，这里调用 init_special_filenode 函数对其进行初始化。init_special_filenode 函数的分析就留给读者作为练习了。

第 14~17 行处理创建普通文件的情况。其中：

第 15 行设置文件节点的节点回调函数表为 ramfs_file_fnode_ops。

第 16 行设置文件节点的文件回调函数表为 ramfs_file_ops。

第 18~22 行处理创建目录文件的情况。其中：

第 19 行设置目录节点的节点回调函数表为 ramfs_dir_fnode_ops。

第 20 行设置目录节点的文件回调函数表为 simple_dir_ops。

第 21 行递增目录节点的硬链接计数。这个计数代表目录中的“.”文件所引用的计数。

第 23~25 行处理创建链接文件的情况。其中：

第 24 行设置链接节点的节点回调函数表为 generic_symlink_fnode_ops。

最后，函数在第 28 行向调用者返回创建的文件节点描述符。

小问题 9.4：为什么没有设置链接文件的文件回调函数表？

9.2.4.2 卸载内存文件系统

rootfs_unload_filesystem 函数完成卸载内存文件系统的操作。其实现如下：

```
 1 static void generic_unload_filesystem(struct super_block *super)
 2 {
 3     ......
 4     if (fnode_cache) {
 5         super->root_fnode_cache = NULL;
 6         shrink_dcache_parent(fnode_cache);
 7         loosen_filenode_cache(fnode_cache);
 8         fsync_filesystem(super);
 9         down(&super->sem);
10         super->mount_flags &= ~MS_ACTIVE;
11         invalidate_fnode_filesystem(super);
12         if (sop->write_super && super->dirty)
13             sop->write_super(super);
14         if (sop->loosen_super)
15             sop->loosen_super(super);
16         WARN_ON(invalidate_fnode_filesystem(super),
17             "VFS: Busy inodes after unmount." );
18         up(&super->sem);
19     }
20     smp_lock(&super_block_lock);
```

```
21    list_del_init(&super->list);
22    list_del(&super->cognate);
23    smp_unlock(&super_block_lock);
24    up_write(&super->mount_sem);
25 }
26 void unload_isolate_filesystem(struct super_block *super)
27 {
28    int minor = MINOR(super->dev_num);
29    generic_unload_filesystem(super);
30    put_idr_number(&anon_blkdev_numspace, minor);
31 }
32 static void rootfs_unload_filesystem(struct super_block *super)
33 {
34    if (super->root_fnode_cache)
35       genocide_fnode_cache(super->root_fnode_cache);
36    unload_isolate_filesystem(super);
37 }
```

rootfs_unload_filesystem 函数在第 34 行判断超级块中的根文件节点缓存描述符是否存在。如果存在，就在第 35 行调用 genocide_fnode_cache 函数，遍历文件系统中所有文件节点并递减其引用计数。

小问题 9.5：认真阅读 genocide_fnode_cache 函数源代码的读者将会发现，该函数在全局自旋锁的保护下，用了可恶的 goto 语句并且跳转流程还比较复杂。为什么内核要写这种不太“优雅”的代码？

第 36 行调用 unload_isolate_filesystem 函数卸载内存文件系统。

unload_isolate_filesystem 函数在第 29 行调用 generic_unload_filesystem 函数执行常规的文件系统卸载操作。

第 30 行调用 put_idr_number 函数归还文件编号，这是在加载文件系统的时候申请的。

卸载文件系统的操作主要由 generic_unload_filesystem 函数完成。在该函数的第 4 行判断根文件节点是否存在。如果存在，就执行第 5~18 行的代码逻辑。其中：

第 5 行将超级块中的根文件节点指针设置为 NULL。

第 6 行调用 shrink_dcache_parent 函数回收无用的文件节点缓存。由于 DIM-SUM 将会对内存回收流程进行彻底的重新设计，不会沿用 Linux 的方法，因此相应的 shrink_dcache_parent 函数还未真正实现。

第 7 行调用 loosen_filenode_cache 函数释放文件节点缓存描述符的引用计数。

第 8 行调用 fsync_filesystem 函数将文件系统中的文件回写到磁盘中。

第 9 行获得超级块的信号量，因为随后将修改超级块的数据。

第 10 行去掉超级块的 MS_ACTIVE 标志，以表示超级块不再有效的事实。

小问题 9.6：第 5~7 行已经释放了根文件节点对象，但是第 10 行才去掉 MS_ACTIVE 标志。这是否不太合乎逻辑？

第 11 行调用 invalidate_fnode_filesystem 函数，使整个文件系统中所有文件节点的缓存空间失效。对于内存文件系统来说，这一步是不必要的。

第 12 行判断是否有必要回写超级块到磁盘中。如果有必要，就在第 13 行调用 write_super 回调函数将其回写到磁盘。

第 14 行判断文件系统是否有特殊的释放回调函数。如果有，就在第 15 行回调该函数。

第 16 行调用 invalidate_fnode_filesystem 函数，再次使文件系统中的所有文件节点空间失效。如果该函数返回非 0 值，说明在卸载的过程中仍然在产生文件缓存，这必然遇到了逻辑错误。因此调用 WARN_ON 打印警告信息。

第 18 行释放文件系统超级块的信号量。

第 20~24 行将文件系统从全局链表中移除。其中：

第 20 行获得全局自旋锁，以保护对全局链表的访问。

第 21 行将文件系统超级块从系统全局链表中移除。该链表保存了所有已经挂载的文件系统超级块。

第 22 行将文件系统超级块从文件系统链表中移除。该链表保存了某种文件系统中所有已经挂载的文件系统超级块。

第 23 行释放全局自旋锁。

第 24 行释放超级块的信号量。

小问题 9.7：第 18、24 行分别释放了超级块的两个信号量，这两个信号量有什么差别？

9.2.4.3 目录操作

与内存文件系统目录节点相关的两个回调函数表是 ramfs_dir_fnode_ops 和 simple_dir_ops。其定义如下：

```
 1 static struct file_node_ops ramfs_dir_fnode_ops = {
 2     .create     = ramfs_create,
 3     .lookup     = simple_lookup,
 4     .link       = simple_link,
 5     .unlink     = simple_unlink,
 6     .symlink    = ramfs_symlink,
 7     .mkdir      = ramfs_mkdir,
 8     .rmdir      = simple_rmdir,
 9     .mknod      = ramfs_new_fnode,
10     .rename     = simple_rename,
11 };
12
13 struct file_ops simple_dir_ops = {
14     .open       = simple_dir_open,
15     .release    = simple_dir_close,
16     .llseek     = simple_dir_lseek,
17     .read       = generic_read_dir,
18     .readdir    = simple_dir_readdir,
19 };
```

接下来简略介绍一下这些回调函数的实现。

ramfs_create 函数用于创建新文件。该函数会调用 ramfs_fnode_alloc 函数为新文件分配并初始化文件节点描述符。前面的章节已经描述了 ramfs_fnode_alloc 函数的实现。

然后，ramfs_create 函数会对文件节点进行必要的初始化。

ramfs_mkdir 函数用于创建新目录。该函数的执行逻辑类似于 ramfs_create 函数，但是它会递增目录节点的硬链接计数。该计数用于表示新创建目录中的“..”文件对当前目录进行引用的事实。

simple_lookup 函数用于在目录中查找特定的文件节点是否存在。在虚拟文件系统层，已经调用 find_in_cache 函数在目录节点缓存中遍历了链表，没有发现指定文件名称的文件节点，然后才会回调 lookup 回调函数。

因此，一旦 simple_lookup 函数被调用，则说明相应的文件并不存在于内存缓存中，而内存文件系统的所有数据都存放在内存中。换句话说，运行到这个函数，说明文件并不存在。

最终，simple_lookup 函数仅仅调用 fnode_cache_stick 函数，以清除文件节点缓存中的文件节点对象，并调用 putin_fnode_cache 函数，将文件缓存节点对象链接到文件节点缓存散列表中，然后向调用者返回 NULL 以表明文件节点不存在的事实。

simple_link 函数用于创建硬链接，也用于创建新文件。由于在虚拟文件系统层已经维护好文件节点描述符的基础属性，因此在 simple_link 函数仅仅执行一些简单的操作即可以完成创建新文件的操作。

simple_link 函数首先修改文件节点的访问时间，并递增目录节点的硬链接计数，同时递增文件节点描述符的引用计数，以及文件节点缓存描述符的引用计数。最后，simple_link 函数将文件节点对象和文件节点缓存对象绑定起来。

simple_unlink 函数执行与 simple_link 函数相对的操作。它修改文件节点的访问日期，并递减目录节点的硬链接计数，最后释放文件节点描述符和文件节点缓存描述符的引用计数。

ramfs_symlink 函数用于创建软链接。该函数首先调用 ramfs_fnode_alloc 函数分配文件节点描述符，然后调用 generic_symlink 函数为文件节点分配一个缓存页面，将被链接的对象名称保存到缓存页面中。如果一切顺利，就递增文件节点的引用计数，并将文件节点描述符与文件节点缓存描述符绑定起来。

simple_rmdir 函数用于删除目录。它递减被删除目录的硬连接计数。

小问题 9.8：为什么递减被删除目录的硬连接计数，这代表什么含义？

随后，simple_rmdir 函数调用 simple_unlink 执行真正的删除操作。最后，递减目录节点的硬链接计数。

内存文件系统的 mknod 回调函数由 ramfs_new_fnode 函数实现，它分配设备文件节点描述符，并在分配描述符的时候，调用 init_special_filenode 函数完成所有初始化工作。

simple_rename 函数用于重命名文件。由于内存文件系统的元数据都保存在虚拟文件系统层，因此该函数的实现很简单。它要判断新文件是否是目录，并且目录中是否为空。当其不为空的时候返回错误。

如果一切顺利，simple_rename 函数会删除新文件的文件节点。其余的工作由虚拟文件系统层完成。

simple_dir_open 函数用于打开目录。它调用 fnode_cache_alloc 函数为“.”文件创建文件节点缓存。

simple_dir_close 函数执行与 simple_dir_open 函数相对的操作，它释放“.”文件节点缓存。

generic_read_dir 函数用于在目录节点中执行 read 操作，显然不能直接读取目录节点的内容。因此该函数返回错误码。

simple_dir_readdir 函数用于读目录中的文件对象。这个函数的实现效率有点低效，它首先判断当前位置，如果是 0 或者 1，就伪造“.”和“..”对象并返回给调用者。否则，它计算要读取的文件位置，遍历目录节点的 children 链表，找到当前位置的文件对象并返回给调用者。

由于每读取一个文件都要在 children 链表中进行遍历，因此其时间复杂度为 $O(n^2)$。

9.2.4.4 文件操作

与内存文件系统文件节点相关的两个回调函数表是 ramfs_file_fnode_ops 和 ramfs_file_ops。其定义如下：

```
 1 static struct file_node_ops ramfs_file_fnode_ops = {
 2     .get_attribute  = simple_getattr,
 3 };
 4
 5 struct file_ops ramfs_file_ops = {
 6     .read       = generic_file_read,
 7     .write      = generic_file_write,
 8     .mmap       = generic_file_mmap,
 9     .fsync      = simple_sync_file,
10     .sendfile   = generic_file_sendfile,
11     .llseek     = generic_file_llseek,
12 };
```

simple_getattr 函数用于返回文件属性，它从文件节点描述符中获取到文件属性并返回给调用者。

generic_file_read、generic_file_write 函数用于从内存文件系统中读/写数据。generic_file_read 函数调用__generic_file_aio_read 函数从文件页面缓存中读文件内容，generic_file_write 函数调用 common_file_write 函数将文件内容写入到文件页面缓存中。

前面的章节已经详细描述了__generic_file_aio_read 和 common_file_write 函数的实现，此处不再重复。

simple_sync_file 函数用于实现 fsync 系统调用。对于内存文件系统来说，不需要将数据回写到磁盘，因此本函数返回 0 以表示成功。

generic_file_mmap 函数用于将内存文件映射到进程地址空间。由于 DIM-SUM 还不支持相关系统调用，因此该函数返回错误。

generic_file_sendfile 函数用于 sendfile 系统调用。DIM-SUM 目前还不支持此功能，因此该函数返回错误。

generic_file_llseek 函数用于设置文件读/写位置。该函数在获得文件节点信号量的情况下，计算并修改文件读/写位置。其实现流程并不复杂，读者可以自行阅读相关源代码。

9.2.4.5 链接文件操作

与内存文件系统链接文件节点相关的回调函数表是 generic_symlink_fnode_ops。其定义如下：

```
1 struct file_node_ops generic_symlink_fnode_ops = {
2     .read_link  = generic_read_link,
3     .follow_link    = generic_follow_link,
4     .loosen_link    = generic_loosen_link,
5 };
```

链接文件的三个特殊回调函数分别由 generic_read_link、generic_follow_link 和 generic_loosen_link 实现。其中 generic_read_link 从文件页面缓存中读取链接对象的内容。这三个函数的实现都已经在前面的章节中进行了描述，此处不再重复介绍。

9.3　设备文件系统

DIM-SUM 也会继承 Linux、Unix 等操作系统“一切皆是文件”的思想，因此会将字符设备、块设备也抽象为文件，并由设备文件系统管理。

在系统启动后，使用如下命令可以看到设备文件系统所管理的设备：

```
ls /dev
```

有权限的用户当然可以通过文件系统接口操作这些设备，从设备中读取、写入数据。一定需要注意的是：直接读/写磁盘上面的数据，可能造成不可恢复的数据损坏。正确的做法是将磁盘设备挂载到系统目录中，并通过文件系统来读/写其中的数据。

设备文件系统的实现代码位于 fs/devfs/devfs.h、fs/devfs/devfs.c 中。

9.3.1　设备文件系统的数据结构

设备文件系统使用 devfs_file_node 数据结构来表示一个设备文件对象的私有信息。其定义如下：

```
 1 struct devfs_file_node {
 2     struct accurate_counter ref_count;
 3     umode_t mode;
 4     struct timespec access_time;
 5     struct timespec data_modify_time;
 6     struct timespec meta_modify_time;
 7     unsigned int node_num;
 8     uid_t uid;
 9     gid_t gid;
10     struct filenode_cache *fnode_cache;
11     union {
12         struct {
13             struct smp_rwlock lock;
14             struct double_list children;
15             bool inactive;
16         } dir;
17         struct {
18             unsigned int length;
19             char *linkname;
20         } symlink;
21         devno_t dev;
22     };
23     struct double_list child;
24     struct devfs_file_node *parent;
25     bool may_delete;
26     unsigned short name_len;
27     char name[0];
28 };
```

名为 ref_count 的字段表示设备文件描述符的引用计数。

名为 mode 的字段表示设备文件的模式。

名为 access_time、data_modify_time、meta_modify_time 的字段分别表示设备文件的访问时间、数据修改时间、元数据修改时间。

名为 node_num 的字段表示设备节点编号，主要用于虚拟文件系统层。

名为 uid、gid 的字段主要用于访问权限控制，目前未用。

名为 fnode_cache 的指针指向设备文件的文件节点缓存对象。

小问题 9.9：一个文件节点可能对应多个文件节点缓存，为什么在这里存在 fnode_cache 字段？

当设备文件是一个普通设备时，dev 字段表示设备的编号。

当设备文件是一个目录时，dir 字段中的三个字段含义如下：

1. lock 字段用于保存目录数据结构。
2. children 字段用于存放目录中所有文件或者子目录。
3. inactive 表示目录是否已经被移除而处于失效状态。

当设备文件是一个链接文件时，symlink 字段中的两个字段含义如下：

1. length 字段表示链接对象的名称长度。
2. linkname 表示链接对象的名称。

名为 child 的字段用于将设备文件描述符链接到父目录的链表中。

名为 parent 的指针指向父目录描述符。

名为 may_delete 的字段表示是否允许删除该设备对象。

名为 name_len 的字段表示设备文件的名称长度。

名为 name 的字段表示设备文件的名称。

9.3.2 设备文件系统的全局变量

设备文件系统模块定义了一些重要的全局变量。这些全局变量的定义如下：

```
1 static struct devfs_file_node *root_node;
2 static struct smp_lock devfs_lock = SMP_LOCK_UNLOCKED(devfs_lock);
3 static unsigned long fnode_num = 1;
4 static struct file_node_ops devfs_dir_fnode_ops = {};
5 static struct file_node_ops devfs_symlink_fnode_ops = {};
6 static struct file_ops devfs_dir_file_ops = {};
7 static struct super_block_ops devfs_superblock_ops = {};
8 static struct file_system_type devfs_type = {};
```

名为 root_node 的全局变量指向设备文件系统的根文件对象。

名为 devfs_lock 的全局变量是一个自旋锁，用于保护设备文件系统模块中使用的全局变量。

名为 fnode_num 的全局变量是一个序号生成器，用于生成设备文件系统的文件节点编号。

名为 devfs_dir_fnode_ops 的全局变量是目录节点的回调函数表。

名为 devfs_symlink_fnode_ops 的全局变量是链接文件节点的回调函数表。

名为 devfs_dir_file_ops 的全局变量是目录文件的回调函数表。

名为 devfs_superblock_ops 的全局变量是设备文件系统超级块的回调函数表。

名为 devfs_type 的全局变量定义了设备文件系统，用于将设备文件系统注册到全局文件系统表中。

9.3.3　设备文件系统的 API

设备文件系统模块提供的 API 如下表所示：

名　　称	含　　义
devfs_load_filesystem	加载设备文件系统
unload_isolate_filesystem	卸载设备文件系统

9.3.4　设备文件系统的实现

9.3.4.1　挂载设备文件系统

挂载设备文件系统由 devfs_load_filesystem 函数实现。其实现如下：

```
 1 struct super_block *load_single_filesystem(......)
 2 {
 3     ......
 4     super = super_find_alloc(fs_type, compare_single,
 5         init_isolate_superblock, NULL);
 6     if (IS_ERR(super))
 7         return super;
 8     if (!super->root_fnode_cache) {
 9         super->mount_flags = flags;
10         err = fill_super(super, data, flags & MS_VERBOSE ? 1 : 0);
11         if (err) {
12             up_write(&super->mount_sem);
13             deactivate_super(super);
14             return ERR_PTR(err);
15         }
16         super->mount_flags |= MS_ACTIVE;
17     }
18     remount_filesystem(super, flags, data, 0);
19     return super;
20 }
21 static struct super_block *devfs_load_filesystem(......)
22 {
23     return load_single_filesystem(fs_type, flags, data, devfs_fill_super);
24 }
```

如 devfs_load_filesystem 函数第 23 行所示，它仅仅是对 load_single_filesystem 函数的简单封装。

顾名思义，load_single_filesystem 函数只允许将设备文件系统加载一次。这是由设备文件系统的特殊性所决定的。

在 load_single_filesystem 函数的第 4 行，调用 super_find_alloc 函数在系统中搜索已经挂载的文件系统，注意其传入的两个参数：

1. compare_single 回调函数参数总是返回 1，这表示一旦发现有设备文件系统被挂载，就返回此文件系统，而不要去创建新的文件系统实例。

2. init_isolate_superblock 回调函数参数对设备文件系统中的设备号进行初始化。

第 6 行判断 super_find_alloc 函数的返回值，一旦出现错误，说明系统内存严重不足，就在第 7 行向调用者返回错误值。

第 8 行判断设备文件系统中的根节点是否存在，如果还不存在，就进入第 9~16 行的流程，创建根节点对象。其中：

第 9 行初始化超级块的挂载标志。

第 10 调用 fill_super 回调函数初始化超级块。对于设备文件系统来说，这个回调函数是 devfs_fill_super。随后将描述该函数的实现。

如果第 10 行调用 fill_super 回调函数返回失败，则在第 12~14 行处理错误，将超级块置上不可用标志后退出。

如果第 10 行调用 fill_super 回调函数返回成功，则在第 16 行设置 MS_ACTIVE 标志，以表示文件系统可用的事实。

第 18 行调用 remount_filesystem 函数重新加载文件系统。

接下来看看 devfs_fill_super 函数的实现：

```
 1 static struct file_node *devfs_creat_fnode(......)
 2 {
 3     ......
 4     fnode = fnode_alloc(super);
 5     if (!fnode) {
 6         printk("(%s): failed to alloc file node, node: %p\n", node->name, node);
 7         return NULL;
 8     }
 9     if (node != root_node) {
10         ......
11     } else
12         node->fnode_cache = fnode_cache;
13     fnode->private = hold_devfs_node(node);
14     ......
15     if (S_ISDIR(node->mode)) {
16         fnode->node_ops = &devfs_dir_fnode_ops;
17         fnode->file_ops = &devfs_dir_file_ops;
18     } else if (S_ISLNK(node->mode)) {
19         fnode->node_ops = &devfs_symlink_fnode_ops;
20         fnode->file_size = node->symlink.length;
21     } else if (S_ISCHR(node->mode) || S_ISBLK(node->mode))
22         init_special_filenode(fnode, node->mode, node->dev);
23     else if (S_ISFIFO(node->mode) || S_ISSOCK(node->mode))
24         init_special_filenode(fnode, node->mode, 0);
25     else {
26         printk("(%s): unknown mode %o node: %p\n",
27                 node->name, node->mode, node);
28         loosen_file_node(fnode);
29         loosen_devfs_node(node);
30         return NULL;
31     }
32     fnode->uid = node->uid;
33     ......
34     return fnode;
35 }
```

```
36 static int devfs_fill_super(struct super_block *super, void *data, int silent)
37 {
38     ......
39     root = devfs_alloc_root();
40     if (!root)
41         goto fail;
42     super->fs_info = NULL;
43     ......
44     if ((fnode = devfs_creat_fnode(super, root, NULL)) == NULL)
45         goto fail;
46     super->root_fnode_cache = fnode_cache_alloc_root(fnode);
47     if (!super->root_fnode_cache)
48         goto fail;
49     return 0;
50 fail:
51     ......
52 }
```

devfs_fill_super 函数首先在第 39 行调用 devfs_alloc_root 函数分配根文件节点的设备文件描述符。如果分配成功，就初始化节点编号。设备文件系统并没有真实的文件节点与设备一一对应，因此使用一个简单的全局计数器来产生一个虚拟的节点编号。

第 40 行判断 devfs_alloc_root 函数的返回值，如果失败，就在第 41 行跳转到 fail 标号以结束处理流程。

第 42~43 行对超级块进行必要的初始化。这些字段的含义请读者自行阅读源代码。

第 44 行调用 devfs_creat_fnode 函数创建根文件节点。随后将描述该函数的实现。

第 44 行也判断 devfs_creat_fnode 函数的返回值。如果创建根文件节点失败，就在第 45 行跳转到 fail 标号以结束处理流程。

第 46 行调用 fnode_cache_alloc_root 函数创建根文件节点缓存对象，如果失败，就在第 48 行跳转到 fail 标号以结束处理流程。

如果一切顺利，就在第 49 行返回 0 以表示执行成功。

devfs_creat_fnode 函数创建设备文件系统的根文件节点。它首先在第 4 行调用 fnode_alloc 分配一个新文件节点描述符。如果失败，就在第 6 行打印警告信息，然后在第 7 行返回 NULL 以通知调用者分配失败的信息。

第 9 行判断当前是否为根节点创建文件节点对象。如果不是为根节点创建文件节点对象，则在第 10 行进行特殊处理。对于目前的流程来说，不会运行到第 10 行。否则在第 12 行将文件节点与文件节点缓存绑定。

第 13 行将文件节点的私有数据指针指向设备文件描述符。这里是根文件描述符。同时调用 hold_devfs_node 递增根文件节点的引用计数。

在随后的流程中，设备文件系统可以将虚拟文件系统层传递下来的文件节点对象转换为设备文件对象。

第 14 行对文件节点描述符进行一些属性初始化工作。

第 15~31 行根据要创建的文件节点类型，进行不同的初始化。

第 15 行判断要创建的文件节点是否属于目录节点。如果是目录节点，则在第 16~17 行指定其回调函数表。其中：

第 16 行指定其节点回调函数表为 devfs_dir_fnode_ops。随后的章节我们将描述这些回调函数。

第 17 行指定文件回调函数表为 devfs_dir_file_ops。随后的章节我们将描述这些回调函数。

第 18 行判断要创建的文件节点是否属于链接文件节点。如果是链接文件节点，则在第 19~20 行指定其回调函数表。其中：

第 19 行指定其节点回调函数表为 devfs_symlink_fnode_ops。随后的章节我们将描述这些回调函数。

第 20 行指定文件节点的长度，该长度为链接对象的名称长度。

第 21 行判断要创建的文件节点是否属于字符文件或者块设备文件。如果是，则在第 22 行调用 init_special_filenode 初始化其属性。

第 23 行判断要创建的文件节点是否属于管道文件或者 SOCKET 文件。如果是，则在第 24 行调用 init_special_filenode 初始化其属性。

目前，DIM-SUM 还不支持这两种类型的文件。

如果调用者传入的文件不属于以上几种文件类型，则说明传入的参数标志错误，因此在第 26 行打印警告信息，在第 28~29 行释放临时资源，并在第 30 行返回 NULL 以表示错误。

第 32~33 行对文件节点的属性进行必要的初始化。

最后，在第 34 行返回成功创建的文件节点描述符。

9.3.4.2 卸载设备文件系统

卸载设备文件系统由 unload_isolate_filesystem 函数完成。

在前面的章节中，已经详细分析了该函数的实现。在此不再重复。

9.3.4.3 目录操作

与设备文件系统目录操作相关的回调函数表包含 devfs_dir_fnode_ops 和 devfs_dir_file_ops。其定义如下：

```
 1 static struct file_node_ops devfs_dir_fnode_ops = {
 2     .lookup = devfs_lookup,
 3     .unlink = devfs_unlink,
 4     .symlink = devfs_symlink,
 5     .mkdir = devfs_mkdir,
 6     .rmdir = devfs_rmdir,
 7     .mknod = devfs_mknod,
 8 };
 9
10 static struct file_ops devfs_dir_file_ops = {
11     .read = generic_read_dir,
12     .readdir = devfs_readdir,
13 };
```

devfs_lookup 函数用于打开文件时，在目录中搜索文件是否存在。由于理解该函数有利于厘清设备文件系统的数据结构，因此我们对其进行详细描述。其实现如下：

```
1 static struct devfs_file_node *__find_in_dir(......)
2 {
3     ......
4     if (!S_ISDIR(dir->mode)) {
5         printk("(%s): not a directory\n", dir->name);
```

```
6          return NULL;
7       }
8       list_for_each(list, &dir->dir.children) {
9          node = list_container(list, struct devfs_file_node, child);
10         if (node->name_len != len)
11            continue;
12         if (memcmp(node->name, name, len) == 0)
13            return hold_devfs_node(node);
14      }
15      return NULL;
16  }
17  static struct filenode_cache *devfs_lookup(......)
18  {
19      ......
20      dir_node = fnode_to_devfs(dir);
21      smp_read_lock(&dir_node->dir.lock);
22      node = __find_in_dir(dir_node, fnode_cache->file_name.name,
23                  fnode_cache->file_name.len);
24      smp_read_unlock(&dir_node->dir.lock);
25      if (!node)
26         goto out;
27      fnode = devfs_creat_fnode(dir->super, node, fnode_cache);
28      if (!fnode) {
29         ret = ERR_PTR(-ENOMEM);
30         goto out;
31      }
32      fnode_cache_stick(fnode_cache, fnode);
33  out:
34      ......
35  }
```

在 devfs_lookup 函数的第 20 行调用 fnode_to_devfs 函数将虚拟文件系统层传递的文件节点对象转换为设备文件描述符。

第 21 行获得目录节点的自旋锁，以防止对目录节点中的文件节点进行并发访问。

第 22 行调用__find_in_dir 函数在目录中遍历查找指定文件名的设备是否存在。随后将描述__find_in_dir 函数的实现。

第 24 行释放目录节点的自旋锁。

第 25 行判断指定文件名的设备节点是否存在，如果不存在，则在第 26 行跳转到 out 标号以结束处理流程。

第 27 行调用 devfs_creat_fnode 函数为设备文件创建文件节点描述符。

小问题 9.10：在查找文件节点的时候创建文件节点，这听起来是不是有点不可思议？

第 28 行判断 devfs_creat_fnode 函数的返回值，如果不能成功创建文件节点，就在第 29 行设置返回值为-ENOMEM，并在第 30 行跳转到 out 标号以结束处理流程。

如果一切顺利，就在第 32 行调用 fnode_cache_stick 函数将文件节点缓存对象与文件节点绑定。

第 33~34 行进行一些收尾工作。

__find_in_dir 函数在设备文件系统的目录中搜索特定文件名是否存在。在第 4 行判断传入文件节点对象是否为目录节点。如果不是，那么显然属于逻辑错误，因此在第 5 行打印警告信息后，在第 6 行返回 NULL 以表示失败的信息。

第 8 行遍历目录节点的 children 链表。

小问题 9.11：在虚拟文件系统层，目录节点也有类似的 children 链表，为什么不复用该字段？

第 9 行从链表当前位置取出设备文件描述符。

第 10 行判断文件节点对象的名称长度，如果与要查找的文件名长不匹配，则在第 11 行跳转到下一个文件节点。

第 12 行调用 memcpy 函数比较文件节点的名称是否与要查找的文件名称相同，如果相同，就说明成功搜索到设备文件。因此在第 13 行调用 hold_devfs_node 获得对该设备文件描述符的引用，并返回该设备文件描述符。

如果遍历完链表仍然找不到匹配的设备文件描述符，则在第 15 行返回 NULL。

devfs_unlink 函数用于从设备文件系统中删除一个设备文件。该函数在获得目录节点的自旋锁保护下，将设备文件描述符从目录节点的 children 链表中删除。

devfs_symlink 函数用于在目录中创建链接文件。它首先调用 kmalloc 为符号链接名称分配内存空间，并调用 load_dir_node_alloc 函数在目录节点中查找和分配设备文件节点，最终将设备文件节点的链接文件名称指向分配的符号链接名称。

devfs_mkdir 函数用于在目录中创建子目录。它首先调用 devfs_alloc 函数为子目录分配设备文件描述符。接着调用 devfs_node_stick 函数将新创建的目录节点加入当前目录的 children 链表中。然后调用 devfs_creat_fnode 函数为子目录分配设备文件描述符。最终调用 fnode_cache_stick 函数将虚拟文件系统层的文件节点与文件节点缓存绑定起来。

devfs_rmdir 函数在目录中删除目录时调用。它完成的工作正好与 devfs_mkdir 函数相对。其主要工作是将删除的目录从父目录的 children 链表中移除，并做一些资源释放工作。

devfs_mknod 函数用于在设备文件系统中创建设备文件。通过 mknod 命令指定设备文件的主设备号及次设备号，在设备文件中创建一个文件来代表该设备。这样，用户就可以通过读/写设备文件的方式来读/写设备文件。

devfs_mknod 函数的执行流程与 devfs_mkdir 函数类似，唯一的差异在于调用 devfs_creat_fnode 函数时，文件节点的类型有所不同，因此在 devfs_creat_fnode 函数会为设备文件节点赋予不同的回调函数表。细心的读者可以参考前面章节对 devfs_creat_fnode 函数的描述，它会调用 init_special_filenode 函数来执行其初始化过程。

generic_read_dir 函数用于读取目录节点的内容。与内存文件系统一样，这是一个非法操作，因此该函数返回-EISDIR 错误码。

devfs_readdir 函数用遍历设备文件系统中的文件。实际上，它的处理流程与内存文件系统非常相似。因此这里并不打算详细描述其实现。有兴趣的读者请参考内存文件系统相关章节，并结合源代码自行分析其实现。

9.3.4.4 链接文件操作

与设备文件系统链接文件节点相关的回调函数表是 devfs_symlink_fnode_ops。其定义如下：

```
1 static struct file_node_ops devfs_symlink_fnode_ops = {
2     .read_link = generic_read_link,
3     .follow_link = devfs_follow_link,
4 };
```

链接文件的两个特殊回调函数分别由 generic_read_link 和 devfs_follow_link 实现。其中 generic_read_link 从文件页面缓存中读取链接对象的内容。该函数的实现已经在前面的章节中有过描述，此处不再重复。

devfs_follow_link 函数用于将链接文件的内容传递给虚拟文件系统层。它首先调用 fnode_to_devfs 函数获得文件节点对应的设备文件描述符。如果设备文件描述符存在，就从设备文件描述符的链接文件名称中复制内容到虚拟文件系统层。否则向虚拟文件系统层返回 -ENODEV 错误码。

小问题 9.12：为什么没有看到设备文件系统读/写相关系统调用的实现？

第 10 章

LEXT3 文件系统

从头设计并实现一个文件系统，虽然并非易事，但终究是可以做到的事情。缺乏一个优秀文件系统的操作系统不算完整的操作系统。

作为现阶段的权宜之计，DIM-SUM 并没有实现一个全新的文件系统，而是完全兼容 Linux Ext3 文件系统，并且大量借鉴了 Linux Ext3 文件系统的实现。

由于 Ext3 已经是成熟可靠的、包含日志功能的文件系统，Ext4 虽然在 Ext3 的基础上增加了一些实用功能，但是并没有根本性的变化，其代码也比较复杂，因此 DIM-SUM 并没有参考实现 Ext4，而是选择 Ext3 作为基础版本。实际上，我仍然希望将 DIM-SUM 中的兼容性实现方案作为临时方案，并在某个合适的时机完全实现一款自研的文件系统。

在 DIM-SUM 中，兼容 Ext3 的文件系统实现被命名为 LEXT3，也就是 Little Ext3 的意思。

10.1 简介

LEXT3 文件系统存储单位是块，块的大小是物理磁盘块的整数倍，并且是 2 的幂，同时应当小于内存页面的大小。块的大小在使用 mkfs 命令制作文件系统时确定。

小问题 10.1：为什么文件系统块大小不能超过内存页面大小？

小问题 10.2：DIM-SUM 的测试文件系统是用什么工具制作的？

块是 LEXT3 文件系统中的数据存储单元，每个块都有一个唯一编号，从 0 开始。0 号块起始于文件系统起始扇区。

在分配文件元数据或者数据块空间时，并不从 0 开始查找可用的块。这样做的效率很低，而且容易形成磁盘碎片。为此，LEXT3 文件系统将若干个块组成块组，每个块组大小相同。唯一例外的是，最后一个块组有可能小于其他块组。

在 LEXT3 文件系统的最前面是两个保留扇区和超级块，其中超级块用来描述文件系统的简要信息。

在 LEXT3 文件系统的超级块之后，有一些块用于描述块组信息，将其称为块组描述符。

在 LEXT3 文件系统的块组描述符之后，有一些块用于描述块是否被分配的信息，将其称为块位图。

在 LEXT3 文件系统的数据块前面，除了块组描述符和块位图外，还包含文件节点位图以及文件节点信息块，这些文件节点都有自己的编号。一般来说，文件节点用来记录文件的时间、大小和数据块指针等信息。

LEXT3 文件系统数据布局图如下所示：

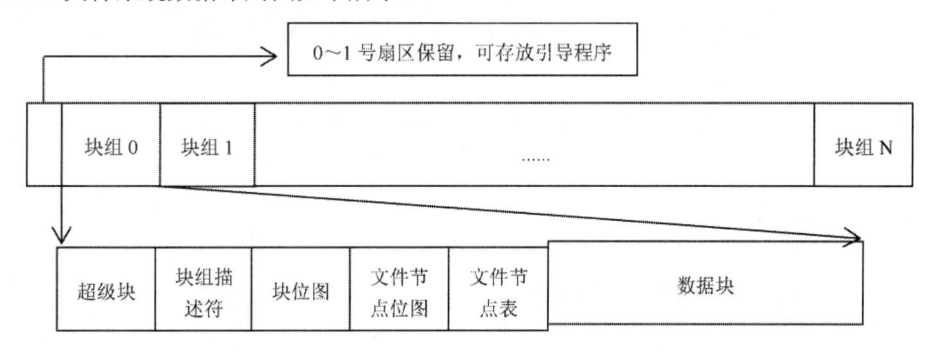

10.1.1 超级块

LEXT3 的超级块起始于文件系统的第 2 个扇区，占用两个扇区。它记录了文件系统的很多配置参数和运行信息。如果超级块损坏，就会导致文件系统被破坏，因此在将来的版本中会添加超级块备份的功能。

下面是一些常见的超级块参数：

1. 文件系统中包含的文件节点总数。
2. 文件系统中包含的总块数。
3. 保留块数，在超级用户紧急情况下使用。
4. 空闲块数，即当前文件系统的可用块数量。
5. 空闲文件节点数量。
6. 第一个数据块位置，即 0 号块组的起始数据块号。
7. 块大小。
8. 块组大小，即每块组中的块数量。
9. 每块中包含文件节点数。

10.1.2 块组描述符

LEXT3 文件系统的块组描述符表紧接在超级块后面，每个块组描述符占用 32 字节，多个块组描述符组成了块组描述符表。块组描述符的参数包括以下几个方面：

1. 该块组的块位图起始块号。
2. 该块组的文件节点位图起始块号。
3. 该块组的文件节点表起始块号。
4. 该块组的空闲块数，即可用块数量。
5. 该块组的空闲文件节点数。
6. 该块组的目录节点总数。

超级块和块组描述符表都很重要，如果损坏，就会导致文件系统不可用，因此文件系统都应当对其进行备份。备份的策略视文件系统参数不同而有所不同。

10.1.3 块位图

在块组中块的使用情况用块位图来表示。每个块组中都有块位图，块位图的地址在该块组描述符中指定。

块位图中的每个字节对应 8 个块，如果相应位为 0，就表示块未被使用。

10.1.4 文件节点位图

LEXT3 文件系统中使用文件节点来描述文件的元数据，文件节点的使用情况由块组中的文件节点位图来描述。

每个块组中都有文件节点位图，文件节点位图的地址在块组描述符中指定。

文件节点位图的位置在块位图的下一个块。文件节点位图中的每个字节对应 8 个文件节点，如果相应位为 0，就表示文件节点未被使用。

10.1.5 文件节点表

LEXT3 文件系统的文件节点用来存储除文件名以外的所有信息。

小问题 10.3：文件名是文件最重要的属性，竟然没有保存在文件节点元数据中，那它保存在哪里？

文件系统每个块组都有自己的文件节点表，每个文件或目录占用其中一个文件节点，若干个文件节点组成文件节点表。

文件节点表位于文件节点位图的下一个块。每个文件节点的大小为 128 字节。

每个文件节点都有编号，第一个文件节点编号为 1。系统将第 1~10 号文件节点设置为系统保留文件节点。

10.1.6 文件节点

文件节点中包含如下一些文件元数据：

1. 文件模式。
2. 用户 ID。
3. 文件大小，以字节表示，其中低 32 位保存在第 4~7 字节，高 32 位保存在第 0x6C~0x6F 字节。
4. 最后访问时间。
5. 文件节点修改时间。
6. 文件修改时间。
7. 删除时间。
8. 组 ID（低 16 位）。

9．链接数。

10．扇区数。

11．文件标志。

12．第 1～12 个直接块指针。

13．一级间接块指针。

14．二级间接块指针。

15．三级间接块指针。

16．版本号，用于 NFS。

17．扩展属性块。

小问题 10.4：为什么还存在删除时间这个字段？既然文件节点都被删除了，就不应当存在其元数据了。

其中的直接块指针和间接块指针用于对文件数据块进行索引。在文件节点中，包括 12 个直接块指针、1 个一级间接块指针、1 个二级间接块指针和 1 个三级间接块指针。其中 12 个直接块指针直接指向文件的数据块。如果文件的内容大于 12 个块，那么第 13 个间接块指针所指向的块并不直接指向文件数据块，而是记录下级块的位置。最多存在三级间接块指针。

下图是对文件节点的示意：

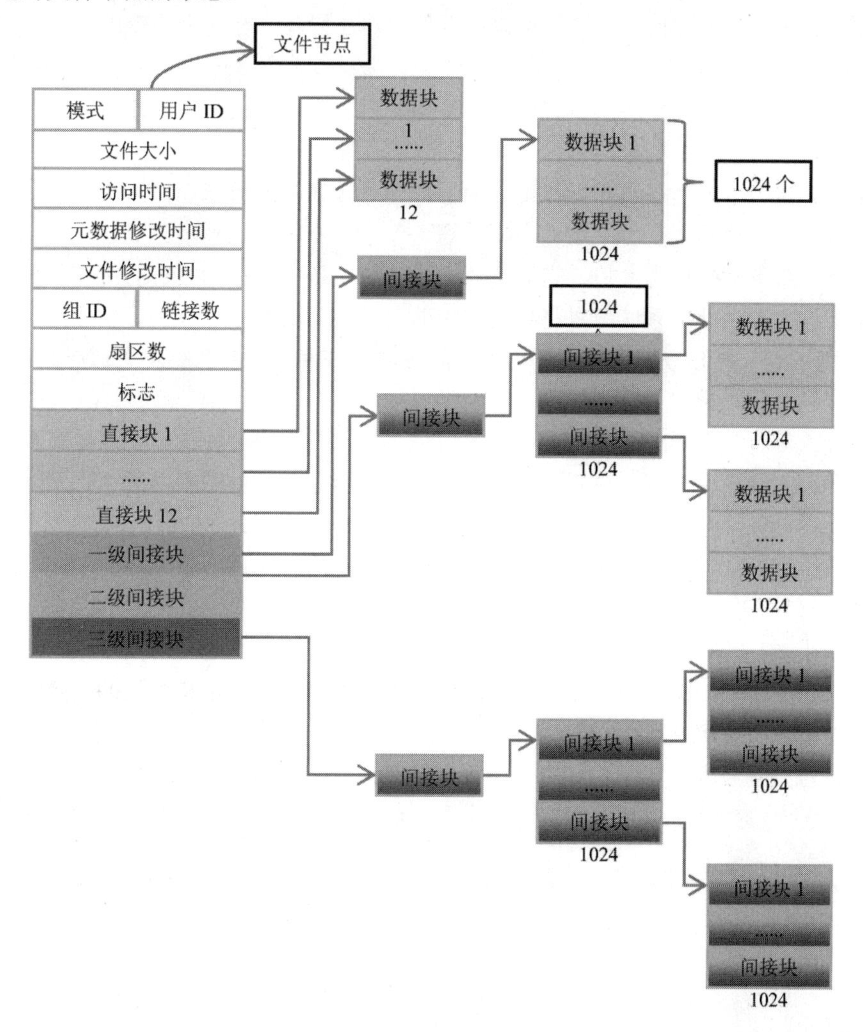

10.1.7 文件日志

正如 Linux 一样，LEXT3 也是利用日志块设备来处理文件系统日志的。

小问题 10.5：到底什么是文件日志？

日志块设备包含三个基础概念：日志记录、日志句柄和事务。

日志记录：本质上是文件系统将要发出的数据读/写操作的描述。在日志记录中包含的最重要信息，是一段元数据缓冲区在日志中的位置及它在文件系统中的位置。当然也包含这段元数据缓冲区的内容。

日志句柄：修改文件系统的数据系统调用通常都可以拆分为操纵磁盘数据结构的一系列低级操作。如果这些低级操作还没有全部完成系统就意外宕机，就会损坏磁盘数据。为了防止数据损坏，LEXT3 文件系统必须确保每个系统调用以原子的方式进行处理。这是由日志句柄来配合事务处理的。

事务：将每个日志句柄所涉及的操作都直接写入日志之中并不那么高效。为此，系统将一组日志操作组合成为一个事务，并将事务中的所有日志操作一次性写入日志。一个事务的所有日志记录都存放在日志的连续块中。

系统中的事务生命周期包括：

运行状态：事务当前在内存中，还可以接受新的日志操作。在一个系统中，仅有一个事务可以处于运行状态。

锁定状态：事务不再接受新的日志操作，但现有日志操作还没有完成。一旦所有日志操作都完成了，事务将进入下一个状态。

写入状态：事务中的所有日志操作都完成了，事务正在写入日志。

提交状态：事务已写入日志。事务会接着写入一个提交块，表示事务已写入日志。

完成状态：事务写到日志之后，它会保留在日志块设备中，直到所有的文件系统块都被更新到磁盘上的实际位置。此时系统可以将事务占用的日志空间清除。

LEXT3 既可以只对元数据做日志，也可以同时对文件元数据和数据块做日志。

系统包含三种日志模式：

写回模式：只有文件系统元数据会被写入日志，这也是最快的模式。元数据写入日志后，数据块才可能会写入磁盘上的真实位置。这种模式不保证日志和数据的写入顺序。回写模式是三种模式中一致性最差的，它只保证文件系统元数据的一致性，不保证数据的一致性。

按序模式：只有文件系统元数据会被写入日志。但是系统保证，在元数据写入日志前，会将相应的数据块写入存储设备。相比于回写模式，这种模式提供了更高的一致性保护。

数据日志模式：所有文件数据和元数据的改变都记入日志。这意味着所有数据块会被写入 2 次，一次写入日志，另一次是写入磁盘上的真实位置。该模式提供了相当强的一致性保护，但是往往会导致性能变得不可接受。

日志设备包括超级块、描述块和提交块等。其数据视图如下所示：

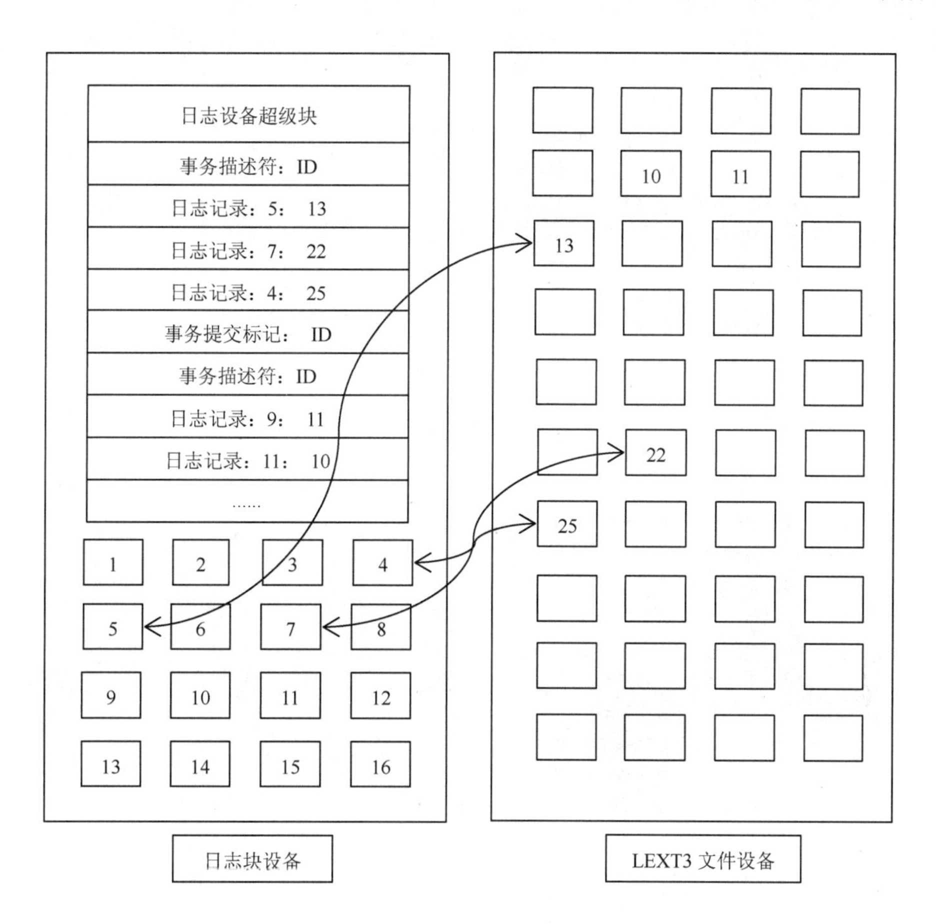

10.2　LEXT3

LEXT3 文件系统的实现代码位于 fs/lext3 和 include/dim-sum/lext3_fs.h 中。

10.2.1　LEXT3 的数据结构

10.2.1.1　超级块数据结构

与 LEXT3 文件系统超级块相关的两个数据结构如下：

1．与磁盘中物理超级块数据相关的数据结构。

2．保存在内存中，运行过程中存在的超级块逻辑数据结构。

这两个数据结构分别用 lext3_superblock_phy 和 lext3_superblock 表示。

其中，lext3_superblock_phy 数据结构定义如下：

```
1 struct lext3_superblock_phy {
2 /*00*/  __le32  fnode_count;
3     __le32  block_count;
4     __le32  reserve_blocks;
5     __le32  free_blocks_count;
6 /*10*/  __le32  free_fnodes_count;
7     __le32  first_data_block;
```

```
 8     __le32  blksize_order_1024;
 9     __le32  frag_size_order_1024;
10 /*20*/  __le32  blocks_per_group;
11     __le32  frags_per_group;
12     __le32  fnodes_per_group;
13     __le32  mount_time;
14 /*30*/  __le32  modify_time;
15     __le16  mount_count;
16     __le16  max_mount_count;
17     __le16  magic;
18     __le16  state;
19     __le16  errors;
20     __le16  minor_rev_level;
21 /*40*/  __le32  last_check;
22     __le32  check_interval;
23     __le32  creator_os;
24     __le32  revision;
25 /*50*/  __le16  def_reserve_uid;
26     __le16  def_reserve_gid;
27     __le32  first_fnode;
28     __le16   fnode_size;
29     __le16  block_group_num;
30     __le32  feature_compat;
31 /*60*/  __le32  feature_incompat;
32     __le32  feature_ro_compat;
33 /*68*/  __u8    uuid[16];
34 /*78*/  char    volume_name[16];
35 /*88*/  char    last_mounted[64];
36 /*C8*/  __le32  algorithm_usage_bitmap;
37     __u8    prealloc_blocks;
38     __u8    prealloc_dir_blocks;
39     __u16   reserved_gdt_blocks;
40 /*D0*/  __u8    journal_uuid[16];
41 /*E0*/  __le32  journal_fnode_num;
42     __le32  journal_dev_num;
43     __le32  last_orphan;
44     __le32  hash_seed[4];
45     __u8    def_hash_version;
46     __u8    reserved_char_pad;
47     __u16   reserved_word_pad;
48     __le32  default_mount_opts;
49     __le32  first_meta_block_group;
50     __u32   reserved[190];
51 };
```

这些字段的详细含义如下：

名为 fnode_count 的字段表示文件系统中文件节点的总数。

名为 block_count 的字段表示以块为单位的文件系统的大小，即文件系统中的块数量。

名为 reserve_blocks 的字段表示保留的块数，仅仅在特定情况下才被分配给文件使用。

名为 free_blocks_count 的字段表示空闲块数量。

名为 free_fnodes_count 的字段表示空闲文件节点数量。

名为 first_data_block 的字段表示第一个数据块的块号。

名为 blksize_order_1024 的字段块大小的对数值。文件块大小应当是 1024 × 2 << blksize_order_1024。

名为 frag_size_order_1024 的字段表示分片大小，未用。

名为 blocks_per_group 的字段表示每个块组中的块数。

名为 frags_per_group 的字段表示每个块组中的分片数，未用。

名为 fnodes_per_group 的字段表示每个块组中的文件节点数量。

名为 mount_time 的字段表示最后一次挂载操作的时间。

名为 modify_time 的字段表示最后一次写操作的时间。

名为 mount_count 的字段表示累计挂载操作计数器。

名为 max_mount_count 的字段表示最多允许加载的次数，超过此次数要求强制进行扫描。

名为 magic 的字段表示 LEXT3 文件系统的魔术字。

名为 state 的字段表示文件系统的状态标志。其中：

1．0 表示已经挂载或者没有正常卸载。

2．1 表示被正常卸载。

3．2 表示包含出现错误。

名为 errors 的字段表示检查到错误时的行为。

名为 minor_rev_level 的字段表示次版本号。

名为 last_check 的字段表示最后一次检查的时间。

名为 check_interval 的字段表示两次检查之间的时间间隔。

名为 creator_os 的字段表示创建文件系统的 OS。

名为 revision 的字段表示版本号。

名为 def_reserve_uid 的字段表示使用保留块的缺省用户 ID。

名为 def_reserve_gid 的字段表示使用保留块的缺省组 ID。

名为 first_fnode 的字段表示第一个非保留的文件节点编号。

名为 fnode_size 的字段表示磁盘上文件节点结构的大小。

名为 block_group_num 的字段表示超级块所在的块组编号。

名为 feature_compat 的字段表示具有兼容特点的功能选项。

名为 feature_incompat 的字段表示具有非兼容特点的功能选项。

名为 feature_ro_compat 的字段表示只读的、兼容特点的功能选项。

名为 uuid 的字段表示该文件系统的 UUID。

名为 volume_name 的字段表示文件系统卷名称。

名为 last_mounted 的字段表示最后一次挂载的路径名。

名为 algorithm_usage_bitmap 的字段用于压缩，未用。

名为 prealloc_blocks 的字段表示预分配的块数。

名为 prealloc_dir_blocks 的字段表示为目录预分配的块数。

名为 reserved_gdt_blocks 的字段表示用于将字段补齐，无实际意义。

名为 journal_uuid 的字段表示日志超级块的 UUID。

名为 journal_fnode_num 的字段表示日志文件节点编号。但是 DIM-SUM 目前强制使用独立的块设备作为日志设备，因此本字段未用。

名为 last_orphan 的字段表示孤儿链表头。在重新挂载时需要清理这些孤儿节点。

名为 hash_seed、def_hash_version、reserved_char_pad、reserved_word_pad 的字段未用。

名为 default_mount_opts 的字段表示默认的挂载选项。

名为 first_meta_block_group 的字段表示第一个存储元数据的块组。目前未使用此字段。

名为 reserved 的字段用于将数据结构填满 1024 字节。

小问题 10.6：为什么这些字段都是类似于__le32 这样的类型？

lext3_superblock 数据结构用于表示内存中的超级块，其定义如下：

```
 1 struct lext3_superblock {
 2     unsigned long super_pos;
 3     struct blkbuf_desc *blkbuf_super;
 4     struct lext3_superblock_phy *phy_super;
 5     unsigned long block_size;
 6     unsigned long fnodes_per_block;
 7     unsigned long blocks_per_group;
 8     unsigned long fnodes_per_group;
 9     unsigned long fnode_blocks_per_group;
10     unsigned short mount_state;
11     unsigned long blkcount_grpdesc;
12     unsigned long group_desc_per_block;
13     int group_desc_per_block_order;
14     unsigned long groups_count;
15     struct blkbuf_desc **blkbuf_grpdesc;
16     unsigned long  mount_opt;
17     uid_t reserve_uid;
18     gid_t reserve_gid;
19     int addr_per_block_order;
20     int fnode_size;
21     int first_fnode;
22     struct smp_lock gen_lock;
23     u32 generation;
24     struct approximate_counter free_block_count;
25     struct approximate_counter free_fnode_count;
26     struct approximate_counter dir_count;
27     struct blockgroup_lock group_block;
28     struct journal * journal;
29     struct block_device *blkdev_journal;
30     unsigned long commit_interval;
31     struct double_list orphans;
32 };
```

这些字段的详细含义如下：

名为 super_pos 的字段表示超级块在物理块设备中的位置，默认是 1024。

名为 blkbuf_super 的字段表示包含超级块的磁盘块缓冲区。

名为 phy_super 的字段表示磁盘上的物理超级块缓存冲区内容。

名为 block_size 的字段表示文件系统逻辑块长度。

名为 fnodes_per_block 的字段表示每个逻辑块里面的文件节点数量。

名为 blocks_per_group 的字段表示每个块组里面有多少个块。

名为 fnode_blocks_per_group 的字段表示每个块组里面有多少个块用于文件节点。

名为 mount_state 的字段表示挂载时的状态。

名为 blkcount_grpdesc 的字段表示块组描述符中的块数量。

名为 group_desc_per_block 的字段表示可以放在一个块中的组描述符个数。

名为 group_desc_per_block_order 的字段是 group_desc_per_block 的对数值。

名为 groups_count 的字段表示块组数量。

名为 blkbuf_grpdesc 的字段是一个数组，包含所有块组信息的块缓冲区。

名为 mount_opt 的字段表示挂载选项。

名为 reserve_uid、reserve_gid 的字段表示可以使用保留块的用户 ID、组 ID。

名为 addr_per_block_order 的字段是一个对数值，表示每个块里面可以包含多少个间接块指针。

名为 fnode_size 的字段表示在磁盘中一个文件节点的大小。

名为 first_fnode 的字段表示第一个文件节点编号。

名为 gen_lock 的字段是一个自旋锁，用于生成节点版本号。

名为 generation 的字段表示文件节点版本号，用于判断目录里面文件是否有变化。

名为 free_block_count 的字段表示可用数据块数量。

名为 free_fnode_count 的字段表示可用文件节点数量。

名为 dir_count 的字段表示目录数量。

名为 group_block 的字段是用于保护块组的锁。

名为 journal 的字段表示日志对象，目前只支持设备日志，不支持文件节点日志。

名为 blkdev_journal 的字段表示日志所在的块设备。

名为 commit_interval 的字段表示日志提交周期，定期向日志系统提交日志。默认是 5 秒。

名为 orphans 的字段是孤儿链表头。

10.2.1.2　块组描述符

块组描述符用 lext3_group_desc 数据结构表示。这个数据结构既表示磁盘中的物理数据结构，也用于内存中表示块组描述符。其定义如下：

```
 1 struct lext3_group_desc
 2 {
 3     __le32  datablock_bitmap;
 4     __le32  fnode_bitmap;
 5     __le32  first_fnode_block;
 6     __le16  free_block_count;
 7     __le16  free_fnode_count;
 8     __le16  dir_count;
 9     __u16   __pad;
10     __le32  __reserved[3];
11 };
```

这些字段的详细含义如下：

名为 datablock_bitmap 的字段表示块位图的块号。

名为 fnode_bitmap 的字段表示文件节点位图的块号。

名为 first_fnode_block 的字段表示在文件节点表中，第一个块的块号。

名为 free_block_count 的字段表示块组中空闲块的个数。

名为 free_fnode_count 的字段表示块组中空闲文件节点的个数。

名为 dir_count 的字段表示块组中目录的个数。

名为__pad 的字段用于字段对齐，未用。

名为__reserved 的字段是保留字段，未用。

10.2.1.3 文件节点描述符

文件节点描述符也分为磁盘上的物理节点数据结构，以及内存中的文件节点描述符。分别用 lext3_fnode_disk 和 lext3_file_node 表示。

lext3_fnode_disk 的定义如下：

```
 1 struct lext3_fnode_disk {
 2     __le16  mode;
 3     __le16  uid;
 4     __le32  file_size;
 5     __le32  access_time;
 6     __le32  meta_modify_time;
 7     __le32  data_modify_time;
 8     union {
 9         __le32  del_time;
10         __le32  next_orphan;
11     };
12     __le16  gid;
13     __le16  links_count;
14     __le32  block_count;
15     __le32  flags;
16     union {
17         struct {
18             __u32  reserved;
19         } linux_os;
20         struct {
21             __u32  translator;
22         } hurd_os;
23         struct {
24             __u32  reserved;
25         } masix_os;
26     } os1;
27     __le32  blocks[LEXT3_BLOCK_INDEX_COUNT];
28     __le32  generation;
29     __le32  file_acl;
30     union {
31         __le32  dir_acl;
32         __le32  size_high;
33     };
34     __le32  frag_addr;
35     union {
36         struct {
37             __u8    frag_num;
38             __u8    frag_size;
39             __u16   __pad;
40             __le16  uid_high;
```

```
41              __le16  gid_high;
42              __u32   reserved;
43          } linux_os;
44          struct {
45              __u8    frag_num;
46              __u8    frag_size;
47              __u16   mode_high;
48              __u16   uid_high;
49              __u16   gid_high;
50              __u32   author;
51          } hurd_os;
52          struct {
53              __u8    frag_num;
54              __u8    frag_size;
55              __u16   __pad;
56              __u32   reserved[2];
57          } masix_os;
58      } os2;
59      __le16  extra_fsize;
60      __le16  __pad;
61  };
```

这些字段的详细含义如下：

名为 mode 的字段表示文件类型和访问权限。

名为 uid 表示文件拥有者标识符。

名为 file_size 的字段表示以字节为单位的文件长度。

名为 access_time 的字段表示最后一次访问文件的时间。

名为 meta_modify_time 的字段表示文件节点元数据最后改变的时间。

名为 data_modify_time 的字段表示文件内容最后修改的时间。

名为 del_time、next_orphan 的字段是一个联合结构。如果被删除的文件位于孤儿链表中，则利用 next_orphan 字段指向下一个孤儿节点。否则表示文件节点的删除时间。

名为 gid 的字段表示文件节点的用户组标识符。

名为 links_count 的字段表示硬链接计数。

名为 block_count 的字段表示文件的数据块数，以 512 字节为单位。包含已用的数量，以及保留数量。

名为 flags 的字段表示文件标志。

名 os1 的字段是一个联合结构体，目前未用。这里仅仅是为了兼容目的而保留字段。

名为 blocks 的字段表示指向数据块的指针。前 12 个块是直接数据块，第 13 块是一级间接块号，第 14 块是二级间接块号，第 15 块是三级间接块号。

对设备文件来说，指向其设备号。

对链接文件来说，如果链接对象低于 60 字节，那么该数组存放了其链接对象名称。

名为 generation 的字段是文件版本，用于判断目录节点是否发生了变化。

名为 file_acl 的字段用于文件访问控制列表。

名为 dir_acl、size_high 的字段是一个联合结构体，分别表示目录访问控制列表或者大文件长度的高 32 位。

名为 frag_addr 的字段表示最后一个分片的地址，未用。

名为 os2 的字段也是一个联合体结构，其中的 frag_num、frag_size 字段用于分片，目前未用。__pad 字段用于填充字段，以保证 uid_high 字段能够对齐到 32 位边界。uid_high、gid_high 字段用于保存用户 ID、组 ID 的高 16 位。

名为 extra_fsize 的字段表示文件节点元数据的扩展大小，这允许文件节点元数据超过 128 位。

名为__pad 的字段用于填充数据结构，使其达到 128 字节大小。

lext3_file_node 是内存中的文件节点描述符，其定义如下：

```
 1 struct lext3_file_node {
 2     __u32   flags;
 3     __u32   state;
 4     struct double_list orphan;
 5     loff_t  filesize_disk;
 6     __le32  data_blocks[LEXT3_BLOCK_INDEX_COUNT];
 7     __u32   file_acl;
 8     __u32   dir_acl;
 9     union {
10         __u32   del_time;
11         __u32   next_orphan;
12     };
13     __u32   block_group_num;
14     __u32   last_logic_block;
15     __u32   last_phy_block;
16     __u32   lookup_start;
17     __u16 extra_fsize;
18     struct semaphore truncate_sem;
19     struct file_node vfs_fnode;
20 };
```

这些字段的详细含义如下：

名为 flags 的字段表示文件节点标志。

名为 state 的字段表示文件节点状态。

名为 orphan 的字段表示链表节点，通过此字段将文件节点加入文件系统的孤儿链表。

名为 filesize_disk 的字段表示文件在磁盘上的大小。只有在回写节点元数据后，其值才会与内存中的大小一致。

名为 data_blocks 的字段主要用于保存文件数据块编号。针对不同文件类型，其值有所不同：

1. 对普通文件来说，表示文件直接块编号及间接块编号。
2. 对设备文件来说，表示设备编号。
3. 对链接文件来说，表示快捷符号链接。

小问题 10.7：什么是快速符号链接，难道还有慢速符号链接？

名为 file_acl 的字段表示文件访问控制列表。

名为 dir_acl 的字段表示目录访问控制列表。

名为 del_time、next_orphan 的字段是一个联合结构。如果被删除的文件位于孤儿链表中，则利用 next_orphan 字段指向下一个孤儿节点，否则表示文件节点的删除时间。

名为 block_group_num 的字段表示包含文件节点的块组号。LEXT3 会尽量将同一个文件的数据块放到文件节点相同的块中。

名为 last_logic_block 的字段表示上一次分配的逻辑文件块编号。

名为 last_phy_block 的字段表示上一次分配的物理文件块编号。

名为 lookup_start 的字段表示在目录中查找文件用的临时变量。

名为 extra_fsize 的字段表示文件节点的大小。传统的文件节点大小是 128 字节，但是文件系统也可以通过此值扩展文件节点的大小。本字段表示实际的磁盘节点超过 128 的字节数。

名为 truncate_sem 的字段表示一个信号量，用于防止并发地执行文件截断操作。

名为 vfs_fnode 的字段是用于虚拟文件系统层的文件节点对象。

10.2.1.4　杂项数据结构

名为 lext3_dir_item 的数据结构表示目录中的文件名对象，代表目录中的一个文件。该数据结构保存在目录文件节点的数据块中，这是一个变长结构。为了效率，它的长度是 4 的倍数。其定义如下：

```
1 struct lext3_dir_item {
2     __le32  file_node_num;
3     __le16  rec_len;
4     __u8    name_len;
5     __u8    file_type;
6     char    name[0];
7 };
```

这些字段的详细含义如下：

名为 file_node_num 的字段是文件节点编号。

名为 rec_len 的字段表示数据结构的长度，为 4 的倍数。

名为 name_len 的字段表示文件名长度。

名为 file_type 的字段表示文件类型。

名为 name 的字段是一个变长数组，指向文件名。

名为 lext3_fnode_loc 的数据结构用于查找文件块的位置，其定义如下：

```
1 struct lext3_fnode_loc
2 {
3    unsigned long block_group;
4    struct blkbuf_desc *blkbuf;
5    unsigned long offset;
6 };
```

这些字段的详细含义如下：

名为 block_group 的字段表示当前查找的块组编号。

名为 blkbuf 的字段表示读取的块组描述符缓冲区。

名为 offset 的字段表示块组描述符在缓冲区中的偏移。

10.2.2　LEXT3 的全局变量

LEXT3 模块定义了如下全局变量。这些变量几乎都是 LEXT3 文件系统与虚拟文件系统交互的接口：

```
1 extern struct file_ops lext3_dir_fileops;
```

```
 2 extern struct file_node_ops lext3_file_fnode_ops;
 3 extern struct file_ops lext3_file_ops;
 4 extern struct file_node_ops lext3_dir_fnode_ops;
 5 extern struct file_node_ops lext3_special_fnode_ops;
 6 extern struct file_node_ops lext3_symlink_fnode_ops;
 7 extern struct file_node_ops lext3_fast_symlink_fnode_ops;
 8 static struct file_system_type lext3_fs_type;
 9 static struct super_block_ops lext3_superblock_ops;
10 static struct cache_space_ops journalled_cache_ops;
11 static struct cache_space_ops writeback_cache_ops;
12 static struct cache_space_ops ordered_cache_ops;
13
14 static unsigned char filetype_table[] = {
15     DT_UNKNOWN, DT_REG, DT_DIR, DT_CHR, DT_BLK, DT_FIFO, DT_SOCK, DT_LNK
16 };
17 static struct beehive_allotter *node_allotter;
```

其中，名为 lext3_dir_fileops 的全局变量是目录文件节点的回调函数表。应用程序对目录节点的读/写操作将由这个回调函数表实现。

名为 lext3_file_ops 的全局变量是普通文件节点的回调函数表。应用程序对文件节点的读/写操作将由这个回调函数表实现。

名为 lext3_dir_fnode_ops 的全局变量是目录文件节点的回调函数表。应用程序在目录节点中创建、删除文件操作将由这个回调函数表实现。

名为 lext3_file_fnode_ops 的全局变量是普通文件节点的回调函数表。应用程序对文件进行设置属性、截断操作将由这个回调函数表实现。

名为 lext3_special_fnode_ops 的全局变量是设备文件节点的回调函数表。应用程序对设备文件进行设置属性将由这个回调函数表实现。

名为 lext3_symlink_fnode_ops、lext3_fast_symlink_fnode_ops 的全局变量是链接文件节点的回调函数表。应用程序对链接文件的特定操作将由这个回调函数表实现。

名为 lext3_fs_type 的全局变量定义了 LEXT3 文件系统类型。在初始化阶段，系统将会注册此文件系统。

名为 lext3_superblock_op 的全局变量定义了 LEXT3 文件系统的超级块回调函数，是 LEXT3 文件系统的入口。

名为 journalled_cache_ops、writeback_cache_ops、ordered_cache_ops 的全局变量定义了三种日志模式下，写文件页面缓存的方法。随后的章节将描述日志模块的实现。

名为 filetype_table 的全局变量定义了 LEXT3 中的文件类型。

名为 node_allotter 的全局变量定义了文件节点的内存分配器。

10.2.3 LEXT3 的 API

LEXT3 模块没有定义可以用于模块外的 API。虽然该模块声明了一些全局函数，但是这些函数仅仅用于模块内部之间相互调用。

10.2.4　LEXT3 的实现

10.2.4.1　挂载、卸载 LEXT3 文件系统

挂载 LEXT3 文件系统是由 lext3_load_filesystem 函数实现的。它调用 load_common_filesystem 函数并传入 lext3_fill_super 函数作为装载超级块的方法。

随后将详细描述 load_common_filesystem 函数和 lext3_fill_super 函数的实现。

load_common_filesystem 函数实现通用的磁盘文件系统装载过程。其实现如下：

```
 1 struct super_block *load_common_filesystem(......)
 2 {
 3     ......
 4     blkdev = blkdev_open_exclude(dev_name, flags, fs_type);
 5     if (IS_ERR(blkdev))
 6        return (struct super_block *)blkdev;
 7     down(&blkdev->mount_sem);
 8     super = super_find_alloc(fs_type, compare_common, set_common, blkdev);
 9     up(&blkdev->mount_sem);
10     if (IS_ERR(super))
11        goto out;
12     if (super->root_fnode_cache) {
13        if ((flags ^ super->mount_flags) & MFLAG_RDONLY) {
14           up_write(&super->mount_sem);
15           deactivate_super(super);
16           super = ERR_PTR(-EBUSY);
17        }
18        goto out;
19     } else {
20        super->mount_flags = flags;
21        format_block_devname(blkdev, super->blkdev_name);
22        super->block_size_device = block_size(blkdev);
23        superblock_set_blocksize(super, super->block_size_device);
24        err = fill_super(super, data, flags & MS_VERBOSE ? 1 : 0);
25        if (err) {
26           up_write(&super->mount_sem);
27           deactivate_super(super);
28           super = ERR_PTR(err);
29        } else
30           super->mount_flags |= MS_ACTIVE;
31     }
32     return super;
33 ......
34 }
```

在该函数的第 4 行调用 blkdev_open_exclude 函数。该函数与块设备文件系统交互，以独占方式打开块设备，并获得块设备描述符的指针。

第 5~6 行判断是否成功打开块设备，如果失败，则在第 6 行向调用者返回错误。

小问题 10.8：第 6 行为何将块设备描述符转换为超级块描述符，这明显不合理。

第 7 行获得块设备的信号量，以防止多个并发路径同时执行挂载操作，将块设备挂载到不同的挂载点。

第 8 行调用 super_find_alloc 函数，如果块设备已经被挂载，就会返回失败。如果没有挂载，就会分配新的超级块描述符。

第 9 行释放块设备的信号量。

小问题 10.9：第 9 行释放了块设备的信号量，是否会导致多个流程并发地进入到后面的挂载流程，引起逻辑错误？

第 10~11 行判断是否成功地分配超级块。如果失败，则在第 11 行跳转到 out 标号以结束处理流程。

第 12 行判断 super_find_alloc 函数返回的超级块描述符。如果已经有根目录对象，则说明块设备已经被挂载到某个挂载点。因此进入第 13~18 行的处理逻辑。其中：

第 13 行判断新的挂载标志和原有的挂载标记对于只读的处理方式是否有差异。在重新挂载的过程中，不允许修改此挂载标记。如果二者有所不同，就在第 14~16 行进行错误处理。其中第 14 行释放超级块的信号量。第 15 行调用 deactivate_super 将超级块置于不可用状态。然后在第 16 行设置返回值为-EBUSY 错误码。

不管是否有冲突，都可以结束处理流程，由虚拟文件系统层进行随后的工作。因此在第 18 行跳转到 out 标号以结束处理流程。

如果是块设备没有挂载到其他挂载点，则进入第 20~30 行的处理流程。

第 20 行设置超级块描述符的挂载标记。

第 21 行格式化块设备的名称，并将名称复制到超级块中。

第 22 行设置超级块的属性，指明块设备的块大小。

第 23 行调用 superblock_set_blocksize 计算块大小的对数值。

第 24 行调用 fill_super 回调函数装载 LEXT3 文件系统的超级块。这里是调用 lext3_fill_super 函数。随后将详细描述此函数的实现。

第 25 判断 fill_super 回调函数的返回值。如果读取 LEXT3 文件系统的超级块失败，则在第 26 行释放超级块的信号量，并在第 27 行调用 deactivate_super 将超级块置为不可用状态，然后在第 28 行设置错误返回值。

如果 fill_super 回调函数的返回值表明装载文件系统成功，则在第 30 行设置超级块的 MS_ACTIVE 标志，以表明超级块可用的事实。

第 32 行向调用者返回装载结果。

lext3_fill_super 函数装载 LEXT3 文件系统的超级块，这是 LEXT3 文件系统挂载操作的主函数。其实现如下：

```
 1 static int lext3_fill_super(......)
 2 {
 3     ......
 4     lext3_super = kmalloc(sizeof(*lext3_super), PAF_KERNEL | __PAF_ZERO);
 5     if (!lext3_super)
 6         return -ENOMEM;
 7     super->fs_info = lext3_super;
 8     lext3_super->reserve_uid = LEXT3_RESERVE_UID;
 9     ......
10     err = load_super_block(super, lext3_super, silent);
11     if (err)
12         goto fail;
```

```
13     err = recognize_super(super, lext3_super, &journal_fnode_num,
14                 data, silent);
15     if (err)
16         goto fail;
17     approximate_counter_init(&lext3_super->free_block_count);
18     ......
19     if (load_group_desc(super))
20         goto fail_groups;
21     needs_recovery = (lext3_super->phy_super->last_orphan != 0) ||
22         LEXT3_HAS_INCOMPAT_FEATURE(super, LEXT3_FEATURE_INCOMPAT_RECOVER);
23     err = load_journal(super, journal_fnode_num, silent);
24     if (err)
25         goto fail_journal;
26     fnode_root = fnode_read(super, LEXT3_ROOT_FILENO);
27     super->root_fnode_cache = fnode_cache_alloc_root(fnode_root);
28     if (!super->root_fnode_cache)
29         ......
30     if (!S_ISDIR(fnode_root->mode) || !fnode_root->block_count
31         || !fnode_root->file_size) {
32         ......
33         goto fail_journal;
34     }
35     setup_super(super, lext3_super->phy_super,
36         super->mount_flags & MFLAG_RDONLY);
37     lext3_super->mount_state |= LEXT3_ORPHAN_FS;
38     cleanup_orphan(super, lext3_super->phy_super);
39     lext3_super->mount_state &= ~LEXT3_ORPHAN_FS;
40     mark_recovery_complete(super, lext3_super->phy_super);
41     if (needs_recovery)
42         printk (KERN_INFO "LEXT3: recovery complete.\n");
43     ......
44     return 0;
45     ......
46 }
```

在该函数的第 4 行调用 kmalloc 为超级块分配内存。

第 5 行判断内存分配是否成功，如果失败，则在第 6 行返回错误码。

第 7 行将虚拟文件系统层的私有指针指向刚分配的 LEXT3 文件系统超级块指针。

第 8~9 行设置超级块描述符的默认值。

第 10 行调用 load_super_block 函数从磁盘中装载超级块到内存缓冲区中。

第 11 行判断从磁盘中装载超级块是否成功，如果失败，则在第 12 行跳转到 fail 标号处以结束处理流程。

第 13 行调用 recognize_super 函数从磁盘缓冲区中解析超级块的内容。

第 14 行判断磁盘缓冲区的内容是否真的是 LEXT3 文件系统，如果不是，则在第 16 行跳转到 fail 标号以结束处理流程。

第 17~18 行设置超级块描述符的默认值。

第 19 行调用 load_group_desc 函数从磁盘中读取块组描述符的内容到内存中。如果失败，则在第 20 行跳转到 fail_groups 标号处以结束处理流程。

第 21 行判断物理磁盘中的超级块内容是否存在孤儿节点。如果有，则说明需要处理上次系统宕机以后遗留的孤儿节点任务，在此设置 needs_recovery 标记以待后续流程处理这些任务。

小问题 10.10：什么情况下会出现孤儿链表？

第 23 行调用 load_journal 函数从日志块设备中装载文件系统的日志信息到内存中。

第 24 行判断 load_journal 函数的执行结果，如果失败，则在第 25 行跳转到 fail_journal 处以结束处理流程。

第 26 行调用 fnode_read 函数从磁盘中读取根节点的文件节点信息。

第 27 行调用 fnode_cache_alloc_root 函数为根节点创建文件节点缓存对象。

第 28 行判断是否为根节点成功创建缓存对象，如果创建失败，则在第 29 行进行一些错误处理后结束流程。

第 30 行判断根节点的属性，如果存在明显的逻辑错误，则在第 32 行进行一些错误处理，并在第 33 行跳转到 fail_journal 处以结束处理流程。

第 35 行调用 setup_super 函数，该函数更新一些与挂载相关的计数并更新回磁盘中。

第 37 行设置挂载状态的 LEXT3_ORPHAN_FS 标记，以表示准备开始处理孤儿节点。这个标记会影响文件系统相关处理流程，以便正确处理孤儿节点。

第 38 行调用 cleanup_orphan 函数处理孤儿节点。

第 39 行清除 LEXT3_ORPHAN_FS 标记。

第 40 行标记装载恢复过程完成，即孤儿节点处理完毕。

第 41~42 行打印提示信息，提醒用户进行了孤儿节点的处理。

第 43 行根据物理磁盘上的数据更新超级块中的计数值。

卸载文件系统是由 unload_common_filesystem 函数实现的。

unload_common_filesystem 函数会简单调用 generic_unload_filesystem 函数执行通常的卸载文件系统的操作。前面的章节已经详细描述了该函数的实现。

unload_common_filesystem 函数最后会调用 blkdev_close_exclude 函数，以关闭块设备，并且解除排他性设置。这样用户可以将相应的块设备挂载到其他挂载点。

10.2.4.2 超级块回调函数表的实现

超级块回调函数表定义在 lext3_superblock_ops 中。该表中的回调函数较多，在此仅仅选择个别重要的函数进行分析。

lext3_fnode_alloc 函数用于分配一个文件节点描述符。这个函数并不复杂，但是比较典型。其实现如下：

```
1 static struct file_node *lext3_fnode_alloc(struct super_block *super)
2 {
3     ......
4     lext3_fnode = beehive_alloc(node_allotter, PAF_NOFS | __PAF_ZERO);
5     if (!lext3_fnode)
6         return NULL;
7     ......
8     return &lext3_fnode->vfs_fnode;
9 }
```

读者需要注意该函数的原型申明，作为 LEXT3 文件系统为虚拟文件系统层提供的回调函数，lext3_fnode_alloc 函数不能以 LEXT3 的数据结构作为参数，也不能返回 LEXT3 相关的数据结构。

第 3 行调用 beehive_alloc 函数从文件节点内存分配器中分配 LEXT3 文件节点描述符。需要注意这里传入了 PAF_NOFS 参数。

小问题 10.11：PAF_NOFS 到底有什么作用？

第 5 行判断 beehive_alloc 函数是否成功分配到内存，如果失败，则返回 NULL。

第 7 行对文件节点对象进行一些必要的初始化功能。

第 8 行返回 LEXT3 文件节点描述符中内嵌的虚拟文件系统层文件节点对象。

这是文件系统编程的常见风格，即将虚拟文件系统层的对象内嵌到文件系统层的对象中，在接口函数中返回内嵌对象。虚拟文件系统层在调用文件系统层接口时，传入内嵌的对象，文件系统层可以很方便地将内嵌对象转换为文件系统中的特有文件系统对象类型。

lext3_read_fnode 函数是文件系统的 read_fnode 回调。在加载根文件系统、打开文件时都会调用该函数。其实现如下：

```
 1 void lext3_read_fnode(struct file_node *fnode)
 2 {
 3     ......
 4     lext3_fnode = fnode_to_lext3(fnode);
 5     if (lext3_load_fnode(fnode, &fnode_loc, 0))
 6         goto bad_node;
 7     blkbuf = fnode_loc.blkbuf;
 8     fnode_disk = lext3_get_fnode_disk(&fnode_loc);
 9     fnode->mode = le16_to_cpu(fnode_disk->mode);
10     ......
11     lext3_fnode->state = 0;
12     ......
13     if (fnode->link_count == 0) {
14         if (!(super_to_lext3(fnode->super)->mount_state & LEXT3_ORPHAN_FS)
15            || fnode->mode == 0) {
16            loosen_blkbuf (blkbuf);
17            goto bad_node;
18         }
19     }
20     fnode->block_size = PAGE_SIZE;
21     ......
22     for (block = 0; block < LEXT3_BLOCK_INDEX_COUNT; block++)
23         lext3_fnode->data_blocks[block] = fnode_disk->blocks[block];
24     list_init(&lext3_fnode->orphan);
25 
26     if (S_ISREG(fnode->mode)) {
27         fnode->node_ops = &lext3_file_fnode_ops;
28         fnode->file_ops = &lext3_file_ops;
29         lext3_init_cachespace(fnode);
30     } else if (S_ISDIR(fnode->mode)) {
31         ......
32     }
33     loosen_blkbuf (fnode_loc.blkbuf);
34     lext3_set_fnode_flags(fnode);
35     return;
36     ......
37 }
```

在该函数的第 4 行将虚拟文件系统层的文件节点对象转换为 LEXT3 文件节点对象。

第 5 行调用 lext3_load_fnode 函数从磁盘上加载文件节点所在的缓冲区。如果失败，就在第 6 行跳转到 bad_node 标号以结束处理流程。

第 7 行获得文件节点的缓冲区指针。

第 8 行调用 lext3_get_fnode_disk 从缓冲区中读取文件节点的属性。

第 9~10 行将磁盘中的文件节点属性赋予内存中的文件节点描述符。

第 11~12 行初始化文件节点描述符的属性。

第 13 行判断文件节点的硬链接数量，如果等于 0，则表示文件可能已经被删除。这里需要进一步判断文件是否真的已经删除。其中第 14 行判断当前是否在挂载文件系统并且处于清理孤儿节点的阶段。如果没有处于这个阶段，或者文件模式为 0，均表示文件真的已经被删除。因此在第 16 行调用 loosen_blkbuf 函数释放块缓冲区，并在第 17 行跳转到 bad_node 标号以结束处理流程。

运行到第 20 行，说明要装载的文件节点是有效的节点，因此在第 20~21 行设置文件节点描述符的属性。

第 22~23 行从磁盘文件节点中复制直接数据块和间接数据块指针到文件节点描述符中。

第 24 行初始化文件节点描述符的孤儿节点。

第 26~32 行根据文件节点中的文件属性，为文件节点描述符设置其 node_ops、file_ops 属性。在随后的流程中，用户就能够通过这些属性中的回调函数读/写文件节点了。

第 33 行调用 loosen_blkbuf 函数释放文件节点缓冲区。

第 34 行调用 lext3_set_fnode_flags 设置文件节点的属性标志。

lext3_write_fnode 函数是 LEXT3 文件系统的 write_fnode 回调，其实现如下：

```
 1 int lext3_write_fnode(struct file_node *fnode, int wait)
 2 {
 3     if (current->flags & TASKFLAG_RECLAIM)
 4         return 0;
 5     if (lext3_get_journal_handle()) {
 6         dump_stack();
 7         return -EIO;
 8     }
 9     if (!wait)
10         return 0;
11     return lext3_commit_journal(fnode->super);
12 }
```

有以下三种情况可能调用此回调函数：

1．回收内存。

2．sync 系统调用。

3．带 O_SYNC 标志的文件写操作。

第 3 行判断当前进程是否处于内存回收流程。如果是，则说明目前是由于内存紧张而进行内存回收。由于写文件节点元数据并不会回收多少内存，因此直接在第 4 行直接返回 0。

小问题 10.12：既然回写文件节点并不会回收多少内存，那么内存回收流程可以不调用此回调。目前这样的实现是在白白浪费 CPU 吗？

第 5 行调用 lext3_get_journal_handle 函数判断当前进程上下文的日志句柄。在正常情况下，不应当在获得日志句柄的情况下回写文件节点。因此在第 6 行打印当前调用链，并在第 7 行返回-EIO 以表明出现异常。

第 9 行判断调用者传递的等待标志，如果调用者并不希望同步等待，则在第 10 直接退出。

小问题 10.13：第 4、10 行都直接退出，看起来这个函数用处不大？

第 11 行调用 lext3_commit_journal 提交文件系统的日志并等待日志结束。

小问题 10.14：要回写一个文件节点，竟然要提交整个日志？这可以说是非常重量级的操作，能不能优化一下？

10.2.4.3 普通文件回调函数表

与普通文件相关的回调函数表有 lext3_file_ops 和 lext3_file_fnode_ops。

小问题 10.15：仔细查看 lext3_file_ops 回调函数表中的定义，读文件的回调函数与内存文件系统相同，难道 LEXT3 文件系统不需要从磁盘中读取文件内容吗？

lext3_file_ops 回调函数表定义了 LEXT3 文件系统读/写文件内容相关的回调函数。该回调函数表中的大多数回调函数均与内存文件系统相同。其中比较值得分析的是 lext3_file_write 函数。其实现如下：

```
1 static ssize_t lext3_file_write(......)
2 {
3     ......
4     file = aio->file;
5     fnode = file->fnode_cache->file_node;
6     ret = generic_file_aio_write(aio, buf, count, pos);
7     if (ret <= 0)
8         return ret;
9     if (file->flags & O_SYNC) {
10        if (lext3_get_journal_type(fnode) != JOURNAL_TYPE_FULL)
11            return ret;
12        goto force_commit;
13    }
14    if (!IS_SYNC(fnode))
15        return ret;
16 force_commit:
17    err = lext3_commit_journal(fnode->super);
18    if (err)
19        return err;
20    return ret;
21 }
```

这个函数是如此简单，以至于读者心里会嘀咕：作者是不是搞错了？

可以确定的说，这里的实现并没有问题。因为 LEXT3 文件系统写文件的核心逻辑并不在这个函数中，而是在文件地址空间的回调函数中，以及在日志模块中。

在函数的第 4~5 行根据虚拟文件系统层传递的参数，获得文件节点描述符。

第 6 行调用 generic_file_aio_write 函数将文件内容写入文件地址空间缓存中。如果写入失败，就在第 8 行返回错误码。

接下来第 9~20 行均处理同步写入的特殊情况，一般情况下不会执行到这里。

第 9 行判断用户打开文件时的标志，如果用户以 O_SYNC 标志打开文件，则说明每一次写入过程都需要同步执行，因此执行第 10~12 行的代码。

第 10 行判断文件日志类型，如果不需要将数据块也写入日志，就直接返回。否则在第 12 行跳转到 force_commit 标号强制将日志提交。

第 14 行判断文件节点标志以及挂载标志，如果这些标志表明不需要同步写入文件数据块和元数据，就在第 15 行返回。

运行到第 17 行，说明需要将数据块和元数据都同步写入磁盘，因此调用 lext3_commit_journal 函数强制提交日志，并等待日志完成。如果失败，就在第 19 行返回错误码。

小问题 10.16：在提交日志后，就能保证所有数据块和元数据真的保存到磁盘中了吗？

总的来说，lext3_file_write 并不执行复杂的 LEXT3 磁盘数据写入工作，也不执行日志处理的主要流程。这些复杂的工作会在其他回调函数中分析。

lext3_file_fnode_ops 文件回调函数表定义了普通文件的文件节点操作回调函数。其中最重要的回调函数是 lext3_truncate。该函数用于截断文件。其实现如下：

```
 1 void lext3_truncate(struct file_node *fnode)
 2 {
 3     ......
 4     lext3_fnode = fnode_to_lext3(fnode);
 5     space = fnode->cache_space;
 6     blocksize = fnode->super->block_size;
 7     data_blocks = lext3_fnode->data_blocks;
 8     if (!(S_ISREG(fnode->mode) || S_ISLNK(fnode->mode)))
 9         return;
10     if (IS_APPEND(fnode) || IS_IMMUTABLE(fnode))
11         return;
12     lext3_discard_reservation(fnode);
13     if ((fnode->file_size & (blocksize - 1)) == 0) {
14         page = NULL;
15     } else {
16         page = pgcache_find_alloc_lock(space,
17             fnode->file_size >> PAGE_CACHE_SHIFT,
18             cache_space_get_allocflags(space));
19         if (!page)
20             return;
21     }
22     handle = lext3_start_trunc_journal(fnode);
23     if (IS_ERR(handle)) {
24         if (page)
25             ......
26         return;
27     }
28     last_block = (fnode->file_size + blocksize - 1)
29         >> fnode->super->block_size_order;
30     if (page)
31         trucate_last_block(handle, page, space, fnode->file_size);
32     level = lext3_block_to_path(fnode, last_block, offsets, NULL);
33     if (level == 0)
34         goto out_stop;
35     if (lext3_add_orphan(handle, fnode))
36         goto out_stop;
```

```
37     lext3_fnode->filesize_disk = fnode->file_size;
38     down(&lext3_fnode->truncate_sem);
39     if (level == 1) {
40        free_data_blocks(handle, fnode, NULL, data_blocks+offsets[0],
41           data_blocks + LEXT3_DIRECT_BLOCKS);
42        goto do_indirects;
43     }
44     partial = get_survive_pos(fnode, level, offsets, chain, &nr);
45     ......
46     up(&lext3_fnode->truncate_sem);
47     fnode->data_modify_time = fnode->meta_modify_time = CURRENT_TIME_SEC;
48     lext3_mark_fnode_dirty(handle, fnode);
49     if (IS_SYNC(fnode))
50        handle->sync = 1;
51 out_stop:
52     if (fnode->link_count)
53        lext3_orphan_del(handle, fnode);
54     lext3_stop_journal(handle);
55 }
```

阅读 lext3_truncate 函数有利于理解文件数据块的组织，但是该函数调用了一些辅助函数，比较复杂。鉴于篇幅的原因，这些辅助函数就留给读者作为练习。

第 4 行将虚拟文件系统层的文件节点对象转换为 LEXT3 文件系统的节点对象。

第 5 行获得文件地址空间描述符。

第 6 行获得文件系统的块大小。

第 7 行获得文件节点的数据块指针数组。

第 8 行判断如下两个条件，一旦满足其中一个条件就退出：

1. 文件不是普通文件。
2. 文件是链接文件。

第 10 行判断如下两个条件，一旦满足其中一个条件就退出：

1. 文件只允许添加，不允许截断。
2. 文件是只读的。

运行到第 12 行，说明基本的检查通过，开始执行文件截断工作。

第 12 行调用 lext3_discard_reservation 函数将文件保留空间丢弃。

第 13 行判断文件截断后的大小，如果文件刚好处于数据块的边界，则说明最后一个数据块最好能完整地容纳数据块，不需要截断其中一部分。在第 14 行将 page 临时变量设置为 NULL，这样后续的流程就不会对最后的数据块进行特殊处理。

否则，在第 16 行调用 pgcache_find_alloc_lock 函数读取最后一页的内容并锁住页面。

小问题 10.17：在第 13 行判断文件大小是否处于文件块的边界，而第 16 行以页为单位读取文件内容。这是不是搞错了？

如果读取最后一页失败，则在第 20 行退出。

第 22 行强制将原事务提交并启动新事务。这是由于载断操作耗费资源，为了避免影响其他事务，需要先将以前的事务强制提交。

第 23 行判断是否成功启动了新事务，如果失败，则在第 24~25 行清理最后一页，并在第 26 行退出。

第28行计算最后一块数据块的块号。

第30行判断最后一块是否需要特殊处理，如果需要，就在第31行调用trucate_last_block函数将其截断。

小问题10.18：截断最后一块需要做什么工作？

第32行调用lext3_block_to_path函数计算最后一块的路径，找到其一、二、三级间接块的位置。

第33行判断最后一块是否为0，如果是，就在第34行跳转到out_stop标号。这是最简单的一种情况。

第35行调用lext3_add_orphan函数将文件节点添加到孤儿链表中，如果失败，就在第36行跳转到out_stop标号。

小问题10.19：为什么要将文件节点添加到孤儿链表？

第37行更新文件节点描述符中的字段，该字段将会在随后的流程中复制到磁盘文件节点对象，并最终更新到磁盘设备中。

第38行获得截断相关的信号量，防止多个流程并发执行。

第39行判断最后一块的位置。如果位于直接块中，其处理流程就非常简单。首先在第40行调用free_data_blocks函数将直接块中多余的块删除，然后在第42行跳转到do_indirects标号，删除所有间接块。

运行到第44行，说明最后一块位于间接块中。在各层中可能需要保留一部分块，同时也需要删除一部分块，因此调用get_survive_pos函数计算要保留的块。

第45行处理要释放的间接块指针。实际上，这里的代码很复杂。有兴趣的读者可以阅读其源代码，建议画一张间接块的图，这样更有助于理解代码的含义。

第46行释放文件节点相关的信号量。

第47行修改文件节点的时间。

第48行调用lext3_mark_fnode_dirty将文件节点标记为脏节点。

第49行判断文件节点是否需要同步处理，如果需要，则将日志句柄的同步标记设置为1。

第52行判断文件节点的链接计数。如果链接计数不为0，则表明是正常的截断文件，此时截断操作已经完成，因此在第53行将它从临时的孤儿链表中移除。

第54行调用lext3_stop_journal函数停止日志，以表示当前日志句柄已经结束处理的事实。

10.2.4.4 目录节点回调函数表

与目录节点相关的回调函数表是lext3_dir_fileops和 lext3_dir_fnode_ops。

在lext3_dir_fileops回调函数表中，最重要的回调函数是lext3_readdir。它向调用者返回目录中的文件名及其文件节点编号。其实现如下：

```
1 static int lext3_readdir(struct file *file, void *dirent, filldir_t filldir)
2 {
3     ......
4     offset = file->pos & (super->block_size - 1);
5     while (!error && !stored && file->pos < fnode->file_size) {
6         block = (file->pos) >> super->block_size_order;
7         blkbuf = lext3_read_metablock(NULL, fnode, block, 0, &err);
8         if (!blkbuf) {
9             lext3_enconter_error (super,
```

```
10                 "directory #%lu contains a hole at offset %lu",
11                 fnode->node_num, (unsigned long)file->pos);
12             file->pos += super->block_size - offset;
13             continue;
14         }
15         if (!offset) {
16             ra_blocks = 16 >> (super->block_size_order - 9);
17             idx = 0;
18             for (i = 0; i < ra_blocks; i++) {
19                 block++;
20                 tmp = lext3_get_metablock(NULL, fnode, block, 0, &err);
21                 if (tmp && !blkbuf_is_uptodate(tmp) && !blkbuf_is_locked(tmp)) {
22                     ary_blkbuf[idx] = tmp;
23                     idx++;
24                 }
25                 else
26                     loosen_blkbuf (tmp);
27             }
28             if (idx) {
29                 submit_block_requests (READA, idx, ary_blkbuf);
30                 for (i = 0; i < idx; i++)
31                     loosen_blkbuf (ary_blkbuf[i]);
32             }
33         }
34 revalidate:
35         if (file->version != fnode->version) {
36             for (i = 0; i < super->block_size && i < offset; ) {
37                 dir_item = (struct lext3_dir_item *) (blkbuf->block_data + i);
38                 if (le16_to_cpu(dir_item->rec_len) < lext3_dir_item_size(1))
39                     break;
40                 i += le16_to_cpu(dir_item->rec_len);
41             }
42             offset = i;
43             file->pos = (file->pos & ~(super->block_size - 1)) | offset;
44             file->version = fnode->version;
45         }
46         while (!error && file->pos < fnode->file_size
47             && offset < super->block_size) {
48             dir_item = (struct lext3_dir_item *) (blkbuf->block_data + offset);
49             valid = lext3_verify_dir_item("lext3_readdir", fnode,
50                         dir_item, blkbuf, offset);
51             if (!valid) {
52                 file->pos = (file->pos | (super->block_size - 1)) + 1;
53                 loosen_blkbuf (blkbuf);
54                 ret = stored;
55                 goto out;
56             }
57             offset += le16_to_cpu(dir_item->rec_len);
58             if (le32_to_cpu(dir_item->file_node_num)) {
59                 ......
60                 ft_feature = LEXT3_HAS_INCOMPAT_FEATURE(super,
61                     LEXT3_FEATURE_INCOMPAT_FILETYPE);
```

```
62                 if (ft_feature && (dir_item->file_type >= LLEXT3_FT_MAX))
63                     dir_type = filetype_table[dir_item->file_type];
64                 error = filldir(dirent, dir_item->name, dir_item->name_len,
65                     file->pos, le32_to_cpu(dir_item->file_node_num),
66                     dir_type);
67                 if (error)
68                     break;
69                 if (version != file->version)
70                     goto revalidate;
71                 stored++;
72             }
73             file->pos += le16_to_cpu(dir_item->rec_len);
74         }
75         offset = 0;
76         loosen_blkbuf (blkbuf);
77     }
78 out:
79     return ret;
80 }
```

第 4 行计算当前读/写位置在块内的偏移。

第 5 行的循环一般情况下只会执行一次，它从当前位置读取目录项到用户指定的缓冲中。

第 6 行计算当前位置所在的块编号。

第 7 行调用 lext3_read_metablock 函数读取逻辑块的内容到内存缓冲区。

如果读入缓冲区失败，则说明目录节点的数据块中遇到一个空洞，这是一种非常少见的情况，因此在第 9 行打印警告信息，然后将文件读/写位置移动到下一个数据块，并开启下一轮循环。

第 15 行判断读的位置。如果当前不是从块开始处理读数据，则说明是第一次读请求，因此在第 16~32 行处理预读请求。

第 16 行计算 16 个扇区占用的逻辑块数量，这些扇区将被预读进内存。

第 18 行遍历需要预读的逻辑块数量。

第 19 行递增要预读的块编号。

第 20 行调用 lext3_get_metablock 函数获取预读块的缓冲区。

第 21 行判断预读的块缓冲区状态，如果这些缓冲区没有在内存中，并且没有被锁定，则需要从磁盘中读取其内容。因此第 22 行在临时数组 ary_blkbuf 中记录下这些缓冲区。

否则释放块缓冲区的引用，但是这些块缓冲区仍然处于内存中。

当遍历完所有预读缓冲区后，那些尚未存在于内存中的缓冲区保存在 ary_blkbuf 中，其大小位于 idx 临时变量中。第 28 行判断 idx 变量是否不为 0，如果不是为 0，则表示真的需要从磁盘中读取缓冲区的内容。因此在第 29 行调用 submit_block_requests 函数提交这些预读块的读请求，并在第 31~32 行释放所有缓冲区描述符的引用计数。

第 35 行判断自上次读文件节点以来，文件节点是否发生了变化。如果发生了变化，则说明目录内容发生了变化，因此需要重新读取数据块中的内容，进入第 36~44 行的处理逻辑。其中：

第 36 行从数据块的开始处循环，遍历读取数据块内每一个目录项。

第 37 行获得当前目录项的缓冲区地址。

第 38 行判断当前目录项大小是否为 0。大小为 0 的目录项表示结束项，如果这样就在第 39 行退出循环。

第 40 行将指针偏移到下一个目录项，并开始继续循环。

运行到第 42 行，说明当前位置已经大于等于数据块变化前的位置，因此重新设置 offset 变量使其指向新的正确位置。

小问题 10.20：offset 可能在此变大，也就是说读/写位置向后偏移了，这是否违反直觉？还有可能向前偏移吗？

小问题 10.21：这里为什么要重新读取内容，是为了数据准确性吗？

第 43 行修正文件读/写位置。

第 44 行更新文件描述符中的文件版本号。

第 46 行开启第 49~73 行的循环，该循环体实际上是从当前位置读取一项有效的目录项。其中：

第 48 行获得当前数据块缓冲区当前位置的内容，并将其转换为目录项描述符。

第 49 行判断当前位置是否对应有效的目录项。如果不是有效的目录项，就执行第 52~55 行的代码逻辑。其中：

第 52 行将当前读/写位置移动到下一个数据块。

第 53 行释放当前缓冲区的引用。

第 55 行转到 out 标号以结果当前函数。

如果当前目录项是有效的，则在第 57 行移动读/写位置到下一个目录项。

小问题 10.22：在什么情况下，目录项有效，但是目录项中的文件节点无效？

第 58 行判断当前目录项的文件节点编号，如果有效，则说明它确实指向一个有效的文件节点。因此执行第 59~71 行的代码逻辑。其中：

第 60 行获得 LEXT3 文件系统的兼容标志，是否支持不兼容的文件类型。

第 62 行判断兼容标志，如果支持不兼容的文件类型，并且目录项中的文件类型超出传统的文件类型，就从全局文件类型表中找到扩展支持的文件类型。

小问题 10.23：第 62 行有什么 BUG？

第 64 行调用 filldir 将目录项的信息填充到用户缓冲区中。如果失败，就在第 68 行跳出循环，结束处理流程。

第 69 行判断文件节点的版本号，如果发生了变化，就在第 70 行跳转到 revalidate 标号重新读取数据块内容。

如果一切顺利，就在第 71 行递增 stored 计数，以表示读取了一个有效的目录项。

不管当前目录项是否有效，都在第 73 行递增文件读/写位置，以开始处理下一个目录项。

运行到第 73 行，说明已经处理完当前数据块，开始从下一个数据块中读取数量。首先在第 73 行将块内偏移设置为 0，并在第 76 行释放当前数据块缓冲区的引用计数，然后跳转到下一循环开始处理。

小问题 10.24：哪种极端情况下会真的进入下一轮循环？

lext3_dir_fnode_ops 回调函数表中的函数主要用于目录节点的操作。

其中，lext3_create 回调函数用于创建一个普通文件。其实现流程如下：

```
1 static int lext3_create (......)
2 {
3     ......
4 retry:
5     handle = lext3_start_journal(dir, LEXT3_DATA_TRANS_BLOCKS +
6         LEXT3_INDEX_EXTRA_TRANS_BLOCKS + 3 + 2 * LEXT3_QUOTA_INIT_BLOCKS);
```

```
 7     if (IS_ERR(handle))
 8         return PTR_ERR(handle);
 9     if (IS_DIRSYNC(dir))
10         handle->sync = 1;
11     fnode = lext3_alloc_fnode(handle, dir, mode);
12     ret = PTR_ERR(fnode);
13     if (!IS_ERR(fnode)) {
14         fnode->node_ops = &lext3_file_fnode_ops;
15         fnode->file_ops = &lext3_file_ops;
16         lext3_init_cachespace(fnode);
17         ret = dir_item_stick(handle, fnode_cache, fnode);
18     }
19     lext3_stop_journal(handle);
20     if (ret == -ENOSPC && lext3_should_retry_alloc(dir->super, &retries))
21         goto retry;
22     return ret;
23 }
```

在函数的第 5 行调用 lext3_start_journal 函数，该函数会为当前线程申请日志操作的句柄，主要工作是为日志保留空间。

如果不能为日志分配空间，就在第 8 行返回错误。

第 9 行判断目录是否需要同步写，如果需要，就在第 10 行设置日志的 sync 标志，这样在结束日志的时候就会同步提交日志。

第 11 行调用 lext3_alloc_fnode 函数为新创建的文件分配文件节点。随后将描述符此函数。

第 13 行判断是否成功创建文件节点。如果成功创建，就在第 14~17 行对文件节点进行必要的初始化。其中：

第 14 行设置文件节点的节点回调函数表为 lext3_file_fnode_ops。

第 15 行设置文件节点的文件回调函数表为 lext3_file_ops。

第 16 行初始化文件节点的地址空间对象。

第 17 行将目录项与文件节点关联起来。

无论是否成功创建文件节点，都会在第 19 行调用 lext3_stop_journal 函数，以关闭日志句柄。

第 20 行判断错误返回值，如果由于磁盘空间不足的原因导致无法创建文件节点，并且没有达到重试次数，就在第 21 行跳转到 retry 标号处，进行下一次尝试。

lext3_alloc_fnode 函数为文件节点分配空间。该函数共分为三个部分：

1. 一些基本的检查及准备工作。
2. 在块组中分配文件节点空间。
3. 收尾工作

第一部分的实现如下：

```
1 struct file_node *lext3_alloc_fnode(......)
2 {
3     ......
4     if (!dir || !dir->link_count)
5         return ERR_PTR(-EPERM);
6     super = dir->super;
7     fnode = fnode_alloc(super);
8     if (!fnode)
```

```
 9          return ERR_PTR(-ENOMEM);
10      lext3_fnode = fnode_to_lext3(fnode);
11      lext3_super = super_to_lext3(super);
12      super_phy = lext3_super->phy_super;
13      if (S_ISDIR(mode)) {
14          if (lext3_test_opt (super, LEXT3_MOUNT_OLDALLOC))
15              group = find_dir_group_old(super, dir);
16          else
17              group = find_dir_group_orlov(super, dir);
18      } else
19          group = find_file_group(super, dir);
20      if (group == -1) {
21          loosen_file_node(fnode);
22          return ERR_PTR(-ENOSPC);
23      }
```

第 4 行判断目录对象是否正常，并且其链接计数是否为 0。正常目录对象的链接计数至少为 2。如果为 0，则表示目录已经被删除，接着在第 5 行返回错误码。

第 6 行获得目录所在的超级块对象。

第 7 行分配目录节点描述符。如果无法分配内存，就在第 9 行返回错误码。

第 10~12 行分别获得 LEXT3 的文件节点对象、超级块对象和超级块物理缓冲区指针。

第 13 行判断要创建对象的类型，如果要创建的对象是目录对象，则执行第 14~17 行的代码逻辑，其中：

第 14 行判断是否使用旧的方法为目录寻找可用的块组。如果是这样，就在第 15 行调用 find_dir_group_old 函数，使用旧的方法查找可用块组。

否则在第 17 行调用 find_dir_group_orlov 函数，使用新的方法查找可用块组。

一般情况下会使用新的算法查找可用块组。

如果要创建的对象不是目录，就在第 19 行调用 find_file_group 函数，尽量从当前目录所在块组开始分配文件节点。

第 20 行判断是否有满足条件的块组，如果没有，就在第 21 行释放文件节点对象，并在第 22 行返回错误码。

至此，适合分配给文件节点的块组编号已经被成功找到。接下来在第二部分遍历可用的块组，为文件节点分配实际可用的空间。这部分的代码实现如下：

```
 1      for (i = 0; i < lext3_super->groups_count; i++) {
 2          group_desc = lext3_get_group_desc(super, group, &blkbuf);
 3          err = -EIO;
 4          bitmap_blkbuf = lext3_read_fnode_bitmap(super, group);
 5          if (!bitmap_blkbuf)
 6              goto fail;
 7          fnode_num = 0;
 8  try_again:
 9          fnode_num = lext3_find_next_zero_bit(bitmap_blkbuf->block_data,
10              LEXT3_FNODES_PER_GROUP(super), fnode_num);
11          if (fnode_num < LEXT3_FNODES_PER_GROUP(super)) {
12              int credits = 0;
13              err = ext3_journal_get_write_access_credits(handle,
14                              bitmap_blkbuf, &credits);
```

```
15          if (err) {
16              loosen_blkbuf(bitmap_blkbuf);
17              bitmap_blkbuf = NULL;
18              goto fail;
19          }
20          if (!lext3_set_bit_atomic(fnode_num, bitmap_blkbuf->block_data)) {
21              err = lext3_journal_dirty_metadata(handle, bitmap_blkbuf);
22              loosen_blkbuf(bitmap_blkbuf);
23              bitmap_blkbuf = NULL;
24              if (err)
25                  goto fail;
26              goto got;
27          }
28          journal_putback_credits(handle, bitmap_blkbuf, credits);
29          fnode_num++;
30          if (fnode_num < LEXT3_FNODES_PER_GROUP(super))
31              goto try_again;
32      }
33      group++;
34      if (group == lext3_super->groups_count)
35          group = 0;
36      loosen_blkbuf(bitmap_blkbuf);
37      bitmap_blkbuf = NULL;
38  }
39  loosen_file_node(fnode);
40  return ERR_PTR(-ENOSPC);
```

第1行开启第2~37行的循环，该循环遍历所有块组，直到找到可用的文件节点。

第2行获得当前块组的块组描述符。

第4行获得文件节点位图缓冲区。如果无法获得缓冲区，说明遇到严重的硬件错误，则在第6行跳转到fail标号处，以结束处理流程。

第9行调用lext3_find_next_zero_bit在位图缓冲区中搜索空闲位，以找到空闲文件节点编号。

第11行判断位图缓冲区中是否存在可用空闲位，如果有就执行第12~31行的代码逻辑。其中：

第13行调用ext3_journal_get_write_access_credits从日志句柄中获得位图块的写权限。如果失败，就在第16行释放位图缓冲区的引用，并在第18行跳转到fail标号以结束处理流程。

第20行调用lext3_set_bit_atomic在位图缓冲区中原子地设置空闲位。如果成功就执行第21～26行的代码逻辑。其中：

第21行调用lext3_journal_dirty_metadata函数将位图缓冲区设置为脏缓冲区。

第22行释放对位图缓冲区的引用。

如果第21行设置位图缓冲区为脏缓冲区失败，就说明日志模块遇到严重错误，因此在第25行跳转到fail标号结束处理流程。

否则在第26行跳转到got标号，进行第三部分的处理。

运行到第28行，说明刚准备占用的文件节点编号被同步进行的文件创建流程占用，因此在第28行调用journal_putback_credits函数归还刚刚在第13行申请的日志空间额度。然后在第29行递增文件节点编号，以准备从下一个文件节点开始继续搜索可用的文件节点编号。

第30行判断当前块组中是否还有可用的文件节点编号。如果有，则在第31行跳转到try_again

标号继续搜索。

运行到第 33 行，说明当前块组内没有可用的文件节点编号。因此在第 33 行递增块组编号，以便在下一个块组中继续查找可用文件节点。

第 34 行判断当前块组编号是否达到最后一个块组，如果是，则在第 35 行回绕到第一个块组。

第 36 行释放当前位图缓冲区的引用，并跳转到下一个块组继续搜索。

运行到第 39 行，说明所有块组内均无法分配到可用文件节点，因此在第 39 行释放分配的文件节点描述符，并在第 40 行返回空间不足的错误码。

当成功找到文件节点后，将跳转到 got 标号，开始本函数的第三部分。其实现如下：

```
1 got:
2     fnode_num += group * LEXT3_FNODES_PER_GROUP(super) + 1;
3     if (fnode_num < LEXT3_FIRST_FILENO(super)
4         || fnode_num > le32_to_cpu(super_phy->fnode_count)) {
5         ......
6     }
7     err = lext3_journal_get_write_access(handle, blkbuf);
8     if (err)
9         goto fail;
10    smp_lock(lext3_block_group_lock(lext3_super, group));
11    group_desc->free_fnode_count =
12        cpu_to_le16(le16_to_cpu(group_desc->free_fnode_count) - 1);
13    if (S_ISDIR(mode)) {
14        group_desc->dir_count =
15            cpu_to_le16(le16_to_cpu(group_desc->dir_count) + 1);
16    }
17    smp_unlock(lext3_block_group_lock(lext3_super, group));
18    err = lext3_journal_dirty_metadata(handle, blkbuf);
19    if (err)
20        goto fail;
21    approximate_counter_dec(&lext3_super->free_fnode_count);
22    if (S_ISDIR(mode))
23        approximate_counter_inc(&lext3_super->dir_count);
24    super->dirty = 1;
25    fnode->uid = current->fsuid;
26    ......
27    lext3_set_fnode_flags(fnode);
28    putin_file_node(fnode);
29    if (IS_DIRSYNC(fnode))
30        handle->sync = 1;
31    smp_lock(&lext3_super->gen_lock);
32    lext3_super->generation++;
33    fnode->generation = lext3_super->generation;
34    smp_unlock(&lext3_super->gen_lock);
35    lext3_fnode->state = LEXT3_STATE_NEW;
36    lext3_fnode->extra_fsize =
37        (LEXT3_FNODE_SIZE(fnode->super) > LEXT3_OLD_FNODE_SIZE) ?
38        sizeof(struct lext3_fnode_disk) - LEXT3_OLD_FNODE_SIZE : 0;
39    ret = fnode;
40    err = lext3_mark_fnode_dirty(handle, fnode);
41    if (err) {
```

```
42          ......
43      }
44      return ret;
```

第 2 行根据块组号和块组内的编号，计算文件节点编号的全局编号。

第 3 行判断文件节点编号是否小于保留文件节点编号，或者大于文件系统最大的文件节点编号，这两种情况都属于逻辑错误。因此在第 5 行进行一些错误处理后退出。

第 7 行调用 lext3_journal_get_write_access 获得位图缓冲区的访问权限。后续会将缓冲区的内容作为元数据修改，需要在日志中保存元数据的变化。如果失败，就在第 9 行跳转到 fail 标号以结束处理流程。

第 10 行获得块组的自旋锁。

第 11 行递减空闲文件节点数量，并保存到块组描述符中。

第 13 行判断要创建的文件是否为目录，如果是，就在第 14 行递增块组描述符中的目录数量。

第 17 行释放块组描述符的自旋锁。

第 18 行将块组描述符的位图缓冲区设置为脏缓冲区。如果失败，就在第 20 行跳转到 fail 标号以结束处理流程。

第 21 行递增超级块描述符中的文件节点数量。

如果要创建的文件节点是目录，就在第 23 行递增超级块描述符中目录节点数量。

第 24 行设置超级块的脏标记。

第 25~26 行设置文件节点描述符的初始值。

第 27 行设置文件节点描述符的特定标志。

第 28 行将文件节点放到全局散列表中。

第 29 行判断文件节点是否为目录并且需要同步写入。如果需要，就在第 30 行将日志句柄的 sync 标志设置为 1，这样在关闭日志句柄的时候会同步写入日志。

第 31~34 行获得超级块的版本号自旋锁，并在第 32 行递增版本号，然后在第 33 行将超级块的版本号赋予文件节点。

第 35 行设置文件节点的状态为新创建状态。

第 36 行设置文件节点的长度。

第 40 行将文件节点设置为脏的状态。如果由于日志空间不足的原因失败，就在第 42 行执行一些错误回退工作。

至此，我们分析了重要的目录节点回调函数表。限于篇幅的原因，不能对其他重要的函数进行一一分析。但是，有了这些基础，相信读者能够自行阅读并理解其他回调函数的实现。

10.2.4.5 其他文件节点回调函数

lext3_special_fnode_ops 是设备文件的回调函数表。该表只有一个重要函数 lext3_setattr，为设置设备属性时所用。

lext3_symlink_fnode_ops 和 lext3_fast_symlink_fnode_ops 是链接文件的回调函数表。

lext3_symlink_fnode_ops 回调函数表中的函数均为虚拟文件系统层的公共函数。这意味着 LEXT3 文件系统的链接文件处理方式与大多数普通文件系统相同，链接符号的信息保存在数据块中。

但是，如果链接文件符号较短，可以容纳在 60 字节中，那么就会将链接符号保存在文件节点的 data_blocks 字段中。此时，就会调用 lext3_fast_symlink_fnode_ops 回调函数表中的

lext3_follow_fast_symlink 函数来实现 follow_link 回调。其实现如下：

```
1 static int lext3_follow_fast_symlink(struct filenode_cache *fnode)
2 {
3     ......
4     lext3_fnode = fnode_to_lext3(fnode_cache->file_node);
5     look_save_symlink_name(look, (char*)lext3_fnode->data_blocks);
6     ......
7     return 0;
8 }
```

该函数的实现很简单，它首先在第 4 行获得 LEXT3 的文件节点描述符，然后在第 5 行从 data_blocks 数组中直接复制链接符号的内容并返回给调用者。

10.2.4.6　文件地址空间读回调函数

针对不同的挂载参数，文件节点的地址空间回调函数表有如下三种不同的形式：

1．journalled_cache_ops 用于数据日志模式。

2．writeback_cache_ops 用于写回日志模式。

3．ordered_cache_ops 用于按序模式。

小问题 10.25：是否听说过按序模式这个术语？

首先分析读文件页面的实现，两个相关的函数是 lext3_read_page、lext3_read_pages。其实现如下：

```
1 static int lext3_read_page(......)
2 {
3     return generic_readpage(page, lext3_get_datablock);
4 }
5 static int lext3_read_pages(......)
6 {
7     return generic_readpages(space, pages, nr_pages, lext3_get_datablock);
8 }
```

其中，generic_readpage 和 generic_readpages 函数已经在虚拟文件系统层有过详细描述，在此不再重复。

接下来重点分析 lext3_get_datablock 函数，它的职责是将文件节点的逻辑块号转换为物理磁盘扇区，并从物理磁盘中读取数据到内存缓冲区。其实现如下：

```
 1 int lext3_find_block(......)
 2 {
 3     ......
 4     depth = lext3_block_to_path(fnode, iblock, offsets, &boundary);
 5     lext3_fnode = fnode_to_lext3(fnode);
 6     if (depth == 0)
 7         goto out;
 8 reread:
 9     partial = lext3_read_branch(fnode, depth, offsets, chain, &err);
10     if (!partial) {
11         blkbuf_clear_new(blkbuf);
12         goto got_it;
13     }
14     if (!create || err == -EIO)
```

```
15         goto cleanup;
16     if (err == -EAGAIN)
17         goto changed;
18     goal = 0;
19     down(&lext3_fnode->truncate_sem);
20     if (find_near_block(fnode, iblock, chain, partial, &goal) < 0) {
21         up(&lext3_fnode->truncate_sem);
22         goto changed;
23     }
24     left = (chain + depth) - partial;
25     err = alloc_branch(handle, fnode, left, goal,
26         offsets + (partial - chain), partial);
27     if (!err)
28         err = stick_branch(handle, fnode, iblock, chain, partial, left);
29     if (!err && extend && fnode->file_size > lext3_fnode->filesize_disk)
30         lext3_fnode->filesize_disk = fnode->file_size;
31     up(&lext3_fnode->truncate_sem);
32     if (err == -EAGAIN)
33         goto changed;
34     if (err)
35         goto cleanup;
36     blkbuf_set_new(blkbuf);
37     goto got_it;
38 changed:
39     while (partial > chain) {
40         loosen_blkbuf(partial->blkbuf);
41         partial--;
42     }
43     goto reread;
44 got_it:
45     blkbuf_set_map_data(blkbuf, fnode->super,
46         le32_to_cpu(chain[depth - 1].child_block_num));
47     if (boundary)
48         blkbuf_set_boundary(blkbuf);
49     partial = chain + depth - 1;
50 cleanup:
51     while (partial > chain) {
52         loosen_blkbuf(partial->blkbuf);
53         partial--;
54     }
55 out:
56     return err;
57 }
58 int lext3_get_datablock(......)
59 {
60     ......
61     if (create) {
62         handle = lext3_get_journal_handle();
63         ASSERT(handle);
64     }
65     ret = lext3_find_block(handle, fnode, iblock, blkbuf, create, 1);
66     return ret;
67 }
```

lext3_get_datablock 函数不仅处理读取已经已有数据块的情况，也负责创建新的逻辑块，为其分配磁盘空间，因此在 lext3_get_datablock 函数的第 61 行判断调用者传入的 create 参数。如果当前处于创建逻辑块的过程，就在第 62 行调用 lext3_get_journal_handle 获得线程的日志句柄。后续在分配磁盘空间的过程中将使用此句柄与日志模块交互。

第 63 行确保日志句柄真的存在。

第 65 行调用 lext3_find_block 函数完成实际的创建数据块，装载数据块的工作。

在 lext3_find_block 函数的第 4 行调用 lext3_block_to_path 函数，计算逻辑块在数据块中的路径。其返回值是数据块所属的间接块层编号。

第 6 行判断数据块深度，如果深度为 0，则表示逻辑块没有位于数据块中。此时直接跳转到 out 标号以结束处理流程。

小问题 10.26：什么时候数据不会位于数据块中？

第 9 行调用 lext3_read_branch 函数逐级装载数据块。如果幸运的话，每一级直接块和间接块都存在，并且数据块也存在，那么就会执行第 11~12 行的代码逻辑。首先在第 11 行清除数据块缓冲区的 BS_NEW 标示，并在第 12 行跳转到 got_it 标号以进行后续处理。

小问题 10.27：为什么要清除 BS_NEW 标志？

运行到第 14 行，说明要读取的数据块并不存在，甚至指向数据块的间接块也不存在。因此在第 14 行判断是否需要创建新逻辑块，如果不需要创建逻辑块，或者在读取逻辑块的过程中出现 I/O 方面的异常而无法继续处理流程，就在第 15 行跳转到 cleanup 标号以结束处理流程。

第 16 行判断 lext3_read_branch 函数的返回值，如果由于文件截断的原因导致间接块发生了变化，就跳转到 changed 标号处重新加载间接块。

第 19 行获得文件节点的截断信号量，防止在分配文件块的过程中截断文件。

第 20 行调用 find_near_block 函数为文件节点块找到一个邻近的磁盘块，尽量从此块开始为节点分配空间。这有利于提升读文件数据块的性能。

如果 find_near_block 函数返回失败，那么可能是间接块发生了变化，因此在第 21 行释放截断信号量，并在第 22 行跳转到 changed 标号重试。

第 24 行计算需要创建哪几级间接块。

第 25 行调用 alloc_branch 函数分配还未创建的间接块。如果没有发生错误，就在第 28 行调用 stick_branch 函数将这些间接块链接起来。

如果没有发生错误，并且文件大小增大，就在第 30 行修改 filesize_disk 字段的值。最终会将这个值写入磁盘文件节点元数据中。

第 31 行释放截断信号量。

如果整个过程发生错误，但是错误值是-EAGAIN，则表示可能出现了间接块被修改的错误，因此在第 33 行跳转到 changed 标号，重试本流程。如果是其他错误，就在第 35 行跳转到 cleanup 标号，进行一些错误收尾工作后退出本流程。

如果没有发生错误，就在第 36 行设置缓冲区的 BS_NEW 标志。

第 37 行直接跳转到 got_it 标号，以表示成功找到数据块。

第 38 行的 changed 标号清理已经失效的间接块数据。它首先在第 39~42 行的循环中释放数据块缓冲区，并在第 43 行跳转到 reread 标号重新读取数据块内容。

第 44 行的 got_it 标号进行一些收尾工作，首先在第 45 行调用 blkbuf_set_map_data 将内存缓冲区与逻辑块关联起来。

第 47~48 行设置缓冲区的 BS_BOUNDARY 标志，该标志主要用于提升磁盘读/写效率。如今高速磁盘逐渐普及，这个标志的意义并不大。

最后，第 50 行的 cleanup 标号以一个小循环的方式，释放间接块相关的临时缓冲区。

10.2.4.7 文件地址空间写回调函数

在 ordered_cache_ops 回调函数表中，与写相关的回调函数有 lext3_prepare_write 和 commit_write_writeback。关于这两个函数的作用，请参见前面章节的描述。

lext3_prepare_write 函数的实现如下：

```
 1 static int lext3_prepare_write(......)
 2 {
 3     ......
 4 try_again:
 5     handle = lext3_start_journal(fnode, get_trans_block_writepage(fnode));
 6     if (IS_ERR(handle)) {
 7         ret = PTR_ERR(handle);
 8         goto out;
 9     }
10     ret = blkbuf_prepare_write(page, from, to, lext3_get_datablock);
11     if (!ret && (lext3_get_journal_type(fnode) == JOURNAL_TYPE_FULL))
12         ret = for_each_blkbuf(handle, page_first_block(page),
13                 from, to, NULL, lext3_get_write_access);
14     if (ret)
15         lext3_stop_journal(handle);
16     if (ret == -ENOSPC && lext3_should_retry_alloc(fnode->super, &retries))
17         goto try_again;
18 out:
19     return ret;
20 }
```

第 4 行的 try_again 标号开启一个简单的循环，当运行过程中出现磁盘空间不足，并且重试次数没有达到上限次数的时候，就通过此循环进行重试。

第 5 行调用 lext3_start_journal 申请开启一个新的日志句柄，为写文件页保留日志空间。

如果不能启动日志，就在第 7 行设置错误码，并在第 8 行跳转到 out 标号，以结束处理流程。

第 10 行调用 blkbuf_prepare_write 为要写的页面准备缓冲区数据。如果相应的页面没有读入缓冲区数据，就在此将数据读取到内存中。

如果 blkbuf_prepare_write 函数执行成功，并且文件节点要求将数据块也记录到日志中，则在第 12 行调用 for_each_blkbuf 循环遍历页面中的块缓冲区，分别获得缓冲区的写权限。

如果一切正常，就在第 15 行调用 lext3_stop_journal 函数关闭日志句柄。

第 16~17 行处理异常情况下的重试操作。

接下来看看 blkbuf_prepare_write 函数的实现。它是块设备层提供的公共函数，用于从磁盘中装载数据块内容到内存缓冲区。其实现如下：

```
1 static int __blkbuf_prepare_write(......)
2 {
3     ......
4     block_size = 1 << file_node->block_size_order;
5     if (!page_has_blocks(page))
```

```
6        blkbuf_create_desc_page(page, block_size, 0);
7     ......
8     for (buf_desc = head; buf_desc != head || !block_start;
9        block++, block_start += block_size, buf_desc = buf_desc->next_in_page) {
10       block_end = block_start + block_size;
11       if (block_end <= from || block_start >= to) {
12          if (pgflag_uptodate(page)) {
13             if (!blkbuf_is_uptodate(buf_desc))
14                blkbuf_set_uptodate(buf_desc);
15          }
16          continue;
17       }
18       blkbuf_clear_new(buf_desc);
19       if (!blkbuf_is_mapped(buf_desc)) {
20          err = map_block(file_node, block, buf_desc, 1);
21          if (err)
22             goto out;
23          if (blkbuf_is_new(buf_desc)) {
24             blkbuf_clear_new(buf_desc);
25             blkbuf_sync_metablock(buf_desc->blkdev,
26                         buf_desc->block_num_dev);
27             if (pgflag_uptodate(page)) {
28                blkbuf_set_uptodate(buf_desc);
29                continue;
30             }
31             if (block_end > to || block_start < from) {
32                ......
33                kaddr = kmap_atomic(page, KM_USER0);
34                if (block_end > to)
35                   memset(kaddr+to, 0, block_end - to);
36                if (block_start < from)
37                   memset(kaddr+block_start, 0, from - block_start);
38                flush_dcache_page(page);
39                kunmap_atomic(kaddr, KM_USER0);
40             }
41             continue;
42          }
43       }
44       if (pgflag_uptodate(page)) {
45          if (!blkbuf_is_uptodate(buf_desc))
46             blkbuf_set_uptodate(buf_desc);
47          continue;
48       }
49       if (!blkbuf_is_uptodate(buf_desc) && !blkbuf_is_delay(buf_desc) &&
50           (block_start < from || block_end > to)) {
51          submit_block_requests(READ, 1, &buf_desc);
52          wait[wait_count] = buf_desc;
53          wait_count++;
54       }
55    }
56    for (i = 0; i < wait_count; i++) {
57       blkbuf_wait_unlock(wait[i]);
```

```
58          if (!blkbuf_is_uptodate(wait[i]))
59              return -EIO;
60      }
61      return 0;
62  out:
63      ......
64      return err;
65  }
66  int blkbuf_prepare_write(......)
67  {
68      struct file_node *file_node = page->cache_space->fnode;
69      int err = __blkbuf_prepare_write(file_node, page, from, to, map_block);
70      if (err)
71          clear_page_uptodate(page);
72      return err;
73  }
```

blkbuf_prepare_write 函数在第 69 行调用__blkbuf_prepare_write 函数，将其主要工作转交给__blkbuf_prepare_write 函数。如果__blkbuf_prepare_write 函数失败，就在第 71 行调用 clear_page_uptodate 清除页面的 PG_uptodate 标志。

小问题 10.28：页面的 PG_uptodate 和块缓冲区的 BS_UPTODATE 标志到底有什么差异？

__blkbuf_prepare_write 函数在第 4 行计算文件块的大小。

第 5 行判断页面是否包含缓冲区对象，如果还没有块缓冲区描述符与页面绑定，就在第 6 行调用 blkbuf_create_desc_page 函数分配并创建缓冲区描述符。

第 8 行开始第 9~55 行的循环，遍历处理页面中每一个文件块缓冲区。

第 10 行计算当前缓冲区的结束位置。

第 11 行判断缓冲区是否在本地次写操作的范围之外。如果在这范围之外，并且页面的内容是新的，而相应的缓冲区没有 BS_UPTODATE 标志，就强制将该标志设置上。

运行到第 18 行，开始处理本次写涉及的数据块缓冲区。

第 18 行清除 BS_NEW 标志，因为此时块缓冲区已经准备与磁盘建立关联关系。不再是新的空缓冲区。

第 19 行判断缓冲区是否与磁盘块相关联，如果还没有，说明是第一次向磁盘写，因此执行第 20~42 行的代码。其中：

第 20 行调用 map_block 查找逻辑块号对应的物理块号。如果失败，则在第 22 行跳转到 out 标号以结束处理流程。

第 23 行判断块缓冲区是不是与新数据块对应，如果是，则在第 24 行再次清除 BS_NEW 标志，并在第 25 行调用 blkbuf_sync_metablock 将磁盘上的旧块内容写入，避免乱序引起的写入错误。

如果整个页面的内容都是最新的，就不需要从磁盘中再次读取数据到缓冲区中。因此在第 28 行调用 blkbuf_set_uptodate 设置块缓冲区的标志后跳到下一个缓冲区继续处理。

小问题 10.29：如果在这里强制重新读一次有没有问题？

由于当前缓冲区没有与磁盘数据块关联，说明要写入的块面临一个空洞块。因此在第 31~40 行处理不在本次写范围内的块内容，将其强制清零。其中：

第 33 行将当前页面映射到内存中，以便内核能够访问。

第 34~35 行将块缓冲区中位于高地址侧，处于写操作范围之外的区域清零。

第 36~37 行将块缓冲区中位于低地址侧，处于写操作范围之外的区域清零。

第 38 行刷新 CPU 缓存到内存中，防止产生别名问题。

第 39 行解除页面内存映射。

运行到第 44 行，说明当前缓冲区与磁盘数据块进行了映射。因此在第 44 行判断当前页面是否为最新的。如果是，则没有必要从磁盘中读取数据，因此在第 45~46 行设置内存缓冲区的 BS_UPTODATE 标志。

如果页面内容不是最新的，就在第 49 行判断块缓冲区的内容是否为最新的。如果是最新的，并且有一部分内容处于本次写范围外，就必须从磁盘中读取数据块内容。因此在第 51 行调用 submit_block_requests 提高磁盘读请求，并将本次读取的缓冲区指针记录到临时数组中。

第 56 行循环处理第 51 行提交的数据块读请求，在第 57 行调用 blkbuf_wait_unlock 等待这些块缓冲区解锁，也就是等待其读请求完成。如果块缓冲区解锁后，第 58 行判断其中的数据并不是最新的，说明在读的过程中遇到了错误，因此在第 59 行返回 I/O 异常错误码。

如果一切正常，就在所有读请求完成后返回 0 以表示成功。

commit_write_ordered 函数用于写请求的收尾工作。其实现比较简单，如下所示：

```
 1 int generic_commit_write(......)
 2 {
 3     ......
 4     blkbuf_commit_write(file_node,page,from,to);
 5     if (end > file_node->file_size) {
 6        fnode_update_file_size(file_node, end);
 7        mark_fnode_dirty(file_node);
 8     }
 9     return 0;
10 }
```

第 4 行调用 blkbuf_commit_write 函数处理页面中的文件块，更新这些块缓冲区的 BS_UPTODATE 标志，以及页面标志。并通知日志模块，设置这些块的脏标志。

第 5 行判断本次写操作是否扩大了文件长度，如果是的话，则在第 6 行调用 fnode_update_file_size 更新文件长度，并在第 7 行调用 mark_fnode_dirty 函数，设置文件节点的脏标志。

10.3 文件系统日志

10.3.1 日志的数据结构

10.3.1.1 日志句柄数据结构

线程在操作日志的时候，并不会启动一个新日志，而是在当前正在运行的日志中申请一定的日志额度，获得一个操作此额度的日志句柄。相应的日志句柄由 journal_handle 数据结构表示。其定义如下：

```
1 struct journal_handle
2 {
```

```
3     int ref_count;
4     struct transaction *transaction;
5     int block_credits;
6     unsigned int sync;
7     unsigned int aborted;
8     int error;
9 };
```

这些字段的详细含义如下：

名为ref_count的字段是日志句柄描述符的引用计数。

名为transaction的字段表示日志句柄描述符属于哪个事务。随后将描述事务的字段含义。

名为block_credits的字段表示线程在日志中可用的额度，也就是还可以用多少个磁盘块来保存日志。

名为sync的字段表示处理完毕后，是否需要立即提交并等待事务结束。用于同步写入文件节点的情况。

名为aborted的字段表示日志处理过程中，遇到严重故障，必须停止日志。

名为error的字段表示错误号。

小问题10.30：既然日志句柄是线程调用日志模块的接口，为什么没有锁来保护该数据结构？其数据结构也显得很简单？

10.3.1.2 事务数据结构

一个事务代表一个完整的重放单元。日志里面记录的元数据要么全部有效，要么全部无效。在一个事务中，可能包含多个线程通过多个日志句柄提交的日志数据。

系统中仅会存在一个正在运行的事务，系统中所有的线程都向当前事务申请日志句柄，并向事务提交日志记录。

同时，系统还可能存在一个正在提交的事务。该事务正在将日志记录保存到日志块设备中。

系统中还会存在一个或者多个正在进行检查点操作的事务。所谓检查点操作，就是根据日志记录，将日志中的元数据写入文件系统所在的磁盘设备中去。完成后，就可以释放事务所占用的日志块设备空间。

事务由transaction数据结构来表示，其定义如下：

```
1 struct transaction
2 {
3     struct smp_lock lock;
4     trans_id_t trans_id;
5     enum transaction_state state;
6     int users;
7     int users_sequence;
8     struct journal *journal;
9     unsigned long start_block_num;
10    int          reserved_credits;
11    int metadata_blocks;
12    unsigned long timeout;
13    struct double_list reserved_list;
14    struct double_list data_block_list;
15    struct double_list locked_data_list;
16    struct double_list metadata_list;
```

```
17     struct double_list meta_orig_list;
18     struct double_list meta_log_list;
19     struct double_list ctrldata_list;
20     struct double_list forget_list;
21     struct double_list checkpoint_list;
22     struct double_list list_checkpoint;
23 };
```

这些字段的详细含义如下：

名为 lock 的字段是一个自旋锁，用于事务中的日志句柄。

名为 trans_id 的字段表示事务的 ID。

名为 state 的字段表示事务当前的状态。

名为 users 的字段表示正在使用本事务的日志句柄数量。在提交事务前，需要等待，其值为 0，表示没有线程向日志提交请求。

名为 users_sequence 的字段使用事务的日志句柄序号，递增不递减。

名为 journal 的字段表示事务所属的日志。

名为 start_block_num 的字段表示本事务从日志的哪一个磁盘块开始。在提交事务时，将从此磁盘块开始记录日志数据。

名为 reserved_credits 的字段表示保留给日志操作使用的空间额度，即日志要顺利完成所需要的块数量。

名为 metadata_blocks 的字段表示本事务中元数据缓冲区的个数。

名为 timeout 的字段表示事务的超时时间，当超过此时间时，即使事务中缓冲区较少，也会提交事务。

名为 reserved_list 的字段是一个双向链表，表示被事务所保留，但是实际上并没有在事务中被修改的缓冲区。

名为 data_block_list 的字段是一个双向链表，表示与当前事务相关的数据缓冲区。在按序日志模式下，应当首先将其写入磁盘，然后再写入元数据到日志中。

名为 locked_data_list 的字段是一个双向链表，表示文件系统还没有回写，因此需要日志系统回写的数据块。日志系统将这些数据锁定，然后提交到文件系统中。

名为 metadata_list 的字段是一个双向链表，表示所有修改过的元数据缓冲区的链表，需要将其提交到日志中。

名为 meta_orig_list 的字段是一个双向链表，表示原始的元数据链表，没有经过转义。

名为 meta_log_list 的字段是一个双向链表，表示当前正在等待 I/O 写入的链表。经过转义可以直接写入日志，与原始链表一一对应。

名为 ctrldata_list 的字段是一个双向链表，表示等待写入日志的控制块链表。如描述符块、撤销块。

名为 forget_list 的字段是一个双向链表，表示一旦本事务被提交，就可以废弃的缓冲区。包含事务中撤销的缓冲块。

名为 checkpoint_list 的字段是一个双向链表，表示检查点链表。只有当该链表中所有块写入后，才完成此事务的检查点。

名为 list_checkpoint 的字段是一个双向链表节点，通过此字段，将事务链接到日志的检查点事务链表。

其中，事务的状态可能包含以下值：

名　　称	含　　义
TRANS_RUNNING	事务正在运行，可以启动新的日志句柄
TRANS_PREPARE_COMMIT	等待提交状态，不接收新的日志句柄
TRANS_SYNCDATA	正在将数据块回写到磁盘
TRANS_COMMIT_METADATA	正在将事务的元数据提交到日志中
TRANS_FINISHED	事务已经完整提交到日志中，并打上提交标记

10.3.1.3　日志数据结构

每个 LEXT3 文件系统都可能包含一个日志。日志保存在日志块设备中。在挂载 LEXT3 文件系统的时候，会读取日志中的记录，并将其写入文件系统中，以保持文件系统的一致性。

日志描述符使用 journal 数据结构表示。其定义如下：

```
 1 struct journal
 2 {
 3     unsigned long flags;
 4     int errno;
 5     struct blkbuf_desc   *super_blkbuf;
 6     struct journal_super_phy *super_block;
 7     int format_version;
 8     struct smp_lock state_lock;
 9     struct transaction *running_transaction;
10     struct transaction *committing_transaction;
11     trans_id_t committed_id;
12     trans_id_t committing_id;
13     struct semaphore   barrier_sem;
14     int barrier_count;
15     struct double_list checkpoint_transactions;
16     struct wait_queue   wait_new_trans;
17     struct wait_queue   wait_logspace;
18     struct wait_queue   wait_commit_done;
19     struct wait_queue   wait_checkpoint;
20     struct wait_queue   wait_commit;
21     struct wait_queue wait_updates;
22     struct semaphore checkpoint_sem;
23     unsigned long free_block_num;
24     unsigned long inuse_block_first;
25     unsigned long free_blocks;
26     unsigned long first_block_log;
27     unsigned long last_block_log;
28     struct block_device *blkdev;
29     int block_size;
30     unsigned int block_start;
31     unsigned int block_end;
32     struct block_device *fs_blkdev;
33     struct smp_lock list_lock;
34     trans_id_t oldest_trans_id;
35     trans_id_t next_trans;
```

```
36      __u8 uuid[16];
37      struct task_desc *demon_task;
38      int max_block_in_trans;
39      unsigned long commit_interval;
40      struct timer *commit_timer;
41      struct smp_lock revoke_lock;
42      struct journal_revoke_table *cur_revoke_table;
43      struct journal_revoke_table *revoke_tables[2];
44      struct blkbuf_desc **blkbuf_bulk;
45      int tags_in_block;
46      void *private;
47 };
```

这些字段的详细含义如下：

名为 flags 的字段表示日志的状态标志，如 JSTATE_UNMOUNT。

名为 errno 的字段表示日志处理过程中的错误号。

名为 super_blkbuf 的字段表示日志的超级块缓冲区。

名为 super_block 的字段表示超级块描述符，指向超级块缓冲区的内容。

名为 format_version 的字段表示超级块支持的版本类型。

名为 state_lock 的字段是一个自旋锁，用于保护日志状态相关的变量，例如当前日志编号。

名为 running_transaction 的字段表示当前正在运行的事务。

名为 committing_transaction 的字段表示当前正在提交的事务。

名为 committed_id 的字段表示最近已经成功提交的事务编号，但是还不一定执行了检查点操作。

名为 committing_id 的字段表示正在提交的事务 ID。

名为 barrier_sem 的字段是一个信号量，用于防止并发地建立事务屏障。

名为 barrier_count 的字段表示等待创建屏障的线程数。

名为 checkpoint_transactions 的字段是一个双向链表，表示需要进行检查点的事务。

名为 wait_new_trans 的字段是一个等待队列，其中的线程在等待开始一个新事务。

名为 wait_logspace 的字段是一个等待队列，其中的线程正在等待日志的磁盘空间。

名为 wait_commit_done 的字段是一个等待队列，其中的线程正在此队列上等待日志被提交，或者是等待日志线程被正常启动。

名为 wait_checkpoint 的字段是一个等待队列，其中的线程正在此队列上等待执行检查点操作以释放日志空间。目前未用。

名为 wait_commit 的字段是一个等待队列，日志线程会在此队列上等待提交请求。

名为 wait_updates 的字段是一个等待队列，日志线程在此队列上等待现有日志句柄处理完毕，当结束日志句柄操作时唤醒此队列，以开启一个新的事务。

名为 checkpoint_sem 的字段是一个信号量，用于防止并发地执行检查点操作。

名为 free_block_num 的字段表示第一个空闲的日志块。

名为 inuse_block_first 的字段表示最后一个仍然在使用的日志块。

名为 free_blocks 的字段表示日志中剩余的空闲块，结果为 0 表示已经满了。

名为 first_block_log、last_block_log 的字段表示格式化日志块设备时，确定的起始结束块号。

名为 blkdev 的字段表示日志块设备描述符。

名为 block_size 的字段表示日志块设备的块大小。

名为 block_start 的字段表示日志在块设备中的偏移量。

名为 block_end 的字段表示日志在磁盘中的最大容量。默认是磁盘的最后一个块号，但是在日志超级块中可能调整。

名为 fs_blkdev 的字段表示与日志绑定的文件系统所在的设备。

名为 list_lock 的字段是一个自旋锁，用于保护缓冲区链表及缓冲区状态。

名为 oldest_trans_id 的字段表示日志中最老的事务编号。

名为 next_trans 的字段表示下一个事务的编号。

名为 uuid 的字段表示日志的 UUID，防止误恢复文件系统。

名为 demon_task 的字段表示日志提交线程。

名为 max_block_in_trans 的字段表示一次允许提交的日志元数据缓冲区个数，超过此值应当启动新的事务。

名为 commit_interval 的字段是一个时间间隔值。当开始一个事务以后，超过此值将强制向磁盘提交事务。

名为 commit_timer 的字段代表一个定时器，用于定期唤醒日志线程。

名为 revoke_lock 的字段是一个自旋锁，用于保护撤销块链表。

名为 cur_revoke_table 的字段表示正在使用的撤销表。

名为 revoke_tables 的字段是两个撤销表，一个备用，一个正在用。

名为 blkbuf_bulk 的字段是一个临时数组，指向需要存储到日志中的数据块缓冲区描述符。

名为 tags_in_block 的字段表示一个日志块中的标签数量，等于日志块大小除以块编号大小。每一个标签表示元数据块在原始文件系统中的位置。

名为 private 的字段由文件系统使用。对 LEXT3 来说，指向其超级块。

其中，日志的标志可能包含以下值：

名　称	含　义
JSTATE_UNMOUNT	日志被停止，日志线程被关闭
JSTATE_ABORT	由于错误而终止
JSTATE_ACK_ERR	外部程序已经应答了日志中的错误，因此可以继续。此标志未用
JSTATE_FLUSHED	日志超级块已经写入磁盘
JSTATE_LOADED	已经加载并恢复日志
JSTATE_BARRIER	磁盘支持 I/O 屏障，这是加载文件系统时用户手工指定的标志

10.3.1.4　磁盘缓冲区日志描述符

每个磁盘块都有一个缓冲区描述符。如果这些缓冲区受到日志模块管理，日志模块将使用缓冲区日志描述符来表示其属性。缓冲区日志描述符用 blkbuf_journal_info 数据结构来表示，其定义如下：

```
1 struct blkbuf_journal_info {
2     struct blkbuf_desc *blkbuf;
3     int ref_count;
4     unsigned int which_list;
5     struct double_list list_trans;
```

```
 6     char *bufdata_copy;
 7     char *undo_copy;
 8     struct transaction *transaction;
 9     struct transaction *next_trans;
10     struct transaction *checkpoint_trans;
11     struct double_list list_checkpoint;
12 };
```

这些字段的详细含义如下：

名为 blkbuf 的字段指向所管理的磁盘块缓冲区描述符。

名为 ref_count 的字段表示引用计数。

名为 which_list 的字段表示当前缓冲区位于事务的哪个链表中。

名为 list_trans 的字段是一个双向链表节点，通过这个字段将缓冲区链接到事务的链表中。

名为 bufdata_copy 的字段是缓冲区数据备份。以下两种情况需要复制一份块缓冲区数据：

1．数据需要转义。

2．上一个事务还在使用某个缓冲区，下一个事务则需要复制数据。

复制的缓冲区供事务提交所用。

名为 undo_copy 的字段也是一个缓冲区数据备份。这用于日志 undo 操作，对于 undo 操作来说，需要复制其原始缓冲块。例如 LEXT3 中的数据块位图缓冲区，这里将其复制一份写到日志中，在分配磁盘空间的时候，需要同时考虑内存中的位，以及备份缓冲区中的位。

名为 transaction 的字段指向所属事务，要么是当前运行事务，要么是正在提交的任务。

名为 next_trans 的字段指向正在运行的事务，此事务希望修改此缓冲区，但是缓冲区已经在提交事务的过程中。

名为 checkpoint_trans 的字段表示当前缓冲区处于哪个事务的检查点链表中。

名为 list_checkpoint 的字段是一个双向链表节点，通过这个字段将其链接到事务的检查点链表中。

10.3.1.5　物理布局相关的数据结构

本节所描述的数据结构均用于表示日志数据在块设备中的物理布局。

名为 journal_super_phy 的数据结构表示日志设备的超级块。其定义如下：

```
 1 struct journal_super_phy
 2 {
 3     struct journal_header header;
 4     __be32 block_size;
 5     __be32 block_end;
 6     __be32 first_block_log;
 7     __be32 trans_id;
 8     __be32 inuse_block_first;
 9     __be32 errno;
10     __be32 feature_compat;
11     __be32 feature_incompat;
12     __be32 feature_ro_compat;
13     __u8 uuid[16];
14     __be32 users;
15     __be32 dynsuper;
16     __be32 max_transaction;
```

```
17      __be32 max_trans_data;
18      __u32   padding[44];
19      __u8    user_ids[16*48];
20 };
```

这些字段的详细含义如下：

名为 header 的字段是日志块描述符的头部。对于超级块来说，也属于日志块的一种。

名为 block_size 的字段表示日志设备的块大小。

名为 block_end 的字段表示日志总块数。

名为 first_block_log 的字段表示日志块的第一个块号。初始值为 1，其中 0 保留给超级块。

名为 trans_id 的字段表示最老的事务编号。

名为 inuse_block_first 的字段表示日志开始的块号，为 0 表示日志为空。

名为 errno 的字段表示错误编号。

名为 feature_compat、feature_incompat、feature_ro_compat 的字段表示功能兼容标志。

名为 uuid 的字段表示日志的 UUID。

名为 users 的字段表示共享计数，未用。

名为 dynsuper 的字段未用。

名为 max_transaction 的字段表示每个事务中最大的日志块，未用。

名为 max_trans_data 的字段表示每个事务中最大的数据块，未用。

名为 padding 的字段用于字节填充。

名为 user_ids 的字段未用。

每个日志记录块都包含一个头部，用 journal_header 数据结构表示。其定义如下：

```
1 struct journal_header
2 {
3     __be32 magic;
4     __be32 type;
5     __be32 trans_id;
6 };
```

其中，名为 magic 的字段是描述符的魔术值，如 JFS_MAGIC_NUMBER。

名为 type 的字段表示描述符的类型，如 JFS_DESCRIPTOR_BLOCK。

名为 trans_id 的字段表示所属事务编号。

名为 journal_block_tag 的数据结构描述日志中的数据块与文件系统中元数据块的对应关系。这是一个可变长的数据结构。其定义如下：

```
1 struct journal_block_tag
2 {
3     __be32        target_block_num;
4     __be32        flags;
5 };
```

其中，名为 target_block_num 的字段表示数据在文件系统中的磁盘块号。

名为 flags 的字段表示本描述符的标志，如 JTAG_FLAG_ESCAPE。

如果 flags 字段包含 JFS_FLAG_SAME_UUID，那么本数据结构结束，表示其 UUID 字段与超级块中相同，否则其后紧跟描述符的 UUID 标志。

10.3.2　日志的全局变量

日志模块只定义了少数几个内存分配器对象。其定义如下：

```
1 static struct beehive_allotter *revoke_item_allotter;
2 static struct beehive_allotter *revoke_table_allotter;
3 static struct beehive_allotter *blkbuf_jinfo_allotter;
4 struct beehive_allotter *journal_handle_allotter;
```

revoke_table_allotter 内存分配器用于分配日志撤销表。

revoke_item_allotter 内存分配器用于分配日志撤销描述符。

blkbuf_jinfo_allotter 内存分配器用于分配磁盘缓冲区日志描述符。

journal_handle_allotter 内存分配器用于分配日志句柄。

10.3.3　日志的 API

日志模块提供了如下一些 API：

名　　称	含　　义
journal_current_handle	获得线程当前的日志句柄
journal_dirty_data	当磁盘数据块缓冲区已经修改完毕时，调用此函数，针对按序模式的日志，日志系统会跟踪相应的磁盘块状态
journal_dirty_metadata	当元数据缓冲区已经修改完成时，调用此函数，标记包含元数据的缓冲区包含脏数据
load_journal_dev	从块设备中加载日志
journal_engorge	读取日志，并且执行恢复过程
journal_start	开启一个日志句柄，获得线程的日志描述符，如果已经有一个，则直接返回。如果没有正在运行的事务，则创建一个事务
journal_stop	当线程对日志句柄的操作已经完成时，调用此函数。将日志句柄与事务断开连接，调整事务的额度。如果日志句柄是同步的，则同步等待事务完成
journal_get_undo_access	获得不可回退权限，用于获得位图元数据的访问权限。只要位图块还没有提交，它释放的块就不能被分配
journal_get_write_access	通知日志层，想要对已有的元数据块进行写操作
journal_get_create_access	将新创建的元数据块放到缓冲区中管理
journal_forget	当日志操作失败时，将已经加入队列中的缓冲区忘记掉，这是针对数据块来说的。元数据缓冲区应当调用 journal_revoke 并间接调用此函数
journal_revoke	从日志中撤销一个特定的元数据块。在重放日志时，这些撤销的块不能被重放。因为这些释放的元数据块可能被用作文件数据块，并写入了文件数据
journal_force_commit	启动一个同步事务强制提交当前事务

小问题 10.31：对于间接块这样的元数据块，如果被释放后用作数据块，就会给日志系统带来额外的复杂性，这里是否可以优化，以降低日志模块的复杂性？

10.3.4 日志的实现

10.3.4.1 开启/结束日志句柄

开启日志句柄是由 journal_start 函数完成的，其实现如下：

```
 1 struct journal_handle *journal_start(......)
 2 {
 3     ......
 4     handle = journal_current_handle();
 5     if (!journal)
 6         return ERR_PTR(-EROFS);
 7     if (handle) {
 8         ASSERT(handle->transaction->journal == journal);
 9         handle->ref_count++;
10         return handle;
11     }
12     handle = alloc_handle(block_count);
13     if (!handle)
14         return ERR_PTR(-ENOMEM);
15     journal_set_current_handle(handle);
16     err = stick_handle(journal, handle);
17     if (err < 0)
18         ......
19     return handle;
20 }
```

文件系统在开始日志操作之前，需要先调用此函数获得日志句柄。

第 4 行调用 journal_current_handle 获得线程的日志句柄。

如果线程没有传入日志描述符，就说明这是一个只读的文件系统，没有日志设备，因此在第 6 行返回错误码。

第 7 行判断 journal_current_handle 的返回值，如果当前线程已经存在日志句柄，就执行第 8~10 行的代码逻辑，其中：

第 8 行验证现有的日志句柄所属的日志与传入的日志参数匹配。

第 9 行递增日志句柄的引用计数。

第 10 行将现有句柄返回，完成函数流程。

小问题 10.32：第 9 行在没有任何锁或者其他同步措施的情况下递增日志句柄的引用计数，这会不会出现逻辑错误？

如果当前线程还没有日志句柄，就在第 12 行调用 alloc_handle 分配一个描述符。如果分配失败，则在第 14 行返回内存不足错误码。

如果内存分配成功，就在第 15 行调用 journal_set_current_handle 函数将刚分配的日志句柄与当前线程绑定。

第 16 行调用 stick_handle 函数将日志句柄与日志绑定。该函数会在必要时为日志创建新的事务。随后将详细描述该函数的实现。

如果 stick_handle 函数创建日志句柄失败，就在第 18 行进行一些清理工作并返回失败。

第 19 行返回创建成功的日志句柄。

接下来看看 stick_handle 函数的实现：

```
 1 static int stick_handle(......)
 2 {
 3     ......
 4     block_credits = handle->block_credits;
 5     if (block_credits > journal->max_block_in_trans) {
 6         ......
 7         goto out;
 8     }
 9 alloc:
10     if (!journal->running_transaction) {
11         new_trans = jbd_kmalloc(sizeof(*new_trans), PAF_NOFS | __PAF_ZERO);
12         if (!new_trans) {
13             ret = -ENOMEM;
14             goto out;
15         }
16         ......
17     }
18     while (1) {
19         smp_lock(&journal->state_lock);
20         if (journal_is_aborted(journal) ||
21             (journal->errno && !(journal->flags & JSTATE_ACK_ERR))) {
22             ......
23             goto out;
24         }
25         if (journal->barrier_count) {
26             smp_unlock(&journal->state_lock);
27             cond_wait(journal->wait_new_trans,
28                 journal->barrier_count == 0);
29             continue;
30         }
31         if (!journal->running_transaction) {
32             if (!new_trans) {
33                 smp_unlock(&journal->state_lock);
34                 goto alloc;
35             }
36             stick_running_transaction(journal, new_trans);
37             new_trans = NULL;
38         }
39         trans = journal->running_transaction;
40         if (trans->state == TRANS_PREPARE_COMMIT) {
41             DEFINE_WAIT(wait);
42             prepare_to_wait(&journal->wait_new_trans, &wait,
43                 TASK_UNINTERRUPTIBLE);
44             smp_unlock(&journal->state_lock);
45             schedule();
46             finish_wait(&journal->wait_new_trans, &wait);
47             continue;
48         }
49         smp_lock(&trans->lock);
50         needed = trans->reserved_credits + block_credits;
51         if (needed > journal->max_block_in_trans) {
52             DEFINE_WAIT(wait);
```

```
53             smp_unlock(&trans->lock);
54             prepare_to_wait(&journal->wait_new_trans, &wait,
55                 TASK_UNINTERRUPTIBLE);
56             __log_start_commit(journal, trans->trans_id);
57             smp_unlock(&journal->state_lock);
58             schedule();
59             finish_wait(&journal->wait_new_trans, &wait);
60             continue;
61         }
62         if (__log_free_space(journal) < journal_needed_space(journal)) {
63             smp_unlock(&trans->lock);
64             __journal_wait_space(journal);
65             smp_unlock(&journal->state_lock);
66             continue;
67         }
68         break;
69     }
70     ......
71     smp_unlock(&trans->lock);
72     smp_unlock(&journal->state_lock);
73 out:
74     if (new_trans)
75         kfree(new_trans);
76     return ret;
77 }
```

第 4 行获得文件句柄所需要的日志块额度。

第 5 行判断所需要的额度是否超过日志所支持的最大额度。如果超过，就在第 6 行打印错误日志，并在第 7 行跳转到 out 标号，向调用者返回错误码。

第 10 行判断当前是否有正在运行的事务。如果没有，就在第 11 行分配事务描述符。如果分配失败，就在第 13 行设置错误码，在第 14 行跳转到 out 标号，向调用者返回错误码。

如果成功分配事务描述符，就在第 16 行对其进行一些简单的初始化。

第 18 行开启第 19~68 行的循环，该循环轮询日志的状态，并在合适的时机将日志句柄与事务绑定起来。其中：

第 19 行获得日志的自旋锁。

第 20 行在日志锁的保护下判断日志是否处于异常状态。如果是，则在第 22 行进行一些警告打印，并在第 23 行跳转到 out 标号以结束处理流程。

第 25 行判断日志的屏障计数，如果日志有屏障需要处理，就在第 26 行释放日志的自旋锁，并在第 27 行调用 cond_wait，等待原有的事务结束，启动新的事务。

当线程被新事务唤醒的时候，就运行到第 29 行，进入下一轮循环，重新获得日志的锁，并等待日志就绪。

第 31 行在锁的保护下再次判断日志的运行事务，如果没有运行事务，就试图在第 32~37 行为日志启动一个新事务。其中第 32 行判断是否已经有临时分配的事务描述符，如果没有，就在第 33 行释放日志的锁，并在第 34 行跳转到 alloc 处试图分配事务描述符。

小问题 10.33：可以不释放自旋锁，而是在此原子地分配事务描述符吗？这样可以避免在循环体内跳转到循环体外。

第 36 行将分配的事务描述符赋予日志对象，作为其当前正在运行的事务。同时在第 37 行将临时变量置为 NULL，以防止意外释放已经被使用的描述符。

运行到第 39 行，已经能够确保日志的运行事务存在，因此获取当前正在运行的事务到临时变量中。

第 40 行判断当前运行的事务状态，如果系统正准备将其提交，因此它不再接受新的日志句柄，那么就需要等待其提交完毕。这是由第 41~47 行的代码逻辑实现的。其中：

第 41 行定义一个等待对象。

第 42 行将当前任务挂到日志的等待队列中，等待启动新事务。

第 44 行释放自旋锁，第 45 行进行线程切换，直到线程被新事务唤醒。

运行到第 46 行，说明其他系统流程创建了新事务并唤醒了当前线程，因此在第 46 行将线程从等待队列中移除，并在第 47 行进入下一轮循环。

小问题 10.34：可以在当前线程上下文直接创建一个新事务吗？

小问题 10.35：是什么样的线程会唤醒当前线程？

第 49 行获得事务的自旋锁。

第 50 行计算事务的日志块需求，并在第 51 行判断日志块数量是否超过最大数量。如果超过，就进入第 51~60 行的代码逻辑。其中：

第 52 行定义等待队列。

第 53 行释放事务的自旋锁。

第 54 行将当前线程加入事务的等待队列中。

第 56 行调用__log_start_commit 函数唤醒事务提交线程。

小问题 10.36：可以先唤醒事务提交线程再等待其结束吗？

第 57 行释放日志的锁。

第 58 行进行线程切换，执行真正的等待过程。

运行到第 59 行，说明事务提交线程已经提交完毕，当前线程被唤醒。因此在第 59 行将当前线程从等待队列中移除，并在第 60 行跳转到下一轮循环。

第 62 行判断日志的剩余空间是否足够。如果不足，就进入第 63~66 行的代码逻辑，其中：

第 63 行释放事务的锁。

第 64 行调用__journal_wait_space 函数，该函数触发检查点操作以回收日志空间。

第 65 行释放日志的自旋锁，并在第 66 行跳转到下一轮循环。

运行到第 68 行，说明可以放心地扩展当前事务，为当前线程创建新的日志句柄，因此跳出循环。

第 70 行扩展当前事务的日志配额，这些配额被当前日志句柄所占用，并修改事务描述符的其他属性。

第 71～72 行释放事务和日志的自旋锁。

第 74~75 行释放临时分配但是没有真正使用的临时事务描述符。

journal_stop 函数结束日志句柄。其实现如下：

```
1 int journal_stop(struct journal_handle *handle)
2 {
3     ......
4     handle->ref_count--;
5     if (handle->ref_count > 0) {
```

```
 6         return err;
 7     }
 8     if (handle->sync) {
 9         do {
10             users_sequence = trans->users_sequence;
11             msleep(1);
12         } while (users_sequence != trans->users_sequence);
13     }
14     current->journal_info = NULL;
15     smp_lock(&journal->state_lock);
16     smp_lock(&trans->lock);
17     trans->reserved_credits -= handle->block_credits;
18     trans->users--;
19     if (trans->users == 0) {
20         wake_up(&journal->wait_updates);
21         if (journal->barrier_count)
22             wake_up(&journal->wait_new_trans);
23     }
24     if (handle->sync
25         || trans->reserved_credits > journal->max_block_in_trans
26         || time_after_eq((unsigned long)jiffies, trans->timeout)) {
27         ......
28         smp_unlock(&trans->lock);
29         __log_start_commit(journal, trans_id);
30         smp_unlock(&journal->state_lock);
31         if (handle->sync && !(current->flags & TASKFLAG_RECLAIM))
32             err = log_wait_commit(journal, trans_id);
33     } else {
34         smp_unlock(&trans->lock);
35         smp_unlock(&journal->state_lock);
36     }
37     beehive_free(journal_handle_allotter, handle);
38     return err;
39 }
```

第 4 行递增日志句柄的引用计数。如果引用计数仍然大于 0，就在第 6 行返回结果。

小问题 10.37：日志句柄的引用计数为什么不能递减到 0？这个计数到底是做什么的？

第 8 行判断文件句柄的同步标志。对于同步句柄，后面要同步提交日志。为了效率，这里等待一下其他句柄，尽量一次性多提交一点。第 9~12 行循环等待，直到没有新的文件句柄添加到当前事务中。

第 14 行清除当前线程的日志句柄。

第 15 行获得日志的自旋锁。

第 16 行获得事务的自旋锁。

第 17 行递减事务的保留额度，因为日志已经提交了，这些额度已经被真实占用。

第 18 行递减事务的日志句柄数量，当前可能有进程在等待此数量递减到 0。

第 19 行判断事务当前的日志句柄数量，如果已经递减到 0，就在第 20 行唤醒等待线程，这些线程正在等待日志句柄完全结束，以提交当前事务。

第 21 行判断等待日志屏障的线程，如果有这样的线程存在，就在第 22 行唤醒这些线程。

第 24 行判断是否需要提交事务，有如下几个条件：

1. 句柄是同步的。
2. 日志保留额度过多。
3. 事务老化。

一旦以上条件满足，就在第 27~32 行处理日志回写。其中：

第 28 行释放事务的自旋锁。

第 29 行调用__log_start_commit 开始提交事务。

第 30 行释放日志的锁。

如果是同步日志句柄，就在第 32 行调用 log_wait_commit 函数等待事务回写完毕。

如果不需要同步处理，就在第 34~35 行释放事务和日志的自旋锁。

第 37 行释放日志句柄。

10.3.4.2 获得元数据块的访问权限

在操作元数据块的时候，首先需要获得其访问权限。有三个不同的 API 来实现这个目的：journal_get_undo_access、journal_get_write_access、journal_get_create_access。

其中，journal_get_undo_access 用于获得不可回退权限，在操作位图元数据时使用，只要位图块还没有提交，它释放的块就不能被分配。

journal_get_write_access 用于通知日志层，想要对已有的元数据块进行写操作。

journal_get_create_access 用于将新创建的元数据块缓冲区放到事务中管理。

接下来详细分析这三个函数的实现。

1. journal_get_undo_access 的实现如下：

```
 1 int journal_get_undo_access(......)
 2 {
 3     ......
 4     blkbuf_jinfo = journal_info_hold_alloc(blkbuf);
 5     ret = __get_write_access(handle, blkbuf_jinfo, 1, credits);
 6     if (ret)
 7         goto out;
 8 alloc:
 9     if (!blkbuf_jinfo->undo_copy) {
10         undo_copy = jbd_kmalloc(blkbuf->size, PAF_NOFS);
11         if (!undo_copy) {
12             ret = -ENOMEM;
13             goto out;
14         }
15     }
16     blkbuf_lock_state(blkbuf);
17     if (!blkbuf_jinfo->undo_copy) {
18         if (!undo_copy) {
19             blkbuf_unlock_state(blkbuf);
20             goto alloc;
21         }
22         blkbuf_jinfo->undo_copy = undo_copy;
23         undo_copy = NULL;
24         memcpy(blkbuf_jinfo->undo_copy, blkbuf->block_data, blkbuf->size);
25     }
```

```
26     blkbuf_unlock_state(blkbuf);
27 out:
28     ......
29 }
```

首先在第 4 行调用 journal_info_hold_alloc 函数，试图获得块缓冲区的日志描述符引用计数。如果还没有日志描述符，就分配内存空间，为其创建一个。

第 5 行调用__get_write_access 函数获得块缓冲区的写权限。随后将分析该函数的实现。需要注意，这里强制将 force_copy 参数设置为 1，表示需要强制复制一份源数据。这是针对位图块元数据操作的特殊要求。详细的原理请读者参考相关资料。

如果调用__get_write_access 失败，就在第 7 行跳转到 out 标号以结束处理流程。

第 9 行判断缓冲区日志描述符是否存在备份的缓冲区块，如果不存在，就在第 10~14 行分配临时的内存块。

其中第 10 行调用 jbd_kmalloc 分配缓冲区块，如果失败就在第 12 行设置错误码，并在第 13 行跳转到 out 标号处以结束处理流程。

第 16 行获得描述符的状态位锁。

第 17 行再次判断描述符的备份缓冲区是否存在，如果不存在，就继续在第 18 行判断临时分配的缓冲区是否存在，如果不存在临时缓冲区，就在第 19 行释放描述符的状态位锁，并在第 20 行跳转到 alloc 标号处重试。

第 22 行将描述符的备份缓冲区指向临时缓冲区。

第 23 行将临时缓冲区变量置为 NULL，以防止随后的流程将其释放。

第 24 行将缓冲区数据备份到备份缓冲区中。

第 26 行释放描述符的状态位锁。

2．与 journal_get_undo_access 函数相比，journal_get_write_access 函数则简单得多。其实现如下：

```
1 int journal_get_write_access(......)
2 {
3     ......
4     blkbuf_jinfo = journal_info_hold_alloc(blkbuf);
5     ret = __get_write_access(handle, blkbuf_jinfo, 0, credits);
6     journal_info_loosen(blkbuf_jinfo);
7     return ret;
8 }
```

该函数完全是 journal_get_undo_access 函数的精减版本。相关的源代码分析工作就留给读者作为练习了。

小问题 10.38：与 journal_get_undo_access 函数相比，journal_get_write_access 函数没有对 undo_copy 字段的操作。这个备份缓冲区字段到底有什么用？

3．最后分析 journal_get_write_access 字段的实现。该函数较长，分为几个部分。其中第一部分处理一些异常情况，其实现如下：

```
1 static int __get_write_access(......)
2 {
3     ......
4     if (handle_is_aborted(handle))
```

```
 5         return -EROFS;
 6 repeat:
 7     blkbuf_lock(blkbuf);
 8     blkbuf_lock_state(blkbuf);
 9     if (blkbuf_is_dirty(blkbuf)) {
10         if (blkbuf_jinfo->transaction) {
11             int which_list;
12             ASSERT(blkbuf_jinfo->transaction == trans ||
13                 blkbuf_jinfo->transaction == journal->committing_transaction);
14             ASSERT(!blkbuf_jinfo->next_trans
15                 || blkbuf_jinfo->next_trans == trans);
16             WARN("Unexpected dirty buffer");
17             which_list = blkbuf_jinfo->which_list;
18             if (which_list == TRANS_QUEUE_METADATA || which_list == TRANS_
             QUEUE_RESERVED ||
19                 which_list == TRANS_QUEUE_META_ORIG || which_list == TRANS_
                 QUEUE_FORGET) {
20                 if (blkbuf_test_clear_dirty(blkbuf))
21                     atomic_set_bit(BS_JOURNAL_DIRTY, &blkbuf->state);
22             }
23         }
24     }
25     blkbuf_unlock(blkbuf);
26     ret = -EROFS;
27     if (handle_is_aborted(handle)) {
28         blkbuf_unlock_state(blkbuf);
29         goto out;
30     }
31     ret = 0;
32     if (blkbuf_jinfo->transaction == trans ||
33         blkbuf_jinfo->next_trans == trans)
34         goto done;
```

第 4 行判断日志是否已经处于异常状态，如果是，则在第 5 行返回-EROFS 错误，表示当前文件系统处于只读状态，不允许操作日志。

第 7 行锁住块缓冲区。

第 8 行锁住块缓冲区的状态位。

第 9 行判断块缓冲区是否被设置为脏。如果为脏，就说明有流程在日志系统之外修改了块缓冲区，这是一种很危险的情况。

小问题 10.39：有什么样的可能性导致块缓冲区被设置为脏？

第 10 行判断块缓冲区是否与日志相关联。如果块缓冲区被日志所管理，同时又在日志模块之外被设置为脏，这是一种严重的逻辑错误，因此在第 11~21 行进行一些恢复处理。

第 12 行验证块缓冲区关联的事务要么是当前事务，要么是待提交的事务，因为只有这两个事务会修改块缓冲区。

第 14 行判断块缓冲区要么只关联了一个事务，要么关联了正在提交的事务和正在运行的事务，因此其第二个关联事务必然是当前事务。

第 16 行打印警告。

第 17 行判断块缓冲区处于日志系统哪一个链表中，并在第 18 行判断是否处于几个特殊的链表中，如果是，则说明块缓冲区应当由日志系统管理，因此强制清除块缓冲区的脏标志，并设置其日志脏标记，由日志系统管理该缓冲区。

小问题 10.40：第 10~23 行强制将块缓冲区交给日志系统管理，这合理吗？

第 25 行释放块缓冲区的锁，但是此时并没有释放块缓冲区的状态位锁。

第 27 行判断日志是否异常，如果是，则在第 28 行释放状态位锁，并在第 29 行跳转到 out 标号以结束处理流程。

第 32 行判断块缓冲区是否已经被当前事务所管理，如果是，则在第 34 行跳转到 done 标号以结束处理流程。

小问题 10.41：第 32 行的判断到底是什么意思？

第二部分处理两个事务同时修改同一个缓冲区的情况，其实现如下：

```
1     if (blkbuf_jinfo->bufdata_copy) {
2         ASSERT(blkbuf_jinfo->next_trans == NULL);
3         blkbuf_jinfo->next_trans = trans;
4         ASSERT(handle->block_credits > 0);
5         handle->block_credits--;
6         if (credits)
7             (*credits)++;
8         goto done;
9     }
10    if (blkbuf_jinfo->transaction && blkbuf_jinfo->transaction != trans) {
11        ASSERT(blkbuf_jinfo->next_trans == NULL);
12        ASSERT(blkbuf_jinfo->transaction == journal->committing_transaction);
13        if (blkbuf_jinfo->which_list == TRANS_QUEUE_META_ORIG) {
14            DEFINE_WAIT_BIT(wait, &blkbuf->state, BS_WAIT_LOGGED);
15            struct wait_queue *wait_queue;
16            wait_queue = bit_waitqueue(&blkbuf->state, BS_WAIT_LOGGED);
17            blkbuf_unlock_state(blkbuf);
18            while (1) {
19                prepare_to_wait(wait_queue, &wait.wait,
20                        TASK_UNINTERRUPTIBLE);
21                if (blkbuf_jinfo->which_list != TRANS_QUEUE_META_ORIG)
22                    break;
23                schedule();
24            }
25            finish_wait(wait_queue, &wait.wait);
26            goto repeat;
27        }
28        if (blkbuf_jinfo->which_list != TRANS_QUEUE_FORGET || force_copy) {
29            if (!bufdata_copy) {
30                blkbuf_unlock_state(blkbuf);
31                bufdata_copy = jbd_kmalloc(blkbuf->size, PAF_NOFS);
32                if (!bufdata_copy) {
33                    printk(KERN_EMERG "%s: OOM at %d\n",
34                            __FUNCTION__, __LINE__);
35                    ret = -ENOMEM;
36                    blkbuf_lock_state(blkbuf);
37                    goto done;
38                }
```

```
39                goto repeat;
40            }
41            blkbuf_jinfo->bufdata_copy = bufdata_copy;
42            bufdata_copy = NULL;
43            need_copy = 1;
44        }
45        blkbuf_jinfo->next_trans = trans;
46    }
```

运行到第 1 行，说明缓冲区还没有处于当前事务中，需要添加到事务链表中。

首先在第 1 行判断是否复制过元数据块，如果是，则说明元数据块处于上一个事务日志中，并且上一个事务修改了数据，因此执行第 2~8 行的代码逻辑。其中：

第 2 行确保块缓冲区还没有当前事务关联。

第 3 行将块缓冲区的下一个事务指向当前事务。这样，正在提交的事务和当前运行的事务都会处理该缓冲区了。

第 4 行确保当前事务的日志额度大于 0，因为当前块缓冲区至少需要一个日志块。

第 5 行递减日志句柄的可用额度。

第 6~7 行递增调用者传递的日志额度参数。

最后在第 8 行跳转到 done 标号以进行收尾工作。

运行到第 10 行，说明前一个事务没有创建备份的数据块，但是仍然有可能以其他方式使用块缓冲区，因此在第 10 行判断块缓冲区的所属事务。如果其所属事务存在但是并不是当前运行事务，就说明它属于正在提交的事务，因此进入第 11~45 行的代码逻辑。其中：

第 11 行确保块缓冲区没有与其他事务相关联，而仅仅属于正在提交的事务。

第 12 行确保块缓冲区所属事务是当前正在提交的事务。

第 13 行判断其所属事务是否在使用主缓冲区，而没有复制一份数据。如果是这样，则必须等待其事务释放对主缓冲区的引用，这样当前事务才能放心访问主缓冲区。这是由第 14~26 行的代码逻辑实现的。其中：

第 14~16 行定义等待队列，将当前线程添加到块缓冲区的等待队列中，以等待 BS_WAIT_LOGGED 位的变化，也就是等待块缓冲区被写入日志中。

第 17 行释放块缓冲区的状态位锁。

第 18~24 行的循环，等待块缓冲区被写入日志中。其中第 21 行判断块缓冲区是否仍然在 TRANS_QUEUE_META_ORIG 链表中。如果不在此链表中，则说明提交事务已经释放对块缓冲区的引用，因此可以放心地退出循环。

第 25 行将当前线程从等待队列中移除。

第 26 行跳转到 repeat 标号，以重试整个流程。

运行到第 28 行，说明上一个事务已经释放了对主缓冲区的引用，因此可以安全地访问主缓冲区并对其数据进行备份。

第 28 行判断是否需要备份块缓冲区。

小问题 10.42：journal_get_undo_access 函数为块缓冲区创建了备份缓冲区，同时它也调用了 __get_write_access 函数在第 28 行创建了备份缓冲区。这两个备份缓冲区到底有什么不同？

如果满足以下两个条件，就创建备份缓冲区：

1．上一个事务持有此缓冲区，并且没有处于 Forget 链表中。即上一个事务真的需要修改缓冲区的内容。

2．调用者强制传入参数，要求必须创建备份缓冲区。

如果需要创建备份缓冲区，就进入第 29~43 行的代码流程。其中：

第 29 行判断临时缓冲区是否存在，如果不存在，则在第 30~39 行创建临时缓冲区。首先在第 30 行释放块缓冲区的状态锁，然后在第 31 行调用 jbd_kmalloc 分配备份缓冲区。如果分配失败就在第 33 行打印警告信息，并在第 34 行设置错误码，在第 37 行跳转到 done 标号以进行收尾处理。

如果成功地分配备份缓冲区，就在第 39 行跳转到 repeat 标号，重试整个流程。

如果运行到第 41 行，说明临时缓冲区已经存在，就将其赋予描述符的备份缓冲区指针，并在第 42 行将临时指针设置为空。同时在第 43 行将 need_copy 变量设置为 1，表示需要将缓冲区的内容复制到备份缓冲区中。

第 45 行将关联事务设置为当前事务。这样，正在提交的事务和当前运行的事务都会处理该缓冲区。

第三部分处理一些收尾工作，其实现如下：

```
1     ASSERT(handle->block_credits > 0);
2     handle->block_credits--;
3     if (credits)
4         (*credits)++;
5     if (!blkbuf_jinfo->transaction) {
6         ASSERT(!blkbuf_jinfo->next_trans);
7         blkbuf_jinfo->transaction = trans;
8         smp_lock(&journal->list_lock);
9         __journal_putin_list(blkbuf_jinfo, trans, TRANS_QUEUE_RESERVED);
10        smp_unlock(&journal->list_lock);
11    }
12 done:
13    ......
14 }
```

第 1 行确保日志句柄的额度大于 0。

第 2 行递减日志句柄的额度。

第 3~4 行向调用者返回本次操作消耗的额度。

第 5 行判断块缓冲区还没有处于事务中。如果还没有处于任何事务中，就执行第 6~10 行的代码逻辑，其中：

第 6 行确保块缓冲区也没有与其他事务关联。

第 7 行将块缓冲区关系的事务设置为当前事务。

第 8 行获得日志的链表锁。

第 9 行将块缓冲区添加到日志的保留链表中。

第 10 行释放日志的链表锁。

小问题 10.43：将块缓冲区添加到保留链表是什么作用？

第 12~13 行处理备份缓冲区的数据复制工作及资源清理工作。

当新建文件节点时，可能会将某些数据块作为元数据块，典型的例子是间接块。这些元数据块只会被某个文件节点所修改，而不会与其他文件节点共享。但是这些元数据块有一个特点，就是可以在数据块与元数据块之间转换。因此其处理流程与位图块、超级块、文件节点块有所不同。

这是由 journal_get_create_access 来实现的。其实现如下：

```
 1 int journal_get_create_access(......)
 2 {
 3     ......
 4     blkbuf_jinfo = journal_info_hold_alloc(blkbuf);
 5     err = -EROFS;
 6     if (handle_is_aborted(handle))
 7        goto out;
 8     err = 0;
 9     blkbuf_lock_state(blkbuf);
10     smp_lock(&journal->list_lock);
11     valid = blkbuf_jinfo->transaction == trans ||
12        blkbuf_jinfo->transaction == NULL;
13     if (!valid)
14        valid = (blkbuf_jinfo->which_list == TRANS_QUEUE_FORGET) &&
15           (blkbuf_jinfo->transaction == journal->committing_transaction);
16     ......
17     handle->block_credits--;
18     if (blkbuf_jinfo->transaction == NULL) {
19        blkbuf_jinfo->transaction = trans;
20        __journal_putin_list(blkbuf_jinfo, trans, TRANS_QUEUE_RESERVED);
21     } else if (blkbuf_jinfo->transaction == journal->committing_transaction)
22        blkbuf_jinfo->next_trans = trans;
23     smp_unlock(&journal->list_lock);
24     blkbuf_unlock_state(blkbuf);
25     journal_cancel_revoke(handle, blkbuf_jinfo);
26     journal_info_loosen(blkbuf_jinfo);
27 out:
28     return err;
29 }
```

第 4 行首先调用 journal_info_hold_alloc 获得块缓冲区描述符的引用，必要的时候为块缓冲区建立日志描述符。

第 6 行判断日志系统是否遇到异常，如果异常，则在第 7 行跳转到 out 标号以结束处理流程。

第 9 行获得块缓冲区的状态位锁。

第 10 行获得日志的链表锁。

第 11~15 行判断内存数据的有效性。判断条件如下：

1．缓冲区要么属于当前事务，要么不属于任何事务。

2．如果缓冲区属于其他事务，则一定属于当前正在提交事务的 FORGET 链表，也就是上一个事务释放的块。

小问题 10.44：为什么块缓冲区一定处于上一个事务的 FORGET 链表？

第 16 行进行一些其他数据有效性验证的工作。

第 17 行递减当前日志句柄的额度。

第 18 行判断块缓冲区的状态。如果块缓冲区不属于任何事务，就在第 19 行将它的所属事务设置为当前事务，并在第 20 行将它添加到当前事务的保留链表中。

否则在第 21 行继续判断块缓冲区是否属于前一个事务。如果是的话，就将其下一个事务指向当前事务。这样，在上一个事务处理完毕后，当前事务会接着处理该缓冲区。

如果第 18、21 行的判断条件都不满足，那么说明块缓冲区已经属于当前事务了，此时不需要做任何工作。

第 23 行释放日志的链表锁。

第 24 行释放块缓冲区的状态位锁。第 25 行调用 journal_cancel_revoke 函数将块缓冲区从撤销表中删除。

小问题 10.45：撤销表是做什么的？这里为什么要将块缓冲区从撤销表中删除？

第 26 行简单地释放块设备的日志描述符。

10.3.4.3 缓冲区置脏

当数据块被修改时，需要调用 journal_dirty_data 函数告诉日志模块，相应的数据块已经变脏。

小问题 10.46：日志系统是记录文件系统元数据的，为什么要监控数据块的变化？

该函数的实现如下：

```
 1 int journal_dirty_data(......)
 2 {
 3     ......
 4     if (handle_is_aborted(handle))
 5         return 0;
 6     journal = handle->transaction->journal;
 7     blkbuf_jinfo = journal_info_hold_alloc(blkbuf);
 8     blkbuf_lock_state(blkbuf);
 9     smp_lock(&journal->list_lock);
10     if (blkbuf_jinfo->transaction) {
11         if (blkbuf_jinfo->transaction != handle->transaction) {
12             ASSERT(blkbuf_jinfo->transaction
13                 == journal->committing_transaction);
14             if (blkbuf_jinfo->which_list != TRANS_QUEUE_NONE &&
15                 blkbuf_jinfo->which_list != TRANS_QUEUE_DIRTY_DATA &&
16                 blkbuf_jinfo->which_list != TRANS_QUEUE_LOCKED_DATA)
17                 goto pass;
18             if (blkbuf_is_dirty(blkbuf)) {
19                 hold_blkbuf(blkbuf);
20                 smp_unlock(&journal->list_lock);
21                 blkbuf_unlock_state(blkbuf);
22                 need_loosen = 1;
23                 sync_dirty_block(blkbuf);
24                 blkbuf_lock_state(blkbuf);
25                 smp_lock(&journal->list_lock);
26             }
27             if (blkbuf_jinfo->transaction != NULL)
28                 __journal_takeout_list(blkbuf_jinfo);
29         }
30         if (blkbuf_jinfo->which_list != TRANS_QUEUE_DIRTY_DATA
31             && blkbuf_jinfo->which_list != TRANS_QUEUE_LOCKED_DATA) {
32             ASSERT(blkbuf_jinfo->which_list != TRANS_QUEUE_META_ORIG);
33             __journal_takeout_list(blkbuf_jinfo);
34             __journal_putin_list(blkbuf_jinfo, handle->transaction,
35                 TRANS_QUEUE_DIRTY_DATA);
36         }
37     } else
```

```
38          __journal_putin_list(blkbuf_jinfo, handle->transaction, TRANS_
            QUEUE_DIRTY_DATA);
39 pass:
40      ......
41      return 0;
42 }
```

第 4 行判断日志句柄是否处于异常日志中。如果是，则在第 5 行返回。

第 7 行获得块缓冲区的日志描述符引用，必要时为块缓冲创建日志描述符。

第 8 行获得块缓冲区的状态位锁。

第 9 行获得日志的链表锁。

第 10 行开始处理一种特殊的情况，它判断块缓冲区是否处于事务中。如果是，则有两种情况造成数据块位于事务中：

1. 块是当前事务的一部分。这是由于我们曾经作为元数据使用该块，然后又释放了块并重新将其作为数据块。

2. 块是前一个提交事务的一部分。必须保证它不是前一事务的元数据块，只要不是前一事务的元数据块，就不需要做特殊处理。

这是由第 11~36 行的代码逻辑处理的。其中：

第 11 行判断块缓冲区是否由当前事务所处理。如果不是，则说明它属于前一事务，也就是当前正在提交的事务。需要在第 12~28 行做一些特殊处理。其中：

第 12 行确保事务属于当前正在提交的事务。

第 14 行判断数据块所在链表。如果不在 TRANS_QUEUE_NONE、TRANS_QUEUE_DIRTY_DATA、TRANS_QUEUE_LOCKED_DATA 三个链表中，就说明在上一个事务的元数据链表中。在这种情况下，数据块被作为日志的一部分记录到日志中。但是在当前事务中，它被当作普通的数据块进行标记。这时不需要做特别的处理，就算崩溃也能正常恢复，因此在第 17 行跳转到 pass 标号。

运行到第 18 行，说明此数据块属于上一个事务的数据块。首先在第 18 行判断缓冲区是否为脏，如果当前处于脏状态，则说明上一个事务已经提交了此缓冲区，正在等待写入磁盘。同时当前事务也在修改同一个数据块。此时不能再次将其置脏返回，因为这样可能会导致缓冲区反复为脏，使得上一个事务迟迟不能结束。

如果第 18 行判断缓冲区为脏，则在第 19~25 行将其回写到磁盘。在第 23 行调用 sync_dirty_block 函数回写块缓冲区前，第 19 行首先获得块缓冲区的引用计数，然后在第 20、21 行分别释放日志和缓冲区的锁。在回写缓冲区完成后，再重新获得这些锁。

在第 23 行回写数据的过程中，块缓冲区的状态可能发生了变化。因此在第 30 行再次判断块缓冲区是否仍然属于前一个事务。如果是，就在第 28 行调用__journal_takeout_list 将它从日志链表中移除。

实际上，这里将其从链表中移除是没有问题的。因为此时数据块缓冲区要么不脏，要么已经成功回写。前一个事务没有必要再跟踪此缓冲区。

不管数据块是位于前一个事务中还是当前事务中，它都存在一种情况：如果块被分配然后立即被释放，那么它有可能存在于元数据链表中。因此第 30 行判断它是否不在数据块链表中，如果确实在元数据链表中，就在第 32 行确保它没有被事务修改，并在第 33 行将其从现有的链表中移除，然后在第 34 行将其插入到脏数据块链表中。

如果数据块没有位于任何事务中，就在第 38 行将它插入到脏数据块链表中。

第 39~41 行进行一些资源清理工作，并向调用者返回结果。

当元数据块被修改时，需要调用 journal_dirty_metadata 函数告诉日志模块，相应的元数据块已经变脏。该函数的实现如下：

```
1 int journal_dirty_metadata(......)
2 {
3     ......
4     if (handle_is_aborted(handle))
5         return -EROFS;
6     ......
7     blkbuf_lock_state(blkbuf);
8     if (blkbuf_jinfo->transaction == trans
9         && blkbuf_jinfo->which_list == TRANS_QUEUE_METADATA) {
10        ASSERT(blkbuf_jinfo->transaction == journal->running_transaction);
11        goto out;
12    }
13    blkbuf_set_journal_dirty(blkbuf);
14    if (blkbuf_jinfo->transaction != trans) {
15        ASSERT(blkbuf_jinfo->transaction ==
16            journal->committing_transaction);
17        ASSERT(blkbuf_jinfo->next_trans == trans);
18        goto out;
19    }
20    ASSERT(blkbuf_jinfo->bufdata_copy == NULL);
21    smp_lock(&journal->list_lock);
22    __journal_putin_list(blkbuf_jinfo, handle->transaction, TRANS_QUEUE_METADATA);
23    smp_unlock(&journal->list_lock);
24 out:
25    blkbuf_unlock_state(blkbuf);
26    return 0;
27 }
```

第 4 行判断日志是否处于异常状态，如果是，则在第 5 行返回错误码。

第 7 行获得元数据块缓冲区的状态锁。

小问题 10.47：这里直接获得了元数据块的日志描述符，为什么不分配描述符，也不获得其引用？

第 8 行判断块缓冲区是否属于当前事务，并且是否位于当前事务的脏元数据缓冲区中。如果是，就在第 11 行跳转到 out 标号，结束本函数。

否则在第 13 行调用 blkbuf_set_journal_dirty 函数设置块缓冲区的日志标记，将其设置为脏。

小问题 10.48：请读者仔细查看 blkbuf_set_journal_dirty 函数的实现，它并没有将缓冲区标记为脏，为什么要这么做？

第 14 行判断元数据是否位于上一个事务中。如果确实位于上一个事务中，就在第 15~16 进行简单的合法性确认，然后在第 18 行跳转到 out 标号以结束处理流程。

小问题 10.49：当元数据缓冲区同时被两个事务设置为脏时，这是最难处理的情况，为什么第 18 行什么都不做就退出了？

运行到第 20 行，说明元数据块一定属于当前事务，并且没有在元数据链表中。因此在第 21

行获得日志的链表锁，并在第 22 行调用__journal_putin_list 函数将它从保留链表移动到元数据链表中。

小问题 10.50：元数据块也可能不在任何事务中，也不在任何日志链表中，是吗？

10.3.4.4　归还元数据块和数据块

在截断文件时，会释放大量间接块，这些元数据块可能转换为数据块，被分配给其他文件节点使用。

这些数据块可能已经保存了有效的用户数据，因此不能被日志中的记录恢复其元数据。

系统采用的方法是将这些元数据块记录到撤销表中。位于撤销表中的块，其日志记录将被忽略。

将元数据块加到撤销表是由 journal_revoke 函数完成的，其实现如下：

```
 1 int journal_revoke(......)
 2 {
 3     ......
 4     journal = handle->transaction->journal;
 5     if (!journal_set_features(journal, 0, 0, JFS_FEATURE_INCOMPAT_REVOKE))
 6         return -EINVAL;
 7     blkdev = journal->fs_blkdev;
 8     blkbuf = blkbuf_orig;
 9     if (!blkbuf)
10         blkbuf = __blkbuf_find_block(blkdev, block_num, journal->block_size);
11     if (blkbuf) {
12         if (blkbuf_is_revoked(blkbuf)) {
13             if (!blkbuf_orig)
14                 loosen_blkbuf(blkbuf);
15             return -EIO;
16         }
17         blkbuf_set_revoked(blkbuf);
18         blkbuf_set_revokevalid(blkbuf);
19         if (blkbuf_orig)
20             journal_forget(handle, blkbuf_orig);
21         else
22             loosen_blkbuf(blkbuf);
23     }
24     err = putin_hash(journal, block_num,
25         handle->transaction->trans_id);
26     return err;
27 }
```

第 5 行判断日志超级块中的属性，如果不支持撤销块，就在第 6 行返回错误码。

第 7 行获得日志所关联的文件系统块设备。

第 8~10 行获得要撤销的块在内存中的块缓冲区。

如果在内存中存在块缓冲区，那么这些块有可能也在日志中，因此需要进行一些特殊处理。这是由第 12~22 行的代码逻辑完成的。其中：

第 12 行判断该缓冲区是否已经位于撤销表中，如果是，就说明遇到一些逻辑上的错误。因此在第 14 行释放临时的缓冲区引用，并在第 15 行返回错误码。

否则，这是第一次针对元数据缓冲区执行撤销操作。因此在第 17~18 行设置其撤销标志。

如果相应的块属于某个数据块，就在第 20 行调用 journal_forget 函数将其放到 FORGET 链表中。随后将介绍 journal_forget 函数。

第 24 行调用 putin_hash 函数将元数据块加入撤销表中。

当删除数据块时，已经位于日志中的数据块也应该被忽略掉。这是通过调用 journal_forget 函数来实现的。其实现如下：

```
 1 int journal_forget(......)
 2 {
 3     ......
 4     blkbuf_lock_state(blkbuf);
 5     smp_lock(&journal->list_lock);
 6     if (!blkbuf_is_journaled(blkbuf))
 7         goto out;
 8     blkbuf_jinfo = blkbuf_to_journal(blkbuf);
 9     if (blkbuf_jinfo->undo_copy) {
10         err = -EIO;
11         goto out;
12     }
13     if (blkbuf_jinfo->transaction == handle->transaction) {
14         ASSERT(!blkbuf_jinfo->bufdata_copy);
15         blkbuf_clear_dirty(blkbuf);
16         blkbuf_clear_journal_dirty(blkbuf);
17         __journal_takeout_list(blkbuf_jinfo);
18         if (blkbuf_jinfo->checkpoint_trans)
19             __journal_putin_list(blkbuf_jinfo, trans, TRANS_QUEUE_FORGET);
20         else {
21             journal_info_detach(blkbuf);
22             loosen_blkbuf(blkbuf);
23             if (!blkbuf_is_journaled(blkbuf)) {
24                 smp_unlock(&journal->list_lock);
25                 blkbuf_unlock_state(blkbuf);
26                 blkbuf_forget(blkbuf);
27                 return 0;
28             }
29         }
30     } else if (blkbuf_jinfo->transaction) {
31         ASSERT(blkbuf_jinfo->transaction == journal->committing_transaction);
32         if (blkbuf_jinfo->next_trans) {
33             ASSERT(blkbuf_jinfo->next_trans == trans);
34             blkbuf_jinfo->next_trans = NULL;
35         }
36     }
37 out:
38     ......
39 }
```

该函数首先在第 4 行获得块缓冲区的状态锁。

第 5 行获得日志的链表锁。

第 6 行判断块缓冲是否被日志模块所管理，如果不被日志管理，则在第 7 行跳转到 out 标号以结束处理流程。

第 8 行获得缓冲区关联的日志描述符。

第 9 行判断该缓冲区是否存在位图备份缓冲区。如果存在的话，就明显属于逻辑错误。因为位图块不可能作为元数据块和数据块，因此也绝不可能进入本流程。

在逻辑错误的情况下，第 10 行设置错误，并在第 11 行跳转到 out 标号以结束处理流程。

第 13 行判断块缓冲区是否属于当前事务。如果是的话，就执行第 14~29 行的代码逻辑。其中：

第 14 行确保块缓冲区没有备份缓冲区。因为只有在块缓冲区同时属于两个事务的情况下，才可能包含备份缓冲区。

第 15 行清除块缓冲区的脏标志。

第 16 行清除块缓冲的日志脏标志。

第 17 行将块缓冲区从当前事务链表中删除。

第 18 行检查块缓冲区是否位于某个检查点事务的链表中。如果是，则在第 19 行调用 __journal_putin_list 函数，将其放入 FORGOT 链表中。这样，检查点就不会处理这个缓冲区了。

否则可以直接释放块缓冲区相关资源。这是由第 21~27 行的代码逻辑处理的。首先在第 21 行调用 journal_info_detach 函数解除块缓冲区与日志描述符之间的绑定。并在第 22 行调用 loosen_blkbuf 释放对块缓冲区的引用。

小问题 10.51：为什么要区分块缓冲区是否位于任何检查点事务中，进行不同的处理？

如果块缓冲区不属于当前事务，那么就在第 30 行判断它是否属于前一个事务。如果属于前一个事务，就在第 31~35 行进行处理。其中：

第 31 行确保块缓冲区属于当前正在提交的事务。

第 32 行判断块缓冲区的下一个事务是否指向当前事务，如果是这样，就在第 34 行解除它与当前事务的绑定。

10.3.4.5　提交日志

系统中存在一个守护线程，该线程负责提交事务到日志块设备中。有两种情况会唤醒该线程：

1. 事务中累积的日志句柄过多，占用空间过大。
2. 事务老化时间到。

当线程被唤醒时，就会调用 journal_commit_transaction 函数将日志提交到块设备中。其实现如下：

```
 1 void journal_commit_transaction(struct journal *journal)
 2 {
 3     if (journal->flags & JSTATE_FLUSHED)
 4         journal_update_superblock(journal, 1);
 5     ASSERT(journal->running_transaction != NULL);
 6     ASSERT(journal->committing_transaction == NULL);
 7     ASSERT(journal->running_transaction->state == TRANS_RUNNING);
 8     commit_transaction = journal->running_transaction;
 9     switch_running_trans(journal, commit_transaction);
10     submit_data_blocks(journal, commit_transaction);
11     err = wait_data_blocks(journal, commit_transaction);
12     if (err)
13         __journal_abort_hard(journal);
14     ASSERT(list_is_empty(&commit_transaction->data_block_list));
15     journal_debug(1, "JBD: commit phase 3, write revoke items\n");
16     journal_revoke_write(journal, commit_transaction);
```

```
17     journal_debug(1, "JBD: commit phase 4, submit metadata\n");
18     submit_metadata(journal, commit_transaction);
19     err = wait_metadata(journal, commit_transaction);
20     if (err)
21         goto abort;
22     if (journal_is_aborted(journal))
23         goto abort;
24     journal_debug(1, "JBD: commit phase 5, write commit block\n");
25     write_commitblock(journal, commit_transaction);
26     ASSERT(list_is_empty(&commit_transaction->data_block_list));
27     ......
28 abort:
29     if (err)
30         __journal_abort_hard(journal);
31     commit_tail(journal, commit_transaction);
32     wake_up(&journal->wait_commit_done);
33 }
```

整个过程分为以下 7 步：

1. 更新日志超级块。
2. 将事务从运行状态转换为锁定状态，该事务不再接受新的日志操作。
3. 将事务关联的数据缓存块写入磁盘。这是按序日志模式的要求。
4. 构建事务的撤销表，将撤销记录写到日志链表中。
5. 将事务元数据提交到日志中。
6. 写入提交块，标记事务结束。
7. 收尾工作，例如做一些资源清理工作。

journal_commit_transaction 函数的第 3 行判断日志中的记录是否已经全部写入文件系统中。如果已经写入，就说明日志中的记录为空，需要再次提交超级块。因为执行到这里，说明在记录新的事务日志，需要更新日志超级块。

如果需要再次写入超级块，就在第 4 行调用 journal_update_superblock 函数再次写入超级块，并等待超级块更新结束，保证前一个事务的完整性。

第 5 行确保当前运行事务真的存在，否则无法找到需要提交的事务。

第 6 行确保当前没有正在提交的事务。换句话说，同一个日志块设备只能有一个线程向其提交事务。

第 7 行确保当前运行事务的状态正常。

第 8 行将当前运行事务作为待提交任务，保存到临时变量中。

第 9 行调用 switch_running_trans 函数将当前运行事务切换为待提交的事务。随后将描述该函数的实现。

第 10 行调用 submit_data_blocks 函数将事务关联的数据块提交到文件系统中。

第 11 行调用 wait_data_blocks 函数等待数据块提交完毕。如果失败，就在第 13 行调用 __journal_abort_hard 函数强制将日志中止。

第 14 行确保数据块链表已经为空，也就是第 10 行将所有数据块提交到文件系统中，并且没有新增的数据块添加到数据块链表。

第 16 行调用 journal_revoke_write 函数构建撤销表，并将撤销表写入日志块设备中。

第 18 行调用 submit_metadata 函数将事务关联的元数据块提交到日志块设备中。

第 19 行调用 wait_metadata 函数等待元数据全部保存到日志块设备中。如果出现错误，就在第 21 行跳转到 abort 标号，以结束处理流程。

第 22 行判断在提交日志的过程中，是否发生了重大的异常。如果是，就在第 23 行跳转到 abort 标号，以结束处理流程。

第 25 行调用 write_commitblock 函数将事务的提交块保存到日志块设备中。没有包含提交块的事务是不可信的，在系统重启后，不会参与到重放过程中。

第 26~27 行确保事务的链表都为空。如果不为空，则说明系统出现了逻辑错误。

第 29 行判断日志提交过程中是否出现了异常。如果是，就在第 30 行调用__journal_abort_hard 函数将日志设置为中止状态，文件系统变成只读。

第 31 行调用 commit_tail 进行一些资源清理工作。

第 32 行调用 wake_up 唤醒等待队列上的线程，这些线程正在等待事务提交结束。

接下来依次描述各个阶段的详细实现。

首先看看 journal_update_superblock 函数，它负责更新日志磁盘上的超级块。其实现如下：

```
 1 void journal_update_superblock(......)
 2 {
 3     ......
 4     if (super->inuse_block_first == 0
 5        && journal->oldest_trans_id == journal->next_trans)
 6        goto out;
 7     smp_lock(&journal->state_lock);
 8     super->trans_id = cpu_to_be32(journal->oldest_trans_id);
 9     super->inuse_block_first = cpu_to_be32(journal->inuse_block_first);
10     super->errno = cpu_to_be32(journal->errno);
11     smp_unlock(&journal->state_lock);
12     blkbuf_mark_dirty(blkbuf);
13     if (wait)
14        sync_dirty_block(blkbuf);
15     else
16        submit_block_requests(WRITE, 1, &blkbuf);
17 out:
18     smp_lock(&journal->state_lock);
19     if (super->inuse_block_first)
20        journal->flags &= ~JSTATE_FLUSHED;
21     else
22        journal->flags |= JSTATE_FLUSHED;
23     smp_unlock(&journal->state_lock);
24 }
```

第 4 行判断如下 2 个条件：

1. 日志数据已经全部写入文件系统，不需要恢复日志数据
2. 日志中没有新的事务

如果这两个条件成立，就说明没有必要更新超级块。因此在第 6 行跳转到 out 标号以结束处理流程。

第 7~11 行在日志状态锁的保护下，从磁盘超级块中复制 3 个字段到内存超级块描述符中。这 3 个字段分别是事务编号、第一个在用的日志块和错误号。

第 12 行将超级块缓冲区设置为脏缓冲区。

如果调用者要求同步写入超级块，就在第 14 行调用 sync_dirty_block 函数提交超级块到磁盘中，并等待其完成。

否则在第 16 行调用 submit_block_requests 函数提交磁盘写请求，但是并不等待其结束。

第 18~23 行在锁的保护下，更新日志的标志。如果日志中有事务，导致在用的日志块不为 0，就去掉 JSTATE_FLUSHED，以表示日志块不为空的事实。否则设置 JSTATE_FLUSHED，以表示日志中的所有日志已经更新到文件系统中的事实。

提交日志的第二部分是将当前运行的事务切换为待提交事务。这是由 switch_running_trans 函数实现的。其实现如下：

```
 1 static void switch_running_trans(......)
 2 {
 3     ......
 4     smp_lock(&journal->state_lock);
 5     trans->state = TRANS_PREPARE_COMMIT;
 6     smp_lock(&trans->lock);
 7     while (trans->users) {
 8         DEFINE_WAIT(wait);
 9         prepare_to_wait(&journal->wait_updates, &wait,
10                 TASK_UNINTERRUPTIBLE);
11         if (trans->users) {
12             smp_unlock(&trans->lock);
13             smp_unlock(&journal->state_lock);
14             schedule();
15             smp_lock(&journal->state_lock);
16             smp_lock(&trans->lock);
17         }
18         finish_wait(&journal->wait_updates, &wait);
19     }
20     smp_unlock(&trans->lock);
21     ASSERT(trans->reserved_credits <= journal->max_block_in_trans);
22     while (!list_is_empty(&trans->reserved_list)) {
23         blkbuf_jinfo = list_first_container(&trans->reserved_list,
24             struct blkbuf_journal_info, list_trans);
25         if (blkbuf_jinfo->undo_copy) {
26             struct blkbuf_desc *blkbuf = journal_to_blkbuf(blkbuf_jinfo);
27             blkbuf_lock_state(blkbuf);
28             if (blkbuf_jinfo->undo_copy) {
29                 kfree(blkbuf_jinfo->undo_copy);
30                 blkbuf_jinfo->undo_copy = NULL;
31             }
32             blkbuf_unlock_state(blkbuf);
33         }
34         journal_putin_next_list(journal, blkbuf_jinfo);
35     }
36     smp_lock(&journal->list_lock);
37     __journal_clean_checkpoint_list(journal);
38     smp_unlock(&journal->list_lock);
39     journal_switch_revoke_table(journal);
40     journal->running_transaction = NULL;
```

```
41      journal->committing_transaction = trans;
42      trans->state = TRANS_SYNCDATA;
43      trans->start_block_num = journal->free_block_num;
44      wake_up(&journal->wait_new_trans);
45      smp_unlock(&journal->state_lock);
46 }
```

第 4 行获得日志的状态锁。

第 5 行将日志的状态修改为准备提交的状态，新申请的日志句柄将不再与当前事务绑定。

第 6 行获得事务的锁。

第 7~19 行的循环等待已经存在的日志句柄操作结束。其中：

第 7 行判断事务中的日志句柄个数，只要还有句柄没有结束，就一直等待。

第 8 行定义等待任务。

第 9 行将当前线程添加到日志的等待队列中，一旦线程结束日志句柄，就会唤醒当前线程。

第 11 行再次判断事务的日志句柄数量，如果确实不为 0，就在第 12~13 行释放锁以后，在第 14 行将自己切换出去，等待其他线程将当前线程唤醒。

小问题 10.52：第 11 行的判断可以去掉吗？

如果其他线程将当前线程唤醒，就说明有线程释放了日志句柄，因此在第 15~16 行重新获得日志的锁。

第 18 行将当前线程从等待队列中移除，以开启下一轮循环。

运行到第 20 行，说明事务中现有的日志句柄已经全部完成。由于事务状态为 TRANS_PREPARE_COMMIT，它也不接受新的日志句柄，因此可以安全地将事务提交到块设备中。

在提交事务前，第 20 行释放事务的锁。

第 21 行确保事务保留的块不超过最大允许的数量。

第 22~35 行循环清理事务保留链表中的缓冲区。在事务运行过程时，有一些预留的块缓存区对象。调用者在这些缓冲区上申请了日志操作权限，但是后来并没有修改块缓冲区的内容，因此日志模块不用处理它。其中：

第 22 行遍历保留链表，直到处理完链表中的所有节点。

第 23 行获得链表中第一个缓冲区的日志描述符。

第 25 行判断块缓冲区是否为位图块缓冲区。如果是位图块缓冲区，那么在获取 undo 权限时，日志系统会为其复制一份位图块，这里需要将其释放。

第 26 行获得块描述符。

第 27 行获得块描述符的状态锁。

第 28 行在锁的保护下再次判断是否存在备份缓冲区。如果存在，就在第 29 行调用 kfree 将其释放。

第 32 行释放块缓冲区的状态锁。

第 34 行调用 journal_putin_next_list 函数从链表中移除此缓冲区。如果下一个事务希望继续处理此缓冲区，则将其放进下一个事务的链表中，否则将其释放。

小问题 10.53：这里调用 journal_putin_next_list 函数是多余的吗？毕竟新事务还没有开始。

第 36~38 行在日志链表锁的保护下，调用__journal_clean_checkpoint_list 函数搜索日志的检查点链表，将其中完成回写的块释放掉，以回收一部分内存。

第 39 行调用 journal_switch_revoke_table 函数切换日志的撤销表，原撤销表属于提交事务，新撤销表属于当前事务。

小问题 10.54：为什么需要两个撤销表？

第 40 行将当前运行的事务设置为空，这样后续就可以建立新的运行事务了。那些申请日志句柄的线程将继续运行。

第 41 行正式将当前事务切换为正在提交的事务。

第 42 行将事务的状态设置为 TRANS_SYNCDATA，表示其下一阶段的任务是回写文件系统的数据块。

第 43 行设置事务可用的第一个日志块编号。

第 44 行唤醒那些等待启动新日志句柄的线程。

第 45 行释放日志的状态锁。

提交日志的第三部分是将事务关联的数据缓存块写入磁盘。这是按序日志模式的要求，由 submit_data_blocks 函数实现。其实现如下：

```
1 static void submit_data_blocks(......)
2 {
3     ......
4     smp_lock(&journal->list_lock);
5     while (!list_is_empty(&trans->data_block_list)) {
6         blkbuf_jinfo = list_first_container(&trans->data_block_list,
7             struct blkbuf_journal_info, list_trans);
8         blkbuf = journal_to_blkbuf(blkbuf_jinfo);
9         locked = 0;
10        hold_blkbuf(blkbuf);
11        if (blkbuf_is_dirty(blkbuf)) {
12            if (blkbuf_try_lock(blkbuf)) {
13                smp_unlock(&journal->list_lock);
14                submit_data_block_bulk(blkbuf_bulk, buf_count);
15                buf_count = 0;
16                blkbuf_lock(blkbuf);
17                smp_lock(&journal->list_lock);
18            }
19            locked = 1;
20        }
21        if (!blkbuf_trylock_state(blkbuf)) {
22            smp_unlock(&journal->list_lock);
23            schedule();
24            blkbuf_lock_state(blkbuf);
25            smp_lock(&journal->list_lock);
26        }
27        if (!blkbuf_is_journaled(blkbuf)
28            || blkbuf_jinfo->transaction != trans
29            || blkbuf_jinfo->which_list != TRANS_QUEUE_DIRTY_DATA) {
30            blkbuf_unlock_state(blkbuf);
31            if (locked)
32                blkbuf_unlock(blkbuf);
33            loosen_blkbuf(blkbuf);
34            continue;
35        }
36        if (locked && blkbuf_test_clear_dirty(blkbuf)) {
```

```
37              blkbuf_bulk[buf_count] = blkbuf;
38              buf_count++;
39              __journal_putin_list(blkbuf_jinfo, trans, TRANS_QUEUE_LOCKED_DATA);
40              blkbuf_unlock_state(blkbuf);
41              if (buf_count == journal->tags_in_block) {
42                  smp_unlock(&journal->list_lock);
43                  submit_data_block_bulk(blkbuf_bulk, buf_count);
44                  buf_count = 0;
45                  smp_lock(&journal->list_lock);
46                  continue;
47              }
48          } else if (!locked && blkbuf_is_locked(blkbuf)) {
49              __journal_putin_list(blkbuf_jinfo, trans, TRANS_QUEUE_LOCKED_DATA);
50              blkbuf_unlock_state(blkbuf);
51              loosen_blkbuf(blkbuf);
52          } else {
53              __journal_takeout_list(blkbuf_jinfo);
54              blkbuf_unlock_state(blkbuf);
55              if (locked)
56                  blkbuf_unlock(blkbuf);
57              journal_info_detach(blkbuf);
58              loosen_blkbuf(blkbuf);
59              loosen_blkbuf(blkbuf);
60          }
61      }
62      smp_unlock(&journal->list_lock);
63      submit_data_block_bulk(blkbuf_bulk, buf_count);
64  }
```

由于函数需要访问日志链表的数据块链表，因此在第 4 行获得日志的链表锁。

第 5 行循环遍历事务的数据块链表，直到处理完所有的数据块。其中：

第 6 行获得链表中第一个链表节点的缓冲区日志描述符。

第 8 行获得第一个链表节点的块缓冲区描述符。

第 10 行获得块缓冲区的引用。

第 11 行判断块缓冲区是否为脏。如果为脏，则需要提交该数据块。这是由第 12~19 行的代码逻辑处理的。其中，第 12 行试图锁住块缓冲区。如果不能锁住块缓冲区，就需要在慢速流程下获得块缓冲区的锁。因此在第 13 行释放日志链表锁，并在第 14 行调用 submit_data_block_bulk 函数将已经锁住的缓冲区提交到磁盘，然后在第 16 行调用 blkbuf_lock 锁住块缓冲区。

小问题 10.55：可以统一走慢速流程或者快速流程去获取块缓冲区的锁吗？

成功锁住块缓冲区后，在第 17 行重新获得日志的链表锁。

第 21 行尝试获得块缓冲区的状态锁。如果失败，就在第 22 行再次释放日志的链表锁，并在第 24 行调用 blkbuf_lock_state 获得块缓冲区的状态锁，然后在第 25 行重新获得日志的链表锁。

小问题 10.56：第 22~25 行与第 13~17 行很类似，它们都是由于同样的原因吗？

第 27 行判断块缓冲区的状态，只要如下三个条件不满足，就忽略当前块缓冲区：

1. 块缓冲区没有与日志相关联。
2. 块缓冲区所属事务不再是当前事务。
3. 块缓冲区不在日志的数据块链表中。

做这三个条件判断的原因是：在休眠的过程中，块缓冲区的状态可能发生变化，已经从数据块链表中移除。

第 36 行判断当前块缓冲区是否为脏并且当前流程锁住，如果是，那么清除块缓冲区的脏标志，并由当前线程将块缓冲区回写到磁盘中。这是由第 37~47 行的代码逻辑实现的。其中：

第 37 行将当前缓冲区记录到临时数组中，直到数组中的临时缓冲区达到一定数量后再提交。

第 38 行递增临时缓冲区数量。

第 39 行将块移动到数据块锁定链表。

第 41 行判断临时数组中的缓冲区数量是否满，如果已满，就提交这些块缓冲区到磁盘中。这是由第 42~46 行的代码逻辑实现的。其中：

第 42 行释放日志链表锁。

第 43 行调用 submit_data_block_bulk 将数组中的块缓冲区批量提交到磁盘中。

第 44 行将临时数组中的块缓冲区计数清 0。

第 45 行重新获得日志的链表锁并在第 46 行继续处理下一个块缓冲区。

第 48 行判断当前块缓冲区是否被其他流程锁住。如果是，就执行第 49~51 行的代码逻辑。其中：

第 49 行调用__journal_putin_list 将块缓冲区移动到锁定链表。

第 50 行释放块缓冲区的状态锁。

第 51 行释放块缓冲区的引用计数。

运行到第 52 行，说明块缓冲区并不脏，因此不必将块缓冲区回写到磁盘中。

小问题 10.57：既然日志系统管理了文件系统的数据块，并且只有用户修改了数据块才会将块缓冲区添加到日志的数据块链表中，那为什么这里数据块变为非脏了？

如果数据块非脏，就在第 53~59 行进行一些收尾工作。其中：

第 53 行调用__journal_takeout_list 将数据块从日志链表中移除。

第 54 行释放块缓冲区的状态锁。

如果前面的流程锁住了块缓冲区，就在第 56 行解除其锁定状态。

第 57 行将块缓冲区与其日志描述符解除绑定关系。也就是说，日志系统不再关注该缓冲区。

最后在第 58~59 行连续两次调用 loosen_blkbuf 释放块缓冲区的引用。

当遍历完所有数据块链表中的节点后，在第 62 行释放日志的链表锁。

并在第 63 行调用 submit_data_block_bulk 将临时数组中的块缓冲区提交到磁盘中。

在提交数据块后，必须要等待数据块被写回到磁盘，才能对元数据进行操作。等待数据块回写完毕的过程，是由 wait_data_blocks 函数完成的。其实现如下：

```
1 static int wait_data_blocks(......)
2 {
3     ......
4     smp_lock(&journal->list_lock);
5     while (!list_is_empty(&trans->locked_data_list)) {
6         ......
7         hold_blkbuf(blkbuf);
8         if (blkbuf_is_locked(blkbuf)) {
9             smp_unlock(&journal->list_lock);
10            blkbuf_wait_unlock(blkbuf);
11            if (unlikely(!blkbuf_is_uptodate(blkbuf)))
```

```
12                err = -EIO;
13            smp_lock(&journal->list_lock);
14        }
15        if (!blkbuf_trylock_state(blkbuf)) {
16            smp_unlock(&journal->list_lock);
17            schedule();
18            blkbuf_lock_state(blkbuf);
19            smp_lock(&journal->list_lock);
20        }
21        if (blkbuf_is_journaled(blkbuf)
22            && blkbuf_jinfo->which_list == TRANS_QUEUE_LOCKED_DATA) {
23            __journal_takeout_list(blkbuf_jinfo);
24            blkbuf_unlock_state(blkbuf);
25            journal_info_detach(blkbuf);
26            loosen_blkbuf(blkbuf);
27        } else
28            blkbuf_unlock_state(blkbuf);
29        loosen_blkbuf(blkbuf);
30    }
31    smp_unlock(&journal->list_lock);
32    return err;
33 }
```

第 4 行获得日志的链表锁。

第 5 行的循环遍历事务的锁定链表。在上一部分的处理流程中，所有还未完成回写的数据块都位于 locked_data_list 锁定链表中。本循环等待所有这些数据块回写完成。该循环由第 6~29 行的代码逻辑完成。其中：

第 7 行获得块缓冲区的引用。

第 8 行判断块缓冲区是否仍然处理锁定状态。如果是，则在第 9~13 行等待其解除锁定。其中：

第 9 行释放日志的链表锁。

第 10 行调用 blkbuf_wait_unlock 函数，等待块缓冲区解除锁定。通常，在磁盘 I/O 操作完毕后，会解除该锁定。

第 11 行判断块缓冲区是否为最新的，在一般情况下，如果 I/O 操作过程中出现异常，就会清除这个标志。如果没有这个标志，就在第 12 行设置错误码。

第 13 行重新获得日志链表锁。

第 15 行试图获得块缓冲区的状态锁。如果失败，就在第 16 行释放日志链表锁，然后在第 18 行调用 blkbuf_lock_state 函数获得缓冲区的状态锁，并在第 19 行重新获得日志的状态锁。

在第 10、17 行，当前线程都可能被切换出去，因此块缓冲区的状态可能发生变化。在第 21 行再次判断块缓冲区的状态，如果块缓冲区仍然由日志系统管理，并且仍然位于锁定链表中，就在第 23~26 行进行一些清理工作。一般来说，块缓冲区的状态不会发生变化，因此会运行到这个流程中来。其中：

第 23 行调用__journal_takeout_list 函数将块缓冲区从锁定链表中移除。

第 24 行释放块缓冲区的状态锁。

第 25 行清除块缓冲区的日志信息。

第 26 行释放块缓冲区的引用。

如果块缓冲区已经发生变化，没有在日志的锁定链表中，就在第 28 行释放块缓冲区的状态锁。

第 29 行调用 loosen_blkbuf 函数释放块缓冲区的引用。

第 31 行释放日志的链表锁。

文件数据块回写完毕后，就可以提交文件元数据块了。在这之前，系统还会构建事务的撤销表，将撤销记录写到日志链表中。这是由 journal_revoke_write 函数完成的。其实现如下：

```
 1 void journal_revoke_write(......)
 2 {
 3     ......
 4     if (journal->cur_revoke_table == journal->revoke_tables[0])
 5         revoke = journal->revoke_tables[1];
 6     else
 7         revoke = journal->revoke_tables[0];
 8     for (i = 0; i < revoke->hash_size; i++) {
 9         hash_list = &revoke->hash_table[i];
10         while (!hlist_is_empty(hash_list)) {
11             item = hlist_first_container(hash_list,
12                 struct journal_revoke_item, node);
13             record_item(journal, transaction, &blkbuf_jinfo, &offset, item);
14             hlist_del(&item->node);
15             beehive_free(revoke_item_allotter, item);
16         }
17     }
18     if (blkbuf_jinfo)
19         submit_revoke_block(journal, blkbuf_jinfo, offset);
20 }
```

第 4 行判断运行事务的撤销表。如果运行事务使用第一张撤销表，那么当前提交事务就使用第二张撤销表，反之亦然。

第 8 行遍历撤销表中的所有散列桶，并在第 9~16 行的循环体中对每个撤销块进行处理。其中：

第 9 行获得散列桶链表头。

第 10 行遍历散列桶，直到处理完散列桶中所有撤销块。其中，第 11 行获得散列桶中第一个元素。第 13 行调用 record_item 函数将撤销块记录到日志元数据块中。读者应当仔细阅读 record_item 的实现，需要注意以下几点：

1. 该函数会将撤销块记录到元数据缓冲区中。
2. 如果缓冲区满，就会提交缓冲区到日志块设备。
3. 如果提交了缓冲区，就会将缓冲区添加到事务的控制块链表中。

第 14 行将撤销块从散列桶中删除。

第 15 行释放撤销块描述符。

遍历完所有撤销表后，可能还有最后一块缓冲区需要记录到日志块设备中，因此在第 19 行调用 submit_revoke_block 函数将其提交到磁盘中。

小问题 10.58：这里仅仅提交了块缓冲区的写请求到磁盘，但是并没有等待其 I/O 完成。这不会有逻辑错误吗？

当所有准备工作就绪以后，就可以开始将文件系统元数据记录到日志块设备中了。这是由 submit_metadata 函数完成的。其实现如下：

```
1 static void submit_metadata(......)
2 {
```

```
3       ......
4       trans->state = TRANS_COMMIT_METADATA;
5       while (!list_is_empty(&trans->metadata_list)) {
6           blkbuf_jinfo = list_first_container(&trans->metadata_list,
7               struct blkbuf_journal_info, list_trans);
8           if (journal_is_aborted(journal)) {
9               ......
10              continue;
11          }
12          if (!ctrlblk_jinfo) {
13              struct blkbuf_desc *blkbuf_ctrl;
14              ASSERT(buf_count == 0);
15              ctrlblk_jinfo = journal_alloc_block(journal);
16              if (!ctrlblk_jinfo) {
17                  __journal_abort_hard(journal);
18                  continue;
19              }
20              blkbuf_ctrl = journal_to_blkbuf(ctrlblk_jinfo);
21              header = (struct journal_header *)&blkbuf_ctrl->block_data[0];
22              header->magic = cpu_to_be32(JFS_MAGIC_NUMBER);
23              header->type = cpu_to_be32(JFS_DESCRIPTOR_BLOCK);
24              header->trans_id = cpu_to_be32(trans->trans_id);
25              tagp = &blkbuf_ctrl->block_data[sizeof(struct journal_header)];
26              space_left = blkbuf_ctrl->size - sizeof(struct journal_header);
27              first_tag = 1;
28              blkbuf_set_write_journal(blkbuf_ctrl);
29              blkbuf_set_dirty(blkbuf_ctrl);
30              blkbuf_bulk[buf_count] = blkbuf_ctrl;
31              buf_count++;
32              journal_putin_list(ctrlblk_jinfo, trans, TRANS_QUEUE_CTRLDATA);
33          }
34          err = journal_next_log_block(journal, &block_num);
35          if (err) {
36              __journal_abort_hard(journal);
37              continue;
38          }
39          blkbuf_orig = journal_to_blkbuf(blkbuf_jinfo);
40          trans->reserved_credits--;
41          accurate_inc(&blkbuf_orig->ref_count);
42          atomic_set_bit(BS_WRITE_JOURNAL, &blkbuf_orig->state);
43          flags = journal_prepare_metadata_block(trans,
44              blkbuf_jinfo, &blkbuf_jinfo_new, block_num);
45          blkbuf_log = journal_to_blkbuf(blkbuf_jinfo_new);
46          atomic_set_bit(BS_WRITE_JOURNAL, &blkbuf_log->state);
47          blkbuf_bulk[buf_count] = blkbuf_log;
48          buf_count++;
49          tag_flag = 0;
50          if (flags & 1)
51              tag_flag |= JTAG_FLAG_ESCAPE;
52          if (!first_tag)
53              tag_flag |= JTAG_FLAG_SAME_UUID;
54          tag = (struct journal_block_tag *)tagp;
```

```
55        tag->target_block_num = cpu_to_be32(blkbuf_orig->block_num_dev);
56        tag->flags = cpu_to_be32(tag_flag);
57        tagp += sizeof(struct journal_block_tag);
58        space_left -= sizeof(struct journal_block_tag);
59        if (first_tag) {
60            memcpy (tagp, journal->uuid, 16);
61            tagp += 16;
62            space_left -= 16;
63            first_tag = 0;
64        }
65        if (buf_count == ARRAY_SIZE(blkbuf_bulk) ||
66            list_is_empty(&trans->metadata_list) ||
67            space_left < sizeof(struct journal_block_tag) + 16) {
68            tag->flags |= cpu_to_be32(JTAG_FLAG_LAST_TAG);
69            submit_metadata_bulk(blkbuf_bulk, buf_count);
70            ctrlblk_jinfo = NULL;
71            buf_count = 0;
72        }
73    }
74 }
```

第 4 行修改事务的状态，表示当前事务正在提交文件系统元数据的事实。

第 5 行遍历事务的元数据块链表，循环处理其中每一个元数据块。其中：

第 6 行获得链表中第一个元素对应的元数据块日志描述符。

第 8~11 行进行异常日志处理，如果日志遇到严重的异常，就在第 9 行进行一些错误处理，并在第 10 行跳转到下一个元数据块继续处理。

第 12 行判断是否分配了临时的日志块描述符。如果没有，就在第 13~32 行分配一个描述符并进行一些初始化工作。

日志块描述符用于描述文件系统元数据块在日志中的位置，以便在日志重放的时候正确地恢复文件系统元数据。

第 15 行调用 journal_alloc_block 函数获得日志块缓冲区描述符。如果内存分配失败，就在第 17 行设置日志为异常状态，并在第 18 行跳转到下一个元数据块。

第 20 行获得描述符中的块缓冲区描述符。

第 21 行将块缓冲区起始位置作为日志控制块的头部。

第 22~25 行向日志控制块头部写入控制信息，分别是：日志控制块头部魔术值、日志描述符块类型和事务编号。

第 25 行将 tagp 指向第一个标签的位置。随后的标签将向该缓冲区写入。每一个标签包含文件元数据的位置、元数据在日志中的位置。

第 26 行计算日志块中剩余的空间大小。

第 28 行设置日志块缓冲区的状态，以表示相应的块正在准备写入日志。

第 29 行设置块缓冲区为脏。

第 30~31 行在临时数组中记录日志块缓冲区。随后会在合适的时机将这些日志块缓冲区提交到日志块设备中。

第 32 行将元数据控制块缓冲区写入到控制块链表中。

第 34 行调用 journal_next_log_block 计算下一个可用日志块的位置。该日志块将用于保存文件元数据块的内容。如果错误，说明日志空间不够用，因此在第 36 行将日志设置为错误状态，并在第 37 行跳转到下一轮循环以处理下一个元数据块。

第 39 行获得原始的元数据块缓冲区描述符。

第 40 行递减事务保留的日志块数量，因为需要在日志中使用一个块来保存文件元数据。

第 41 行递增原始的元数据块缓冲区引用计数，因为日志回写过程需要访问其内容。

第 42 行设置原始元数据块缓冲区的标志，以表示相应的数据正在写入日志。

第 43 行调用 journal_prepare_metadata_block 函数，准备将文件元数据块写入日志，将原始块缓冲区和日志块缓冲区分别放到不同的链表中。

第 46 行设置日志块缓冲区的标志，以表示相应的数据正在写入日志。日志块的数据可能经过了转义，以避免与日志控制块缓冲区头冲突。

第 47~48 行将日志块缓冲区保存到临时数组，随后会将数组中的块缓冲区批量提交到日志块设备中。

第 49~53 行设置当前写入到日志标签中的标志。这些标志表示日志内容是否经过转义，以及是否包含 UUID。

第 54~56 行获得当前标签应当写入的位置，并设置标签对应的文件系统目标块号，以及标签属性。

第 57 行移动标签位置到下一个标签处。

第 58 行递减控制块中的可用空间。

第 59~64 行对第一个标签进行特殊处理。因为该标签需要使用 16 字节保存 UUID。

第 65 行进行如下判断：

1．临时数组中包含的日志块过多。

2．所有元数据块都已经处理完。

3．日志控制块中剩余空间已经不足容纳一个完整的标签。

小问题 10.59：第三个条件中，有必要在判断条件中执行“加 16”这个操作吗？

以上条件只要满足其中一个，就必须要提交临时数组中的日志块到日志设备中。因此执行第 68~71 行的代码逻辑。其中：

第 68 行设置最后一个标签的 JTAG_FLAG_LAST_TAG 标志，以表示它是控制块中最后一个标签。

第 69 行调用 submit_metadata_bulk 函数一次性提交多个日志块到日志设备中。

第 70~71 行将临时日志块描述符设置为 NULL，并将临时数组中的计数值清零。这样，在下一轮循环中，将分配新的日志控制块描述符。

在提交元数据块到日志块设备中以后，将等待这些日志数据回写到日志块设备中。这是由 wait_metadata 函数实现的。该函数的实现流程类似于 wait_data_blocks 函数。对该函数的详细分析就留给读者作为练习。

这里需要提醒读者注意：wait_metadata 函数会等待撤销表及文件元数据、日志控制块数据全部回写到日志块设备中。

当事务的所有元数据都回写到日志块设备中以后，系统将会在日志块设备中写入一个提交块，以表示事务的完整性。这是由 write_commitblock 函数实现的。其实现如下：

```
1 static int write_commitblock(......)
2 {
```

```
 3     ......
 4     ctrlblk_jinfo = journal_alloc_block(journal);
 5     if (!ctrlblk_jinfo) {
 6         ......
 7         goto out;
 8     }
 9     blkbuf = journal_to_blkbuf(ctrlblk_jinfo);
10     header = (struct journal_header *)blkbuf->block_data;
11     header->magic = cpu_to_be32(JFS_MAGIC_NUMBER);
12     header->type = cpu_to_be32(JFS_COMMIT_BLOCK);
13     header->trans_id = cpu_to_be32(trans->trans_id);
14     blkbuf_set_dirty(blkbuf);
15     if (journal->flags & JSTATE_BARRIER) {
16         blkbuf_set_ordered(blkbuf);
17         barrier_done = 1;
18     }
19     ret = sync_dirty_block(blkbuf);
20     if (ret == -EOPNOTSUPP && barrier_done) {
21         smp_lock(&journal->state_lock);
22         journal->flags &= ~JSTATE_BARRIER;
23         smp_unlock(&journal->state_lock);
24         blkbuf_clear_ordered(blkbuf);
25         blkbuf_set_uptodate(blkbuf);
26         blkbuf_set_dirty(blkbuf);
27         ret = sync_dirty_block(blkbuf);
28     }
29     if (unlikely(ret == -EIO))
30         err = -EIO;
31     loosen_blkbuf(blkbuf);
32     journal_info_loosen(ctrlblk_jinfo);
33 out:
34     return err;
35 }
```

第 4 行为提交块分配块缓冲区及描述符。如果失败，就在第 6 行进行一些错误处理然后在第 7 行跳转到 out 标号。

第 9 行获得提交块描述符的块缓冲区，并在第 10 行将块缓冲区的第一个字节作为提交块的头部。

第 11~13 行初始化提交块的头部。

第 14 行设置提交块缓冲区为脏。

第 15 行判断日志块设备是否支持 I/O 屏障。如果支持，就在第 16 行设置块缓冲区的 I/O 屏障特征，以确保提交块不会与它之前和之后的块乱序。

小问题 10.60：为什么这里着重强调提交块的 I/O 屏障特征？

第 19 行调用 sync_dirty_block 函数将提交块写入日志块设备中，并等待其完成。

第 20 行判断 sync_dirty_block 函数的返回值，如果其返回值表明不支持屏障 I/O，并且设置了块缓冲区的 I/O 屏障属性，那么可能是由于日志块设备不支持 I/O 屏障属性。因此在第 21~27 行去掉 I/O 屏障属性后再试。其中：

第 21 行获得日志状态锁。

第 22 行修改日志的属性，以表明它不支持 I/O 屏障。

第 23 行释放日志状态锁。

第 24 行清除块缓冲区的 I/O 屏障标志。

第 25~26 行重新设置块缓冲区的属性，并在第 27 行重新调用 sync_dirty_block 函数，将提交块写入到日志块设备中，并等待其完成。

第 29~34 行做一些资源清理工作，并向调用者返回执行结果。

日志提交工作的最后一部分是收尾工作，例如做一些资源清理工作。这些代码的分析就留给读者作为练习。

第 11 章 杂项

11.1 klibc

DIM-SUM 目前仅仅支持内核态应用。但是，DIM-SUM 在内核态实现了一个简单的 C 库，这是通过 klibc 实现的，因此可以将用户态应用程序直接移植到 DIM-SUM 中。

DIM-SUM 的最终目的是支持用户态应用程序，klibc 仅仅是一个临时过渡方案，所以 klibc 不会在 DIM-SUM 中存在太久。

以 cat_main 函数为例，该函数是 SIMPLE-SHELL 实现 cat 命令的主函数。其实际流程如下：

```
 1 void raw_args(char **argv)
 2 {
 3     ......
 4     do {
 5         if (*argv) {
 6             struct stat st;
 7             fd = open(*argv, O_RDONLY | O_NONBLOCK, 0);
 8             if (fd < 0)
 9                 goto skip;
10
11             if (fstat(fd, &st) == -1) {
12                 close(fd);
13                 goto skip;
14             }
15             if (!S_ISREG(st.st_mode)) {
16                 close(fd);
17                 errno = EINVAL;
18                 goto skipnomsg;
19             }
20         }
21         raw_cat(fd);
22         if (fd != fileno(stdin))
23             (void)close(fd);
24     } while (*argv);
25 }
26
27 int cat_main(int argc, char *argv[])
```

```
28 {
29     int ch;
30     struct flock stdout_lock;
31 
32     while ((ch = getopt(argc, argv, "beflnstuv")) != -1) {
33         ......
34         case '?':
35             (void)fprintf(stderr,
36                     "usage: cat [-beflnstuv] [-] [file ...]\n");
37             exit(1);
38         }
39     }
40     argv += optind;
41 
42     raw_args(argv);
43 
44     return rval;
45 }
```

我在这里贴出大段应用代码，主要目的是为了让读者对 DIM-SUM 的应用编程有直观的感受：不需要针对 DIM-SUM 进行特殊的改造，就可以将遵循 POSIX C 规范的代码移植到 DIM-SUM 中。

小问题 11.1：如何移植 C++、JAVA、PYTHON 等其他语言的代码到 DIM-SUM 中？

实际上，上述代码是开源软件库中 cat 命令的实现，几乎可以不加修改地移植到 DIM-SUM 中。

接下来，我们以上述代码中的 open 函数为例，看看 POSIX C 接口是如何实现的。

首先，在 adapter/klibc/include/unistd.h 中，定义了 open 函数的原型：

```
1 __extern int open(const char *pathname, int flags, mode_t mode);
```

该函数的实现在 adapter/klibc/open.c 中，如下所示：

```
1 int __open(const char *pathname, int flags, mode_t mode)
2 {
3     sys_call_and_return(int, sys_open(pathname, flags, mode));
4 }
5 
6 int open(const char *pathname, int flags, mode_t mode)
7 {
8     return __open(pathname, flags | O_LARGEFILE, mode);
9 }
```

可以看到，它最终调用 sys_open 来实现 open 函数。在前面的章节中，已经详细描述了 sys_open 系统调用函数的实现。

其中，sys_call_and_return 宏模拟应用程序陷入内核的流程，其实现如下：

```
1 static inline void enter_syscall(void)
2 {
3     disable_irq();
4     SAVE_REGS(S_FRAME_SIZE);
5     barrier();
6     if (!current->in_syscall)
7     {
8         register struct exception_spot *regs asm ("sp");
9         current->user_regs = regs;
10        current->in_syscall = 1;
```

```
11      }
12      enable_irq();
13 }
14
15 #define sys_call_and_return(type, func) \
16      do {    \
17          type ret;               \
18          enter_syscall();    \
19          ret = func;         \
20          exit_syscall();     \
21          return ret;         \
22      }while (0)
```

在 sys_call_and_return 宏的第 18、20 行分别调用 enter_syscall 和 exit_syscall 函数。该函数模拟 Linux 系统中应用程序陷入内核态的流程。

在 enter_syscall 函数中，首先在第 3 行调用 disable_irq 关闭中断。在 Linux 系统中，这实际上是由硬件完成的，DIM-SUM 通过此函数模拟硬件的行为。

第 4 行调用 SAVE_REGS 将应用程序当前寄存器保存到进程堆栈中。

第 9 行将应用程序寄存器现场保存到线程数据结构中，这样内核函数可以方便地访问应用程序陷入内核的现场。

第 10 行设置线程标志，以表示线程目前处于系统调用中的事实。

小问题 11.2：实际上，即使不调用 SAVE_REGS 宏保存寄存器现场，DIM-SUM 也能正常运行，为什么这里要多此一举？

11.2 网络子系统

DIM-SUM 移植了 LWIP 开源 TCP/IP 协议栈。可以在系统启动后，使用 ping 命令与 QEMU 通信，也可以使用 tcptest、tftp 命令测试网络子系统的功能。

不在此分析 LWIP 的实现有以下几个原因：

1. 已经有较多的资料讲述 LWIP 的实现。
2. 讲述 LWIP 的实现偏离了本书的主题。
3. 最重要的是，我会在不远的将来实现一个 TCP/IP 协议栈，以便在 DIM-SUM 中替换 LWIP。

11.3 SIMPLE-KSHELL

在系统启动成功后，会调用 usrAppInit 函数启动应用程序。在 usrAppInit 函数的最后，会调用如下函数启动一个简单的 SHELL，这个 SHELL 的名称为 SIMPLE-SHELL：

```
1 start_shell("shell", 6, NULL);
```

最终，start_shell 会调用 create_process 函数创建 shell 线程，该线程的主函数是 shell_task。shell_task 函数会轮询控制台，并解释执行用户输入的 shell 命令。

SIMPLE-SHELL 更多是用于系统调试，并且最终会被用户态的 busybox 所代替。因此本书也不会详细描述其实现。